人参农田栽培学研究

徐 江
陈士林 主编

中国健康传媒集团
中国医药科技出版社

内容提要

天然林地商业性采伐用于人参栽培的种植模式在我国已被禁止，农田栽参将成为当前及未来人参种植产业的主要发展方向。然而，我国有关农田栽参品种选育、合理选地、土壤改良、平衡施肥及病虫害防治等方面的深入研究相对较少。为促进农田栽参产业发展，作者在十余年科研成果及技术推广经验基础上，结合农田栽参行业的最新研究成果，系统构建了人参无公害农田栽培技术体系。该体系不仅可以解决农田栽参生产中存在的品种匮乏、不规范种植、农药化肥不合理使用以及质量标准缺失等问题，还可为无公害农田栽参提供理论依据和技术支持。本书内容主要有9章，包括人参分子遗传学基础及品种选育、科学选址、土壤改良、施肥技术、遮荫调光、病虫害防治、质量控制及标准建立等。全书内容科学、技术先进、操作性强，可为人参安全生产、产量提升及建立高品质的生产基地奠定基础。本书主要供人参栽培、中药企业、药品监管及科研部门相关人员使用，也可为其他中药材无公害栽培提供技术参考。

图书在版编目（CIP）数据

人参农田栽培学研究 / 陈士林，徐江主编 . — 北京：中国医药科技出版社，2020.6
ISBN 978-7-5214-1778-4

Ⅰ．①人… Ⅱ．①陈…②徐… Ⅲ．①人参—栽培技术 Ⅳ．① S567.5

中国版本图书馆 CIP 数据核字（2020）第 070483 号

美术编辑 陈君杞
版式设计 也 在

出版　**中国健康传媒集团** | 中国医药科技出版社
地址　北京市海淀区文慧园北路甲 22 号
邮编　100082
电话　发行：010- 62227427　邮购：010- 62236938
网址　www.cmstp.com
规格　787 × 1092mm $^1/_{16}$
印张　24
字数　473 千字
版次　2020 年 6 月第 1 版
印次　2020 年 6 月第 1 次印刷
印刷　三河市万龙印装有限公司
经销　全国各地新华书店
书号　ISBN 978-7-5214-1778-4
定价　**145.00 元**

获取新书信息、投稿、为图书纠错，请扫码联系我们。

编　委　会

序

人参（*Panax ginseng* C. A. Mey.）被誉为"百草之王"，已经成为传统中药的象征符号。我国是人参第一大生产国，年生产量占全球的60%~70%。然而，长期以来我国人参生产以伐林栽参为主，管理粗放、农药化肥使用不规范、抗性品种有限、质量标准缺失，同时存在与林争地、破坏生态环境的问题，严重制约了人参产业的发展。农田栽参、优质人参是新时代人参产业的方向，也是中药行业质量升级的要求。

中国中医科学院中药研究所陈士林团队长期致力于人参资源和农业生产，历时十余年潜心研究，以高质量无公害人参生产为目的，从资源环境学、农业地质学、作物栽培学、作物遗传学、药物分析化学等学科入手，利用遥感技术、农业栽培技术、分子生物学技术等多种手段，进行人参农田生产工作，取得了一系列的研究成果，形成了一套具有实践意义的操作规范，并发布了《无公害人参药材及饮片农药与重金属及有害元素的最大残留限量》团体标准（T/CATCM 001—2018），改变了沿袭四百年的伐林栽参模式，探索出优质人参农田栽培的"中国模式"。

在这些成果的基础上，研究团队广泛借鉴前人理论和实践经验，总结、吸收、归纳、编纂这部专著。本书从人参遗传基础和品种选育，产地生态适宜性和选地，种子种苗繁育，土壤改良，田间管理，光、水、肥调节，病虫害防治，采收和产地粗加工等多个方面系统阐释了无公害农田栽参理论和技术规范，科学构建了无公害农田栽参技术体系，为实现无公害农田人参产业的健康可持续发展提供了扎实的理论依据和技术支撑。

很荣幸能提前阅读此书，全书图文并茂，叙述简练，理论和实操兼顾，既可作为研究人员的参考书籍也可作为生产人员的操作依据。我为团队取得的成果感到高兴，也希望团队在今后工作中更加精进。

中 国 工 程 院 院 士
天 津 中 医 药 大 学 校 长
中国中医科学院名誉院长

张伯礼

2020.05

前言

人参（*Panax ginseng* C. A. Mey.）被称为"百草之王"，市场需求量巨大，生产高品质的原料是保障人参安全有效的前提，也是人参种植产业健康可持续发展的必要条件。然而，长期以来人参无序栽培、农药化肥不规范使用、抗性品种匮乏、质量标准缺失以及连作障碍突出等问题，严重制约了人参种植产业的健康发展及产业升级，提高人参质量，建立标准化、规范化的无公害人参生产技术体系，已成为人参种植产业发展的必然选择。

中国中医科学院中药研究所陈士林研究团队长期开展人参资源和农田栽参领域的理论与实践研究，取得了一系列研究成果。为解决农田栽参生产中普遍存在的优良品种缺乏、药材品质下降、农残重金属超标等问题，编者基于研究团队十余年的科研成果及合作单位的相关数据，并借鉴前人实践经验和技术资料，编写了这部专著。本书系统阐释了无公害农田栽参理论和技术规范，科学构建了无公害农田栽参技术体系，为实现无公害农田栽参产业的健康可持续发展提供理论依据和技术保障。

本书包括绪论和各论。其中，绪论主要论述了人参种植进程，人参现代研究，人参栽培模式，农田栽参生产现状、存在问题及无公害种植技术等；各论共9章，分别阐述了无公害人参农田栽培分子遗传学基础及品种选育、科学选址、土壤改良、施肥技术、遮荫调光、病虫害防治、田间管理、质量控制及品质溯源等内容。全书内容丰富，论述有据，重点突出，可操作性强，适合我国广大中药科技工作者及药材生产基地管理人员阅读。本书同时也对其他中药材无公害栽培具有较好的参考意义。

在本书的编写过程中，中国农业大学郭玉海教授、董学会教授，辽宁中医药大学窦德强教授，中国农业科学研究院特产研究所许世泉研究员，北京中医药大学张子龙教授，吉林省参茸办陈晓林主任等专家对本书稿提出了宝贵修改建议。中国工程院院士张伯礼、吉林省人参科学研究院名誉院长刘淑莹担任本书的主审，在此表示感谢。

虽然近年来我国农田栽参已经取得一定进展，但实际生产过程中还存在较多技术难点，后续研究中还需进一步补充完善。本书若存在疏漏和不足之处，敬请各位专家、同仁与读者提出宝贵建议。

编者

2020 年 05 月

目 录

绪　　论

人参（*Panax ginseng* C. A. Mey.）为五加科人参属多年生宿根性草本植物，是第三纪北半球温带大陆子遗植物。人参为"百草之王"，是驰名中外的珍贵药材，有着几千年的应用历史。据《神农本草经》记载，人参具"补五脏、定魂魄、止惊悸、除邪气、明目、开心益智，久服轻身延年"等功效。现代医学研究与临床实践证明人参对中枢神经系统、心血管系统、消化系统、内分泌系统以及生殖系统疾病都有较好的治疗作用。人参主要分布在北纬 33°~48° 地区，世界人参产区主要包括中国、俄罗斯、朝鲜、韩国和日本等国家。中国人参产区主要分布在吉林、辽宁和黑龙江等省，另外河北、山西、陕西、内蒙古等省（自治区）也有引种或种植记载。人参具有多重功效，市场需求量巨大。人参被过度采挖及其生态环境被破坏，野生资源濒临枯竭，人工栽培逐渐成为人参药材的主要来源。伐林栽参对森林资源和生态环境造成极大破坏，不具有可持续性，农田栽参将成为未来人参种植产业的主要发展方向，《人参农田栽培学研究》（Culturology of ginseng farmland cultivation）一书便致力于此。

一、人参栽培概况

人参主要分布在亚洲东部，其人工种植始于中国，15 世纪后人参种植技术陆续传入韩国、朝鲜、日本及俄罗斯等国家。依据人参发展过程，其种植主要经历了移参、籽参、伐林栽参和农田栽参等多个发展阶段。

（一）中国人参种植进展

中国在西晋时期就已经开展了野生人参移栽变家种的记载。元朝王祯《农书》指明五月中旬至六月上旬为耕参时期，明朝李时珍《本草纲目》有关人参记载"亦可收子，于十月下种，如种菜法"，开启了利用种子进行人参种植的历史。历史上，中国野生人参两大主产区包括以上党郡紫团山（山西省、河北省）为代表的中原产区和以辽东（吉林省、辽宁省、黑龙江省）为代表的东北产区。东汉许慎《说文解字》中有"人参药草出上党"，此为人参产地的最早记录，上党现为山西省长治市太行山区。然而目前太行山区野生人参已绝迹，这可能与太行山地区大量伐林开荒以及金、元、明等朝代建都北京所需建筑木材及生活燃料取自太行山脉和燕山山脉有关。我国大规模开展人参种植始于清朝中期，清政府为防止其"祖宗肇迹兴王之所"受损以及保护东北地区供皇室贵族使用的人参资源，在东北地区建造了"柳条边"管制区，禁止百姓前往长白山地区采挖野生人参及种植人参，但到光绪年间，为节省管制成本及扩大政府财源，开始批准人参种植合法化。在此期间，人参种植技术也逐渐传到韩国、朝鲜及日本等国家。经过多年发展，我国辽东宽甸、抚松、集安等地成为伐林栽参的道地产区（表绪论 -1）。中华民国时期，人参种植脱离政府束缚，种植面积及产量得到空前发展，人参种植技术也得到较大提升。据《抚松县人参志》记载，1918 年抚松县人参产量已达 200t。

表绪论－1　人参栽培发展历程

种植模式	时间	发展事件
移参阶段 参苗移栽	25~220 年 （东汉时期）	许慎《说文解字》中有"人参药草出上党"，此为人参产地的最早记录；《神农本草经》将人参列为上品
	300~316 年 （西晋末年）	《晋书·石勒别传》记载"初勒家园中生人参，葩茂甚"，首次记载山西襄垣县野山参移植历史
	1200 年 （唐朝）	陆龟蒙《奉和袭美题达上人药圃二首》中有"旋添花圃旋成畦"，人参园圃栽培期开启
	1300 年 （元大德四年）	王祯《农书》"农桑通决"中授时图列有"耕参地"，指明五月中旬至六月上旬为耕参时期
籽参阶段 撒籽种植	1403~1424 年 （明永乐年间）	明朝大兴土木，太行山森林资源遭到严重破坏，此地野生人参逐渐绝迹
	1565~1590 年 （明朝后期）	李时珍《本草纲目》中有关人参记载"亦可收子，于十月下种，如种菜法"，采用种子种植是人参栽培一大进步
	1789~1847 年 （清朝中期）	吴其浚《植物名实图考》曰：以苗移植者秧参，种子者为子参；唐秉钧《人参考》详细介绍了人参种植方法
	1860 年 （清朝中晚期）	中俄《瑷珲条约》签订被认可后，黑龙江以北、外兴安岭划归俄，中国人参产区面积及产量骤减
	1880 年 （清朝中晚期）	为满足市场需求，赚取高额利润，民间人参栽培已成熟，但政府严厉禁止人工栽培
	1881 年 （光绪七年）	清政府财政困难，无力官办参业，正式批准人参在民间可进行栽培生产，以扩大政府财源
	1892 年 （光绪十八年）	石柱参产业已形成规模，石柱众参户议立公德政碑，刻录《龚公德政》碑文，记录当地人参种植历史
园参阶段 伐林栽参	1918 年 （中华民国七年）	人参栽培在通化地区兴盛，陈福增等编写《抚松县人参志》，1918 年抚松县人参干品产量已达 200t
	1935~1944 年 （中华民国后期）	连年战争导致全国人参产量锐减，抚松县人参产量由 140t 下降到 25t
	1950~1979 年	人参栽培面积很小，1966 年发展到数百公顷，到 1979 年人参栽培面积已达 2400 公顷
	1980~2008 年	人参种植面积和产量随市场需求而波动，但均以伐林栽参种植模式生产人参
	1998 年	制定并实施退耕还林产业政策，明令禁止随意伐林栽参，25°以上的坡地必须退耕还林

种植模式	时间	发展事件
园参阶段 （农田栽参）	1958 年	我国开始农田栽参试验，并获得成功，但产量低
	2008 年	吉林省出台《关于振兴人参产业的意见》和《吉林省人参管理办法》，推进伐林栽参向农田栽参、林下栽参等转变
	2012 年	原卫生部出台《新资源食品管理办法》，将人参纳入药食同源名单，人参市场需求变大，促进人参产业快速发展
	2015 年	伐林栽参种植模式基本被禁止，农田栽参成为主要种植模式
	2018 年	农田人参已占据一定市场份额，但农田栽参种植技术还需提高，生产高品质人参药材是农田栽参发展的重要方向

1949 年以前，由于军阀混战，社会动荡，人参种植面积及产量逐渐萎缩。1950 年，我国人参种植面积较小，随着人参种植方法改进，1966 年，人参种植面积已达到数百公顷，到 1979 年已经超过 2400 公顷。1980 年前后，出现的家庭联产责任承包制促进了参农种参积极性，人参种植产业化不断发展，人参价格逐渐走高，1983 年，吉林省 5 年生鲜参的收购价格曾达到 50~60 元/千克。由于经济效益显著，导致参农盲目扩大种植规模，最终出现了供过于求的局面，致使人参价格在 1989 年、1996 年、2000 年和 2006 年经历了 4 次较大规模的下跌，严重打击了参农种植人参的积极性。2012 年 9 月，原国家卫生部出台《新资源食品管理办法》，人参纳入药食两用名单，扩大了人参应用范围，使人参市场需求不断增大，2014 年鲜参价格已达到了 160 元/千克，是 2008 年人参价格的近 10 倍，广大参农收益颇丰。随着政府对人参产业的宏观调控、市场化的不断规范以及人参加工消费能力的提升，人参产业规模将进一步扩大。

（二）世界各国人参种植发展概述

人参主要分布在亚洲东部，种植国家主要包括中国、韩国、朝鲜、日本及俄罗斯等国家（表绪论 –2）。从产量看，中国人参产量最大，约占世界人参总产量的 60%~70%，韩国人参种植规模仅次于中国，其产量约占世界人参总产量的 17%。从种植时间看，中国早在 1600 多年前就已经进行了人参种植，韩国和朝鲜的人参种植历史可以追溯到公元 16 世纪；18 世纪人参栽培技术传入日本；俄罗斯人参种植时间较晚，20 世纪初才开始进行人参引种研究，直到 1950 年前后才试种成功并推广。从种植品种看，中国培育出的人参新品种有 12 个，其中益盛药业培育的人参品种为首个非林地人参新品种；韩国培育的人参品种至少有 25 个，已经推广种植的品种包括"天丰""年丰""高丰""金丰""仙丰""仙园""仙香""仙云""青仙"等，其选育目的主要是针对适于农田种植的品种；日本培育的人参品种有"御牧"及"米玛基"等，其中"御牧"外观性状较好，但其产量偏低；朝鲜培育出的新品种有"紫茎 1 号"等。从产区看，中国人参主要分布在吉林、辽宁、黑龙江以及云南和山西等省的部分地区；韩国人参主要分布在锦山、扶余、忠南、庆北、抱川等地区；日本人参主要分布于本州的长野、福岛、岛根三县及北海道四个产区；朝鲜人参主要分布在全罗南道、开城、两江道、慈江道、忠清道及平安北道等地区；俄罗斯早期人参产区主要为远东乌苏里江地区，特别是位于伊曼河和乌拉河等流域的森林，后在莫斯科近郊、高加索等地也建立了人参种植场。从人参品种分类看，中国人参按类型可分为普通参、石柱参及边条参等；韩国和朝鲜人参统称为高丽参。

表绪论－2　世界人参种植地区比较

国家	起源时间	习称	种植品种	主产地区
中国	公元 400 年前后	普通参，石柱参，边条参等	大马牙、二马牙、圆膀圆芦、长脖、吉林黄果参、宝泉山人参、吉参 1 号、抚兴 1 号、集美 1 号、新开河 1 号、福星 01、康美一号等	吉林、辽宁、黑龙江、山西及云南等省的部分地区
韩国	公元 1567~1608 年	高丽参	天丰、年丰、高丰、金丰、仙丰、仙云、仙原、青仙、仙香等	锦山、扶余、忠南、庆北、抱川等地区
日本	公元 18 世纪	日本人参	御牧、米玛基等	长野、福岛、岛根及北海道等地区
朝鲜	公元 16 世纪	高丽参	紫茎 1 号	全罗南道、开城、两江道等地区
俄罗斯	20 世纪前叶	俄国人参	—	乌苏里江、高加索等地区

二、人参栽培现代研究

（一）人参生态适宜产区分析

为提高人参种植成功率、节约种植成本和生产高品质人参，开展农田栽参科学选址是关键。随着计算机信息技术普及以及 GIS 空间信息技术的发展，中药材区划在借鉴农业 GIS 区划研究平台上，可将遥感技术 RS 和全球定位系统 GPS 加入其中，为人参精准产区区划打下基础。2005 年，研究团队利用 3S（GIS+RS+GPS）技术，以生态环境相似理论为基础，对人参栽培区域面积进行调查，建立了人参资源遥感调查路线和方法，研究表明遥感调查与人工调查相比准确度可达 90%，为遥感技术在人参资源调查中的应用提供了科学依据（图绪论 -1）。

在此基础上，2006 年，研究团队开发了"中药材产地适宜性分析地理信息系统"（Geographic Information System for

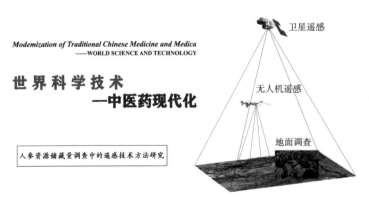

图绪论 -1　人参资源储藏量调查的遥感分析方法

Traditional Chinese Medicine，TCMGIS），对人参在中国的适宜产地进行分析，结果表明除现有人参主产区外，黑龙江省大兴安岭地区、北京市与河北省燕山山脉地区、陕西省秦岭山区、山西省太行山区也是人参适宜生长的地区，同时得出石柱参在中国的适生区域主要分布在辽宁省东南部地区，预测了石柱参在我国的潜在适宜分布区。随着研究推进，2010 年研究团队出版《中国药材产地生态适宜性区划》专著，该书提供了 210 种中药材物种适宜生长的气候和土壤数据及产地适宜性分析结果，建立了中药材产地适宜性区划理论体系框架，得出中药材生态适宜产区，为我国中药材的引种栽培和规范化种植（养殖）提供科学依据。

随着全球化及"一带一路"的快速发展，研究团队开发了"药用植物全球产地生态适宜性区划信息系统"（Global Geographic Information System for Medicinal Plant, GMPGIS）。该系统环境因子数据来源于全球气候数据库 WorldClim、全球生物气候学建模数据库 CliMond、全球土壤数据库 HWSD 和中药材分布空间数据库等。在该系统的基础上，2016 年研究团队对全球人参生态适宜产区进行预测，发现亚洲东部、北美洲中东部及欧洲南部等地区为人参适宜产区，结合多年工作基础，团队制定了农田栽参选地规范，为人参农田规模化种植、引种栽培和保护提供科学依据。

（二）人参全基因组测序分析

基因资源是中药产业的重要战略资源，基因组研究是解析一个物种全部基因资源的最有效途径，人参基因组一直是中药基因组研究中最瞩目的焦点，也是竞争最为激烈的研究内容。韩国早在 21 世纪初就宣布进行人参基因组计划研究，我国也有多家科研机构及企业进行人参基因组测序及分析。2010 年 4 月 28 日我国人参基因组计划启动仪式在吉林省长春市举行，天津中医药大学张伯礼校长、中国医学科学院药用植物研究所陈士林所长及吉林省领导正式签署中国人参基因组计划合作协议，标志着人参全基因组研究与开发正式启动。开展人参基因组研究有助于系统发掘人参活性成分合成及优良农艺性状相关基因，可建立以基因组为核心的人参活性成分研究体系，为人参皂苷的生物合成和代谢工程提供技术支撑，推动人参产业的科学发展。人参基因组的研究与开发得到了国家科技部、吉林省政府、吉林省科技厅等部门的高度关注和重视，时任省长王儒林、张伯礼院士等领导及专家对该计划亲自给予关心指导。2010 年 5 月 12 日新华网以"中国人参基因组计划启动"为题进行详细报道，该计划的启动标志着人参基因组的研究与开发正式启动和全面展开。

研究团队随后于 2011 年在《Plant Cell Rep》《BMC Genomics》发表了有关人参皂苷基因合成的相关文章。2012 年新华网以"中国人参基因组计划取得新进展"为题对研究团队完成的人参根、茎、叶和花的转录组分析结果以及发现的有关人参皂苷合成相关酶的候选基因进行了追踪报道。经过近十年的艰苦研究，2017 年，研究团队通过一系列技术攻关完成人参基因组测序分析，并率先在国际期刊《GigaScience》发表题为 *Panax ginseng* genome examination for ginsenoside biosynthesis"的文章，这是人参国际研究领域又一突破，研究结果被美国 GenomeWeb 网站报道（图绪论 –2），团队成员应邀参加在韩国首尔举行的世界人参大会并进行了人参全基因组测序主题发言（图绪论–3）。研究团队使用 Illumina HiSeq 平台测序生成的原始序列为 112× 覆盖，组装得到 3.43Gb 人参基因组草图，研究表明人参基因组是药用植物中较大且比较复杂的基因组。人参基因组测序的完成对解析其功能具有重要意义。在此基础上，研究团队采用人参 22 个转录组数据集以及根部质谱成像数据，精确量化了人参功能基因。人参功能基因分析有助于在分子水平上揭示人参皂苷的生物合成、进化以及抗病机制，为人参新品种选育提供基础，而且研究团队发表的"人参 NBS–LRR 抗病基因家族全基因组分析"入选第三届中国科协优秀科技论文遴选计划。研究团队同时开展了人参连作障碍机制和抗病功能基因解析，相关文章于 2018 年相继发表在《Soil Biology and Biochemistry》和《Acta Pharmaceutica Sinica B》等国际期刊上。

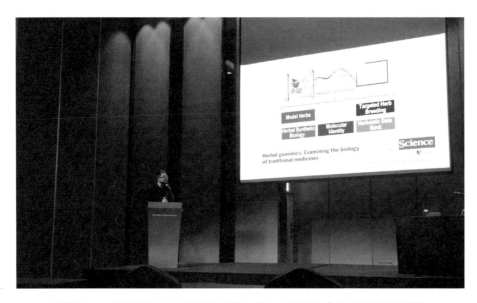

图绪论–2　美国 GenomeWeb 网站报道中国首次完成人参基因组测序

图绪论–3　徐江博士在韩国首尔世界人参大会进行人参全基因组解析报告

（三）无公害人参农田栽培技术体系

品质保障是中药产业发展的根基。随着社会发展和人民生活水平提高，高品质中药材的需求越来越大。为促进中药材生产和产业健康发展，急需建立标准化、规范化的中药材生产技术体系。在国家工业和信息化部项目"高品质人参规范化、规模化、产业化基地建设"、国家中医药管理局中药标准化项目"人参等6种中药饮片标准化建设"、中日国际项目"人参田地栽培与参地资源永续利用合作研究"、吉林省政府、吉林省科技厅的"中国人参基因组计划"等项目大力支持下，依托吉林省通化医药高新技术产业开发区张伯礼院士工作站，中国中医科学院中药研究所、盛实百草药业有限公司、日本国株式会社津村等多家单位科研人员长期联合攻关，针对人参产业中参地资源匮乏、农残及重金属超标等问题，研究团队通过解析农田栽参全产业链过程中存在的限制性问题，经过多年科学研究及田间试验，构建了无公害人参农田栽培技术体系（图绪论-4至图绪论-9）。项目在推进过程中，国家工业和信息化部、国家中医药管理局等组织相关专家进行了现场验收。

图绪论-4　人参田地栽培与参地资源永续利用合作项目签约仪式（中国中医科学院中药研究所、盛实百草药业有限公司和日本国株式会社津村）

图绪论-5　盛实百草药业有限公司无公害人参种植基地

图绪论-6　无公害人参农田栽培靖宇试验基地

图绪论-7　无公害人参农田栽培通化试验基地

图绪论 -8　国家中医药管理局中药标准化项目启动会

图绪论 -9　工业与信息化部组织专家赴黑龙江人参基地考察

无公害人参农田栽培技术体系是以信息技术、生物技术等一系列高新技术为基础的面向人参农田生产的精细农业生产技术体系，包括以 GIS 等为主的信息技术；以基因组学、功能基因组学、土壤宏基因组学等为主体的生物技术，用于解决人参种植中精准选址、品种选育、土壤改良、施肥管理、病害防控等关键问题，实现人参药材安全及优质。无公害人参农田栽培中关键技术主要包括：①基于基因组及功能基因组等生物技术解析人参遗传背景，建立人参种子种苗资源圃，辅助品种选育（图绪论 -10、图绪论 -11）；②依据 GMPGIS 及宏基因组等技术形成无公害农田栽培技术体系，包括科学栽培选地、优良种质确立、土壤复合修复、育苗和移栽种植模式及病虫害防治等。

图绪论 -10　人参种质资源收集及育种研发基地（盛实百草药业有限公司）

图绪论 -11　无公害人参农田栽培种子种苗资源圃（吉林靖宇人参基地）

2017 年 9 月 30 日，无公害人参农田精细栽培技术项目由中国中药协会组织并主持验收，吉林人参科学研究院名誉院长刘淑莹教授作为专家组组长。来自中国农业大学、中国医学科学院药用植物研究所、长春中医药大学、吉林农业大学、中国中医科学院等机构的专家学者进行实验基地现场考察、审阅项目资料、听取成果汇报（图绪论 -12、图绪论 -13），经过质询、答疑和讨论，专家组认为该技术体系从组学角度入手人参农田栽培问题，科研深入，操作精细，已形成高品质人参农田精细栽培体系，具有多项重要科技创新，建立了农田栽参中国模式。专家组同时认为应继续加大对无公害人参农田栽培关键技术的支持，继续加强该项目的大规模推广应用，研究结果不仅改变了人参栽培模式，保障了林业生态和谐，解决了参地匮乏，而且为人参药材安全生产及人参产业的可持续发展奠定了基础。目前，研究团队联合盛实百草药业有限公司在吉林省通化、靖宇等地建立了数千亩人参农田栽培实验基地和推广基地。中国中医药报以"人参全基因组助力农田栽参'中国模式'"为题进行了相关报道。无公害人参农田栽培研究结果先后得到国内众多主流媒体报道。其中人民网、光明网、中国医药报以"中药材生产有望走入'无公害时代'"为题进行了跟踪报道。

图绪论 -12　无公害人参农田栽培靖宇示范基地及
项目实地验收

图绪论-13　无公害人参农田栽培关键技术项目验收会

（专家有张伯礼、刘淑莹、房书亭、宋柏林、孙丽英、孙晓波、张连学、陈士林、郭玉海、

赵大庆、魏建和、杨利民、丁万隆、张俊华、李刚等）

（四）无公害人参药材及饮片农药与重金属及有害元素最大残留限量标准制定

中国是世界上最大的人参生产国与消费国，但质量标准缺失和滞后导致人参农残、重金属超标现象较为普遍，严重制约了人参产业的持续健康发展。研究团队在吉林省、辽宁省和黑龙江省等人参主产区先后收集 196 批次的人参药材及饮片样品，基于十余年的研究

图绪论-14　无公害人参农残及重金属团体标准发布

（张伯礼、房书亭、刘张林、陈士林、李刚等）

结果和实践数据，对比国际主流市场标准制定出人参药材及饮片产品 168 种农药的残留限量及 5 种重金属及有害元素限量标准。《无公害人参药材及饮片农药与重金属及有害元素最大残留限量标准》于 2018 年 6 月由中国中药协会发布，提升了中国人参品质标准以及在世界人参市场上的影响力与

美誉度（图绪论 –14、图绪论 –15）。随后医药卫生网、健康网以"中药材生产迎无公害时代·人参标准发布"为题进行了报道。科技日报以"新标准发布助力中国人参提高国际'身价'"为题进行了报道，经济观察报以"中国告别中药'高残留'中药材产业走入'无公害时代'"为题进行了报道。相关研究为人参药材品质升级奠定了基础，对其他中药材发展也起到了较好的示范作用。

ICS 11.120.99
C 23

团 体 标 准

T/CATCM 001—2018

无公害人参药材及饮片
农药与重金属及有害元素的最大残留限量

Pollution–free ginseng radix et rhizoma and decoction pieces—
Maximum residue limit of the pesticide residue,
heavy metal contents and harmful elements

图绪论 –15　无公害人参药材及饮片农药与重金属及
有害元素的最大残留限量标准

　　为响应国家精准扶贫政策，研究团队在吉林省白山市靖宇县等地开展了人参无公害农田栽培扶贫培训，提高了当地参农人参农田栽培技术，为该县群众脱贫增收起到了重要作用。团队借由"精准扶贫"之势，实施提升中药材品质的产业扶贫，建设药材基地，实现中药材的无公害种植，让贫困地区的农户因种植优质中药材实现脱贫，同时可促进中药产品整体质量提升，是全行业可持续健康发展的必由之路（图绪论 –16、图绪论 –17）。科技日报以"中药材无公害种植助推精准扶贫"为题进行相关报道，同时中国中医药报也发表题为"盛实百草：构筑扶贫'人参'路"相关报道。光明日报以"从'靠林吃饭'到科技养参——中药材种植助推精准扶贫"为题进行报道。

图绪论 –16　人参无公害农田栽培技术培训及推广会（吉林靖宇）

图绪论 –17　吉林靖宇培训会全体成员合影

在前期工作基础上，2018 年长春中医药大学赵大庆研究团队、中国中医科学院中药研究所陈士林研究团队、吉林农业大学研究团队以及中国农科院特产研究所等团队联合获得了题为"人参产业关键技术研究及大健康产品开发"（2017YFC1702100）的国家重点研发计划资助，课题总负责人为赵大庆教授，该项目针对传统"伐林栽参"无林地可用的局面，通过品种选育、土壤改良等单元技术优化与集成，建立农田栽参技术体系及其示范基地，从而保障人参资源的可持续供给。吉林日报以"让中国人参走向世界"对赵大庆老师研究团队研究进展进行了追踪报道。

三、人参种植模式

人参种植模式主要包括伐林栽参、野生抚育和农田栽参三种模式，随着国家环境保护意识的增强，农田栽参已成为人参种植的主要模式。

（一）伐林栽参模式

伐林栽参是指砍伐原始森林或次生林地种植人参的生产方式，是 20 世纪我国人参种植的主要模式。通常伐林栽参选用的地块以生长柞树、榛树和椴树较好，桦树等阔叶林次之，上述树种叶片大，地面落叶层厚，土壤中腐殖质丰富、疏松透气，适宜人参生长。林地土壤以富含腐殖质的森林灰化土及保水保肥性较好的活黄土为好。所用林地坡度不应太大，以 5°~15° 为宜。伐林栽参优点是土质肥沃，栽培技术成熟，病虫害少，产量高，但伐林栽参不仅破坏植被，还造成水土流失。伐林栽参通常 4~5 年采收，生产模式主要有直播 4~5 年或采用"二二制"或"二三制"移栽模式（表绪论 –3）。二三制是指育苗两年，移栽种植三年采挖的种植模式。国务院在 1998 年制定并实施了退耕还林的产业政策，禁止随意伐林栽参，规定 25° 以上的坡地必须退耕还林。因此开拓新型人参种植模式具有重要意义。

（二）野生抚育模式

人参野生抚育也称林下栽参，是采用山参的"小捻子"或"籽海"仿野山参生长环境种植人参的生产方式，将人参种子撒入林地种植的模式，通常 10~20 年后采收，所生产人参具有野山参特征。人参野生抚育不用砍伐树木及遮荫处理，不仅保护了森林资源和生态环境，还避免了人工种植造成的水土流失，缓解了参、林争地矛盾，节省了种植成本。通常野生抚育以柞树、椴树等阔叶树林地为佳，郁闭度在 0.5~0.9 为宜，针阔混交林亦可；坡向以南偏西或南偏东为佳；土壤疏松、肥沃，土层在 10cm 以上者较好。根据山形地势以及树木分布状态不同，林下栽参可分半野生种植和作畦种植两种方法。半野生种植适于坡度较大、面积较小的林地，但该方法管理不便，人参生长缓慢，产量低；作畦种植产量较高，便于管理，但人力和物力成本相对较高。

（三）农田栽参模式

农田栽参即在农田地进行人参栽培的种植模式。农田栽参可以缓解参、林争地矛盾、保护林下生态、防止水土流失，便于集约化经营。农田栽参一般采用直播种植、"二二制""二三制"等 4~5 年生的种植模式。目前，中国、韩国、日本及朝鲜等国均具备了较为完善的农田栽参、参粮轮作配套技术。目前，韩国主要采用土壤调节剂和有机肥进行土壤改良，采用农田栽参与玉米、水稻轮作的模式进行人参循环种植，种植的人参一般 5~6 采收。日本农田栽参前土壤需要休闲 1 年，休闲期间需要进行多次翻耕，种植绿肥及增施有机肥，并施入杀虫剂、杀菌剂及绿肥腐熟剂以加速土壤改良速度。人参种植方式主要包括直播法和移栽法，直播可分为直播 4 年及 5 年收获两种类型；移栽可以分为 1 年生苗移栽法和 2 年生苗移栽法两种。朝鲜人参以农田栽参为主，其土壤主要为含有质地疏松、透水和保存养分较好的花岗岩母质，生产上普遍采用"一五制"种植法，即育苗 1 年，移栽 5 年后收获（表绪论 -3）。农田栽参关键环节是土壤改良，加强农田土壤消毒和改良，可有效提高农田栽参种植成功率。

表绪论 -3　不同人参种植模式比较

种植模式	种植方法	主要产区	优点	缺点
伐林栽参	直播 4~5 年或"二二制""二三制" 4~5 年生移栽	中国等	病虫害少，产量较高	破坏生态环境和自然林地资源
野生抚育	直播或移栽，10~20 年收获	中国等	生态保护与生产结合，产品价值高	生产周期长、产量低
农田栽参	直播或移栽，"二二制""二三制" 4~5 年生种植模式	中国、韩国和日本等	土地资源丰富，不与林争地，便于机械化及灌溉	人力和物力成本较高，病虫害较严重

四、无公害人参农田栽培研究内容

农田栽参可解决伐林栽参引起的多种生态问题，是未来人参种植产业的主要发展模式。陈志付等（2012）调查了吉林、辽宁、黑龙江等省的农田栽参种植基地，结果表明农田栽参产量与当地伐林栽参产量相当。中国农业科学院特产研究所统计资料显示，农田栽参模式中人参皂苷和氨基酸含量接近甚至超过伐林地生产中的人参皂苷含量，其中70%左右的农田人参可供加工红参使用。因此，农田栽参理论上具有可行性。然而农田栽参生产过程中还存在较多问题，如选址不当、产地环境质量不达标；土壤改良无序、农药化肥滥用、不规范生产及加工，导致人参品质低劣，农残、重金属、二氧化硫及黄曲霉素等有害物质超标，严重影响了人参品质。开展无公害农田栽参研究可有效提升人参品质，已成为人参种植产业发展的迫切需求。

（一）农田栽参分子遗传学基础及新品种选育

目前选育的农田人参品种较少。培育优质、高产和抗逆性强人参新品种是抵御病虫害等因子的主要途径之一，进而减少农药及化肥的使用，保障人参安全有效。为加快农田栽参品种选育进程，制定人参良种选育指导原则具有重要意义。无公害人参育种原则应坚持品质优先、目标导向、方法渐进等原则，采用选择育种、杂交育种、诱变育种等方法，同时使用组织培养方法可加快人参新品种纯化及育种进程，最终获得优质、高产、多抗、品种优良的农田人参新品种。韩国及日本已经培育了几十个适合农田栽培的人参新品种，但我国适宜农田栽培的人参品种较少。未来时期应加大人参品种选育力度。

（二）栽培选地及品质生态

中国农田栽参起步较晚，又缺乏适合在农田栽培的人参新品种，而且种植体系还不完善，盲目进行农田引种及栽培，易造成大范围死苗、产量和品质下降等问题，影响临床疗效。通过产地区划得到适宜农田栽参的生态适宜产区，将有助于指导农田人参生产，提高人参种植成功率。依据GMPGIS，在全球范围内开展无公害农田栽参产地生态适宜性分析，可为合理规划人参生产布局，避免盲目引种及保证人参品质提供科学依据。另外，研究表明人参品质与其遗传性状和环境因子显著相关，如功能基因、降水、气温、湿度及光照等因子均能影响人参产量和皂苷含量变化。因此，开展适宜农田栽参栽培选地及品质生态研究具有重要意义。

（三）土壤改良技术

适宜的农田土壤微生态环境是降低人参死亡率、提高人参产量和质量的基础。为提高农田栽参种植成功率，土壤改良是关键。无公害农田栽参土壤改良主要包括土壤消毒和施肥改土两个过程。其中土壤消毒是一种快速、高效杀灭土壤中有害细菌、真菌、土传病毒、线虫、地下害虫及杂草的有效技术。土壤消毒主要分为化学消毒和物理消毒两种。常用化学消毒剂主要包括 1,3- 二氯丙烯、威百亩、棉隆、二甲基二硫、环氧丙烷、丙烯醛及氰氨化钙等。物理消毒主要采用高温高热杀菌技术，通过覆盖塑料膜提高土壤温度等方式杀死土壤病原菌。安全、科学、高效的施肥是保障无公害农田栽参产量和质量的重要环节。施肥贯穿无公害农田栽参的各个生长时期。无公害农田栽参施肥主要依据人参生长需肥规律，在人参不同生长期选择不同肥料，最终达到提高肥料利用率，减少土壤污染，促进人参健康生长的目的。农田栽参施肥改土主要包括种植绿肥及增施有机肥等环节，农田土壤有机质及微量元素略低，pH 值偏弱酸性，种植绿肥及施肥改土是提高农田土壤肥力的重要措施。绿肥作物主要包括紫苏、玉米、大豆等，施肥改土常用基质材料包括玉米秸秆、苏子、猪粪、羊粪等有机肥及生物菌肥。通过无公害土壤改良，达到提高农田土壤养分，进而促进高品质人参生产的目的。

（四）病虫害防治

无公害农田栽参病虫害防治是从生物与环境的整体观点出发，依据病虫害预测预报技术进行合理防治，同时运用农业、生物、物理及化学防治方法，改善农田栽参生长环境，避免和控制病虫害发生，把病虫危害控制在经济阈值以下的防治技术。无公害农田栽参病虫害防治过程中防治方法及所使用的药剂种类应符合国家有关标准和规范要求，所生产药材的有害物质（农药残留、重金属、有害元素）含量应控制在国家规定的安全使用范围内。现阶段农田栽参病虫害防治过程中还存在较多问题，如大多数药农缺乏综合防治知识，滥用、误用农药，致使农药残留超标的现象普遍存在；施药方法不科学，不仅浪费农药量，还降低了防治效果，同时对生态环境造成了严重破坏；部分繁殖材料携带病菌，调运频繁加速了病虫传播蔓延；另外，不合理的种植方法也是导致农田栽参病虫害频繁爆发的主要原因。开展无公害农田栽参病虫害防治技术研究可有效减少病虫害发生，提高中药材质量。

（五）质量标准及控制技术

无公害人参质量标准的制定应符合相关药材的国家标准、行业标准、地方标准以及 ISO 等相关规定。制定无公害人参药材及饮片标准，可有效促进农田人参质量提升。基于人参药材商品和药品双重属性，把人参药材和饮片的物种真伪、品质优劣及流通管理相结合，建立了 "人参质量追溯管理系统"，可有效监控人参药材生产过程。人参药材真伪鉴定主要基于中草药 DNA 条形码技术，品质优劣主要依托高效液相指纹图谱转化为二维码的技术，流通信息管理主要采用了物联网和云计算的现代信息技术，同时开发了基于移动智能技术的人参药材质量追溯技术平台，打通人参药材生产各环节和质量检查不能共享的各环节，把企业生产内控、政府机构监管和消费者监督有机结合，可实现人参药材和饮片在生产和流通过程中的离线和在线质量追溯，确保来源可查、去向可追、责任可究。

五、小结

无公害人参农田栽培技术主要包括选地、土壤改良、合理施肥、选育品种、田间管理、病虫害综合防控及产品质量追溯等内容。具体到实际操作包括基于 GIS 信息技术指导农田栽参精准选址；通过宏基因组学解析农田人参种植对土壤微生态环境影响，建立"土壤消毒＋绿肥回田＋菌剂调控"的土壤复合改良技术；基于需肥规律建立农田人参基肥及追肥的合理施肥技术，达到减少化肥用量，促进农田栽参种植产业健康发展的目的；制定农残及重金属国家标准及建立基于 DNA 条形码和化学指纹图谱的人参全程质量追溯系统，为高品质人参生产提供依据；最终达到减少化学农药用量，解决药材农残重金属超标等问题，保障人参安全生产，助力其产业升级的目的。

本书是在国家工业和信息化部、国家科学技术部、国家中医药管理局、吉林省政府及省科技厅等管理部门的大力支持下，在研究团队和合作单位多年人参分子生物学及农田栽参研究基础上，总结出的人参无公害农田栽培专著。本书亮点工作主要包括在国际上率先发表人参全基因组图谱，开发人参育种分子标记，建立了无公害人参农田栽培技术体系，同时制定了无公害人参药材、饮片农药残留及重金属限量标准和品质溯源技术。本书系统阐释了无公害农田栽参理论体系及种植技术规范，为实现无公害农田栽参健康发展提供依据。然而我国农田栽参还存在产量低、病害重等问题，还应加大对农田栽参的研究力度，争取早日建成无公害农田栽参中国模式。

参考文献

[1] Chen SL, Luo HM, Li Y, et al. 454 EST analysis detects gene sputatively involved in ginsenoside biosynthesis in *Panax ginseng* [J]. Plant Cell Rep, 2011, 30 (9): 1593-1601.

[2] Xu J, Chu Y, Liao BS, et al. *Panax ginseng* genome examination for ginsenoside biosynthesis [J]. Gigascience, 2017, 6 (11): 1-15.

[3] Chen XC, Liao BS, Song JY, et al. A fast SNP identification and analysis of intraspecific variation in the medicinal Panax species based on DNA barcoding [J]. Gene, 2013, 530 (1): 39-43.

[4] Dong LL, Xu J, Li Y, et al. Manipulation of microbial community in the rhizosphere alleviates the replanting issues in Panax ginseng [J]. Soil Biology and Biochemistry, 2018, 125: 64-74.

[5] Kim JH. Physiological and ecological studies on the growth of ginseng plants (*Panax ginseng*) Ⅳ, Sun and shade tolerance and optimum light intensity for growth [J]. Seoul University J (B), 1964, 15: 95.

[6] Li CF, Zhu YJ, Guo X, et al. Transcriptome analysis reveals ginsenosides biosynthetic genes, microRNAs and simple sequence repeats in *Panax ginseng* C. A.

Meyer［J］. BMC Genomics，2013，14：245.

［7］Li Y，Ying YX，Ding WL. Dynamics of *Panax ginseng* rhizospheric soil microbial community and their metabolic function［J］. Evid–Based Complement Ahem，2014，2014：160373.

［8］Sun C，Li Y，Wu Q，et al. *De novo* sequencing and analysis of the American ginseng root transcriptome using a GS FLK Titanittm platform to discover putative genes involved in ginsenoside biosynthesis［J］. BMC Genomics，2010，11（1）：262.

［9］Zhang HM，Li SL，Zhang H，et al. Holistic quality evaluation of commercial white and red ginseng using a UPLC–QTOF–MS/MS–based metabolomics approach ［J］. Journal of Pharmaceutical and Biomedical Analysis，2012，62：258–273.

［10］Zhang JJ，Su H，Zhang L，et al. Comprehensive Characterization for Ginsenosides Biosynthesis in Ginseng Root by Integration Analysis of Chemical and Transcriptome［J］. Molecules，2017，22：889.

［11］陈士林. 本草基因组学［M］，北京：科学出版社，2017.

［12］陈士林. 无公害中药材栽培生产技术规范［M］. 北京：中国医药科技出版社，2018.

［13］王铁生. 中国人参［M］. 沈阳：辽宁科学技术出版社，2001.

［14］陈士林. 中国药材产地生态适宜性区划（第二版）［M］. 北京：科学出版社，2017.

［15］陈士林，张本刚，张金胜，等. 人参资源储藏量调查中的遥感技术方法研究［J］. 世界科学技术 – 中医药现代化，2005，7（4）：36–43，86.

［16］陈士林，朱孝轩，陈晓辰，等. 现代生物技术在人参属药用植物研究中的应用 ［J］. 中国中药杂志，2013，38（5）：633–639.

［17］陈士林，董林林，郭巧生，等. 无公害中药材精细栽培体系研究［J］. 中国中药杂志，2018，43（8）：1517–1528.

［18］董林林，牛玮浩，王瑞，等. 人参根际真菌群落多样性及组成的变化［J］. 中国中药杂志，2017，42（3）：443–449.

［19］郭杰，张琴，孙成忠，等. 人参药材中人参皂苷的空间变异性及影响因子［J］. 植物生态学报，2017，41（9）：995–1002.

［20］郭丽丽，郭帅，董林林，等. 无公害人参氮肥精细化栽培关键技术研究［J］. 中国中药杂志，2018，（7）：1427–1433.

［21］贾光林，黄林芳，索风梅，等. 人参药材中人参皂苷与生态因子的相关性及人参生态区划［J］. 植物生态学报，2012，36（4）：302–312.

［22］罗红梅，宋经元，李雪莹，等. 人参皂苷合成生物学关键元件 HMGR 基因克隆与表达分析［J］. 药学学报，2013，48（2）：219–227.

［23］么厉，程惠珍，杨智，等. 中药材规范化种植（养殖）技术指南［M］. 北京：中国农业出版社，2006.

［24］牛云云，罗红梅，黄林芳，等. 细胞色素 P450 在人参皂苷生物合成途径中的研

究进展［J］. 世界科学技术（中医药现代化），2012，14（1）：1177–1183.

［25］沈亮，徐江，董林林，等. 人参栽培种植体系及研究策略［J］. 中国中药杂志，2015，40（17）：3367–3373.

［26］沈亮，李西文，徐江，等. 人参无公害农田栽培技术体系及发展策略［J］. 中国中药杂志，2017，42（17）：3267–3274.

［27］沈亮，吴杰，李西文，等. 人参全球产地生态适宜性分析及农田栽培选地规范［J］. 中国中药杂志，2016，41（18）：3314–3322.

［28］沈亮，徐江，陈士林，等. 人参属药用植物无公害种植技术探讨［J］. 中国实验方剂学杂志，2018，24（23）：8–17.

［29］王瑞，董林林，徐江，等. 农田栽参模式中人参根腐病原菌鉴定与防治［J］. 中国中药杂志，2016，41（10）：1787–1791.

［30］任跃英，张益胜，李国君，等. 非林地人参种植基地建设的优势分析［J］. 人参研究，2011，23（2）：34-37.

［31］王瑀，魏建和，陈士林，等. 应用 TCMGIS-I 分析人参的适宜产地［J］. 亚太传统中医药，2006，2（6）：73–78.

［32］王瑀，谢彩香，陈士林，等. 石柱参（人参）产地适宜性研究［J］. 世界科学技术 – 中医药现代化，2008，10（4）：77–82.

［33］吴琼，周应群，孙超，陈士林. 人参皂苷生物合成和次生代谢工程［J］. 中国生物工程杂志，2009，29（10）：102–108.

［34］谢彩香，索风梅，贾光林，等. 人参皂苷与生态因子的相关性［J］. 生态学报，2011，31（24）：7551–7563.

［35］徐江，董林林，王瑞，等. 综合改良对农田栽参土壤微生态环境的改善研究［J］. 中国中药杂志，2017，42（5）：875–881.

［36］徐江，沈亮，陈士林，等. 无公害人参农田栽培技术规范及标准［J］. 世界科学技术 – 中医药现代化，2018，20（7）：1138–1147.

第一章 人参遗传学基础及品种选育

基因资源是中药产业重要的战略资源，基因组研究是解析一个物种全部基因资源的最有效途径。2017 年，团队通过一系列技术攻关完成人参基因组测序分析，并率先在国际期刊发表，这是人参国际研究领域又一突破，被美国 GenomeWeb 网站报道。人参基因组的完成有助于系统发掘人参活性成分及优良农艺性状相关基因；有助于建立以基因组为核心的人参活性成分研究体系；为人参皂苷的生物合成和代谢工程提供技术支撑，为人参新品种选育提供分子基础。

我国人参在种植过程中一直存在自繁自用、品质退化等问题，导致生产的人参质量参差不齐，进而影响临床药效。品种选育是生产安全有效、稳定可靠药材的重要手段，而种质资源则是良种选育的物质基础。农田栽参已成为人参种植产业的主要模式，但在农田栽培过程中，由于人参生长周期较长加之原生环境改变，导致人参生长和发育易受多种病虫害和生态因子影响，抗逆新品种的培育是抵御病虫害等的主要途径之一，同时可以减少农药及化肥的使用，进而保障人参药材质量。为加快农田人参品种选育进程，制定良种选育指导原则具有重要意义。无公害人参育种应坚持品质优先、目标导向、方法渐进等原则，在现有人参种质资源收集的基础上，采用选择育种、杂交育种、诱变育种等方法，同时结合组织培养和各种组学技术，进行人参新品种纯化及选育，以获得优质、高产、多抗等优良农田人参新品种。

第一节 人参遗传学基础

在人参基因组解析之前，其遗传背景所知甚少，人参遗传信息的缺乏，已经严重影响人参产业的发展。研究团队以二代测序技术为基础，结合多种技术手段组装了人参的全基因组序列。结果表明，人参基因组包含 3.43Gb 核酸序列，其中 60% 以上为重复序列。人参基因区编码 42 006 种预测蛋白。采用人参 22 个转录组数据集，以及根部质谱成像信息，精确量化人参功能基因。通过全基因组比较分析，鉴定出 30 多个甲羟戊酸途径关键酶编码基因。另外，共鉴定了 225 个 UDP- 糖基转移酶（UGT），这些 UGT 也是人参最大的基因家族之一。基因组结构信息和进化分析表明，串联重复有助于 UGT 的扩增和分化。在 UGT71、UGT74 和 UGT94 三个 UGT 家族的分子模拟揭示了位于 N 末端的区域特异性保守序列。分子对接预测该基序有助于捕获人参皂苷前体。人参基因组及相关功能基因组的完成有助于在分子水平揭示人参皂苷的生物合成途径，进化以及抗病机制，并辅助分子育种；人参叶绿体基因组作为辅助分子育种的补充，有助于揭示其系统进化。

一、人参核基因组

（一）人参基因组基本信息

使用 Illumina HiSeq 平台生成大约 112× 的原始序列，组装得到 3.43Gb 人参基因组草图，其 Contig N50 约 21.98kb，Scaffold N50 约 108.71kb（表 1-1）。为检验测序组装结果的准确性，250bp 和 500bp 的 Shotgun 文库被映射到组装基因组，其映射率分别为99.77% 和 99.95%，单碱基序列深度呈泊松分布，表示测序和组装未出现显著偏差。为了确认准确性，使用 Trinity 选择默认参数将 RNA-Seq 数据组装的 75 878 个转录本映射到组装基因组（以 97.76% 的映射率）（图 1-1）。此外，研究组还使用物种保守单拷贝基因（BUSCO）用于质量评估，在测定的总共 1323（91.88%）个 CEG 蛋白中 98.19% 的蛋白质被完全注释，表明组装的完整性。

表 1-1　人参基因组基本信息

名称	大小（bp）	数量
Contig N90	4516	150 620
Contig N80	8639	103 388
Contig N70	12 833	75 040
Contig N50	21 977	39 481
Longest（Contig）	574 183	—
Total size（Contig）	2 999 700 459	337 439
Scaffold N90	24 143	33 423
Scaffold N80	45 718	23 391
Scaffold N70	65 171	17 168
Scaffold N50	108 708	9072
Longest（Scaffold）	1 303 414	—
Total size（Scaffold）	3 414 349 854	83 074
Gap ratio	12.15%	—

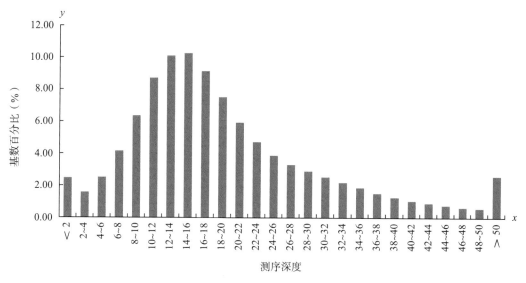

图 1-1　人参基因组序列深度分布

x 轴和 y 轴分别表示相应 DNA 碱基深度和百分比

（二）人参基因组重复序列

超过 62% 的人参基因组预测为重复序列，其中约 83.5% 的重复注释为长末端重复序列（LTR）（表 1-2 和表 1-3）。Ty3/Gypsy 是最丰富的逆转座子，约占总基因组序列的42.8%（表 1-2），高于先前韩国基于细菌人工染色体（BAC）文库预测的报道。此外，Ty1/Copia 的含量占全基因组的约 8.3%，同样超过了先前的预测（表 1-2）。对于 DNA 类转座子，CMC 是最丰富的重复序列类型，共计 43Mb 序列，约为全基因组的 1.3%（表 1-4）。

表 1-2　人参基因组重复元件预测

类型	重复序列大小（bp）	基因占比（%）
TRF	162 525 961	4.74
Repeatmasker	453 238 472	13.20
Proteinmask	517 528 112	15.08
De novo	1 784 418 350	51.40
总计	2 133 957 634	62.17

表 1-3　人参基因组预测的 TE 类别

重复类别	长度（bp）	重复序列（%）	组装基因比例（%）
总重复类型（Total Repeat Fraction）		100	
移动元件（Mobile Element）			
Ⅰ：逆转录因子（Class Ⅰ：Retroelement）			

重复类别	长度（bp）	重复序列（%）	组装基因比例（%）
LTR 逆转录转座子 （LTR Retrotransposon）			
Ty1/Copia	284 237 263	13.32	8.28
Ty3/Gypsy	1 469 576 948	68.87	42.82
其他类型	27 750 575	1.30	0.81
非 LTR- 逆转录转座子 （non-LTR Retrotransposon）			
LINE	20 022 058	0.94	0.58
SINE	214 630	0.01	0.01
未分类的逆转录因子 （Unclassified Retroelement）	38 476	0.00	0.00
Ⅱ：DNA 转座子 （Class Ⅱ：DNA Transposon）			
hAT	17 064 802	0.80	0.50
P	1 808 992	0.08	0.05
PIF	3 122 527	0.15	0.09
PiggyBac	114 167	0.01	0.00
Crypton	480 876	0.02	0.01
Helitron	4 099 534	0.19	0.12
Maverick	1 446 967	0.07	0.04
CMC	43 226 842	2.03	1.26
MULE	18 006 951	0.84	0.52
其他类型	7 078 336	0.33	0.21
串联重复（Tandem Repeats）	199 051 882	8.03	5.80
未知类型（Unknown）	27 615 808	1.32	0.80

表 1-4　人参基因组重复元件

类型	Repbase TEs		TE proteins		*De novo*		Combined TEs	
	基因长度 （bp）	基因占 比（%）	基因长度 （bp）	基因占 比（%）	基因长度 （bp）	基因占 比（%）	基因长度 （bp）	基因占 比（%）
DNA	29 698 774	0.87	18 330 960	0.53	67 211 061	1.96	96 449 994	2.81
LINE	5 585 003	0.16	5 167 509	0.15	11 360 671	0.33	20 022 058	0.58
SINE	59 825	0.00	0	0.00	153 335	0.00	214 630	0.01
LTR	417 856 926	12.17	494 029 262	14.39	1 672 551 554	48.73	1 781 564 786	51.91

类型	Repbase TEs		TE proteins		*De novo*		Combined TEs	
	基因长度（bp）	基因占比（%）	基因长度（bp）	基因占比（%）	基因长度（bp）	基因占比（%）	基因长度（bp）	基因占比（%）
其他	37 944	0.00	381	0.00	5 525 921	0.16	38 476	0.00
未知	0	0.00	0	0.00	27 615 808	0.80	27 615 808	0.80
总计	453 238 472	13.20	517 528 112	15.08	1 784 418 350	51.99	1 925 905 752	56.11

（三）人参基因组蛋白预测

使用 *De novo* 预测和比较，应用 MAKER Pipline 预测得到 42 006 个蛋白质编码基因模型。这些模型中的 88% 均可得到 RNA-seq 数据支持。95.6% 以上基因模型 GenBank 非冗余数据库中注释得到（$E=1\times10^{-5}$）。约 73.47% 的注释可以分配到 Gene Ontology（GO）类群，68.39% 可以在 Kyoto Encyclopedia of Genes and Genomes（KEGG）Pathways 数据库中注释得到（图 1-2）。在这些注释中，包括可能与次生代谢相关的重要基因：488 个细胞色素 P450 基因［包括 PPD- 人参皂苷合酶（PPDS）CYP716A47，PPT- 人参皂苷合酶（PPTS）CYP716A53，以及齐墩果酸合酶 OAS］；2556 个转录因子和 3745 个转运蛋白（表 1-5 和表 1-6）。

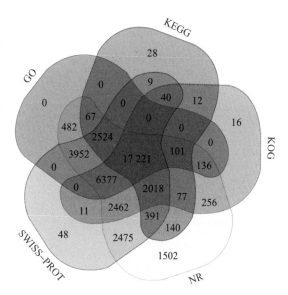

图 1-2　基于搜索 Nr，GO，KEGG，KOG 和 SWISS-PROT 数据库功能注释基因分布维恩图

表 1-5　人参基因组转录因子及转录因子亚家族

序号	转录因子	数量	序号	转录因子	数量
1	AP2	52	9	C2H2	88
2	ARF	28	10	C3H	86
3	ARR-B	14	11	CAMTA	9
4	B3	46	12	CO-like	19
5	BBR-BPC	18	13	CPP	10
6	BES1	15	14	DBB	14
7	bHLH	208	15	Dof	54
8	bZIP	121	16	E2F/DP	15

序号	转录因子	数量	序号	转录因子	数量
17	EIL	3	38	NF-X1	4
18	ERF	213	39	NF-YA	14
19	FAR1	40	40	NF-YB	27
20	G2-like	55	41	NF-YC	15
21	GATA	45	42	Nin-like	19
22	GeBP	2	43	RAV	4
23	GRAS	76	44	S1Fa-like	4
24	GRF	20	45	SAP	2
25	HB-other	21	46	SBP	49
26	HB-PHD	2	47	SRS	14
27	HD-ZIP	90	48	STAT	2
28	HRT-like	3	49	TALE	40
29	HSF	44	50	TCP	34
30	LBD	80	51	Trihelix	59
31	LFY	2	52	VOZ	7
32	LSD	10	53	Whirly	3
33	MIKC_MADS	38	54	WOX	30
34	M-type_MADS	76	55	WRKY	102
35	MYB	166	56	YABBY	2
36	MYB_related	142	57	ZF-HD	28
37	NAC	172		总计	2556

表1-6　人参基因组转运蛋白

序号	转运蛋白	数量
1	Protein Kinase（PK）Superfamily	484
2	ABC1，ABC2，ABC3 Superfamilies	331
3	MFS Superfamily	295
4	APC Superfamily	230
5	Drug/Metabolite Transporter（DMT）Superfamily	128
6	P-type ATPase（P-ATPase）Superfamily	120
7	Na^+ Transporting Mrp Superfamily	98
8	VIC Superfamily	92
9	Mitochondrial Carrier（MC）Superfamily	91

序号	转运蛋白	数量
10	Major Intrinsic Protein（MIP）Superfamily	83
11	Endomembrane Protein-Translocon（EMPT）Superfamily	71
12	Glycosyl Transferase/Transporter（GTT）Superfamily	66
13	Peroxisomal Peroxin（Pex）11/25/27（Pex11/25/27）Superfamily	59
14	Multidrug/Oligosaccharidyl-lipid/Polysaccharide（MOP）Flippase Superfamily	52
15	CPA Superfamily	51
16	Cation Diffusion Facilitator（CDF）Superfamily	44
17	Transporter-Opsin-G protein-coupled receptor（TOG）Superfamily	34
18	IT Superfamily	30
19	Outer Membrane Pore-forming Protein（OMPP）Superfamily Ⅰ	28
20	BART Superfamily	27
21	MACPF Superfamily	19
22	Resistance-Nodulation-Cell Division（RND）Superfamily	12
23	Outer Membrane Pore-forming Protein（OMPP）Superfamily Ⅳ［Tim17/OEP16/PxMPL（TOP）Superfamily］	10
24	Cytochrome b561（Cytb561）superfamily	7
25	LysE Superfamily	7
26	CAAX Superfamily	6
27	Outer Membrane Pore-forming Protein（OMPP）Superfamily Ⅲ	5
28	PTS-GFL Superfamily	2
29	Tail-Anchored Membrane Protein Insertase（TAMP-I）Superfamily	2
30	ArsA ATPase（ArsA）Superfamily	1
31	Copper Resistance Superfamily	1
32	Tetraspan Junctional Complex Protein（4JC）Superfamily	1
33	其他	1258
	总计	3745

（四）人参基因家族预测

使用 13 种其他植物与人参进行蛋白比较分析（表 1-7）。人参中超过 75% 的基因模型被分类为 12 231 个基因家族，其中人参有 1648 个独特的基因家族（图 1-3a）。每个基因家族的平均基因数为 2.59，是 14 种植物中最高的。这一发现表明人参进化过程中发生了全基因组复制事件。我们使用直系同源分析鉴定的 383 个单拷贝基因，通过最大似然法构建了系统发育树，发现在所有比较物种中与人参最接近的为胡萝卜，其分化时间大约在6600万年前（图1-3，b）。

表1-7 用于构建系统发育树的物种基因组列表

物种	分类	文件名	URL
胡萝卜（*Daucus carota*）	双子叶植物纲；伞形目；伞形科	GCF_001625215.1_ASM162521v1_protein.faa.gz	ftp：//ftp.ncbi.nlm.nih.gov
人参（*Panax ginseng*）	双子叶植物纲；伞形目；伞形科	Ginseng.all.maker.proteins.fasta	—
拟南芥（*Arabidopsis thaliana*）	双子叶植物纲；十字花目；十字花科	Athaliana_167_TAIR10.protein.fa.gz	https：//phytozome.jgi.doe.gov/pz/portal.html#
栗（*Castanea sativa*）	双子叶植物纲；壳斗目；壳斗科	Csativus_122_v1.0.protein.fa.gz	https：//phytozome.jgi.doe.gov/pz/portal.html#
咖啡（*Coffea canephora*）	双子叶植物纲；龙胆目；龙胆科	coffea_pep.faa.gz	http：//coffee-genome.org/sites/coffee-genome.org
蓖麻（*Ricinus communis*）	双子叶植物纲；金虎尾目；大戟科	Rcommunis_119_v0.1.protein.fa.gz	https：//phytozome.jgi.doe.gov/pz/portal.html#
毛果杨（*Populus trichocarpa*）	双子叶植物纲；金虎尾目；杨柳科	Ptrichocarpa_210_v3.0.protein.fa.gz	https：//phytozome.jgi.doe.gov/pz/portal.html#
可可（*Theobroma cacao*）	双子叶植物纲；锦葵目；锦葵科	Tcacao_233_v1.1.protein.fa.gz（multi-isoform）	https：//phytozome.jgi.doe.gov/pz/portal.html#
桉树（*Eucalyptus grandis*）	双子叶植物纲；桃金娘目；桃金娘科	Egrandis_297_v2.0.protein.fa.gz	https：//phytozome.jgi.doe.gov/pz/portal.html#
樱桃李（*Prunus persica*）	双子叶植物纲；蔷薇目；蔷薇科	Ppersica_298_v2.1.protein.fa.gz	https：//phytozome.jgi.doe.gov/pz/portal.html#
柑橘（*Citrus sinensis*）	双子叶植物纲；无患子目；芸香科	Csinensis_154_v1.1.protein.fa.gz	https：//phytozome.jgi.doe.gov/pz/portal.html#
番茄（*Solanum lycopersicum*）	双子叶植物纲；茄目；茄科	Slycopersicum_225_iTAGv2.3.protein.fa.gz	https：//phytozome.jgi.doe.gov/pz/portal.html#
葡萄（*Vitis vinifera*）	双子叶植物纲；葡萄目；葡萄科	Vvinifera_145_Geno-scope.12X.protein.fa.gz	https：//phytozome.jgi.doe.gov/pz/portal.html#
水稻（*Oryza sativa*）	单子叶植物纲；禾本目；禾本科	Osativa_323_v7.0.protein.fa.gz	https：//phytozome.jgi.doe.gov/pz/portal.html#

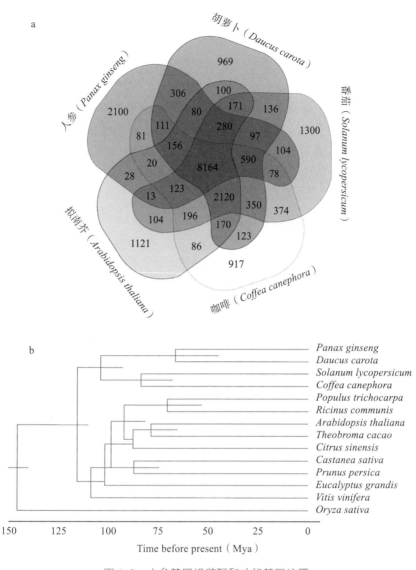

图 1-3　人参基因组装配和功能基因注释

a. 人参中的直系同源基因家族和四种测序物种的分布：胡萝卜（*Daucus carota*），咖啡（*Coffea canephora*），拟南芥（*Arabidopsis thaliana*）和番茄（*Solanum lycopersicum*）；b. 基于每种物种基因组序列注释 383 个单拷贝基因的蛋白质，包括人参在内的 14 种物种的系统发生树。

除国内开展人参基因组研究外，韩国对人参全基因组序列也进行研究，得到人参基因组大小为 2.98Gb，注释了 59 352 个基因，重测序数据表明南亚的二倍体人参属物种的分化与全球变暖有关，北美洲的两个物种通过两次大陆间迁徙进化而来。在五加科从伞形科中分离出来之后，发生了两次全基因组复制事件，最近一次的加倍事件增强了人参的抗寒性，进而使其得以在北半球扩张。功能与进化分析表明，人参属中的达玛烷型皂苷主要在芽中产生并转运至根部；新进化的脂肪酸脱氢酶增加了人参的抗寒能力；叶绿素 a/b 结合蛋白基因的保留使得人参在弱光条件下也可进行有效的光合作用。该研究通过全基因序列研究，阐释了人参的进化历程，并找到了其寒冷适应性和荫蔽适应性的相关分子机制，对于改良其他物种提供分子参考。

本草基因组学已经被提议作为研究生物活性化合物合成途径的整合平台。人参是传统药物的代表，除了银杏基因组外，人参基因组是 2018 年前发表的的药用植物中最大的基因组。人参基因组中重复序列的比例在当时所有已测序的被子植物也是最高的，与兰花（61%）相似，高于高粱（58%）、葡萄（49%）和水稻（35%）。LTR 是基因组扩增的关键因素。在人参中，LTR 占基因组的 52%，比以前使用 BAC 得出的评估值高 1.5 倍。由于全基因组序列拥有比 BAC 更多的信息，这种分歧可能归因于方法差异，进一步强调全基因组测序在重复序列和物种进化分析中重要性。

二、人参叶绿体基因组

（一）人参叶绿体基因组基本信息

通过 Illumina Hiseq 2000 平台进行全基因组 *De novo* 测序。借助生信平台，应用生物信息学方法抽出叶绿体基因组序列读长并进行拼接和组装。人参叶绿体基因组序列全长为 156 241~156 425bp，不同的人参品种叶绿体基因组长度稍有差异，这个差异主要来源于不同的人参品种或农家品种串联重复序列长度的不同。人参叶绿体呈典型的 4 段式结构，由两个反向重复区 IRs、一个大单拷贝区 LSC 和一个小单拷贝区 SSC 组成（图 1-4）。GC 含量为 38.0%，与已报道的同属其他物种 GC 含量相似。由于 IR 区包含 4 个高 GC 含量的 rRNA 基因，IR 区的 GC 含量（43.1%）明显高于 LSC 区（36.2%）和 SSC 区（32.0%）。

（二）人参叶绿体基因组基因注释

人参叶绿体基因组成功注释 128 个基因，其中包括 86 个蛋白质编码基因、34 个 tRNA 基因和 8 个 rRNA 基因（表 1-8）。128 个基因主要可分为以下 4 类：①与光合作用有关的基因；②与自我复制有关的基因；③未知功能的蛋白基因；④成熟酶基因（*matK*）、囊膜蛋白基因（*cemA*）等其他基因。在 87 个蛋白编码基因中有 74 个为单拷贝，此外，有 13 个基因包含内含子，其中 3 个基因（*ycf3*，*clpP* 和 *rps12*）含有两个内含子，其余 10 个基因只有 1 个内含子。*rps12* 基因为反式剪切基因，该基因的 5′ 端位于 LSC 区，3′ 端位于 IR 区。在 42 个 RNA 基因中只有 20 个为单拷贝基因。34 个 tRNA 基因中有 7 个包含 1 个内含子。87 个蛋白质编码基因由 26 162 个密码子编码而来，蛋白质编码区约占整个基因组大小的 50%。大部分蛋白质编码基因以 ATG 为起始密码子，但 *rps19* 和 *ndhD* 分别以 GTG 和 ACG 为起始密码子，这种现象出现在大部分植物叶绿体基因组中。在蛋白质编码区，密码子第三位的 AT 含量明显高于第一位和第二位。这种第三位高 AT 含量的密码子编码偏好性，在多数高等植物中也经常出现。

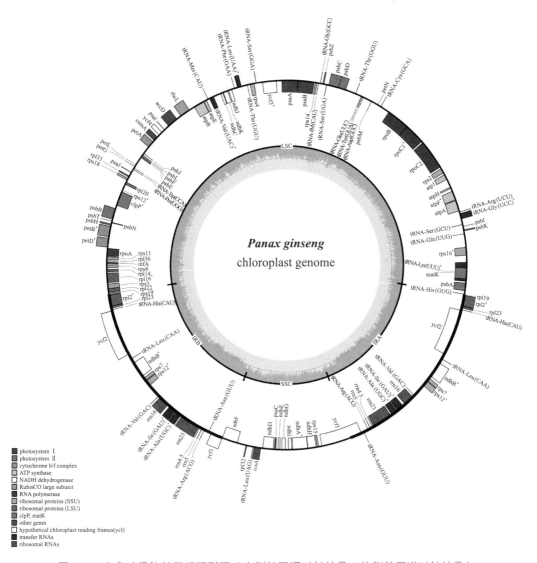

图 1-4　人参叶绿体基因组环形图（内侧基因顺时针转录，外侧基因逆时针转录）

表 1-8　人参叶绿体基因组基因信息

基因种类	基因组	基因名称
转录和翻译相关基因（Self-replication）	rRNA genes	*rrn16*（×2）,*rrn23*（×2）,*rrn4.5*（×2）,*rrn5*（×2）
	tRNA genes	*trnA*–UGC*（×2）, *trnC*–GCA, *trnD*–GUC, *trnE*–UUC, *trnF*–GAA, *trnG*–UCC, *trnH*–GUG, *trnI*–GAU*（×2）, *trnK*–UUU*, *trnL*–CAA（×2）, *trnL*–UAA*, *trnL*–UAG, *trnM*–CAU（×2）, *trnN*–GUU（×2）, *trnP*–UGG, *trnQ*–UUG, *trnR*–ACG（×2）, *trnR*–UCU, *trnS*–GCU, *trnS*–GGA, *trnS*–UGA, *trnT*–GGU, *trnT*–UGU, *trnV*–GAC（×2）, *trnV*–UAC*, *trnW*–CCA, *trnY*–GUA
	Small subunit of ribosome	*rps2*, *rps3*, *rps4*, *rps7*（×2）, *rps8*, *rps11*, *rps12***, *rps14*, *rps15*, *rps16**, *rps18*, *rps19*

基因种类	基因组	基因名称
转录和翻译相关基因（Self-replication）	Large subunit of ribosome	*rpl2* （×2），*rpl14*，*rpl16*，*rpl20*，*rpl22*，*rpl23*（×2），*rpl32*，*rpl33*，*rpl36*
	DNA dependent RNA polymerase	*rpoA*，*rpoB*，*rpoc1*，*rpoc2*
光合作用基因（Genes for photosynthesis）	Subunits of NADH-dehydrogenase	*ndhA*，*ndhB*（×2），*ndhC*，*ndhD*，*ndhE*，*ndhF*，*ndhG*，*ndhH*，*ndhI*，*ndhJ*，*ndhK*
	Subunits of photosystem Ⅰ	*psaA*，*psaB*，*psaC*，*psaI*，*psaJ*，*ycf3**
	Subunits of photosystem Ⅱ	*psbA*，*psbB*，*psbC*，*psbD*，*psbE*，*psbF*，*psbH*，*psbI*，*psbJ*，*psbK*，*psbL*，*psbM*，*psbN*，*psbT*
	Subunits of cytochrome b/f complex	*petA*，*petB**，*petD**，*petG*，*petL*，*petN*
	Subunits of ATP synthase	*atpA*，*atpB*，*atpE*，*atpF**，*atpH*，*atpI*
	Large subunit of rubisco	*rbcL*
其他基因（Other genes）	Translational initiation factor	*infA*
	Maturase	*matK*
	Protease	*clpP***
	Envelope membrane protein	*cemA*
	Subunit of Acetyl-CoA-carboxylase	*accD*
	c-type cytochrome synthesis gene	*ccsA*
	Genes of unknown function Open Reading Frames（ORF，*ycf*）	*ycf1*，*ycf2*（×2），*ycf4*，*ycf15*（×2），*lhbA*

注：* 代表含有 1 个内含子；** 代表含 2 个内含子。

（三）人参叶绿体基因组重复序列

由于简单重复性序列（SSR）具有丰富的多态性，现已成为一种高效的分子标记，已在物种鉴定和系统进化分析等方面广泛应用。人参叶绿体基因组共鉴定出 30 个 SSR 位点（表 1-9）。其中单碱基重复有 18 个，二碱基重复有 1 个，三碱基重复有 8 个，四碱基重复有 2 个，五碱基重复有 1 个。重复最多的序列是单碱基重复，主要是 A/T 重复。这些识别出的 SSR 位点中有 10 个位于基因间隔区，2 个位于 rRNA 基因内部（*rrna23*），8 个位于蛋白编码基因内部（*rpoA*，*rpoB*，*rpoc2*，*atpB*，*psbM*，*ycf1*）。此外，还检测出 5 个长重复序列（长度大于 20bp），其中有 2 个位于基因间隔区，三个位于蛋白质编码基因内部（*ycf1*，*ycf2*）（表 1-10）。

表 1-9 人参叶绿体基因组 SSR 位点

单位	长度	SSRs 编号	基因位置
A	10	1	17677–17686
	11	1	23946–23956
	13	2	4823–4835，14249–14261
C	10	2	7503–7512，38191–38200
	11	1	137043–137053
G	11	1	105431–105441
T	10	7	27594–27603（rpoB），56528–56537（atpB），71553–71562，80110–80119（rpoA），83153–83162，127890–127899（ycf1），130063–130072（ycf1）
	11	3	19889–19899（rpoc2），83064–83074，128582–128592（ycf1）
TA	14	1	85868–85881
AAGA	12	1	30782–30793
TCTT	12	1	30804–30815
AATT	12	1	30948–30959（psbM）
ATTT	12	1	34090–34101
TATT	12	1	69890–69901
AAAG	12	1	72233–72244
AGGT	12	1	107514–107525（rrn23）
CTAC	12	1	134957–134968（rrn23）
ATTAG	15	1	100769–100783
CTAAT	15	1	141701–141715
CATAGT	18	1	74295–74312

表 1-10 人参叶绿体基因组长重复序列

重复类型	大小（bp）	基因位置	基因定位
（CTACATC）3	21	1945–1965	Intergenic region
（CGATATTGATGCTAGTGA）4	72	92801–92872	ycf2
（ATATCGTCACTAGCATCA）4	72	149606–149677	ycf2

重复类型	大小（bp）	基因位置	基因定位
（AGAAACCCCAACAACGGAAGAAAGGGGG GAAAGTGAGGAAGAAACAGATGTAGAAAT）4	228	111304–111531	Intergenic region
（GTTTCTATTTCTACATCTGTTTCTTCCTCAC TTTCCCCCCTTTCTTCCGTTGTTGGG）4	228	130947–131174	*ycf1*

（四）人参叶绿体 IR 边界区的收缩和扩张

尽管叶绿体基因组 IR 区被认为是最保守的区域，但其边界区的收缩与扩张是叶绿体基因组进化中的共有现象，也是叶绿体基因组长度变异的主要原因。将人参与其近缘植物刺五加（*Acanthopanax senticosus*）、有喙欧芹（*Anthriscus cerefolium*）和胡萝卜（*Daucus carota*）的 IR-LSC 及 IR-SSC 边界区情况进行比较（图 1-5），结果发现，所有参与比较物种的 IRa/SSC 边界均延伸进入 *ycf1* 基因产生 *ycf1* 假基因，而 IRb/LSC 边界均延伸进入 *rps19* 基因产生 *rps19* 假基因。所有物种的 IRa/SSC 边界位于 *ycf1* 基因编码区，其在 *ycf1* 的 5′ 端延伸长度与 IRb/SSC 一致。不同长度的 *rps19* 假基因位于 IRa/LSC。上述 4 个物种的 *trnH* 基因均位于 LSC 区，距离 IRa/SSC 边界 2~5bp，但这个 tRNA 基因在单子叶植物的叶绿体基因组中通常位于 IR 区。

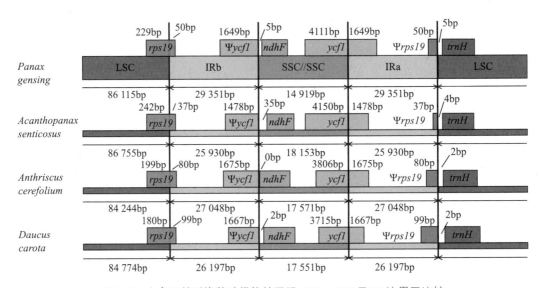

图 1-5　人参及其近缘种叶绿体基因组 LSC、SSC 及 IR 边界区比较

（五）人参属叶绿体基因组比较分析

使用 mVista 软件以人参作为参考序列与刺五加（*Acanthopanax senticosus*）、有喙欧芹（*Anthriscus cerefolium*）和胡萝卜（*Daucus carota*）进行全局比对分析（图 1-6），结果发现，4 条叶绿体基因组的 IR 区序列变异小于 LSC 区和 SSC 区。此外，非编码区

的序列变异总体高于编码区，基因间区的变异最大，如 *ndhD–ccsA*、*ndhI–ndhG*、*psbI–trnS*、*trnH–psbA* 等。叶绿体基因组的非编码区序列已被成功应用于唇形目物种的系统进化研究，如今也越来越多地应用于 DNA 条形码研究。通过比较人参与其他 3 条叶绿体基因编码区序列的变异情况发现，4 个 rRNA 基因序列最为保守，而 *rpl22*、*ycf1*、*ndhF*、*ccsA*、*rps15* 和 *matK* 等基因的编码区序列变异最大。

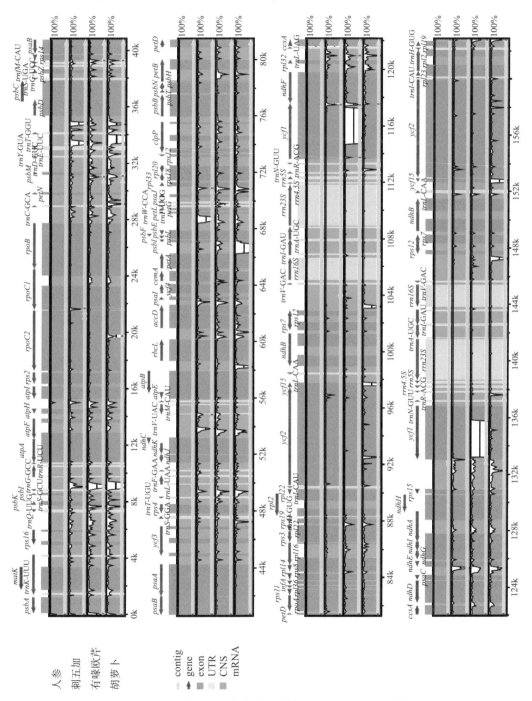

图 1-6　人参及其近缘种叶绿体基因组序列 mVista 比较

33

（六）人参系统进化分析

利用获得的人参叶绿体基因组序列与从 NCBI 数据库得到的 30 条叶绿体基因组序列进行系统发育研究。挑选 31 个叶绿体基因组共有的 55 个蛋白质编码基因联合序列构建 ML 树（Bootstrap 1000 次重复，支上数值显示自展支持率 ≥ 50%）（图 1-7）。并以喉管花（*Trachelium caeruleum*）作为外类群。从进化树中可以看出，人参和伞形目的其他近缘物种刺五加、有喙欧芹和胡萝卜构成的分支有稳定的拓扑结构。

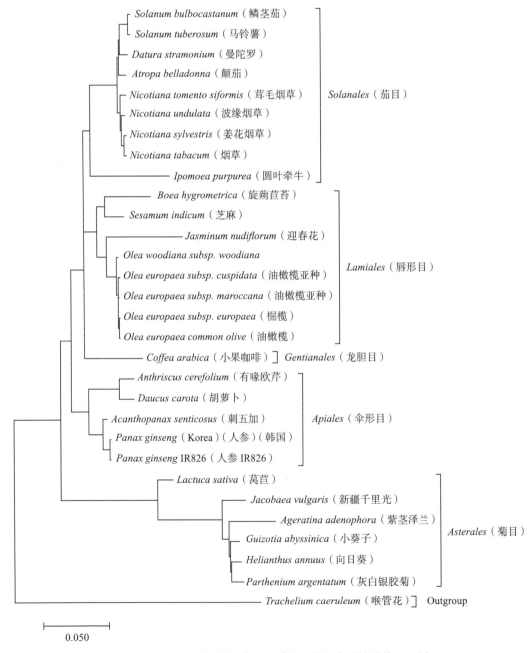

图 1-7　基于 33 个物种共有蛋白质编码基因序列构建的 ML 树

有文献报道，采用二代测序技术对马牙、二马牙、高丽参和野山参的叶绿体基因组进行测序和比较，结果发现，野山参叶绿体基因组大小为 156 255bp，较其他三者在 5472bp 处多一个碱基插入，其中大单拷贝区 86 130bp，小单拷贝区 18 077bp，反向重复区 26 074bp，在大马牙中共注释到 128 个功能基因（86 个蛋白编码基因，34 个 tRNA 基因以及 8 个 rRNA 基因），它们的叶绿体基因组结构、GC 含量和基因顺序基本相似，重复序列分析结果显示在大马牙中检测到 30 个短重复序列以及 5 个长度大于 20bp 的长重复序列。为研究叶绿体基因组在人参引种驯化过程中的异质性，对四种人参次等位基因水平的差异进行统计，结果四者的多态性位点数目每 kb 分别是 0.74，0.59，0.97 和 1.23，说明人参叶绿体中的次等位基因在引种驯化过程受到了纯化选择。对包括人参在内的 11 个人参属物种的叶绿体基因组进行比较分析，结果发现这 11 种人参属物种的叶绿体基因组的大小变化主要是由于 *ycf1* 基因和 *rps16-trn*UUG 和 *rpl32-trn*UAG 基因间重复拷贝数的差异，与上传的大马牙、二马牙和高丽参的序列进行比较，发现在 14 个叶绿体基因组中存在非常罕见但独特的多态性，可借以开发分子标记，用于分析人参的多样性和品种鉴定；对 7 个人参属的 11 个物种的叶绿体和线粒体基因组进行了测序，序列多态性分析表明，这两个细胞质基因组的核苷酸替代率的异质性都很丰富，线粒体基因组在总水平上具有更多的变异，而叶绿体在基因区域显示出更高的序列多态性。

根据"内共生"理论，叶绿体是由被原始真核生物吞噬的蓝藻经过多次共生而形成。叶绿体基因组具有多拷贝性，可使目的基因高水平表达，近年来已成为药用植物超级条形码鉴定的研究热点。叶绿体基因组的分析研究不仅可以丰富叶绿体基因组序列的数量，也能为该属植物抗性蛋白的表达、代谢途径的改造等方面提供保障，更重要的是可以推动人参属植物在分子育种、遗传转化以及系统进化等方面的研究进程。另外，还可为研究人参属植物的生长发育、培育抗逆品种、实现该属药用资源的可持续利用奠定基础。

三、人参皂苷生物合成调控及分布

人参皂苷含量和组分与生物合成过程中关键酶在细胞中的表达水平相关，近年来研究人员利用高通量测序技术进行了人参不同类型样品转录组测序，在人参皂苷生物合成途径方面取得了一些研究进展，首次将人参根细分，从组织层面开展转录组测序并进行了有参分析，从转录组数据中检测出超过 34 000 个预测基因表达，其中在周皮、皮层和中柱中共表达 27 450 个。发现超过 2.1 万个表达基因与人参皂苷的含量正相关，结果表明人参皂苷在组织层面具有复杂的合成和调节机制。同时，应用电喷雾解吸电离质谱（DESI-MS）成像用于阐明人参根部内人参皂苷的组织定位。鉴定并总结了人参皂苷组织定位，表明人参根部人参皂苷的组织定位具有明显的空间特异性。

（一）人参皂苷生物合成调控

1. 人参转录组分析

从转录组数据中检测出超过 34 000 个预测基因，通过表达谱聚类分析将样品聚集成三个不同的组。基因在皮层中的表达模式更接近于中柱，而不是周皮。在周皮和皮层、周皮和中柱、皮层和中柱之间分别发现了 2530 个、2688 个和 711 个差异表达的基因。GO 富集分析表明，周皮和中柱之间的差异基因以及周皮和皮层之间的差异基因主要参与代谢过程和应激反应。通过加权基因共表达网络分析（WGCNA）将基因总数分为 64 个模块，总人参皂苷含量被认为是分析中的加权因子，其中三个模块与人参皂苷含量呈正相关。最相关的模块包含 15 762 个基因，表明参与人参皂苷合成和调节的机制十分复杂（图 1-8）。

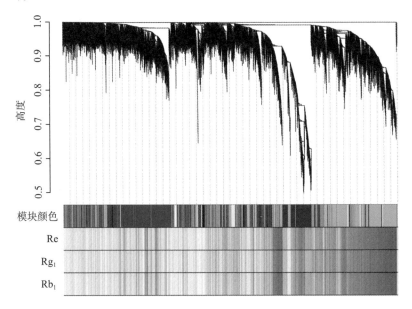

图 1-8　通过 WGCNA 显示用 42 006 个基因的共表达模块的分层簇树

其中 7456 个具有轻微变异的基因被从分析中排除。对应于分支的模块由树下的第一个颜色带中的颜色表示，剩余的色带显示总人参皂苷 Rb_1 和 Rg_1 高度正相关（红色）或负相关（蓝色）转录物。"红"表示与相应基因高度正相关，"白"表示弱相关，"蓝"表示高度负相关。

2. 人参皂苷的保守生物合成途径

作为三萜皂苷，人参皂苷主要使用通过甲羟戊酸（MVA）途径产生的前体戊烯焦磷酸（IPP）进行生物合成，这个过程在真核生物中高度保守。通过 BLAST 搜索和基序查找鉴定了编码 10 个上游酶的 31 个基因（图 1-9，a）。除了乙酰辅酶 A 乙酰转移酶（AACT）外，其余酶均显示有多个拷贝和同工型，其中 HMGR 具有 8 个，SS 和 SE 各有 4 个。PMK 中的一个可能是潜在的假基因，在编码区包含多个终止密码子。甲羟戊酸激酶（MVK）、甲羟戊酸二磷酸脱羧酶（MVD）、异戊烯基 - 二磷酸 δ - 异构酶（IDI）

和法呢基二磷酸合成酶（FPS）这4种酶分别具有2个拷贝。人参MVA酶中多拷贝现象的可能与植物中三萜类化合物或类固醇生物合成的不同调节控制有关。形成氧化鲨烯后，不同的人参皂苷前体被各种酶环化并羟化，在该步骤中，鉴定了5种β-香树脂醇合成酶（β-AS），3种OAS，3种达玛烷合成酶（DDS）和3种原人参二醇合酶（PPDS）。另外还注明了100种萜类合酶，其中包括一种羊毛甾醇合成酶（LAS）和一种环辛醇合酶（CAS）。

通过9组表达数据（支根、根茎、茎、叶片、花梗、小叶梗、果梗、种子和果肉）研究人参皂苷生物合成。通过聚类结果可以看出，地上部位和地下部位能明显聚类（图1-9，b）。果肉和种子的表达信息相对特殊，一些基因在不同的器官中具有共表达。例如，PG07131（HMGR），PG03840（HMGR），PG11918（SE）和PG28400（PPTS）在果肉样品中特别表达，但未出现在其他组织中。同时，在种子中共表达的有PG19915（OAS），PG16025（SE），PG00849（β-AS）和PG37498（HMGR）。在叶片中，PG02251（HMGR），PG38245（HMGR），PG13769（DDS），PG09257（DDS）和PG03815（CAS）表达较高。在层次聚类分析的基础上，依据特征可将上游基因分为具有特异性表达模式不同组，这种模式可能与人参的器官特异性化学分布有关（图1-9，b）。

a

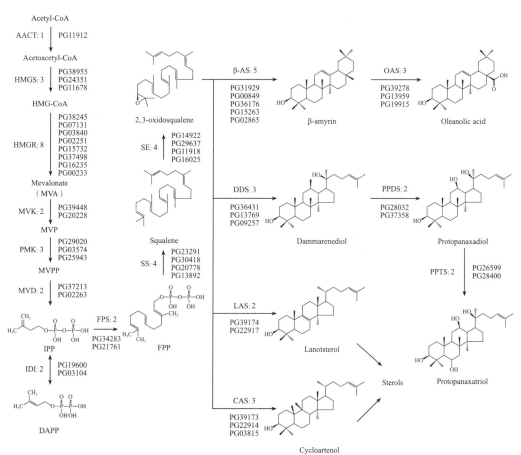

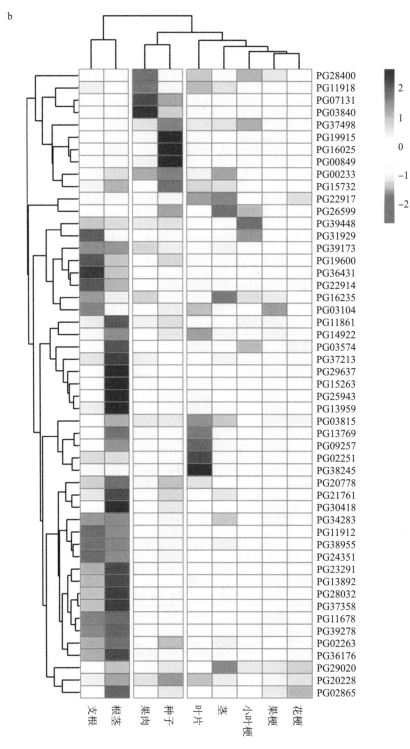

图 1-9　人参中人参皂苷的 MVA 途径中的基因表达

a. 具有指定候选基因的人参皂苷的可能的生物合成途径；b. 人参九个器官候选
生物合成途径基因表达模式的热图。

3. 人参 UDP- 糖基转移酶

UDP- 糖基转移酶（UGT）负责将糖基部分转移到受体分子，包括人参皂苷。人参基因组编码大量多样化的 UGT，共鉴定了 225 个 UGT，是人参中最大的基因家族之一。这些 UGT 按照 UGT 命名委员会的标准进行新分类。所有的 UGT 可被分配到 24 个亚家族。UGT73 是最丰富的亚家族（具有 30 个成员），其次是 UGT74 和 UGT94（分别有 25 个和 24 个成员）。与胡萝卜相比，UGT74 和 UGT71 显著扩增，而 UGT93 大幅缩小。发现 78 个 UGT 基因簇，最大的组包含五个成员。PgUGT 基因簇类似于串联重复序列，通常属于同一个亚科。其中最大的基因簇所有成员源自祖先的 UGT73，相似性范围为48%~92%。高相似性表明这些基因可能从最近的基因组重复或新的连锁不平衡事件演变而来（图 1-10）。

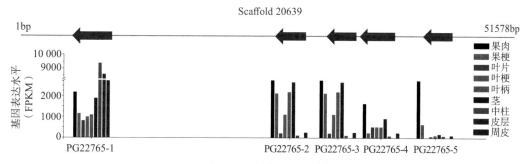

图 1-10　人参 UGT 分析

UGT 的表达模块也显示出高度的组织特异性。与所提到的基因簇相似，这些UGT 的表达模式有显著差异，尽管它们都源自相同的 UGT73 基因家族。PG22765-1是最高表达成员，平均 FKPM 为 3089，是唯一在人参根中高度表达的基因，其次是PG22765-2，平均 FKPM 为 1957。同时，PG22765-5 是表达较不稳定的基因，CV 为186.72。这种 UGT 很少在人参根、茎或叶中表达，但在果实中高度表达（图 1-11，图 1-12 ）。

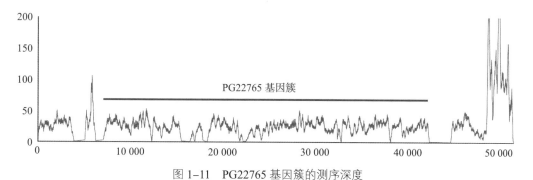

图 1-11　PG22765 基因簇的测序深度

注：提取包含 PG22765 UGT 基因簇的 Scaffold 20 639 比对信息（.bam 文件），完全比对并计算测序深度。除了基因间区，重复区域或高 GC 含量区域，映射深度均约为 20×

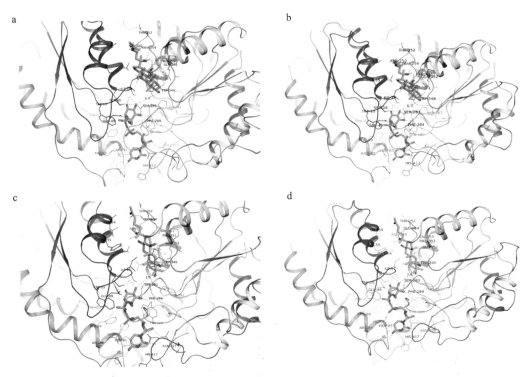

图 1-12　来自人参 PgUGT23 酶的同源性对接

a. PgUGT23 原人参二醇配体位点；b. PgUGT23 原人参二醇的总体结构；

c. PgUGT23 原人参三醇配体位点；d. PgUGT23 原人参三醇的总体结构。

4. 人参 PG22997 功能测定

选择了 UGT71，UGT74 及 UGT94 家族的 18 个 UGT 进行分子建模和对接，选择 PPD 和 PPT 分子模型作为对接底物，选择 UGT-Glc 作为供体。结果表明 UGT71 家族 N 末端 I/V-G/S-H 基序、C 末端 W-N-S-X-L-E 基序以及 C- 末端 Y-G/A-E-Q 基序；UGT74 家族的 N- 末端基序 Q-G-H-X-N/S 和 C 端 H-C/S-G-W-N-S-T-X-E 基序，UGT94 家族的 N 端 H/Q/Y-G-H 基序和 C 末端 D-Q 基序与皂苷糖基化密切相关（图 1-13）。同时发现，N 末端的关键残基可能在进化过程中受特定底物结合的选择压力。

目前人参转录组研究较为广泛，已经完成了毛状根、不同部位、不同品种、不同年限、茉莉酸甲酯诱导前后的转录组研究，并获得了大量的基因组信息，挖掘出参与人参皂苷合成的多个功能基因。有文献报道，采用 454 测序平台对四年生人参的根、茎、叶、花进行了转录组测序，挖掘到了参与皂苷生物合成的所有基因，组装注释到 326 条 P450 unigenes，129 条 GT unigenes。在对野生人参和栽培人参的转录组学研究中，研究者发现参与人参皂苷生物合成的关键基因 HMG-CoA 合成酶（HMGS）、甲羟戊酸激酶（MVK）、鲨烯环氧酶（SE）在野生人参中高表达，这与野生人参中皂苷含量高相一致。

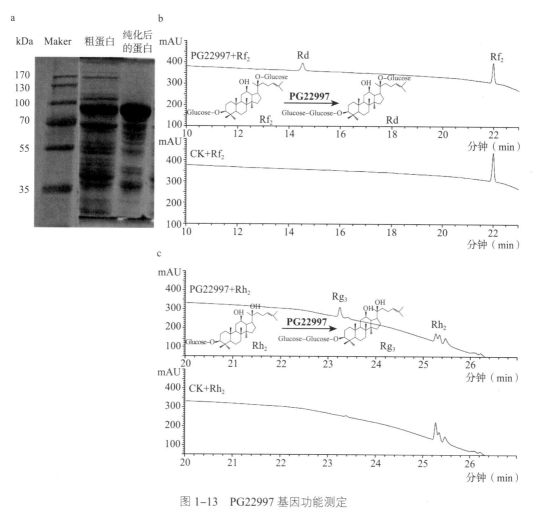

图 1-13 PG22997 基因功能测定

a. 重组 PG22997 的 SDS-PAGE 电泳图；b 和 c. PG22997 催化人参皂苷 Rf_2 至人参皂苷 Rd 和人参皂苷 Rh_2 至人参皂苷 Rg_3 反应。

（二）人参根部人参皂苷组织定位

应用电喷雾解吸电离质谱（DESI-MS）成像技术阐明人参根部内人参皂苷的组织定位。鉴定并总结了人参皂苷 Rg_1/Rf，伪 Rc_1，Ra_1/Ra_2，Rd/Re，Rs_1/Rs_2 和 Ra_3 的组织定位（表 1-11，图 1-14）。人参皂苷 Rg_1/Rf 高度集中在根部的周皮和中柱区域内，Rd/Re，Rs_1/Rs_2，Ra_1/Ra_2 和假人参皂苷 Rc_1 以高浓度分布在周皮中，低浓度分布在中柱（图 1-15）。人参皂苷 Ra_3 在横截面内表现出扩散分布，在周皮周围呈现高浓度（图 1-16）。这些异构体通过 DESI 串联质谱法（MS/MS）进行鉴定。对于 Rf/Rg_1，单糖组 $C_6H_{10}O_5$（162.05）和二糖组 $C_{12}H_{22}O_{11}$（342.12）片段化产生了对应于不同组织定位的 m/z 637.46 和 m/z 457.15 片段。特征 MS/MS 碎片峰是 Rd 的 m/z 603.08，Re 的 m/z 799.52。通过 DESI-MS/MS 证实 Rb_1 在周皮周围富集（图 1-17，表 1-12），人参皂苷从外侧到内侧含量逐渐减少。

表 1-11　人参皂苷的鉴定

名称	分子式	理论同位素质量	加合物	理论 m/z	观测到的 m/z	质量差（ppm）
麦芽糖	$C_{12}H_{22}O_{11}$	342.1162	M+Cl	377.0856	377.0845	-2.9
Citbismine C	$C_{37}H_{36}N_2O_{11}$	684.2319	M−H	683.2246	683.2243	-0.4
人参皂苷 Rf/Rg_1	$C_{42}H_{72}O_{14}$	800.4922	M+Cl	835.4616	835.4586	-3.6
人参皂苷 Rd/Re	$C_{48}H_{82}O_{18}$	946.5501	M+Cl	981.5195	981.5168	-2.8
伪人参皂苷 Rc_1	$C_{50}H_{84}O_{19}$	988.5607	M−H	987.5534	987.5521	-1.3
人参皂苷 Rs_1/Rs_2	$C_{55}H_{92}O_{23}$	1120.6029	M−H	1119.5957	1119.5933	-2.1
人参皂苷 Ra_1/Ra_2	$C_{58}H_{98}O_{26}$	1210.6346	M+Cl	1245.6062	1245.6060	-0.2
人参皂苷 Ra_3	$C_{59}H_{100}O_{27}$	1240.6452	M+Cl	1275.6146	1275.6178	2.5

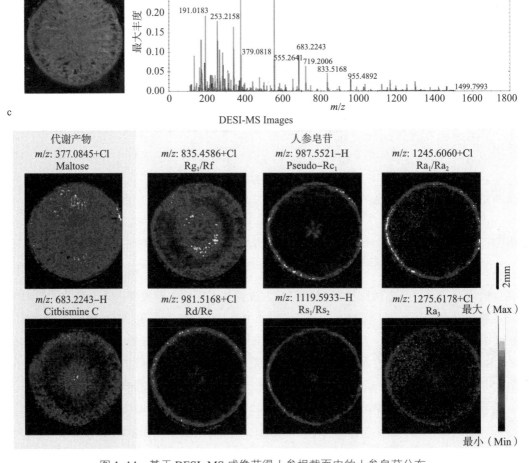

图 1-14　基于 DESI–MS 成像获得人参根截面中的人参皂苷分布

a. 主根的光学图像（Optical Image）；b. TMS 图像光谱；c. 代谢物和人参皂苷的 DESI–MS 图像：麦芽糖，Citbismine C，Rg_1/Rf，假定 −Rc_1，Ra_1/Ra_2，Rd/Re，Rs_1/Rs_2 和 Ra_3。比例尺 =2mm。

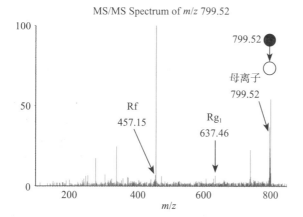

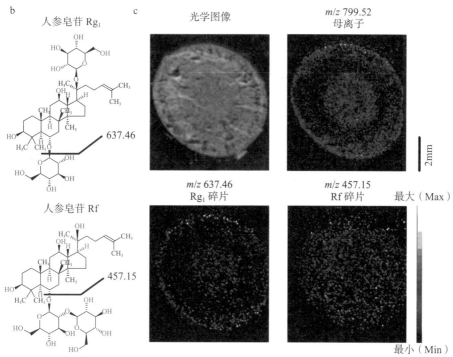

图 1-15 人参根截面中 Rf 和 Rg₁ 的 DESI-MS/MS 图像

a. *m/z* 799.52 的 MS/MS 谱；b. Rg₁ 和 Rf 的分子结构式；c. Rg₁ 和 Rf 的 DESI-MS/MS 图像。

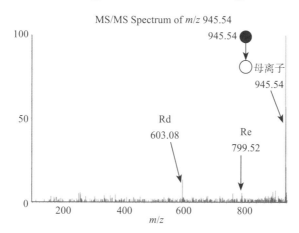

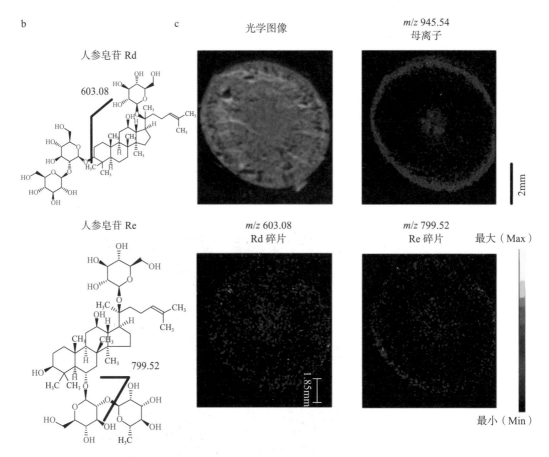

图1-16　人参根截面中 Rd 和 Re 的 DESI-MS/MS 图像

a. *m/z* 745.54 的 MS/MS 谱；b. Rd 和 Re 的分子结构式；c. Rd 和 Re 的 DESI-MS/MS 图像。

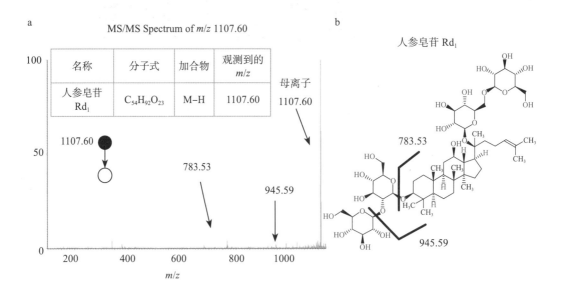

c

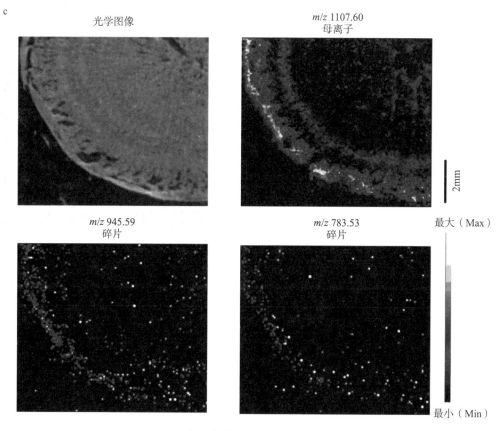

图 1-17　人参根截面 Rb₁ 的 DESI-MS/MS 图像

a. m/z 1107.60 的 MS/MS 谱；b. Rb₁ 分子结构式；c. Rb₁ 的 DESI-MS/MS 图像。

表 1-12　人参皂苷在不同组织中的分布（$\bar{x} \pm s$, mg/g）

人参皂苷	周皮	皮层	中柱	P 值	FDR
Rg₁	2.03 ± 0.72^a	0.77 ± 0.55^b	0.31 ± 0.14^b	1.87×10^{-2}	1.87×10^{-2}
Re	5.91 ± 0.92^a	0.12 ± 0.07^b	0.11 ± 0.04^b	1.54×10^{-5}	6.16×10^{-5}
Rf	1.44 ± 0.45^a	0.32 ± 0.16^b	0.19 ± 0.05^b	2.57×10^{-3}	2.94×10^{-3}
Rg₂	1.56 ± 0.18^a	0.06 ± 0.05^b	0.07 ± 0.06^b	4.59×10^{-6}	3.67×10^{-5}
Rb₁	2.97 ± 0.50^a	0.55 ± 0.37^b	0.18 ± 0.06^b	1.47×10^{-4}	2.94×10^{-4}
Rc	2.54 ± 0.54^a	0.22 ± 0.08^b	0.14 ± 0.01^b	1.34×10^{-4}	2.94×10^{-4}
Rb₂	2.24 ± 0.56^a	0.17 ± 0.06^b	0.11 ± 0.01^b	3.12×10^{-4}	4.99×10^{-4}
Rd	0.56 ± 0.12^a	0.20 ± 0.05^b	0.17 ± 0.01^b	1.17×10^{-3}	1.56×10^{-3}

在解剖特征的基础上，将人参主根分为周皮、皮层和中柱进行进一步的定量分析。高效液相色谱（HPLC）结果表明，人参皂苷 Rg₁，Re，Rf，Rg₂，Rb₁，Rc，Rb₂ 和 Rd

均在周皮中含量最高，且显著高于皮层和中柱（$P < 0.001$）。PCA 和 PLS-DA 图显示在周皮、皮层和中柱组间不同聚类，表明人参皂苷在根部分布不同（图 1-18，图 1-19）。

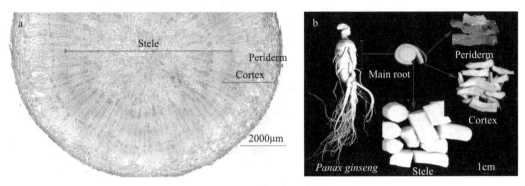

图 1-18　人参四年生的根

a. 人参主根的微观剖面；b. 人参主根（Main root）、横切及周皮（Periderm）、
皮层（Cortex）和中柱（Stele）。

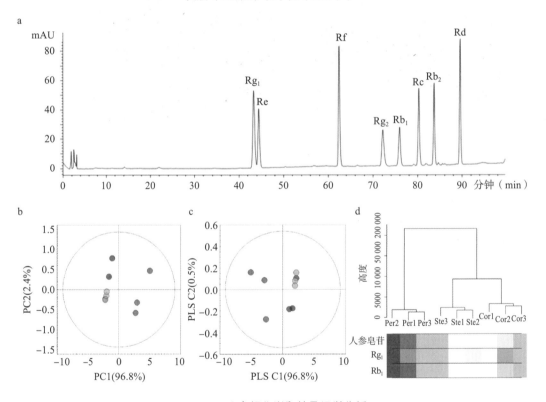

图 1-19　人参根代谢和转录组学分析

人参皂苷 Rg₁，Re，Rf，Rg₂，Rb₁，Rc，Rb₂ 和 Rd 标准品的 HPLC 色谱图，b 和 c 分别为基于 HPLC 数据 PCA 和 PLS-DA 得分图，红色圆点代表周皮组，蓝色圆点代表皮层组，绿色圆点代表中柱组，d 基于 42 006 个基因表达模式，人参样品簇聚类树。树的分支对应于不同的人参组织样品。树下的颜色带代表总人参皂苷 Rb₁ 和 Rg₁ 的相对含量（红色表示高值）。

四、人参根部蛋白表达模式

有机体生命活动的复杂性最终体现在蛋白质水平。近年来，植物蛋白质组学研究已成为后基因组时代研究较活跃的一个领域。在代谢组和转录组研究的基础上，采用蛋白质组学方法从组织层面对人参根部蛋白表达模式进行分析，共得到 2719 个蛋白，周皮中特异性表达蛋白最多。筛选得到 839 个差异表达蛋白（DEP），主要参与初生代谢及次生代谢途径。共鉴定到 28 个与人参皂苷合成相关蛋白，且在三个组织中存在差异表达，可能与其人参皂苷的合成及分布不均有关。蛋白质组研究从整体蛋白质水平上探索人参根部代谢物不均匀分布的分子机制，筛选出与人参皂苷合成相关的 DEP，并对转录组结果进行验证和补充，同时也可有效促进人参品质提升。

（一）人参根部蛋白质组数据分析

1. 蛋白鉴定结果

经质谱分析及 Maxquant 搜库，共获得 14 857 个肽段，鉴定到 2719 个蛋白质数，周皮、皮层和中柱分别鉴定 2154、1971、1945 个蛋白质（至少一个重复有定量信息）；三个组织中同时表达的蛋白质数为 1533 个（Core Proteome），且三个组织同时表达的蛋白质数最多，其次是一个组织；三类组织中特异表达的蛋白质数分别为 507、200 和 172 个，其中周皮中最多 [表 1-13，图 1-20（a 和 b）]。大部分覆盖到蛋白的肽段数量在 40 个以内，且随着匹配肽段数量增加而减少（图 1-20，c）。

表 1-13　蛋白质鉴定基础数据

种类	数量	种类	数量
蛋白质	2719	皮层	1971
肽类	14 857	中柱	1945
周皮	2154	核心蛋白质	1533

2. 蛋白功能分类

将鉴定到的所有蛋白质进行 GO 功能分类统计，三大类 GO 条目进一步分为 51 个亚类。周皮中，共分配有 3557 个 GO 条目；在皮层和中柱中，分别分配有 3362 和 3360 个 GO 条目。其中参与细胞成分的蛋白最多，其次是生物过程和分子功能。在细胞成分定位中，作用于细胞（Cell）和细胞部分（Cell Part）的表达蛋白最多，还包括细胞器（Organelle）及细胞膜（Membrane）等；蛋白数最多的是细胞和细胞部分；生物过程分类中，参与代谢过程（Metabolic Process）和细胞过程（Cellular Process）的表达蛋白数最多，还包括定位（Localization）、响应刺激（Response to Stimulus）、生物学调控（Biological Regulation）、细胞组分组织或形态建成等（Cellular Component Organization or Biogenesis）；分子功能分类中，行使催化活性（Catalytic Activity）和结合（Binding）

功能表达蛋白数最多，其次是结构分子活性（Structural Molecule Activity）及转运蛋白活性（Transporter Activity）等（图1-21，a）。

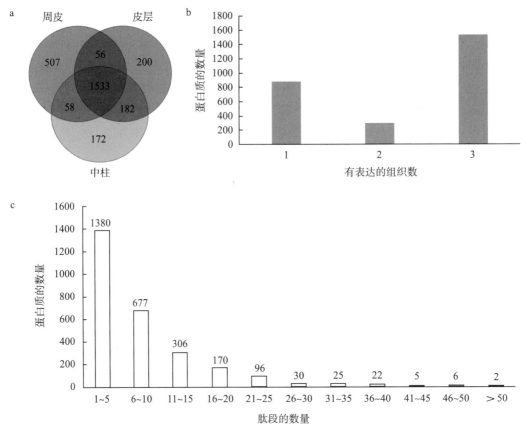

图 1-20　不同组织中表达蛋白分布

a. 蛋白表达维恩图；b. 在一个或多个组织中表达蛋白的数量；c. 多肽在蛋白中的分布图。

对所得蛋白质进行 KEGG Pathway 分析，结果显示这些蛋白参与了124条代谢通路。注释到的通路包括代谢、生物合成、循环系统、信号转导、转运等。发现富集到代谢的蛋白数最多，如参与碳水化合物代谢的为183个，参与淀粉和蔗糖代谢的为70个。生物合成中，参与氨基酸生物合成的蛋白数为161个，参与类苯基丙烷生物合成的为37个。另外发现参与萜类化合物骨架生物合成的蛋白数为16个，参与类倍半萜烯和三萜生物合成（Sesquiterpenoid and Triterpenoid Biosynthesis）的蛋白数为4个（图1-21，b）。

人参蛋白质组的研究从分离蛋白方法学的建立到蛋白点的鉴定并探索不同类型样本中蛋白差异及其功能。这些研究体现了人参蛋白水平的差异和动态变化，与各类组织和细胞在维持生长发育过程中行使功能不同有关。鉴于此，基于人参根部组织水平代谢组学和转录组学差异，依据人参基因组信息探索人参根部蛋白水平的动态性，在三个组织中共检出2719个蛋白，高于先前报道，主要得益于人参基因组信息的获得。作为营养器官，根负责吸收土壤中的水分和无机盐并通过内部的维管组织系统输送到地上部的茎和叶中，同时具有支持、繁殖和贮存合成有机物质的作用。在人参根部鉴定到的蛋白主要参与

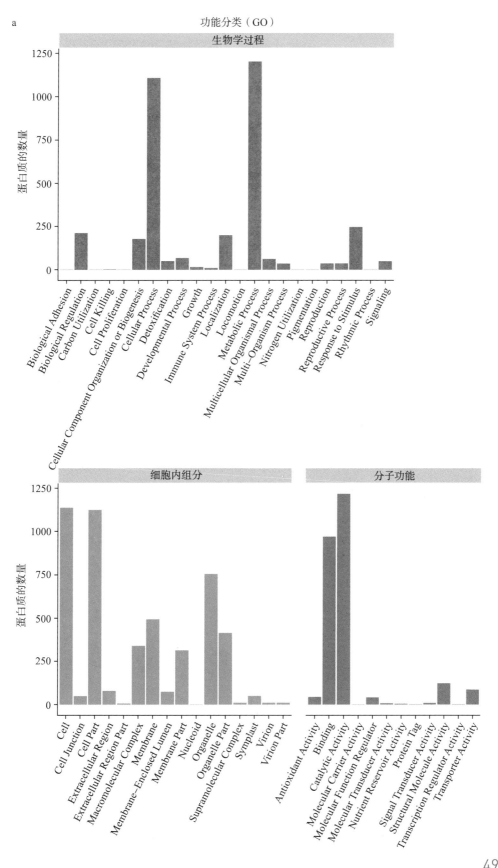

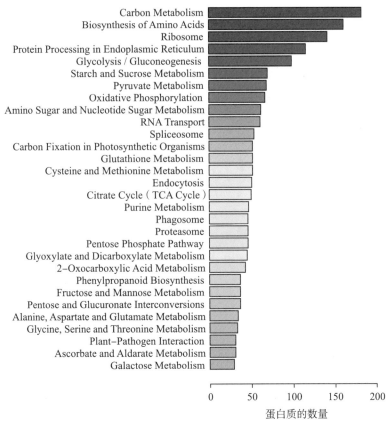

图 1-21　蛋白功能分析

a. 蛋白质 GO 分析；b. 蛋白质 KEGG Pathway 分析

代谢过程、细胞过程、定位、响应刺激、生物学调控、细胞组分组织或形态建成等，行使催化活性、结合、结构分子活性及转运蛋白活性等，即在自然条件下，这些蛋白维持了人参根的稳定生物学过程及正常生长发育。先前研究中，通过 KEGG Pathway 发现了参与呼吸作用的糖酵解/糖质新生、三羧酸循环及戊糖磷酸途径的 157 个蛋白，这些蛋白参与了根对土壤中矿物质营养的吸收与运输、有机物的合成与运输、细胞的分裂与伸长生长及整个植株的生长和发育过程。参与代谢与合成途径的蛋白中发现了 92 个合成酶，其中包括促进根成熟的颗粒结合淀粉合酶（Granule-Bound Starch Sy），有文献报道，在 207 个人参根蛋白数据中，发现了一个参与糖酵解途径的脱氢酶——甘油醛三磷酸脱氢酶，同样发现了该蛋白产物（PG23990-mRNA-1）并在三个组织中高表达的 Nthase 1。

（二）人参根部蛋白功能分析

人参根组织中共鉴定到 28 个与人参皂苷合成相关蛋白，包括 MVA 途径中 7 个酶，磷酸甲基赤藓糖醇（MEP）途径中 7 个酶及下游途径中的 1 个 PPDS，1 个 PPTS 和 12 个 UGT。这些蛋白在人参根部表达丰度存在差异，其中有 17 个蛋白在三个组织中同时表达，周皮中特异表达 3 个蛋白；皮层中特异表达 2 个蛋白；中柱中特异表达 3 个蛋白

（图 1-22）。共有 10 个蛋白在周皮中高表达，包括 1 个 AACT、1 个 IDI、1 个 DXS、1 个 IspH 及 6 个 UGT，其中 AACT（PG11912-mRNA-1）、DXS（PG31496-mRNA-1）、UGT（PG05454-mRNA-1 和 PG34795-mRNA-1）在周皮中的表达丰度较皮层或中柱显著上调。有 9 个蛋白在皮层中高表达，包括 1 个 HMGS、1 个 IDI、1 个 FPS、1 个 IspG/gcpE、1 个 IspE、1 个 DXR 及 3 个 UGT，其中 MVK（PG20228-mRNA-1）和 DXR（PG34876-mRNA-1）在皮层中显著上调表达。剩余 9 个蛋白在中柱中高表达，包括 1 个 PPTS、1 个 MVK、1 个 MVD、1 个 PPDS、1 个 IspG/gcpE、1 个 IspF 及 3 个

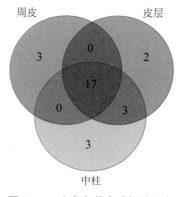

图 1-22 人参皂苷合成相关蛋白表达维恩图

UGT，其中 PPTS（PG26599-mRNA-1）在中柱中显著上调表达。这些酶在三个组织中的差异表达可能与其人参皂苷的合成及分布不均有关（图 1-23 和表 1-14）。

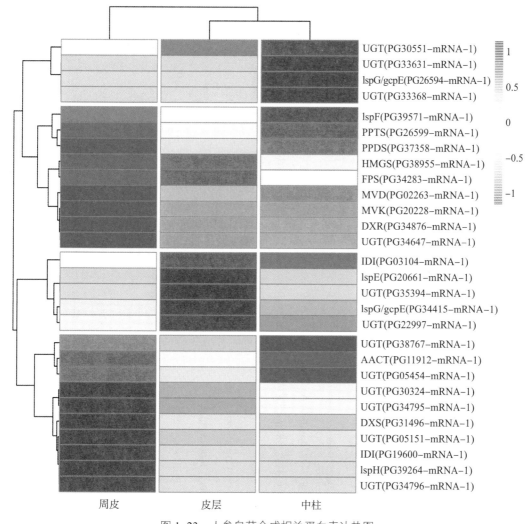

图 1-23 人参皂苷合成相关蛋白表达热图

表 1-14　人参皂苷合成相关蛋白表达丰度及差异

蛋白编号	中柱中平均丰度	皮层中平均丰度	周皮中平均丰度	周皮：皮层 log2FC（P/C）in Lable-free	P值	周皮：中柱 log2FC（P/S）in Lable-free	P值	皮层：中柱 log2FC（C/S）in Lable-free	P值
HMGS（PG38955-mRNA-1）	6.47×10^7	1.14×10^8	9.28×10^7	-8.15×10^{-1}	—	-5.21×10^{-1}	—	2.94×10^{-1}	—
PPTS（PG26599-mRNA-1）	2.08×10^7	7.84×10^7	1.71×10^8	-1.91	—	-3.04	3.90×10^{-3}	-1.13	—
MVK（PG20228-mRNA-1）	0	3.39×10^7	4.88×10^7	-6.55	2.80×10^{-3}	-7.08	6.80×10^{-3}	-5.26×10^{-1}	—
IDI（PG03104-mRNA-1）	2.73×10^8	2.90×10^8	2.57×10^8	-8.32×10^{-2}	—	9.04×10^{-2}	—	1.74×10^{-1}	—
MVD（PG02263-mRNA-1）	3.99×10^8	5.69×10^8	5.94×10^8	-5.13×10^{-1}	—	-5.75×10^{-1}	—	-6.18×10^{-2}	—
PPDS（PG37358-mRNA-1）	2.01×10^7	6.20×10^7	8.73×10^7	-1.63	—	-2.12	—	-4.94×10^{-1}	—
AACT（PG11912-mRNA-1）	1.14×10^9	9.58×10^8	7.04×10^8	2.52×10^{-1}	—	6.96×10^{-1}	1.92×10^{-2}	4.44×10^{-1}	—
FPS（PG34283-mRNA-1）	2.46×10^8	3.25×10^8	2.90×10^8	-4.03×10^{-1}	—	-2.35×10^{-1}	—	1.67×10^{-1}	—
IDI（PG19600-mRNA-1）	1.17×10^7	0	0	5.01	—	5.01	—	0	—
DXS（PG31496-mRNA-1）	5.34×10^8	3.57×10^8	3.47×10^8	5.81×10^{-1}	—	6.20×10^{-1}	1.29×10^{-2}	3.86×10^{-2}	—
IspH（PG39264-mRNA-1）	1.11×10^7	0	0	4.94	—	4.94	—	0	—
IspG/gcpE（PG26594-mRNA-1）	0	0	7.88×10^6	0	—	-4.44	—	-4.44	—
IspG/gcpE（PG34415-mRNA-1）	7.32×10^7	1.44×10^8	6.50×10^7	-9.79×10^{-1}	—	1.72×10^{-1}	—	1.15	—
IspF（PG39571-mRNA-1）	1.87×10^7	3.67×10^7	8.73×10^7	-9.71×10^{-1}	—	-2.22	—	-1.25	—
IspE（PG20661-mRNA-1）	0	2.58×10^7	0	-6.15	—	0	—	6.15	—
DXR（PG34876-mRNA-1）	0	5.03×10^7	3.84×10^7	-7.12	4.00×10^{-4}	-6.73	—	3.90×10^{-1}	—

蛋白编号	中柱中平均丰度	皮层中平均丰度	周皮中平均丰度	周皮：皮层		周皮：中柱		皮层：中柱	
				log2FC（P/C）in Lable-free	P值	log2FC（P/S）in Lable-free	P值	log2FC（C/S）in Lable-free	P值
UGT（PG35394-mRNA-1）	0	5.05×10^6	0	-3.80	—	0	—	3.80	—
UGT（PG38767-mRNA-1）	7.23×10^7	6.61×10^7	4.01×10^7	1.30×10^{-1}	—	8.51×10^{-1}	—	7.21×10^{-1}	—
UGT（PG05454-mRNA-1）	2.61×10^8	1.99×10^8	9.31×10^7	3.97×10^{-1}	—	1.49	1.20×10^{-3}	1.09	—
UGT（PG33368-mRNA-1）	0	0	1.33×10^7	0	—	-5.20	—	-5.20	—
UGT（PG34647-mRNA-1）	0	1.81×10^7	1.42×10^7	-5.64	—	-5.29	—	3.51×10^{-1}	—
UGT（PG22997-mRNA-1）	7.65×10^8	1.02×10^9	6.91×10^8	-4.18×10^{-1}	—	1.48×10^{-1}	—	5.66×10^{-1}	—
UGT（PG30324-mRNA-1）	1.84×10^8	9.29×10^7	1.06×10^8	9.90×10^{-1}	—	7.95×10^{-1}	—	-1.95×10^{-1}	—
UGT（PG30551-mRNA-1）	1.40×10^8	1.30×10^8	1.56×10^8	1.13×10^{-1}	—	-1.51×10^{-1}	—	-2.64×10^{-1}	—
UGT（PG34795-mRNA-1）	2.40×10^8	1.32×10^8	1.51×10^8	8.59×10^{-1}	3.06×10^{-2}	6.62×10^{-1}	—	-1.97×10^{-1}	—
UGT（PG05151-mRNA-1）	1.81×10^9	1.27×10^9	1.30×10^8	5.11×10^{-1}	—	4.82×10^{-1}	—	-2.86×10^{-2}	—
UGT（PG33631-mRNA-1）	0	0	2.06×10^7	0	—	-5.83	—	-5.83	—
UGT（PG34796-mRNA-1）	1.03×10^7	0	0	4.83	—	4.83	—	0	—

注：P，C 和 S 分别指周皮（Periderm），皮层（Cortex）和中柱（Stele）；"—" 为差异不具有统计学意义。

（三）人参根部不同组织 DEP 分析

不同组织间进行两两比较分析，DEP 筛选参数为：1.5 差异倍数（FC = Fold Change）且 $P < 0.05$，FC ≥ 1.5 为上调，FC ≤ 0.67 为下调。两组样品间蛋白显著差异数量见表1–15，在周皮与两部分维管组织比较组中筛选的 DEP 数最多，分别为 555 和 631，皮层与中柱比较组筛选出 189 个显著性 DEP（表1–15）。

表1–15　人参根不同组织 DEP

A vs B	总计	A 上调	A 下调
周皮 vs 皮层	555	244	311
周皮 vs 中柱	631	279	352
皮层 vs 中柱	189	72	117

三个比较组交集后，共有 839 个 DEP。重叠的表达蛋白为 45 个，提示基于筛选条件，这些蛋白在三个组织间均显著差异表达，这与三类组织在细胞构成及功能行使差异有关；337 个重叠蛋白为周皮与皮层和中柱间显著差异表达，数量最多，与差异表达基因筛选结果类似，这与周皮为保护组织，而皮层和中柱属于维管组织系统有关，可将其作为关键蛋白进行周皮与维管系统间分子差异研究（图1–24）。

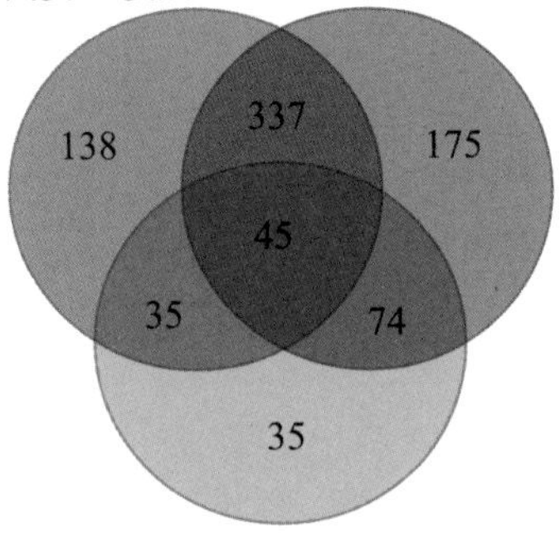

图1–24　三个比较组差异表达蛋白维恩图

1. 周皮与皮层 DEP 功能分析

周皮与皮层比较组共筛选得到 555 个 DEP，在周皮中上调 DEP244 个，下调 DEP311 个 [图1–25（a 和 b ）]。DEP 表达聚类可以看出同一组织的三个生物学重复聚为一类（图1–25，c）。针对鉴定出的 DEP 进行 GO 功能和 Pathway 代谢通路注释分析。GO 分析注释到生物过程中的 Terms 为 18 个，主要包括生物调控、细胞组分组织或生物建成、代谢过程、胁迫响应、定位、免疫系统过程等；注释到分子功能 8 个 GO Terms，主要包括结合、催化活性、结构分子活性、转运蛋白活性、抗氧化活性等；注释到细胞组分中 15 个 GO Terms，主要包括细胞、细胞部分、大分子复合物、细胞器、细胞器部分、细胞膜及细胞膜部分等。GO 显著性富集生物过程中 623 个 GO Terms，分子功能中 285 个 GO Terms，细胞组分中 194 个 GO Terms。分析表明比较组中 DEP 行使的主要生物学功能包括：有机物质生物合成过程（Organic Substance Biosynthetic Process）、细胞大分子生物合成的过程（Cellular Macromolecule Biosynthetic Process）、碳水化合物代谢过程（Carbohydrate Metabolic Process）、核糖核蛋白复合体（Ribonucleoprotein Complex）、结构分子活性（Structural Molecule Activity）、多糖代谢过程（Polysaccharide Metabolic Process）等（图1–26）。

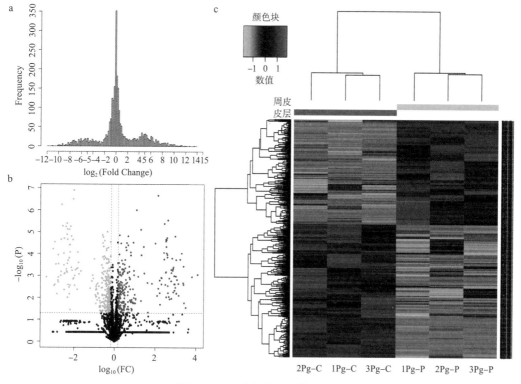

图 1-25　周皮与皮层比较组 DEP

a. 比较组中 DEP 柱形图；b. 比较组中 DEP 火山图，红色圆点代表显著上调蛋白，绿色圆点代表显著下调蛋白，黑色圆点代表差异不具有统计学意义；c. DEP 在比较组中表达热图，每一列表示不同的样品，每一行表示同一蛋白，红色表示高表达蛋白，绿色表示低表达蛋白。

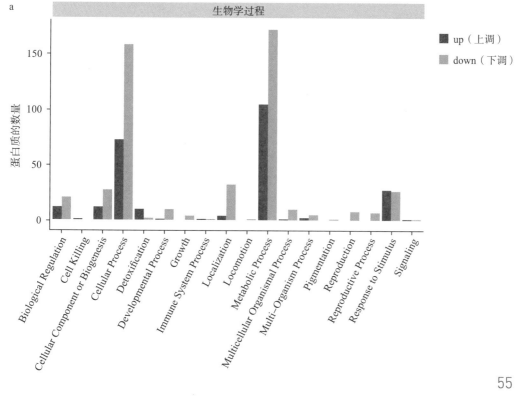

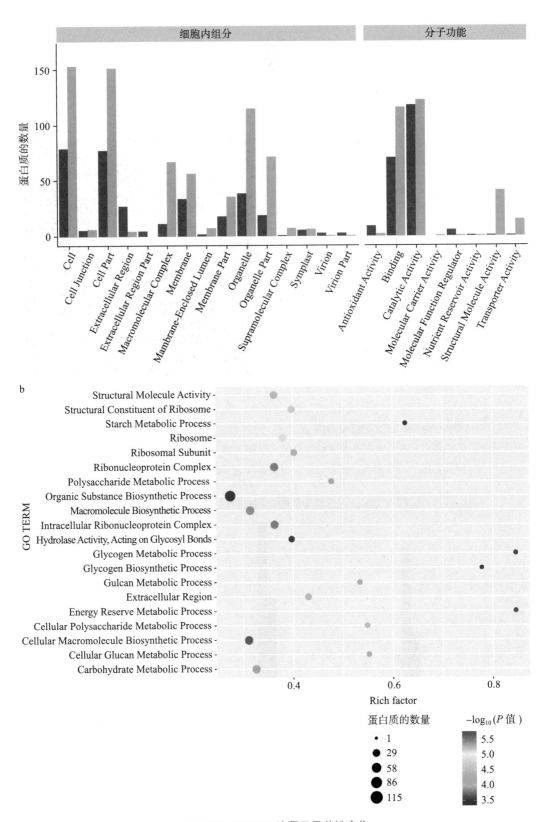

图 1-26　DEPGO 注释及显著性富集

a. GO 注释分类图；b. GO 功能显著性富集。

KEGG Pathway 分析，这些 DEP 参与的最主要生化代谢途径和信号转导途径包括核糖体（Ribosome）、氨基酸生物合成（Biosynthesis of Amino Acids）、碳代谢（Carbon Metabolism）、淀粉和糖代谢（Starch and Sucrose Metabolism）、氨基糖和核苷酸糖代谢（Amino Sugar and Nucleotide Sugar Metabolism）、糖酵解或糖质新生（Glycolysis/Gluconeogenesis）等（图 1-27）。

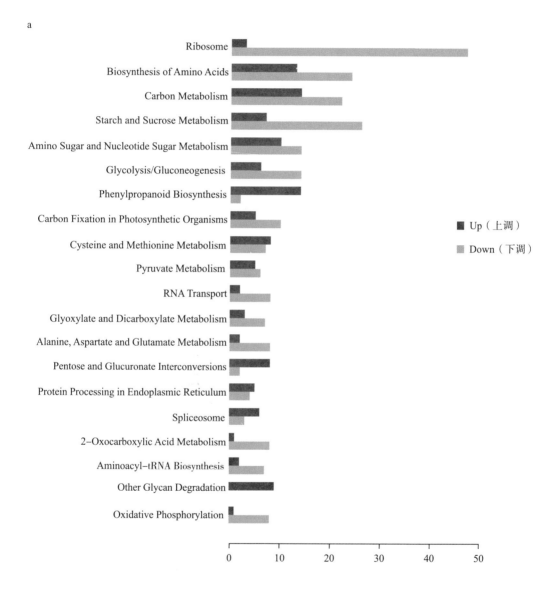

b

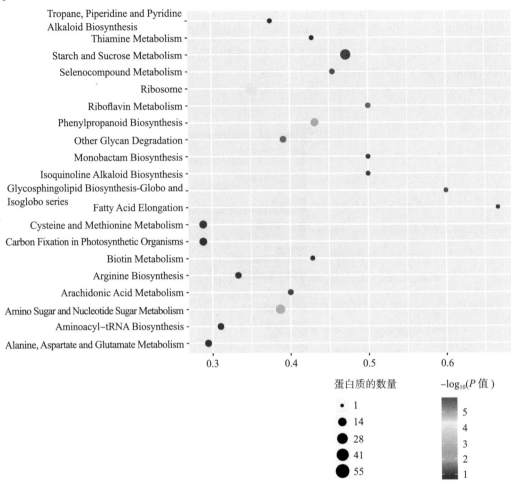

图 1-27　KEGG Pathway 注释及显著性富集

a. KEGG Pathway 注释分类；b. KEGG Pathway 显著性富集分析。

KOG 分析预测这些 DEP 可能功能包括：翻译、核糖体结构和发生（Translation, Ribosomal Structure and Biogenesis）、RNA 加工和修饰（RNA Processing and Modification）；信号转导机制（Signal Transduction Mechanisms）、细胞壁/细胞膜发生（Cell Wall/Membrane/ Envelope Biogenesis）；翻译后修饰、蛋白周转和伴侣（Posttranslational Modification, Protein Turnover，Chaperones）；细胞内运输、分泌物和囊泡运输（Intracellular Trafficking, Secretion，and Vesicular Transport）；能量生成和转化（Energy Production and Conversion）、碳水化合物运输和代谢（Carbohydrate Transport and Metabolism）、氨基酸运输和代谢（Amino Acid Transport and Metabolism）等（图 1-28）。

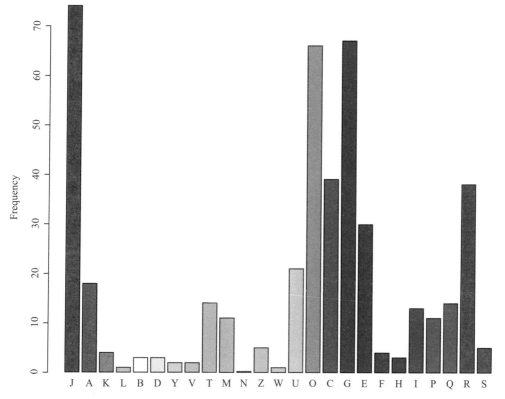

INFORMATION STORAGE AND PROCESSING

[J] Translation, Ribosomal Structure and Biogenesis

[A] RNA Processing and Modification

[K] Transcription

[L] Replication, Recombination and Repair

[B] Chromatin Structure and Dynamics

CELLULAR PROCESSES AND SIGNALING

[D] Cell Cycle Control, Cell Division, Chromosome Partitioning

[Y] Nuclear Structure

[V] Defense Mechanisms

[T] Signal Transduction Mechanisms

[M] Cell Wall/Membrane/Envelope Biogenesis

[N] Cell Motility

[Z] Cytoskeleton

[W] Extracellular Structures

[U] Intracellular Trafficking, Secretion, and Vesicular Transport

[O] Posttranslational Modification, Protein Turnover, Chaperones

METABOLISM

[C] Energy Production and Conversion

[G] Carbohydrate Transport and Metabolism

[E] Amino Acid Transport and Metabolism

[F] Nucleotide Transport and Metabolism

[H] Coenzyme Transport and Metabolism

[I] Lipid Transport and Metabolism

[P] Inorganic Ion Transport and Metabolism

[Q] Secondary Metabolites Biosynthesis, Transport and Catabolism

POORLY CHARACTERIZED

[R] General Function Prediction Only

[S] Function Unknown

图 1-28　KOG 功能分类图

2. 周皮与中柱 DEP 功能分析

周皮与中柱比较组共筛选得到 631 个 DEP，在周皮中表达上调的蛋白 279 个，表达下调的蛋白 352 个［图 1-29（a 和 b）］。DEP 表达聚类可以看出同一组织的三个生物学重复聚为一类（图 1-29，c）。

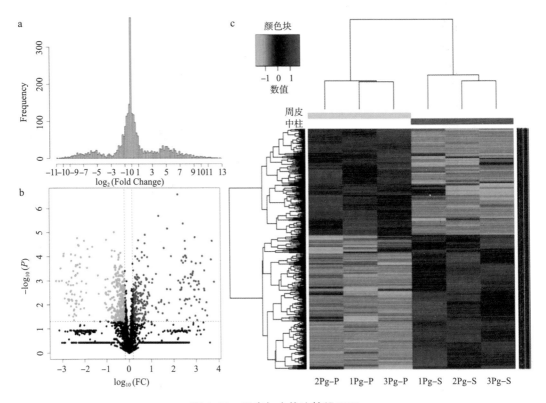

图 1-29　周皮与中柱比较组 DEP

a. 比较组中 DEP 柱形图；b. 比较组中 DEP 火山图，红色圆点代表显著上调蛋白，绿色圆点代表显著下调蛋白，黑色圆点代表差异不具有统计学意义；c. DEP 在比较组中表达热图，每一列表示不同的样品，每一行表示同一蛋白，红色表示高表达蛋白，绿色表示低表达蛋白。

针对鉴定出的 DEP 进行 GO 功能和 Pathway 代谢通路注释分析。GO 分析注释到生物过程中 20 个 GO Terms，主要包括代谢过程、细胞过程、刺激响应、定位、生物调控、细胞成分组织或生物发生等；注释到分子功能中 10 个 GO Terms，主要包括催化活性、结构分子活性、结合、氧化活性等；注释到细胞组分中 15 个 GO Terms，主要包括细胞、细胞膜、细胞器、细胞膜部分、细胞部分、大分子复合物等。GO 显著性富集生物过程中 688 个 GO Terms，分子功能中 324 个 GO Terms，细胞组分中 212 个 GO Terms，分析表明比较组中 DEP 行使的主要生物学功能包括：细胞壁（Cell Wall）、外部封装结构（External Encapsulating Structure）、水解酶活性（Hydrolase Activity）、水解氧 - 糖基化合物（Hydrolyzing O-Glycosyl Compounds）、多糖代谢过程（Polysaccharide Metabolic Process）等（图 1-30）。

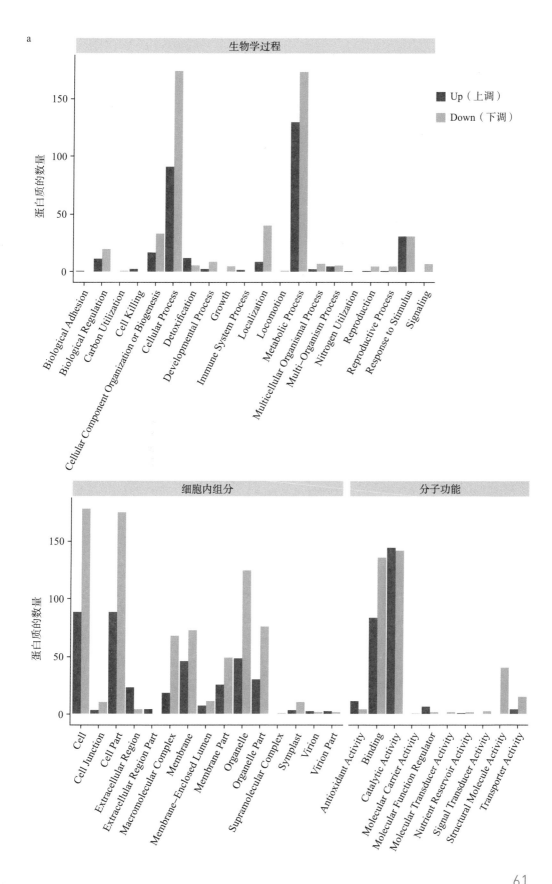

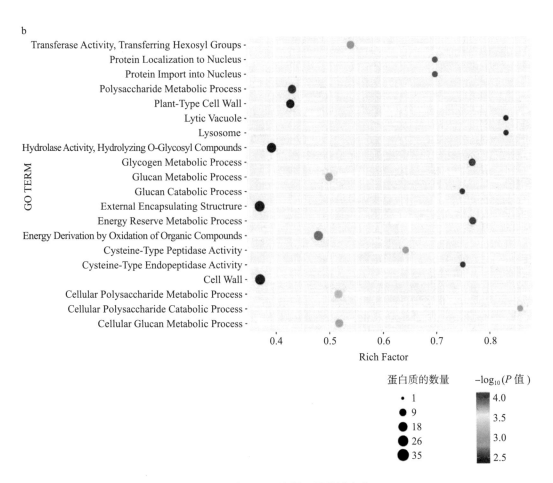

图 1–30　DEPGO 注释及显著性富集
a. GO 注释分类图；b. GO 功能显著富集。

KEGG pathway 分析，这些 DEP 参与的最主要生化代谢途径和信号转导途径包括核糖体（Ribosome）、氨基酸生物合成（Biosynthesis of Amino Acids）、碳代谢（Carbon Metabolism）、淀粉和糖代谢（Starch and Sucrose Metabolism）、氨基糖和核苷酸糖代谢（Amino Sugar and Nucleotide Sugar Metabolism）、糖酵解或糖质新生（Glycolysis/Gluconeogenesis）、光合有机体中碳固定（Carbon Fixation in Photosynthetic Organisms）等（图 1–31）。

KOG 分析预测这些 DEP 可能的功能主要包括：翻译、核糖体结构和发生（Translation，Ribosomal Structure and Biogenesis）、RNA 加工和修饰（RNA Processing and Modification）；信号转导机制（Signal Transduction Mechanisms）；翻译后修饰、蛋白周转和伴侣（Posttranslational Modification，Protein Turnover，Chaperones）；细胞内运输、分泌物和囊泡运输（Intracellular Trafficking，Secretion，and Vesicular Transport）；能量生成和转化（Energy Production and Conversion）、碳水化合物运输和代谢（Carbohydrate Transport and Metabolism）、氨基酸运输和代谢（Amino Acid Transport and Metabolism）等（图 1–32）。

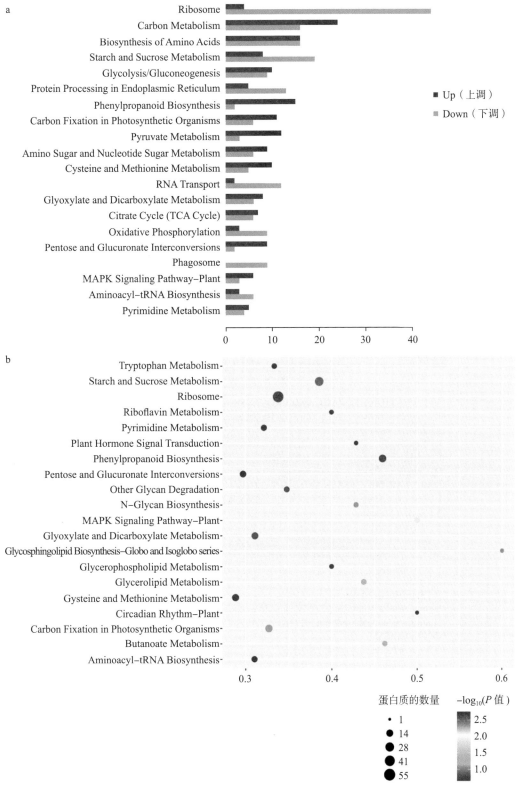

图 1–31 KEGG Pathway 注释及显著性富集

a. KEGG Pathway 注释分类；b. KEGG Pathway 显著性富集分析

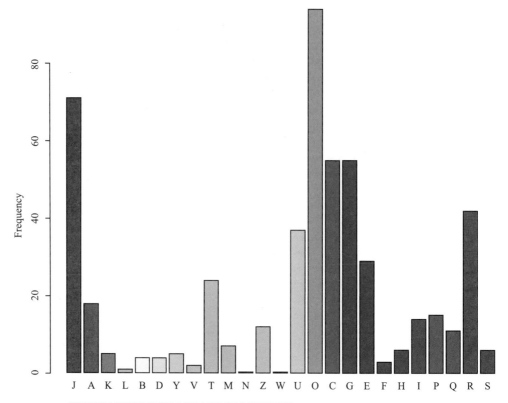

INFORMATION STORAGE AND PROCESSING

[J] Translation, Ribosomal Structure and Biogenesis

[A] RNA Processing and Modification

[K] Transcription

[L] Replication, Recombination and Repair

[B] Chromatin Structure and Dynamics

CELLULAR PROCESSES AND SIGNALING

[D] Cell Cycle Control, Cell Division, Chromosome Partitioning

[Y] Nuclear Structure

[V] Defense Mechanisms

[T] Signal Transduction Mechanisms

[M] Cell Wall/Membrane/Envelope Biogenesis

[N] Cell Motility

[Z] Cytoskeleton

[W] Extracellular Structures

[U] Intracellular Trafficking, Secretion, and Vesicular Transport

[O] Posttranslational Modification, Protein Turnover, Chaperones

METABOLISM

[C] Energy Production and Conversion

[G] Carbohydrate Transport and Metabolism

[E] Amino Acid Transport and Metabolism

[F] Nucleotide Transport and Metabolism

[H] Coenzyme Transport and Metabolism

[I] Lipid Transport and Metabolism

[P] Inorganic Ion Transport and Metabolism

[Q] Secondary Metabolites Biosynthesis, Transport and Catabolism

POORLY CHARACTERIZED

[R] General Function Prediction Only

[S] Function Unknown

图 1-32　KOG 功能分类图

3. 皮层与中柱 DEP 功能分析

皮层与中柱比较组共筛选得到 189 个 DEP，在周皮中表达上调的蛋白 72 个，表达下调的蛋白 117 个［图 1-33（a 和 b）］。DEP 表达聚类可以看出同一组织的三个生物学重复聚为一类（图 1-33，c）。针对鉴定出的 DEP 进行 GO 功能和 Pathway 代谢通路注释分析。GO 分析注释到生物过程中 14 个 GO Terms 等；注释到分子功能中 8 个 GO Terms，主要包括催化活性、结构分子活性、结合、氧化活性等；注释到细胞组分中 14 个 GO Terms，主要包括细胞、细胞膜、细胞器、细胞膜部分、细胞部分、大分子复合物等。GO 显著性富集生物过程中 287 个 GO Terms，分子功能中 147 个 GO Terms，细胞组分中 122 个 GO Terms，分析表明比较组中 DEP 行使的主要生物学功能包括：氧化还原酶活性（Oxidoreductase Activity）、细胞外区域（Extracellular Region）、非原生质体（Apoplast）、蛋白输入（Protein Import）、转运蛋白活性（Protein Transporter Activity）等（图 1-34）。

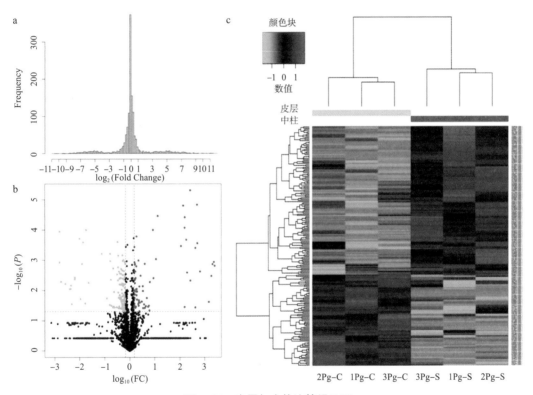

图 1-33　皮层与中柱比较组 DEP

a. 比较组中 DEP 柱形图；b. 比较组中 DEP 火山图，红色圆点代表显著上调蛋白，绿色圆点代表显著下调蛋白，黑色圆点代表差异不具有统计学意义；c. DEP 在比较组中表达热图，每一列表示不同的样品，每一行表示同一蛋白，红色表示高表达蛋白，绿色表示低表达蛋白。

KEGG Pathway 分析，这些 DEP 参与的最主要生化代谢途径和信号转导途径包括碳代谢（Carbon Metabolism）、核糖体（Ribosome）、氨基酸生物合成（Biosynthesis of Amino Acids）、吞噬体（Phagosome）、光合有机体中碳固定（Carbon Fixation in Photosynthetic Organisms）、淀粉和糖代谢（Starch and Sucrose Metabolism）、氨基糖

和核苷酸糖代谢（Amino Sugar and Nucleotide Sugar Metabolism）、糖酵解或糖质新生（Glycolysis/Gluconeogenesis）等（图1-35）。

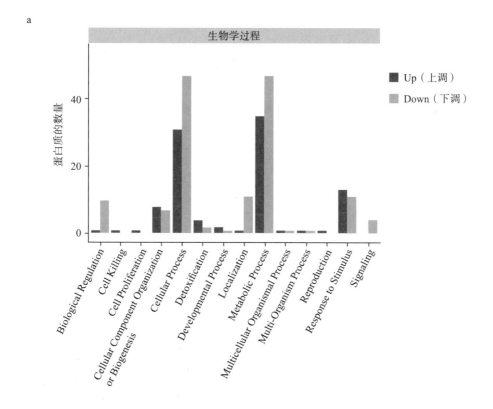

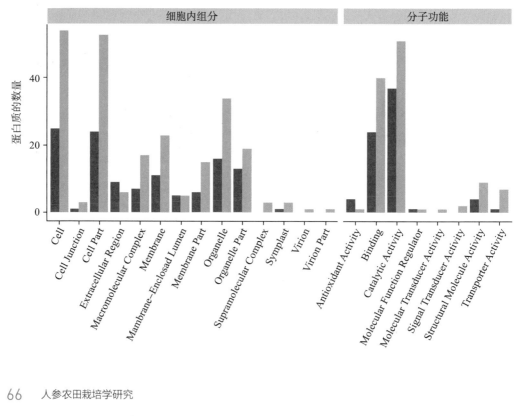

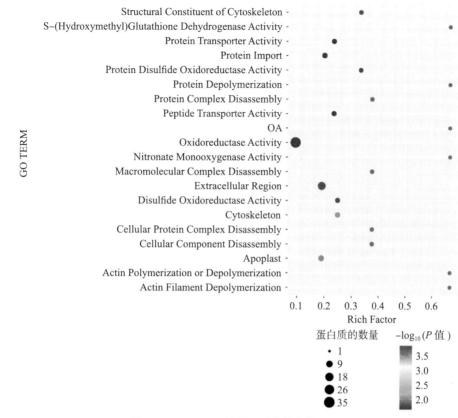

图 1-34　DEP GO 注释及显著性富集

a. GO 注释分类图；b. GO 功能显著富集（OA 全称为 Oxidoreductase Activity, Acting on Single Donors with Incorporation of Molecular Oxygen, Incorporation of One Atom of Oxygen (Internal Monooxygenases or Internal Mixed Function Oxidases）。

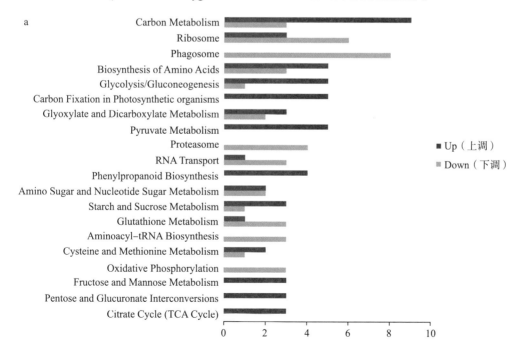

b

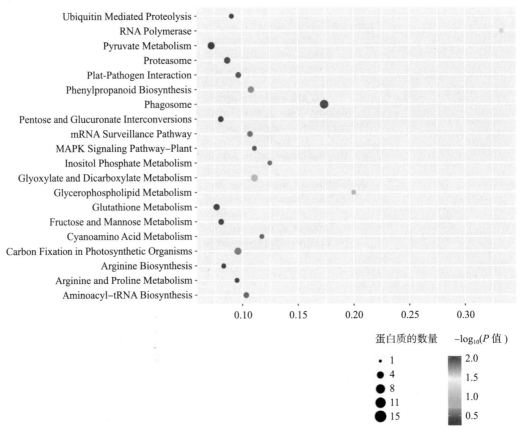

图 1-35　KEGG Pathway 注释及显著性富集
a. KEGG Pathway 注释分类；b. KEGG Pathway 显著性富集分析。

KOG 分析预测这些 DEP 可能的功能主要包括：翻译、核糖体结构和发生（Translation，Ribosomal Structure and Biogenesis）、RNA 加工和修饰（RNA Processing and Modification）；信号转导机制（Signal Transduction Mechanisms）；翻译后修饰、蛋白周转和伴侣（Posttranslational Modification，Protein turnover，Chaperones）；细胞内运输、分泌物和囊泡运输（Intracellular Trafficking，Secretion，and Vesicular Transport）；能量生成和转化（Energy Production and Conversion）、碳水化合物运输和代谢（Carbohydrate Transport and Metabolism）、氨基酸运输和代谢（Amino Acid Transport and Metabolism）等（图 1-36）。

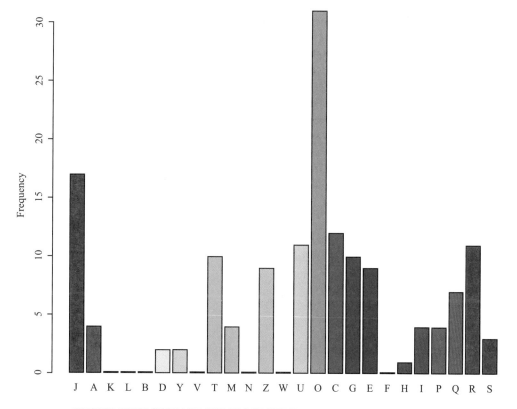

INFORMATION STORAGE AND PROCESSING
[J] Translation, Ribosomal Structure and Biogenesis
[A] RNA Processing and Modification
[K] Transcription
[L] Replication, Recombination and Repair
[B] Chromatin Structure and Dynamics
CELLULAR PROCESSES AND SIGNALING
[D] Cell Cycle Control, Cell Division, Chromosome Partitioning
[Y] Nuclear Structure
[V] Defense Mechanisms
[T] Signal Transduction Mechanisms
[M] Cell Wall/Membrane/Envelope Biogenesis
[N] Cell Motility
[Z] Cytoskeleton
[W] Extracellular Structures
[U] Intracellular Trafficking, Secretion, and Vesicular Transport
[O] Posttranslational Modification, Protein Turnover, Chaperones
METABOLISM
[C] Energy Production and Conversion
[G] Carbohydrate Transport and Metabolism
[E] Amino Acid Transport and Metabolism
[F] Nucleotide Transport and Metabolism
[H] Coenzyme Transport and Metabolism
[I] Lipid Transport and Metabolism
[P] Inorganic Ion Transport and Metabolism
[Q] Secondary Metabolites Biosynthesis, Transport and Catabolism
POORLY CHARACTERIZED
[R] General Function Prediction Only
[S] Function Unknown

图 1-36 KOG 功能分类图

（四）抗性相关蛋白在人参根部的表达模式

在人参根部共鉴定 61 个与抗性相关的蛋白，包括 1 个半胱氨酸蛋白酶抑制剂（Cysteine Proteinase Inhibitor）、2 个植物凝集素（Lectin）、8 个病原相关蛋白（Pathogenesis-Related Protein）、2 个核糖体失活蛋白（Ribosome-Inactivating Protein）、1 个伽玛干扰素可诱导型溶酶体硫醇还原酶（Gamma-Interferon-Inducible Lysosomal Thiol Reductase）、2 个类防御素蛋白（Defensin-Like Protein）、1 个聚半乳糖醛缩酶抑制剂（Polygalacturonase Inhibitor）、2 个几丁质酶（Chitinase）、3 个葡聚糖酶（Beta-1，3-Glucanase）、29 个过氧化物酶（Peroxidase）、1 个萌发素类蛋白（Germin-Like Protein）、1 个过敏诱导响应蛋白（Hypersensitive-Induced Response Protein）、4 个抗性蛋白（Resistance）、1 个晚期胚胎形成丰度蛋白（Late Embryogenesis Abundant Protein）、3 个有丝分裂活化蛋白激酶（Mitogen-Activated Protein Kinase）。统计分析及聚类发现，56 个蛋白（93%）在周皮中的表达最高，其中 22 个蛋白（35.5%）较皮层和中柱显著上调表达，包括过氧化物酶、半胱氨酸蛋白酶抑制剂、植物凝集素、病原相关蛋白、类防御素蛋白、聚半乳糖醛缩酶抑制剂、几丁质酶、萌发素类蛋白、抗性蛋白等，这些酶均属于保护酶系，在根皮中上调表达提高了植物的抗病性，并在防卫反应中起重要作用（图 1-37，表 1-16）。

研究表明过氧化物酶在植物体中活性较高，且在生长发育过程中活性不断发生变化，能使组织中所含的某些碳水化合物转化成木质素，增加木质化程度，在老化组织中活性较高，可作为组织老化的一种生理指标。谷胱甘肽过氧化物酶（GPX）在植物中的主要功能是清除磷脂氢过氧化物，从而保护细胞膜免受过氧化损伤。还有报道显示一些 GPX 可能也参与了在胁迫条件下的氧化还原转导反应。有文献报道，描述了两个 GPX 基因的分子特征，并发现在人参幼苗中，两个 *PgGPX* 的表达在盐胁迫和冷胁迫下均有明显的升高。另外，两个 *PgGPX* 对生物胁迫有不同反应。表明人参 GPX 可能助于防止环境胁迫。有 14 个显著差异表达过氧化物酶，其中 11 个在周皮中显著上调表达，包括 1 个 GPX（PG28050-mRNA-1）。

植物病程相关蛋白（PR/PRP）是植物受病毒或其他病原体侵染时所诱发的防御反应中的主要物质基础，主要功能是攻击病原体，降解细胞壁大分子和病原物毒素，抑制病毒外壳蛋白与植物分子结合等。目前，在人参中已经开展了包括 PgPR5、PgPR10、PgPR6、PgPR4 的序列特征及在响应胁迫和防御病原体的作用。共鉴定了 3 个 PR，包括 1 个 PR1 和 2 个 PR2，且在周皮中显著上调表达。植物几丁质酶（Chitinase）在保护植物抗多种真菌病原体方面具有很好的作用，人参中 Class Ⅰ Chitinase（Chi-1）的基因及防御作用被调查。鉴定了两个 Chi-1，且均在周皮中显著上调表达。抗性蛋白在周皮中高表达，反映了周皮作为保护组织行使防御作用的分子机制。与次生代谢相关的基因在周皮中高表达，或者次生代谢产物在根外围积累也增加了植物体的抗性。

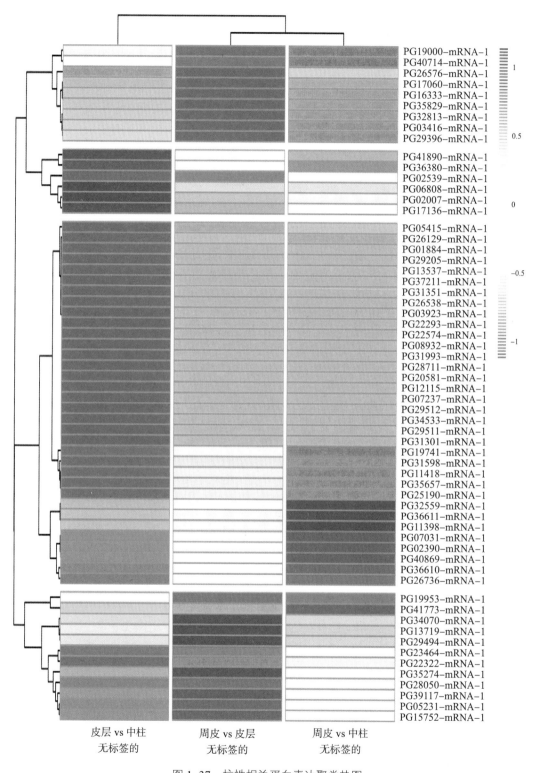

图 1-37 抗性相关蛋白表达聚类热图

表1-16 抗性相关蛋白表达丰度及差异

耐药相关蛋白	蛋白ID	NCBI中蛋白描述	中柱中平均丰度	皮层中平均丰度	周皮中平均丰度	周皮：皮层		周皮：中柱		皮层：中柱	
						$\log_2$FC (P/C) in Lable-free	P值	$\log_2$FC (P/S) in Lable-free	P值	$\log_2$FC (C/S) in Lable-free	P值
Cysteine Proteinase Inhibitor	PG31598-mRNA-1	Cysteine Proteinase Inhibitor 1	2.56×10^9	3.26×10^9	1.00×10^{10}	1.62	5.80×10^{-3}	1.97	3.80×10^{-3}	3.48×10^{-1}	—
Lectin	PG19000-mRNA-1	Mannose/Glucose-Specific Lectin Family Protein	0	7.39×10^7	3.41×10^8	2.21	—	9.88	2.88×10^{-2}	7.67	—
Pathogenesis-Related Protein	PG01884-mRNA-1	Pathogenesis-Related Protein 1	0	0	3.64×10^8	9.98	1.10×10^{-3}	9.98	1.10×10^{-3}	0	—
	PG17060-mRNA-1	Pathogenesis-Related Protein 2	9.46×10^9	2.31×10^{10}	2.41×10^{10}	6.32×10^{-2}	—	1.35	3.50×10^{-3}	1.29	7.40×10^{-3}
	PG26576-mRNA-1	Pathogenesis-Related Protein 2	4.76×10^8	1.60×10^9	1.35×10^9	-2.48×10^{-1}	—	1.50	8.70×10^{-3}	1.75	7.30×10^{-3}
Ribosome-Inactivating Protein	PG03416-mRNA-1	Ribosome-Inactivating Protein	0	1.86×10^8	4.57×10^8	1.30	—	1.03×10^1	—	9.01	3.00×10^{-4}
Defensin-Like Protein	PG36611-mRNA-1	Defensin-Like Protein 1	0	9.21×10^6	4.07×10^8	5.47	4.68×10^{-2}	1.01×10^1	4.37×10^{-2}	4.67	—
	PG36610-mRNA-1	Defensin-Like Protein 1	1.43×10^8	4.91×10^8	5.51×10^9	3.49	1.22×10^{-2}	5.27	9.60×10^{-3}	1.78	3.81×10^{-2}
Polygalacturonase Inhibitor	PG26129-mRNA-1	Polygalacturonase Inhibitor	3.17×10^8	3.41×10^8	1.50×10^9	2.14	7.00×10^{-4}	2.25	6.00×10^{-4}	1.07×10^{-1}	—
Chitinase	PG11398-mRNA-1	Class 1 Chitinase	8.12×10^8	3.26×10^9	1.66×10^{10}	2.35	3.43×10^{-2}	4.36	2.02×10^{-2}	2.01	1.30×10^{-3}
	PG34533-mRNA-1	Class 1 Chitinase	0	0	3.70×10^8	1.00×10^1	2.00×10^{-4}	1.00×10^1	2.00×10^{-4}	0	—
Peroxidase	PG02007-mRNA-1	Glutathione Peroxidase 2	3.06×10^8	3.84×10^8	9.67×10^7	-1.99	3.50×10^{-3}	-1.66	2.19×10^{-2}	3.27×10^{-1}	—
	PG07031-mRNA-1	Peroxidase	1.32×10^8	2.30×10^8	5.85×10^8	1.35	5.00×10^{-3}	2.15	3.40×10^{-3}	8.03×10^{-1}	—

续表

耐药相关蛋白	蛋白 ID	NCBI 中蛋白描述	中柱中平均丰度	皮层中平均丰度	周皮中平均丰度	周皮：皮层		周皮：中柱		皮层：中柱	
						$\log_2$FC（P/C）in Lable-free	P 值	$\log_2$FC（P/S）in Lable-free	P 值	$\log_2$FC（C/S）in Lable-free	P 值
	PG11418-mRNA-1	Peroxidase	4.12×10^8	5.19×10^8	1.23×10^9	1.24	—	1.57	—	3.33×10^{-1}	4.75×10^{-2}
	PG12115-mRNA-1	Putative Secretory Peroxidase	0	0	3.34×10^8	9.85	1.00×10^{-4}	9.85	1.00×10^{-4}	0	—
	PG16333-mRNA-1	PREDICTED：Peroxidase 73-Like	0	9.09×10^8	1.69×10^9	8.97×10^{-1}	9.20×10^{-3}	1.22×10^1	1.00×10^{-4}	1.13×10^1	1.50×10^{-3}
	PG19741-mRNA-1	Peroxidase	7.68×10^9	1.18×10^{10}	4.26×10^{10}	1.85	1.00×10^{-4}	2.47	1.00×10^{-4}	6.19×10^{-1}	2.74×10^{-2}
	PG19953-mRNA-1	Thylakoid Ascorbate Peroxidase Precursor（Chloroplast）	4.92×10^8	3.79×10^8	3.31×10^8	-1.95×10^{-1}	—	-5.71×10^{-1}	1.64×10^{-2}	-3.75×10^{-1}	—
	PG20581-mRNA-1	P×10 Roxidase	0	0	3.02×10^8	9.71	2.40×10^{-3}	9.71	2.40×10^{-3}	0	—
	PG25190-mRNA-1	PREDICTED：Cationic Peroxidase 1-Like	9.54×10^7	1.78×10^8	2.15×10^9	3.59	1.00×10^{-5}	4.49	0	9.03×10^{-1}	—
	PG26736-mRNA-1	Class Ⅲ Peroxidase	5.45×10^7	1.82×10^8	2.75×10^9	3.91	—	5.66	4.39×10^{-2}	1.74	—
	PG28050-mRNA-1	Glutathione Peroxidase 2	5.18×10^9	3.28×10^9	5.38×10^9	7.13×10^{-1}	2.30×10^{-3}	5.40×10^{-2}	—	-6.59×10^{-1}	3.00×10^{-3}
	PG29396-mRNA-1	Bacterial-Induced Class Ⅲ Peroxidase	0	1.81×10^8	4.80×10^8	1.41	6.50×10^{-3}	1.04×10^1	1.10×10^{-3}	8.97	1.00×10^{-5}
	PG32813-mRNA-1	Peroxidase	0	7.43×10^8	1.85×10^9	1.32	9.00×10^{-4}	1.23×10^1	2.00×10^{-5}	1.10×10^1	1.40×10^{-3}
	PG40714-mRNA-1	PREDICTED：Cationic Peroxidase 1-Like	0	9.73×10^7	6.91×10^8	2.83	3.83×10^{-2}	1.09×10^1	1.51×10^{-2}	8.07	—
Germin-Like Protein	PG40869-mRNA-1	Germin-Like Protein 2 Precursor	8.43×10^7	1.52×10^8	4.25×10^8	1.48	1.65×10^{-2}	2.33	1.04×10^{-2}	8.55×10^{-1}	—

耐药相关蛋白	蛋白 ID	NCBI 中蛋白描述	中柱中平均丰度	皮层中平均丰度	周皮中平均丰度	周皮：皮层		周皮：中柱		皮层：中柱	
						$\log_2$FC（P/C）in Lable-free	P值	$\log_2$FC（P/S）in Lable-free	P值	$\log_2$FC（C/S）in Lable-free	P值
Hypersensitive-Induced Response Protein	PG06808-mRNA-1	PREDICTED：Hypersensitive-Induced Response Protein 1	3.10×10^8	3.13×10^8	1.50×10^8	-1.06	6.30×10^{-3}	-1.04	2.89×10^{-2}	1.16×10^{-2}	—
Resistance	PG13537-mRNA-1	Plant Disease Resistance Response Protein, Partial	0	0	2.16×10^8	9.22	5.00×10^{-4}	9.22	5.00×10^{-4}	0	—
	PG17136-mRNA-1	Pleiotropic Drug Resistance Transporter 1	1.20×10^9	1.32×10^9	9.26×10^8	-5.09×10^{-1}	1.20×10^{-3}	-3.71×10^{-1}	3.40×10^{-3}	1.38×10^{-1}	—
Mitogen-Activated Protein Kinase	PG36380-mRNA-1	Mitogen-Activated Protein Kinase 4	3.75×10^7	1.03×10^7	0	-4.84	—	-6.70	1.41×10^{-2}	-1.86	—
	PG15752-mRNA-1	Mitogen-Activated Protein Kinase 6	5.80×10^7	0	1.32×10^7	5.19	—	-2.13	—	-7.32	4.30×10^{-3}

研究表明酚类化合物和植物细胞壁的存在降低了 2-D 凝胶中蛋白质分离的效率。另外，基因组序列对于通过 MALDI-TOF MS 或 N- 末端测序的肽段匹配进行蛋白鉴定是必须的，多数植物基因组序列信息的缺乏也限制了其蛋白质学的研究。尽管存在很多局限性，蛋白质组学已经成为研究植物生物学的重要领域。近年来，随着 2-DE 和 MS 的技术改进及高通量测序技术植物遗传背景的解码使得能够快速识别上千至上万种蛋白质，从而提供关于蛋白质表达、亚细胞定位和翻译后修饰的信息，以了解有机体在生物化学和分子生物学水平上的代谢机制。另外，蛋白组学的数据被用于改善基因组中的基因注释。

第二节 人参繁殖生物学特性及种质资源

了解物种的繁殖生物学特性是良种选育及保持种质资源的关键。胚胎发生特点、花器构造、开花习性、授粉方式及繁育特性等，是正确选择育种方法必不可少的基础知识。种质资源是良种选育的物质基础，种质资源收集是育种过程最重要且最基础的工作，因此在人参育种工作开展之前，有必要对人参种质资源进行全面了解。人参种植始于中国，目前在中国吉林、辽宁、黑龙江等省种植较多，在河北、山西、陕西、内蒙古等省（自治区）亦有引种或栽培，15 世纪后陆续传入韩国、朝鲜及日本等地。目前，东北亚各国均有自己的人参种植产业，经过科研工作者的多年努力，成功培育出了多个人参新品种。

一、繁殖生物学特性

（一）花器构造及开花习性

1. 花器构造

人参为伞形花序，总花梗长可达 30cm，单个顶生，成龄人参一个花序上着生 30~50 朵小花。小花梗长约 5mm。人参小花是完全花，由花萼、花瓣、雄蕊、雌蕊组成。花萼绿色，钟状五裂；花瓣黄绿色，卵形或披针形，5 枚；雄蕊淡绿色，5 枚；雌蕊 1 个，由柱头、花柱、子房组成，柱头二裂，子房二室，下位。

2. 开花习性

人参是多年生植物，3 年以上的植株在土壤中越冬芽期就孕育着花序的雏形，随着春季茎叶出土而同步出土。与茎叶相继迅速生长，约 20 天后即可开花。以吉林省中南部地区为例。人参开花期为 6 月初至 6 月末。伞形花序外缘小花先开，逐渐推向中心。花期一般 7~11 天，不同年生的植株花期不同，开花后 4 天将进入盛期。从第一花瓣开裂到全部开放需 4.5 小时，到凋谢需 2~3 天。单朵花开放的时间长短与当时的温湿度有密切关系，晴天约 23~48 小时，阴雨天约 30~60 小时。日开花多集中在 6~14 小时，其中

7~11 小时为高峰期，可占 75%，夜间很少开放。人参属长日照植物，但在短日照的地区（如云南省）也可开花结果。人参植株授粉方式主要为自花授粉，但由于雄、雌花蕊成熟时间略有差异，一般雌蕊先于雄蕊，从而形成部分虫媒、风媒传粉，因此存在天然异交率，在人参良种选育及单株选择时，应采取有效措施防止异交。当花药开裂，花粉粒散出时，花粉粒生活力最旺盛。在黑暗、干燥、低温（4~6℃）条件下，人参开裂花药的花粉生活力可保持 3 天，花药未开裂的花粉可保持 5~7 天，花穗之花粉可保持 10 天以上。未开花的花粉在室内条件下可保持 3 天。未开裂花药（含水量 26%~32%）经 20% 蔗糖液或 10% 甘油的水溶液为冷冻保护剂进行冷冻处理，在液氮（−196℃）中进行超低温保存，可使花粉生命力由几天延迟到 11 个月以上，这为开展人参杂交及保持种质资源有重要意义。人参花粉为中型，一般为 35μm，一朵花有 25 万个花粉粒。

（二）胚胎发生

人参每个子房室中有 2 个胚珠原基，上面的原基通常不能发育，下面的原基形成正常的能发育的胚珠。成熟的胚珠倒生，被有 1 层厚实的珠被，珠被形成窄的或宽的珠孔。孢原细胞奠基在珠心细胞的表皮下层，它们发育成胚囊母细胞，经过减数分裂形成 4 个大孢子，其中 3 个退化，1 个发育成胚囊。胚囊是 8 核，在柔嫩胚囊珠孔可看到 3 个细胞，其中 1 个是卵细胞，另 2 个是助细胞，在合点部分有 3 个反足细胞，在中间可见 1 个中央细胞的 2 个极核。人参授粉后，胚乳原核 24~36 小时内完成第一次有丝分裂。初期，核是同步分裂，核间不形成隔膜（细胞壁），核被细胞质所包围并分散在胚囊里；9 天后分散在胚囊里的胚乳核有 40 个左右，12 天后胚乳细胞充满胚囊。卵核在授粉后 24 小时左右受精，受精卵约有 8 天的停滞期，以后才开始分裂；到授粉 17 天后，胚长达 48~50μm，此时，胚是由几十个细胞所组成；21 天时胚长 81μm，由 6~8 层细胞组成，并开始吸收胚周围的胚乳细胞；胚长达 228~230μm 时，胚先端子叶分离，伸长 70μm 左右；56 天后，胚长 340μm 左右，进入采种期。

（三）繁殖特性

1. 种子生物学特性

人参种子具有胚后熟的特性，它需要在温度 15~21℃、湿度适当的条件下，经过 90~120 天人工催芽处理，使胚长达 3mm 以上才完成胚的形态发育。此时，可明显地看到两片长勺形的子叶和一个小的三出复叶。发育完好的胚还有生理休眠的习性，需要在温度 0~5℃、湿度适当的条件下，经 2 个月左右的低温处理，才能通过休眠。此时的种子在适当条件下方能出苗。40ppm 的赤霉素浸种 24 小时可加速胚的形态发育；完成了胚后熟的种子，用 40ppm 赤霉素浸种 24 小时则可打破生理休眠。

2. 组织培养研究

有文献报道，应用 MS 培养基添加激素培养法，对人参的茎尖、根尖和幼芽进行愈伤组织诱导，并进行芽分化、芽的继代增殖和生根培养。结果表明，对诱导芽分化较好的培养基是 BA 与 NAA 的组合，最佳培养基激素浓度是 MS+BA 2.0mg/L +NAA 0.5mg/L。愈伤组织诱导仅出现在 MS+BA 1.0mg/L +2，4-D 2.0mg/L 和 MS+ KT 0.2mg/L +2，4-D 1.0mg/L 的培养基中。以 MS+BA 2.0mg/L +NAA 0.5mg/L 的培养基，其继代培养效果较好。采用组织培养快速繁殖人参，可有效去除病毒，增加繁殖数，确保遗传性状的稳定。

二、种质资源

（一）种质类型

1. 国外人参种质资源

韩国人参种植的规模仅次于中国，其产量约占世界人参总产量的 17%。从时间上看，韩国和朝鲜的人参种植历史可以追溯到公元 16 世纪；18 世纪初人参栽培技术传入日本；俄罗斯人参种植的时间较晚，20 世纪初才开始人参引种试验研究，直到 1950 年前后才试种成功并推广。开展种植活动较早的国家如韩国、日本等，对品种的选育工作也开展较早，并育成了多个品种，日本培育的人参品种有"御牧"及"米玛基"等，其中"御牧"外观性状较好，但其产量偏低；韩国培育的人参品种至少有 25 个，由于其种植模式主要为农田栽参，其选育的品种也均适于农田种植；朝鲜培育出的新品种有"紫茎 1 号"等（表 1-17）。韩国人参品种最多，均为农田种植品种，适应性好，推广面积较大；另外日本和朝鲜的品种仅有 1~2 个。

表 1-17　国外人参主要品种类型及生长特性

国别	品种	育种单位	主要特点	推广应用
韩国	天丰（Chunpoong）	韩国烟草人参研究所	青茎、叶柄黑色斑点，果熟期晚，果实为橙色、根形好、优质参产率高	适宜农田种植，已推广
	高丰（Gopoog）	韩国烟草人参研究所	紫茎、红果、产量中等，皂苷含量高	适宜农田，已推广
	金丰（Gumpoong）	韩国烟草人参研究所	黄果、椭圆叶、结果率高、适宜砂壤土、抗红皮病、加工参色泽偏浅、产量高	适宜农田，已推广
	仙丰（Sunpoong）	韩国烟草人参研究所	紫茎、红果、药材质量好、抗地上病害强、但产量低、参型差	适宜农田，已推广
	年丰（Yunpoong）	韩国烟草人参研究所	紫茎、红果、多茎、主根短粗、圆筒状、产量高	适宜农田，已推广
	仙云（Sunun）	韩国烟草人参研究所	种子红色、植株矮小、主根较长、产量适中、优质参少	适宜农田，已推广
	仙园（Sunone）	韩国烟草人参研究所	种子红色、茎秆紫色、植株高大、产量较大、参型差、优质参极少	适宜农田，已推广

国别	品种	育种单位	主要特点	推广应用
韩国	青仙（Cheongsun）	韩国烟草人参研究所	青茎、种子红色、植株及优质参中等、产量高、参根较长及粗	适宜农田，已推广
	仙香（Sunhyang）	韩国烟草人参研究所	种子及茎秆红色，植株矮小、产量较高、优质参少	适宜农田，已推广
日本	御牧	长野县园艺试验场	体型优美、但产量低	适宜农田种植，已推广
	米玛科	长野县园艺试验场北御牧特用试验场	产量高、主根细长、支根分支好，参叶片稍直立	适宜农田种植，已推广
朝鲜	紫茎1号	朝鲜人参研究试验场	根形美观、但产量偏低	农田种植

2. 国内人参种质资源

我国培育的人参新品种较多，但大部分品种适宜伐林地种植，适宜农田种植的新品种较少，且大都处于示范种植阶段，如益盛汉参等（表1-18）。将来，应加大农田栽培人参新品种的培育进程。

表1-18　中国人参主要品种类型及生长特性

品种	育种单位	主要特点	推广应用
新开河1号	中国医学科学院药用植物研究所、集安人参研究所、康美新开河（吉林）药业有限公司	根圆柱形，表面浅黄棕色、产量高、对锈腐病及黑斑病有一定抗性、长势稳定	适宜农田地种植
黄果人参	中国农业科学院特产研究所	果实成熟后为黄色，皂苷含量高，全株绿色、果实出籽率高	适宜伐林地种植
吉参1号	中国农业科学院特产研究所	丰产、单根重、优质参高、皂苷含量高	适宜伐林地种植
新开河2号	集安人参研究所、康美新开河（吉林）药业有限公司、中国农业科学院特产研究所	芦短、体长、产量高，适宜加工红参，适宜在通化地区进行推广种植	适宜伐林地种植
中大林下参	中国农业科学院特产研究所、延边大阳参业有限公司	须根长、根茎长、参形优美、耐低温、抗红锈病	适宜无霜期100~125天地区
中农皇封参	中国农业科学院特产研究所、长白山皇封参业有限公司	根茎短、产量较高	吉林省无霜期90天以上地区

品种	育种单位	主要特点	推广应用
百泉人参1号	吉林农业大学、百泉参业集团公司	根圆柱形,具长芦性状、适应性强、抗根腐病,皂苷含量高	适宜林下参地种植
宝泉山1号	中国农业科学院特产研究所、吉林大学物理研究所、吉林农业大学	茎秆粗壮、叶宽、地下根大而粗壮、产量高、抗病性一般	适宜伐林参地种植
福星1号、2号	中国农科院特产研究所、抚松人参产业发展办公室、参王植保有限责任公司	产量较高、抗病性能好	适宜吉林省伐林地种植
益盛汉参1号、2号	吉林农业大学、集安益盛药业股份有限公司	稳定性好、具有较强的抗红皮病特性	适宜农田地种植
实科人参1号	中国中医科学院中药研究所、盛实百草药业有限公司、长春中医药大学、白山林村中药开发有限公司	产量稳定、皂苷含量高、保苗率高	适宜农田地种植,目前正示范种植

（二）品种类型

人参在长期的栽培过程中,形成了丰富的农家品种。农家品种亦称地方品种,是农民世代相传,经过长期驯化、自然选择和人工选择所获得。根据人参根及根茎形态的不同,人参衍生出大马牙、二马牙、圆膀圆芦、长脖等,二马牙又可进一步分为二马牙圆芦、二马牙尖嘴子,圆膀圆芦又包括大圆芦和小圆芦,长脖可进一步分为草芦、线芦和竹节芦;而按产区分,人参又可分为三大类:产品主要特征为根茎短,主体短粗,支根短,须根多,主产于吉林省抚松参区(俗称抚松路)的普通参;产品主要特征为根茎长,主体长,支根长,须根少,主产于吉林省集安参区(俗称集安路)的边条参;以及产品主要特征为根茎长,主体小,两条支根,须根少,主产于辽宁省宽甸地区的石柱参。按产区划分的人参种类受产区环境的影响,形成不同的类型,但进化时间短,还不能形成稳定的遗传表现。根据人参果实的密度不同,可将人参分为紧穗类型和散穗类型;根据人参果实颜色不同又可划分为黄果人参、红果人参和橙果人参等;根据人参茎秆颜色不同可将人参分为紫茎人参、青茎人参和绿茎人参。种类丰富的人参为其品种改良提供了物质基础。早期培育的人参农家品种一般具有各自的主要种植区域,且其形态特征一般区别较大。4种主要农家类型简介见表1-19。

表 1-19　人参主要农家类型主产区及形态特征

农家类型	主产区	形态特征
大马牙	吉林省抚松、靖宇、长白朝鲜族自治县的产参区与各地普通参栽培、引种区	花梗分枝较少；叶端渐尖，叶卵形；近地面处的茎多紫色或青紫色。越冬芽（芽胞）大，芦碗（茎痕）也大；根茎粗；肩头齐，主根短且粗；根皮黄白色
二马牙	吉林省抚松、靖宇、长白朝鲜族自治县等人参产区及集安边条参产区	花梗分枝较少；叶端渐尖，叶披针形或长椭圆形；茎与大马牙相近。越冬芽比大马牙稍小，根茎较大马牙长；肩头尖；支根明显，根皮黄白色
长脖	吉林省集安边条参产区和辽宁省石柱参产区	花梗分枝较少；叶端骤凸，叶长卵形；茎多细棱。主根长，芦头细而长，芦碗小，体形优；根皮黄白或褐色
圆膀圆芦	吉林省集安边条参产区和辽宁省石柱参产区	花梗分枝较少；叶端骤凸，叶阔椭圆形；茎多为圆形。根茎稍长；肩头圆形，主根体长，丰满；根皮黄白色

（三）种质资源特异性研究

不同人参种质资源在生长环境、外观形态、化学成分、基因表达、品质等方面都存在自身种质的特性，近年来，很多研究对不同人参种质资源各方面的差异进行了比较，为人参良种选育提供了参考。

1. 种质形态差异研究

我国人参育种工作开展较早，从 20 世纪 50 年代开始进行了多方面的研究。种子的质量是保证人参质量的基本因素之一。有文献报道，研究了人参种子在干燥和吸水后的长、宽、重量等差异，系统分析了来自吉林省 28 个参场、辽宁省的 3 个参场及韩国的 2 个批次的人参种子差异，最终得出不同地区人参种子在长、宽、重量等方面没有显著性差异；而在种子宽度与重量相关性研究中，发现宽度大的种子平均重量也更大，两者的相关性分析表明，平均宽度和平均重量呈良好线性相关性，相关系数达 0.9989。对人参不同农家类型（大马牙、二马牙、圆芦、长脖芦）的有关农艺性状，部分叶片解剖性状和表观学性状进行研究，结果发现，人参不同类型间的差异以农艺性状最为明显，这对选择育种是有利的；主要数量性状的聚类结果表明各类型间的亲缘关系很近，但基本上可以分为马牙和长脖两种类型；随后又对早期新品种吉林黄果人参与普通红果人参的形态特征、农艺特性综合性状等进行了多年对比观察分析，发现吉林黄果人参在茎、叶柄和成熟果实颜色上与生产上种植的普通红果人参有明显区别；农艺性状比较研究发现，与红果人参相比，吉林黄果人参花轴较短、叶片较宽，物候期略有差异，出籽率明显高于红果人参，但果实较小，产量差异不具有统计学意义。

2. 种质化学成分研究

化学成分研究技术出现较早，而早在 1989 年有文献报道，对黄果人参和红果人参的总皂苷、总挥发油、总氨基酸、总蛋白质和总糖含量进行了比较分析，结果发现黄果人参比红果人参皂苷含量高 0.70%，总氨基酸含量高 0.81%，总挥发油含量高 0.0884%，总蛋白质含量高 2.79%，总糖含量低 2.50%，黄果人参主要有效成分和营养成分均高于红果人参。而通过进一步比较黄果人参和其他栽培品种的化学成分，发现黄果人参除总糖和淀粉含量低于其他类型外，主要活性成分人参皂苷、挥发油、氨基酸和蛋白质含量高于其他类型。

随着科技的发展，种质差异的研究方法越来越多。近年来，国内外的学者采用高效液相色谱法（HPLC），气相色谱法（GC），气相 – 质谱（GC-MS）、液相 – 质谱（HPLC-MS）联用色谱法、X– 射线衍射法、分子生物学等多种方法对人参进行研究，用来揭示人参种质资源的差异性，为种质资源的区分和鉴别提供了多种思路和方法。有文献报道，对6 年生园参、韩国参和集安非林地参的总皂苷含量进行了测定，以比较三种人参总皂苷含量的差异。结果园参总皂苷含量为 3.98%，韩国参总皂苷含量为 4.33%，集安非林地参的总皂苷含量为 5.60%。由此说明，集安产非林地参在总皂苷含量方面要优于园参和韩国参。对人参不同的农家品种大马牙、二马牙、圆膀圆芦、长脖和人参新品种"吉参1 号"；以及以果实不同颜色为特征的人参不同类型（深橙果人参、黄果人参、橙果人参、浅橙果人参、红果人参）的单体人参皂苷含量的测定与分析，结果见表 1-20。

表 1-20　人参不同品种及类型 7 种单体皂苷含量（g/kg）

成分	大马牙	二马牙	吉参1 号	圆膀圆芦	长脖
Rg_1	4.17	3.13	2.81	2.21	2.72
Re	3.94	4.55	3.94	2.87	2.18
Rf	0.99	1.13	1.07	0.58	0.90
Rg_1 + Re + Rf（三醇型皂苷）	9.10	8.81	7.82	5.66	5.80
Rb_1	3.50	2.33	2.33	1.46	1.35
Rc	1.95	2.10	1.70	1.49	1.04
Rb_2	2.55	1.03	1.97	1.38	1.17
Rd	0.56	0.54	0.48	0.45	0.35
Rb_1+Rc+Rb_2+Rd（二醇型皂苷）	8.56 4	6.00	6.48	4.78	3.91
三醇型／二醇型	1.06	1.47	1.21	1.18	1.48
Rg_1/ Rb_1	1.19	1.34	1.21	1.51	2.02
7 个单体皂苷之和（总量）	17.66	14.81	14.30	10.44	9.71

3. 种质分子标记研究

（1）种质生物指纹图谱研究　随着研究深入和技术发展，较成熟的技术只有限制性内切酶扩增长度多态性（RFLP）和随机扩增多态性 DNA（RAPD）技术等。有文献报道，利用 PCR-RFLP 分析了来自不同居群的韩国和中国人参，通过对不同引物的筛选，最终得到 5 组可以将不同人参区分的 RAPD 图谱；分析了大马牙、二马牙、长脖、圆膀圆芦、黄果等 5 个主要农家类型的 RAPD 指纹，证明人参农家类型有较丰富的遗传多样性；利用 RAPD 分子标记对栽培人参不同品系之间的遗传多样性进行了研究，结果表明根据表征性状对人参栽培类群进行划分是可行的；对人参农家类型进行了 AFLP 指纹研究，结果表明农家类型之间遗传差异小，并且发现与其他农家类型相比，长脖具有更大的遗传变异；从人参的 EST 序列中开发了 19 对 SSR 引物，并利用这些引物的组合鉴定了部分韩国人参品种；分别开发了韩国人参品种天丰、年丰、高丰、金丰、K-1 等人参品种的 SNP 分子标记，并建立了田间人参品种的快速筛选方法。

（2）种质 DNA 条形码研究　　DNA 条形码的概念首先由加拿大学者 Paul Hebert 等人提出。DNA 条形码技术是将生物体内能够代表该物种的、标准的、有足够变异的、易扩增且相对较短的 DNA 片段（即 DNA 条形码）作为编码规则，对不同的物种在分子水平上加以区分。随着研究深入，2011 年，生物条形码中国植物工作组通过评估 *matK*+*rbcL*、*trnH*-*psbA* 和 ITS/ITS2 的鉴定效率，建议将 ITS 序列纳入到种子植物的核心条形码。有文献报道，通过比较野山参和栽培参在 ITS1 和 ITS2 序列上的差异，发现人参属的 ITS1 片段长度约 220~221bp，ITS2 约 222~224bp，其中前者在人参种内十分稳定，所研究的 4 个野山参样品的 ITS1 序列与 NCBI 上公布的栽培参完全一致。相比于 ITS1 的高度保守性，ITS2 序列存在部分变异，故认为 ITS2 序列可用于人参种质资源分析。

第三节　人参品种选育

一、选育原则及目标

（一）选育原则

1.品质优先

无公害中药材作为特殊的农作物，既有一般农作物的共性，也存在其独有的特性。一般农作物在选育品种时，大多重视产量和抗逆性。药用植物作为中医药治疗疾病的物质基础，在选育过程中除了要重视常规农作物的产量和抗逆性，更要重视药效成分的检测。人参不仅是受我国广大人民群众认可的贵重中药材，现如今也是颇受世界人民欢迎的保健品。我国是人参生产大国，但人参经济产值却较低。除了国内对人参的加工工艺过于简单，致使商品类型少、附加值低外，药效成分不达标等问题，农残、重金属等不能控制在可接受范围内也是我国人参走向世界的另一大阻碍。

2. 需求导向

在实际生产中应根据不同的生产需要和用途来确定其侧重点。如人参在老参区存在的主要问题是由于栽培年限较长，连作障碍及由此引发的病虫害较为严重，这些区域的无公害农田人参选育目标当以抗病性为主，而在新的种植区产量低则是首先需要解决的问题，这些区域选育人参新品种则要以高产为主要育种目标。人参既可以制成中药饮片供临床配方使用，又可以作为中成药的原料，或作为提取有效成分的原料，2012年9月4日，原卫生部正式批准人工种植的人参为新资源食品。可见人参既作为药品又可以作为保健品，若作为临床使用，要充分关注药材性状，有效成分含量适中稳定即可；而作为提取的原料，则重点关注有效成分含量的高低。

3. 技术安全

在选育方法上，现阶段可重点开展选择育种，采用混合选择或系统选育的方法，并结合现代分子生物学技术，对遗传混杂群体进行纯化，选育一批人参品种，迅速改变实际生产上农田人参品种匮乏的现状。审慎对待诱变育种和生物工程育种，由于药品高度强调安全性，因此对中药材，特别是作为饮片临床应用的中药材，诱变育种等选育出的新品种，可能都会面临安全性质疑，从而可能需要大量安全性评价数据，将会给新品种推广应用带来严重障碍。特别是多倍体育种，近年全国很多单位都在开展，也收到较好成效，但相应法律地位的取得还需要更多的安全性评价数据。

（二）选育目标及确定依据

1. 选育目标

（1）多抗品种　人参为多年生宿根性草本植物，地上部分每年秋季枯死，整个冬季主要依靠根内贮藏的养分，使得根部脆弱，易受多种病菌侵染；人参须根年年脱落，导管等组织暴露在外，易被病原入侵；人参根部木质化程度较低，一旦染病，会迅速腐烂；各种病害、虫害、冻害等自然灾害不仅会造成药材产量和质量降低，而且在病虫害防治过程中需要大量使用化学农药，导致生产成本增加、造成环境污染以及危及人体健康等。通过优良抗逆人参新品种的选育，可以减少农药使用量，降低药材农药及重金属残留，达到生产优质无公害人参的目的。因此，在无公害农田人参良种选育过程中应加强对病虫害、逆境等抵抗力强品种的关注。

（2）优质品种　作为药用植物，人参可以在心脑血管等疾病中发挥药效作用主要是由于其皂苷等活性成分，因此活性成分的含量高低是衡量质量优劣的主要依据。在实际育种中应以此项作为一项重要的指标。皂苷类成分含量既受遗传因素影响又受环境因素影响，而优质品种的选育就是通过遗传改良的方式提高其品质。在实际生产中，采用快速准确的成分检测方法，通过定株选择、定株留种的方式来实现优良种质选育。在选育早期世代，可只检测总组分含量，如人参总皂苷含量。但在后期品系比较阶段需确定最终推广品种时，应尽可能检测多个有效成分，乃至化学成分的指纹图谱。

（3）高产品种　现阶段，药材定价体系尚难完全做到优质优价。另外产量直接关联药材的商品规格，因此产量在很大程度上与药材种植收益密切相关，从而影响农户种植新品种的积极性。为了更好地在生产上推广利用新品种，在选育过程中应注意提高产量性状，特别是通过商品规格反映出来的产量性状。另外还需注意平衡单株重量和单位面积产量，或其他产量性状的构成因素。同其他以根作为药用或食用部位的植物类似，人参的产量主要由单位面积植株数量、单株根重决定，在保证药材优质的基础上，高产品种可以提高单位面积的出药率。人参生长缓慢，多年才能收获，因此在实际选育过程中往往以地上部位的优劣区分药材质量。在良种选育过程中，应建立药材质量和地上性状的相关关系，留意地上性状，着重选育单株根重大、品相美观、源库关系合理的类型。

（4）外观品相　中药材性状特征是评价中药材质量优劣的最直接方法。它作为衡量中药材标准之一，长期为中药界所重视。在《中国药典》的规定中，性状特征仍是中药材宏观质量评价的一项内容，这也是当前中药材收购和初级市场流通中品质评价的最重要指标。如山参在体形上，以灵为优；其芦帽，以少为佳；重量，以小巧玲珑为好。东北参商之间交易，验货评价山参质量，都依年限、体形、芦帽、品相总体结合考虑，最后参考重量确定价格，以质论价、以支论价。人参作为"中药之首"，其生晒参、红参、生晒山参等性状鉴别标准被明确地列在了《中国药典》的各个版本中，可见人参的性状特征与其质量密不可分。正是由于吉林省的锦绣河山，孕育了举世闻名的"人参娃娃"，吉林人参的"道地性"，也广泛流传。以传统的经验来鉴别人参的质量，是有一定的科学道理的。因此，性状特征应该成为中药材新品种田间选育过程中品质性状直观评价的重要指标，可将这些性状尽可能作定量化测量。人参的育种目标应该是以培育抗病为主，兼有高产、优质、品相优良的新品种。

2. 选育目标依据

选育目标应结合生产需要及最终用途，同时注意因地制宜。农作物育种主要目标性状一般先从产量到品质再到抗病虫害，而作为预防、治疗疾病的中药材应首先关注与其药效作用紧密相关的品质性状及对病虫害的抵抗能力，其次才是产量性状。此外育种目标的确定应结合区域、生物学特性、种质资源及遗传变异规律等。

（1）依据区域特点　人参在长期栽培中，群体内产生一定程度的分化，培育的品种类型趋势也不尽相同。现有的抚松、长白大马牙类型及集安二马牙、边条类型，可依据地区农家品种类型特点，定向选择分离，加速育种进程。此外，近年来引种的区域不断扩大，生产存在的主要问题不尽相同。在老产区主要表现病害严重，应以抗性育种为主要目标。一些新产区，产量低是主要问题，要以高产为主要育种目标。

（2）依据生物学特性　人参是多年生宿根植物，除一年生植株由种子发育而成外，芽胞内有分化完整的茎叶和花序的雏形。芽胞大小直接关系到地上植株的发育。大芽胞的大马牙类型是高产育种的主要选育类型。另外，人参完成种子生理后熟和形态后熟至少需要近 5 个月的时间，选育早熟果实，使其充分发育，以提高出苗率、培育壮苗尤为重要。把育种目标落实在关键性生长调控上，可有效地提高育种目标准确性。

（3）依据种质资源　种质资源是培育新品种的原始材料。做好种质资源变异的调查是育种的前提。1994 年有文献报道，概括人参、西洋参育种工作，指出人参在长期的种植过程中的生态适应，形成了几种农家类型。2001~2003 年，对人参地上部调查研究指出，种植群体呈现田间的高度混杂，茎高、茎粗、叶幅、果形、叶片等均存在很大的变异。研究人参群体变异，以便有明确选育目标，提高选育成功率。

（4）依据遗传变异规律　人参遗传变异规律早在 40 年代就有研究。有文献（1940 年）报道，人参大部分是紫茎和红色果的固有种，基因型为 PPRRhh；茎、叶柄和叶没有花青素的浅绿色，果实的外果皮、果肉为橘黄色，内果皮和种皮为浅黄白色的黄果种，基因型为 pprrhh；理论数据应是青茎：紫茎为 13：3。1998 年，有文献报道，运用数量遗传学的分析方法，对系统选育的 17 个品系 18 个数量性状相关遗传力的途径分析表明，根长是影响单株根重的主要因素，其次是根粗和主根长。根长、根粗与主根长可作为产量高、根形好的人参新品种选育主要参考指标；单株根重＋根长＋根粗＋主根长构成的选择指数，相对效率最高，是构成人参群体选择的最佳方案。1997 年，开展了边条人参混合选择效果及不同等级母株对后代的影响研究，结果表明人参混合选择效果不明显；参苗大小不是影响后代产量的重要因素；低等小苗经 1~2 代培育后可恢复到高等大苗水平；边条人参分离出来的类型以二马牙和长脖为主，约占 95%，二马牙的比例随参根等级的上升而增加，长脖参的比例则相反。因此，依据种质变异遗传分析，对优良性状后代的遗传趋势做出准确判定，以提高育种选择的成功率。

二、品种选育方法

育种材料的正确选择是育种工作的良好开端，而设计科学合理的育种方法则是决定整个育种工作成功与否的关键所在。植物新品种选育方法很多，主要育种方法有选择育种（混合选择和系统选择）、有性杂交育种、杂种优势利用育种、诱变育种（包括太空育种、多倍体育种）等，近年分子辅助育种也开始应用。各种农作物育种基本经历了农家品种调查整理及推广应用→引种推广→品种选育的过程。品种选育早期主要采用选择育种，在对亲本及其性状有了较多了解之后则广泛开展有性杂交育种，如制种途径可行则开展杂种优势利用育种。后两者是育种工作取得飞速发展的两种主要方法。人参作为一种草本植物，其育种方法同一般植物育种方法类似，现对以往人参育种研究及新兴育种技术做以下梳理，以期为今后无公害农田人参的良种选育提供参考。

（一）选择育种

集团选育最早用于农家类型的提纯复壮，效果较为明显。1986 年，中国农业科学院特产研究所与吉林省集安市头道镇参场协作在当地四年生人参混杂群体中，依据单根重、根形等指标，选育了 4 个具有特殊特征的种质集团，将 4 个种质集团分别种植，经过多年反复挑选、留种及种植，选育了具有特殊性状的人参种质。有文献报道，通过集团选育达到了优良类型的增产，目标性状的纯化以及遗传力的提高。

多性状综合选择一般可以提高选择效率，但性状过多不仅会给实际操作带来困难，还会降低选择效果。因而在性状选择时应兼顾其遗传进度和相对效率。有文献报道，通过比较几种主要性状及其各种组合的两项指标，发现单产的相对效率为100%，而在计算多个性状构成的指数方程中，发现单根重、根粗以及茎粗3个性状构成的选择指数方程遗传进度最快，相对效率为171.7%。说明单根重、根粗、茎粗3个性状对人参产量提高非常重要。通过对3个性状的综合作用可提高选育效率，加速育种进程。随后又通过对各集团主要农艺性状进行分析，用方差分析法估算人参主要数量性状广义遗传力及遗传变异系数的结果。除茎高、存苗数较低外，其他如单产、单根重的广义遗传力均较高，对这些性状的选择效果较好，且可采用表型选择达到高产目的。该方法所得结果与用亲子回归方法估算人参产量性状遗传力所得结果基本相同。所估算性状的变异系数以单产和单根重最大，茎高、茎粗、根粗性状相对稳定。发现高产品种的选育应以单根重为主，根粗与根长为辅，进而建立了单根重＋根粗＋茎粗综合选择指数方程，并在此理论指导下，选育出高产、单根重大、根形美观、皂苷含量高品系，最终育成人参新品种"吉参1号"。

系统育种作为最基本的育种手段，在人参前期良种选育中也应用较多。早年日本已通过此方法在搜集到的380个系统中，对其中表现优良的9个系统进行产量和区域性试验，成功选育出性状优良的人参新品种"御牧"；之后我国也运用此方法育成"吉林黄果参"。有文献报道，应用系统选育法，选用约3000株优良植株，连续四代自交纯化，期间将不良株淘汰，然后对各品系进行抗病性和成分含量比较。最终育成新品种"新开河1号"，这也是我国边条人参的第一个新品种。并与生产上的边条参作为对照品，对两者产量、活性成分及黑斑病抗性进行比较，结果发现"新开河1号"出苗率、存苗率均优于对照品，产量比对照品高30%以上，总皂苷及大多数分组皂苷的含量高出对照品1.8%~2.5%，中等抗性、抗病能力优于对照品。

（二）杂交育种

杂交育种是从杂交后代中选育出兼有双亲优良特性新品种的育种方法，是创造新品种的一个重要方法。现有群体的选择往往难以获得有重大突破的新品种，必须通过有性杂交将不同亲本的有利性状结合起来，才可能获得高于现有群体的新品种，甚至获得超亲优势品种。该项工作的前提是储备有较为稳定、纯合的亲本，对亲本性状有清晰了解。如果能突破制种途径，则杂种优势利用在中药材育种有非常良好的应用前景：杂种一代整齐度高、品质性状稳定，需每代制种，种源高度可控，从而很容易推进规范化生产。

（三）诱变育种

诱变育种主要是利用物理、化学等因素对植物的诱变作用使其产生各种变异，从中选育良种的育种方法。诱变育种工作在国内外开展不多，日本曾在50年代用化学诱变剂秋水仙素以及射线对人参进行处理，以期从中选育出优良新品种，但成功率较低；国内有学者用不同浓度的秋水仙素对人参种子和芽孢进行不同时间的诱变处理，并对地上部分性状及染色体数目进行统计，发现植株变异率与秋水仙素液浓度和处理时间成正相关，植株结实率与秋水仙素液浓度和处理时间成负相关（表1-21）。

表1-21 人参植株不同处理诱变效果

秋水仙碱浓度（%）	处理株数	4 小时		8 小时		12 小时		24 小时	
		变异率	结实率	变异率	结实率	变异率	结实率	变异率	结实率
0.05	25	0	—	0.12	—	0.12	—	0.22	0.78
0.10	25	0	—	0.32	—	0.39	—	0.61	0.26
0.20	25	0	—	0.74	—	0.74	0.78	—	0
0.50	25	0	—	0.74	0.87	0.90	0.60	—	0
1.00	25	0	—	0.79	0.68	0.90	0.30	—	0

多倍体育种在人参育种中有其实际意义。可利用多倍体的巨大性，提高人参产量；利用多倍体的旺盛新陈代谢，提高人参皂苷含量；特别是利用多倍体有较强的抗逆性，获得抗病品种。但由于多倍体植物的染色体倍数存在限度问题，人参已经是多倍体，再进行多倍体诱导，有关适宜倍数及预期效果，至今尚无定论。1972 年吉林农业大学用 0.1%~0.2% 秋水仙素处理种子 12~24 小时，播种后发现有的叶片肥厚、叶色浓绿、刚毛变长、茎粗壮，开花时花粉败育达 95%，结实率不足 10%，气孔比对照品大 27% 等的变异。

（四）分子育种

传统的育种方法多是直接对性状进行选择，而人参形态标记数量有限且在生长 3 年后才能利用，因此，育成 1 个品种至少需要几十年的时间。从长远发展考虑，人参育种必须走高科技、高产出、高效益的发展路线。分子育种就是把表现型和基因型选择结合起来的一种植物遗传改良理论和方法体系，可实现基因的直接选择和有效聚合，大幅度提高育种效率，缩短育种年限，在提高产量、改善品质、增强抗性等方面已显示出巨大潜力，成为现代作物育种主要方向。分子育种过程结合了植物育种技术、分子生物学和生物技术等手段，可加快育种进程，促进新品种的培育。分子育种主要包括分子标记辅助育种、基因工程育种和分子设计育种 3 种（图 1-38）。其中分子标记辅助育种在现阶段育种研究中使用较多。而随着测序技术的不断完善和发展，在分子标记的基础上衍生出组学技术育种，其主要利用高通量测序技术对群体进行研究，定位到控制某个目标性状的基因，然后通过序列辅助筛选或者转基因的方法来选育新品种。挖掘功能基因是基因组育种时代主要目标，这种育种方法不仅准确性比较高，而且能大大缩短育种时间。

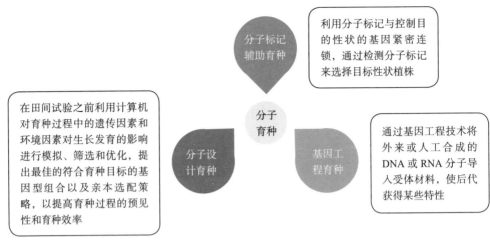

图 1-38　分子育种

1. 组学技术辅助育种

DNA 分子标记辅助育种以 DNA 多态性为基础，依据分子杂交、聚合酶链式反应、高通量测序等技术，筛选与高产、优质、抗逆等表型相连的 DNA 片段作为标记，进而辅助新品种的选育。不同人参根、茎、叶和花的转录组数据表明，不同组织中基因的表达模式不同，预测 223 条参与人参皂苷骨架合成的酶基因，其中 1.8 万条独立基因中有 1.3 万条为简单重复序列，这些数据可为高皂苷含量的人参新品种的选育提供标记和参考。研究团队于 2017 年首次公开了人参基因组序列，其所蕴含的海量数据为人参遗传信息提供了大量的资源，为发掘人参抗逆及参与人参皂苷合成途径的新基因提供了重要信息，为人参提供大量的分子标记，实现分子标记与优良性状的连锁，加快优质人参的选育进程。

2. 抗病基因的筛选

通过使用 RNA-Seq 技术，研究被人参锈腐菌侵染后不同时间点的人参根部转录组基因表达情况。人参锈腐菌侵染人参后，可能提高人参抗性的相关基因。这些候选基因有可能通过转基因策略提高人参对锈腐病的抵抗能力。与防御相关的基因有 3839 个上调表达，568 个下调表达。其中，相应病原菌的 unigene 在 0.5 天上调表达，这意味着 0.5 天可能是病原菌触发人参启动防御反应的一个关键点，在 0.5 天中差异表达的候选基因可以作为表达标签来鉴定人参锈腐菌侵染的早期阶段，为控制人参锈腐病提供支持。

三、农田栽参品种选育建议

（一）重视种质资源收集和评价

种质资源是育种工作的源头，其中蕴藏着各种潜在的可利用基因，是品种选育、遗传改良的物质基础，有了丰富的种质，各种育种方法和技术才能发挥作用。然而目前人参的种质资源收集评价工作还相对不完善，收集保存的种质材料太少，遗传基础狭窄，不能为育种工作者提供更多、更好的选择。同时种质资源收集后的筛选评价也不容忽视。在收集过程中，通过鉴定、比较来评价不同种质之间的差异，分析其遗传分化程度及规律，对于人参的良种选育意义非凡。然而，当前人参丰富的种质资源类型缺乏系统有效的人为定向选择。究其内在原因，还是缺乏系统科学的评价体系。随着人参用途增加，应注重根据育种目标建立合适的评价体系。

国内农田栽参良种选育应首先从建立人参种质资源圃开始，一方面，可以通过开展人参种质资源的调查、收集、保存、评价和筛选利用工作，同时大量的人工创造变异，用远缘杂交、辐射引变和化学诱变等方法扩大变异范围，从中选育出新品种，达到扩大种质资源的目的，解决人参种质资源贫乏的问题，为品种改良和新品种选育提供基础材料；另一方面，可以在人参分子标记、转基因、分子辅助育种等各种育种途径和技术方面开展深入研究。

（二）加强政府支持力度

长期以来，我国的优质人参资源以低价出口，收入较低，国外对其深加工获取更高附加值。《中医药发展战略规划纲要（2016—2030年）》的制定和《中华人民共和国中医药法》的出台，表明中医药行业将迎来可贵的发展机遇，人参开发过程中也应利用好政策和法规。国家鼓励各级政府依托科研单位建立人参良种繁育、选育基地，培育优良、高产、适应性强的人参品种，提高药材品质，为巨大的市场需求减压，改变我国人参价值利用的尴尬现状。由于中药材生产的区域性和道地性，一种中药材需3~5个优良品种才能广泛覆盖生产，且新品种使用5~8代后需要更新，使得人参新品种选育工作需要全国力量共同参与，更需要国家长期、持续、稳定的投入和支持。

（三）组学技术加快育种进程

由于中药材性状较为复杂，目前大多数中药材品种选育多依靠传统育种技术，难以快速高效地选育出优良品种。随着生物学研究的快速发展，传统育种技术必将整合现代分子生物技术形成综合的育种技术，以加速农田栽参的良种选育进程。现代分子生物技术的发展使基因组学的研究进入一个新的时期。分子生物学研究依赖现代技术的支持，通过基因组、转录组、蛋白组等可获得海量的优质基因信息数据，有效挖掘抗性相关基因和药效成分合成相关基因，并对优质基因进行分离与鉴定，为新品种优质基因筛选提供标记，给优质中药材分子生物学研究及新品种选育带来新的契机。因此，加强组学研究在为人参新品种优质基因筛选提供标记，开发人参综合育种技术，加快人参育种进程中起着决定作用。

第四节 人参分子育种实例——"实科人参1号"
新品种选育

人参新品种——实科人参1号，是由盛实百草药业有限公司联合中国中医科学院中药研究所、长春中医药大学以及白山林村中药开发有限公司等单位，经农田集团选育收集优良单株，并经4代系统选择和纯化，结合分子生物学技术培育的新品种。该品种是从吉林省大田生产使用的圆膀圆芦农家品种，通过单株系统选育而成的高品质、丰产人参新品系。人参全基因组测序完成和次生代谢相关基因的挖掘等组学研究加速了该品种的选育时效。该品种特异性为茎草绿色、顶端有紫色斑块；农田栽培实验数据显示新品种比对照保苗率高88.9%；光合效率比对照高23%；Rg_1+Re含量比对照高33.6%；Rb_1比对照高49.5%。实科人参1号在吉林省区域实验均表现良好，可在农田生产中使用。

一、选育过程

项目组从20世纪90年代初开始收集高产和性状优良的单株，种植在公司种质圃（图1-39）。以人参农家品种圆膀圆芦为基础，选育丰产、含量较高的新品种。通过种质资源圃的比较，发现茎色为草绿色的保苗率高、光合作用强。经过10年的田间筛选，获得主茎为草绿色、顶端有紫色斑块的良种群体。筛选的草绿色人参种质群体进行种子直播时出现茎色分化，茎色表现从黄绿色到青绿色不等且有淡紫色，说明遗传背景混杂。因此，在种质圃中进一步选择存留的优良单株，通过分子手段进行纯化并开展系统选育（图1-40）。

图1-39 人参种质资源圃

由于人参为多年生宿根性植物，系统选育周期长，项目组采用分子辅助育种缩短时间。自 2000 年开始，项目组立足人参茎秆颜色与抗病特性开展人参选育，逐步分离青绿色，紫绿色，草绿色人参个体，选拔纯化特色品系。人参是四倍体，遗传背景复杂，纯化难度高于一般二倍体植物。项目组开始联合国内优势研究团队进行了人参分子标记、抗性基因挖掘以及人参皂苷合成途径等相关分子生物学研究。

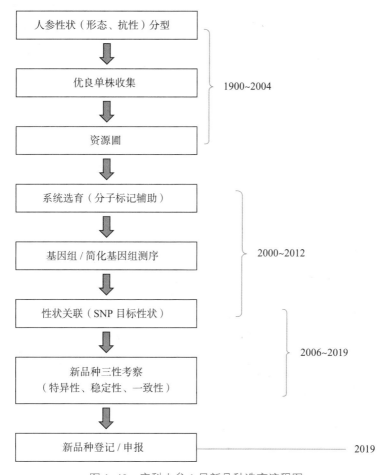

图 1-40　实科人参 1 号新品种选育流程图

随着高通量测序技术的提高，2006 年项目组开启人参转录学和全基因组研究。基于 RNA-seq 技术，揭示人参不同组织皂苷合成的分子机制。项目组以完成人参基因组草图为基础，应用筛选群体，通过基因组测序，筛选草茎色群体特征性 SNP 位点，经随机 PCR 检验，获得 6 个关联差异位点。历经 4 代系统选育及纯化筛选，获得稳定的草色茎秆高品质品系（图 1-41）。筛选的草绿色人参新品系开始在农田土中进一步开展适应性验证实验。由于种源繁育时间周期长，在获得稳定关联 SNP 位点后，从抗性群体中经 PCR 扩增条带筛选阳性单株，采集 4 年生种子进行扩繁，该品种在吉林省白山市经过多点田间实验，特异性、一致性和稳定性均较好（图 1-42）。

图 1-41　实科人参 1 号（左）与对照（右）的比较

实科人参 1 号单株　　　　　　　　　　实科人参 1 号实验群体

图 1-42　靖宇县那尔轰镇沿江村人参育种基地

二、分子辅助育种

采用 Reads1 端 EcoR Ⅰ（G^AATTC）和 Read2 端 Nla Ⅲ（Hin1 Ⅱ，CATG^）进行双酶切实验，ddRAD（Double-Digest RADSeq）建库方式构建长度范围在 300~500bp 的 pair-end 文库，Illumina 平台高通量测序，共获得 73G 数据量（表 1-22）。与对照共存在 113 848 个差异的 SNP 标记，其中同义变化位点 344 个，非同义变化位点 804 个，终止密码子获得 47 个，终止密码子丢失 4 个，涉及 551 个基因，平均每个基因 1.55 个突变位点，有 25 个基因差异位点大于 5 个，其中有 2 个基因有 9 个差异位点。共注释到 Pfam 结构 846 个，除 PPR 蛋白外，涉及最多的为蛋白激酶家族（Pkinase，PF00069）或酪氨酸蛋白激酶家族（Pkinase_Tyr，PF07714）。同时有 9 个 CYP450 基因差异位点和 9 个 UGT 基因差异位点，这些家族基因广泛参与人参次生代谢与化学防御。采用 GLM 单标记关联方法进行 GWAS 分析，共获得性状强关联（LOD > 3）SNP 标记 508 个，筛选并 PCR 验证分子标记 6 个用于辅助育种。

表 1-22 测序获得数据

Total reads number	500 504 860
Data size（G）	73.574
Both mapped reads number	328 231 087
Total reads with Ns	60 004
Mapping %	65.58%
Depth	21

三、新品种特性

（一）光合作用特征

实科人参 1 号与对照具有相同的光合作用曲线趋势，光饱和点基本相同，但无论 3 年还是 4 年实科人参 1 号的最大光饱和点明显大于对照，原因在于实科人参 1 号气孔导度和细胞间 CO_2 浓度均较高（图 1-43，表 1-23）。

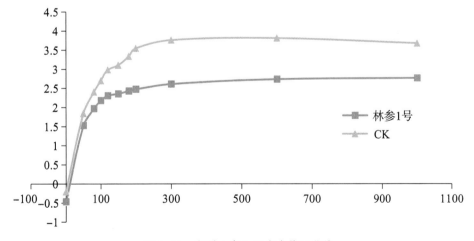

图 1-43 实科人参 1 号光合作用曲线

表 1-23　实科人参 1 号光合作用参数

年生	实科人参 1 号		对照	
	3 年	4 年	3 年	4 年
最大光合速率	2.483 ± 0.754	2.648 ± 0.541	2.162 ± 0.411	2.119 ± 0.674
气孔导度	0.022 ± 0.009	0.022 ± 0.006	0.016 ± 0.004	0.021 ± 0.012
细胞间 CO_2 浓度	211.853 ± 31.006	259.192 ± 23.518	209.443 ± 26.053	234.695 ± 24.551
蒸腾速率	0.0004 ± 0.0002	0.0004 ± 0.0001	0.0003 ± 0.0001	0.0004 ± 0.0002

（二）皂苷含量

按 2015 年版《中国药典》测定实科人参 1 号饮片中人参皂苷 Rg_1、Re、Rb_1 的含量。实科人参 1 号样品皂苷含量表明，Rg_1+Re 含量比对照高 33.6%；Rb_1 比对照高 49.5%，每个批次含量均符合药典标准，批次间稳定（表 1-24）。

表 1-24　人参皂苷类成分的含量

批号	样品中质量分数（%） （以干燥品计）		
	人参皂苷 Rg_1	人参皂苷 Re	人参皂苷 Rb_1
N–01	0.368	0.18	0.28
N–02	0.356	0.228	0.319
N–03	0.277	0.27	0.387
N–04	0.256	0.379	0.367
N–05	0.304	0.362	0.426
N–06	0.405	0.365	0.497
CK–01	0.175	0.182	0.202
CK–02	0.275	0.214	0.212
CK–03	0.185	0.195	0.258
CK–04	0.178	0.237	0.235
CK–05	0.301	0.155	0.228
CK–06	0.345	0.364	0.387

（三）一致性

随机抽取植株 270 株，茎色、叶色、花色、叶长、株高等基本性状具有较好的一

致性（图 1-44）。采用高光谱在 420~1000nm 对叶片测量吸收，结果显示实科人参 1 号
与对照叶片吸收图谱存在显著差异，均存在双峰现象，两者可明显区分开，一致性较好
（图 1-45）。

图 1-44　实科人参 1 号苗期群体

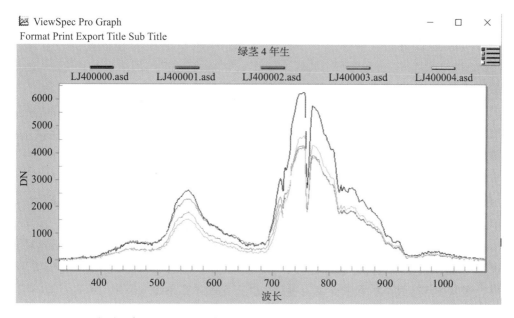

图 1-45　实科人参 1 号和对照人参近红外波段 420~1000nm 吸收峰光谱曲线（4 年）

参 考 文 献

［1］Cai J，Liu X，Vanneste K，et al．The genome sequence of the orchid Phalaenopsis equestris [J]. Nature Genetics, 2015, 47 (1): 65–72.

[2] Chen S, Luo H, Li Y, et al. 454 EST analysis detects genes putatively involved in ginsenoside biosynthesis in *Panax ginseng* [J]. Plant cell reports, 2011, 30 (9): 1593–1601.

[3] Chen SL, Song JY, Sun C, et al. Herbal genomics: Examining the biology of traditional medicines [J]. Science, 2015, 347 (6219 Suppl): S27–29.

[4] Chen SL, Xu J, Liu C, et al. Genome sequence of the model medicinal mushroom *Ganoderma lucidum* [J]. Nature Communications, 2012, 3 (2): 913.

[5] Chu Y, Xu R, Su H, et al. Genome-wide analysis of NBS–LRR–encoding gene in *Panax ginseng* (in Chinese) [J]. Sci Sin Vitae, 2018, 48: 423–435.

[6] Dai Z, Wang B, Liu Y, et al. Producing aglycons of ginsenosides in bakers' yeast [J]. Scientific reports, 2014, 4: 3698.

[7] Gao Y, He XL, Wu B, et al. Time-course transcriptome analysis reveals resistance genes of *Panax ginseng* induced by cylindrocarpon destructans infection using RNA–Seq [J]. PLoS ONE, 2016, 11 (2): e0149408.

[8] Guan R, Zhao Y, Zhang H, et al. Draft genome of the living fossil *Ginkgo biloba* [J]. Gigascience, 2016, 5 (1): 49.

[9] Jaillon O, Aury JM, Noel B, et al. The grapevine genome sequence suggests ancestral hexaploidization in major angiosperm phyla [J]. Nature, 2007, 449 (7161): 463.

[10] Jayakodi M, Lee SC, Lee Y, et al. Comprehensive analysis of *Panax ginseng* root transcriptomes [J]. BMC Plant Biology, 2015, 15: 138.

[11] Jung SC, Kim W, Park SC, et al. Two ginseng UDP–glycosyltransferases synthesize ginsenoside Rg_3 and Rd [J]. Plant & cell physiology, 2014, 55 (12): 2177–2188.

[12] Kim NH, Jayakodi M, Lee SC, et al. Genome and evolution of the shade-requiring medicinal herb *Panax ginseng* [J]. Plant biotechnology journal, 2018, 16 (11): 1904–1917.

[13] Li C, Zhu Y, Xu G, et al. Transcriptome analysis reveals ginsenosides biosynthetic genes, microRNAs and simple sequence repeats in *Panax ginseng* C. A. Mey. [J]. BMC Genomics, 2013, 14 (1): 204–205.

[14] Li L, Jr SC, Roos DS. OrthoMCL: Identification of ortholog groups for eukaryotic genomes [J]. Genome Research, 2003, 13 (9): 2178.

[15] Paterson AH, Bowers JE, Bruggmann R, et al. The *Sorghum bicolor* genome and the diversification of grasses [J]. Nature, 2009, 457 (7229): 551–556.

[16] Xu J, Chu Y, Liao B, et al. *Panax ginseng* genome examination for ginsenoside biosynthesis [J]. GigaScience, 2017, 6 (11): 1–15.

［17］Zhang JJ，Su H，Zhang L，et al．Comprehensive characterization for ginsenosides biosynthesis in ginseng root by integration analysis of chemical and transcriptome［J］．Moleculoes，2017，22：889．

［18］Zhao Y，Yin J，Guo H，et al．The complete chloroplast genome provides insight into the evolution and polymorphism of *Panax ginseng*［J］．Frontiers in plant science，2014，5：696．

［19］陈士林，宋经元．本草基因组学［J］．中国中药杂志，2016，41（21）：3881-3889．

［20］陈士林，肖培根．中药资源可持续利用导论［M］．北京：中国医药科技出版社，2006．

［21］董林林，牛玮浩，王瑞，等．人参根际真菌群落多样性及组成的变化［J］．中国中药杂志，2017，42（3）：443-449．

［22］侯志芳，雷秀娟，张艳敬，等．分子标记技术在人参种质资源研究中的应用与展望［J］．特产研究，2016，38（04）：64-67．

［23］陈子易．人类活动对人参种质资源的影响［D］．复旦大学，2010．

［24］李闻，王义，张美萍，等．人参不同部位皂苷成分的HPLC测定［J］．吉林中医药，2010，30（4）：347-349．

［25］任跃英．人参育种的种质资源及生物学基础的研究［J］．人参研究，2012，24（1）：24-29．

［26］沈亮，吴杰，李西文，等．人参全球产地生态适宜性分析及农田栽培选地规范［J］．中国中药杂志，2016，41（18）：3314-3322．

［27］沈亮，徐江，董林林，等．人参栽培种植体系及研究策略［J］．中国中药杂志，2015，40（17）：3367-3373．

［28］王铁生，王英平．韩国人参栽培新品种及轮作制［J］．人参研究，2003，3：13-14．

［29］张景景．基于人参全基因组的多组学数据解析人参皂苷生物合成［R］．湖北中医药大学，2018．

第二章　人参农田栽培产地生态适宜性

为满足国家对生态环境保护的政策要求，中国迫切需要走上农田栽参为主的非林地栽参发展道路。农田栽参种植模式可有效解决参、林争地矛盾，有利于人参集约化经营和科学化管理。韩国等通过多年农田栽参种植技术研究，现已具备较为完善的"农田栽参，参粮轮作"配套种植技术。与此相比，中国农田栽参起步较晚，又缺乏适合在农田栽培的人参新品种，种植技术体系还不完善，盲目进行农田引种及栽培，易造成大范围死苗现象，产量和品质下降，影响临床疗效。通过产地生态适宜性分析得到适宜农田栽参的生态适宜产区，将有助于指导农田人参生产，提高人参种植成功率。

依据中国中医科学院中药研究所自主研发的"药用植物全球产地生态适宜性区划信息系统"（GMPGIS），在全球范围内开展无公害农田栽参产地生态适宜性分析。从宏观和微观尺度开展人参适宜栽培地选择，可为合理规划人参生产布局，避免盲目引种及保证人参品质提供科学依据。在产地生态适宜性分析结果和多年农田栽参研究数据基础上，制定了农田栽参选地规范，可达到降低药材农残及重金属含量、生产无公害人参的目的，同时也可为人参野生抚育、引种栽培、规范化种植提供科学依据。

第一节　人参农田栽培产地预测系统及适宜生态因子

一、药用植物产地预测相关数据库

（一）气象因子数据库

全球气候数据库是由美国加州大学伯克利分校的 Robert J Hijmans，Susan Cameron 和 Juan Parra 发起并建立的一个全球气候栅格数据库。WorldClim 是国际社会公认的区域性精确度较高的气候数据库，在植被分布预测及气候变化响应等领域得到了广泛应用。WorldClim 气候栅格数据集，分辨率为 30″，包括月最低温度（Min Temperature）、月最高温度（Max Temperature）、月均温度（Mean Temperature）、月均降水（Precipitation）、海拔（Altitude）等 19 个生物气候数据图层。

CliMond 数据库致力于分享不同格式环境数据、建模数据等用于物种分布模型、物种濒危模型及全球气候变化等生态领域问题研究。CliMond 数据库气候栅格数据分辨率为 10′，包括月最低温度（Minimum Temperature，℃）、月最高温度（Maximum

Temperature，℃）、月均降水（Rainfall，毫米/月）、月均上午 9 时相对湿度（Relative Humidity at 9am）、月均下午 3 时相对湿度（Relative Humidity at 3pm）及 35 个生物气候数据图层。

（二）土壤数据库

土壤数据来源于全球土壤数据库（Harmonized World Soil Database，HWSD），其由联合国教科文组织（UNESCO）和国际应用系统分析研究所（IIASA）共同组建（http://www.iiasa.ac.at/）。HWSD 数据库包括土壤名称（参照 FAO90 土壤分类系统）、质地、有效含水量、容重、有机质、酸碱度、电导率等指标。土壤类型包括强淋溶土（Acrisols）、高活性强酸土（Alisols）、暗色土（Andosols）、红砂土（Arenosols）、人为土（Anthrosols）、黑钙土（Chernozems）、钙积土（Calcisols）、始成土（Cambisols）、冲积土（Fluvisols）、淋溶土（Luvisols）、黏绨土（Nitisols）、白浆土（Planosols）、粗骨土（Regosols）、变性土（Vertisols）等 28 种。

（三）中药材分布空间数据库

研究团队在全国中药材原植物野生分布和产地数据分析的基础上，对 20 世纪 80 年代中期全国中药资源普查结果数据与基础地理信息数据（省区划、县区划和乡镇区划）进行整理和集成，构成了中药材分布空间数据库，用于中药材环境的查询及分析结果评价。

（四）基础地理信息数据库

基础地理信息数据库主要包括矢量数据结构的省区划数据、县区划数据和乡镇区划数据，其中省区划数据和县区划数据是 1∶100 万的数字线划地图（Digital Line Graphs，DLG）数据。矢量数据结构是利用欧几里得几何学中的点、线、面及其组合体来表示地理实体空间分布的一种数据组织方式，即对于每一个具体目标都直接赋予离散点的位置坐标和属性信息以及目标之间拓扑关系说明，这种数据结构有利于空间拓扑分析，便于分析不同生态相似度区域在每个省（市、县）面积。

二、药用植物产地生态适宜性信息系统

"药用植物全球产地生态适宜性区划信息系统"（GMPGIS）是由中国中医科学院中药研究所自主研发，该系统数据主要来源于 WorldClim、CliMond 和 HWSD 数据库。GMPGIS 系统气候数据不仅包括目前全球气候数据，而且还包括未来 100 年及史前气候数据预测，可以较好地对各药材分布进行预测；数据分析采用了基于阈值的欧氏距离算法，预测产区基本覆盖了药材生产地区，同时该系统还可以分析全球中药材引种栽培的生态适宜产区。GMPGIS 系统的成功研发也为人参全球范围内引种栽培、保护抚育及规范化种植提供了科学依据。随着 3S 技术的发展和推广应用，GMPGIS 技术在人参区划

栽培中将发挥出越来越精准的作用。GMPGIS系统计算方法如下。

（一）栅格数据空间分析

本系统中的栅格数据空间分析功能通常包括：记录分析、叠加分析、区域操作、统计分析等。栅格数据的叠加分析要优于矢量数据的叠加分析。中药材产地生态适宜性区划分析首先根据药材道地产区的生长环境确定各个环境因子的权重，然后进行栅格数据的空间分析，得出药材生长环境的综合指标栅格数据图。

（二）矢量数据空间分析

本系统中涉及的矢量数据空间分析通常包括：空间数据查询和属性分析、多边形与多边形的叠加计算、目标集统计分析等。矢量数据的叠加分析主要分为擦除、相交、合并等。经过栅格空间分析后的栅格数据包含药材的生长环境指标及空间分布特征，但不包含社会、经济信息，必须将分析后的栅格数据转化为矢量数据，并和全国行政区划信息进行矢量空间分析后，才得到药材生态适宜区的行政区划信息。

（三）数据准备

中药材产地生态适宜性区划分析首先要确定药材道地产区的生态因子值，输入药材的最适宜生态因子值。生态因子值的输入有两种方法，一是手动输入各生态因子值，二是输入药材的道地产区，系统会根据所输入的药材道地产区的生态因子值进行分析，得出药材最适宜生长区的生态因子值范围。

（四）数据标准化

在进行相似性聚类分析前，对各种数据进行标准化处理以消除不同量纲的影响。GMPGIS采用线性标准化方法进行数据标准化处理，将数据值归一化到0~100，公式如下。

$$y = \frac{x - \min}{\max - \min} \times 100$$

（五）相似性聚类分析

聚类分析（Cluster Analysis）简称聚类（Clustering），是把数据对象划分成子集的过程。每个子集是一个簇，使簇中的对象彼此相似，但与其他簇中对象不同，由聚类分析产生的集合称为簇类。GMPGIS系统中采用的聚类分析是以每个空间栅格作为一个聚类对象，n个生态因子数值作为该栅格的聚类条件，每个栅格都可以看成n维空间中一个点。因此，根据栅格间距离大小将不同栅格进行空间最小距离聚类，第i个栅格与第j个栅格间距离公式如下。

$$d_{ij} = \sqrt{(x_{11}-x_{12})^2 + (x_{12}-x_{22})^2 + \cdots + (x_{p1}-x_{p2})^2} = \left[\sum_{k=1}^{p} (x_{ki}-x_{kj})^2 \right]^{\frac{1}{2}}$$

（六）栅格重分类

根据距离计算结果 $[\min_{dij}, \max_{dij}]$，栅格进行重分类，找出人参最大生态相似度区域。

（七）适宜区空间分析

首先将分类的栅格数据转换成面的矢量数据文件，再将生成的矢量数据和行政区划（到县）数据进行相交运算，然后利用行政区划数据对运算后的适宜区数据进行空间查询，得到各行政区划中的最大生态相似度区域和其他区域。

（八）成果输出

将转换后的适宜区数据和基础地理信息数据进行叠加显示和图面设置，即可输出各种风格的图和表格，包括最大生态相似度区域分布图、相似系数分布图、分析结果对比图（成果评价）、相似度列表、中药资源空间可视化成果分布图等。

根据人参野生分布区、道地产区及主产区的生态因子阈值，GMPGIS 可以通过数据标准化、相似性聚类分析、栅格重分类等流程，预测得到与野生分布区、道地产区、主产区气候条件和土壤类型相似的人参适宜产区。GMPGIS 分析得到的人参产地生态适宜性区划，以可视化数字地图的方式直观呈现，并计算得到国家、省、市，乃至县乡级别的人参最大生态相似度区域面积。GMPGIS 可科学指导人参种植基地选址，有效提高人参引种成功率和产量。

三、人参适宜生态因子

（一）人参样点

在全球范围内分别对中国、韩国、日本、朝鲜及俄罗斯远东地区等人参分布区进行选点。通过查阅相关文献及网站，选择人参道地产区、主产区及野生分布区的 271 个样点进行人参产地生态适宜性分析（表 2-1）。其中，通过查阅相关文献及实地考察，中国地区选择了 163 个样点，韩国中部等人参产区选择了 42 个样点，朝鲜北部及南部开城等产区选择了 26 个样点，俄罗斯远东及高加索等有记载人参分布区选择了 22 个样点，在日本长野县、福岛县、岛根县以及北海道等人参产区选择了 18 个样点。

表 2-1　人参全球范围内选样点及数量

国家	样点	采样数量
中国	吉林省白山市抚松县、靖宇县、长白县；辽宁省本溪市桓仁县，抚顺市新宾县，丹东市宽甸县；黑龙江省黑河市、伊春市嘉荫县，牡丹江市东宁县；山西省长治市长子县、黎城县等地	163
韩国	京畿道、江原道、忠清北道、忠清南道、全罗南道、全罗北道、庆尚北道、首尔、仁川等地	42
朝鲜	开城、金川、平山、瑞兴、凤山、平壤、金化、新溪、楚山、朔州等地	26

国家	样点	采样数量
俄罗斯	哈巴罗夫斯克、符拉迪沃斯克、锡霍特山脉、伊曼河、乌拉河、阿诺钦克等地	22
日本	长野、岛根、福岛、北海道等地	18

（二）人参生态因子阈值范围

通过 GMPGIS 对以上所选样点进行分析，得到人参主要生长区域生态因子值范围：年均温为 −2.1~14.0℃；最冷季均温为 −23.2~3.5℃；最热季均温为 12.3~24.6℃；年均相对湿度为 54.9%~71.8%；年均降水量为 520~1999mm；年均日照为 113.0~158.6W/m^2；土壤类型以强淋溶土、暗色土、人为土、始成土、冲积土、潜育土、薄层土、淋溶土、灰化土、黑土等为主，最适宜农田栽参的土壤类型主要包括暗色土、淋溶土、灰化土、黑土等。

第二节 人参农田栽培生态适宜产区

一、人参全球产地生态适宜性

基于人参在全球分布区的 271 个样点信息，得出人参最大生态相似度区域全球分布图。研究表明亚洲东部、北美洲中部及东部、欧洲中南部及大洋洲东部地区是人参全球范围内的主要适宜生长区域。人参在全球范围内最大生态相似度区域（相似度 99.9%~100%）主要分布国家包括亚洲的中国、日本、韩国、朝鲜、土耳其、格鲁吉亚、阿塞拜疆及亚美尼亚；欧洲的俄罗斯、法国、意大利、乌克兰、塞尔维亚、保加利亚、西班牙、匈牙利、罗马尼亚、德国、瑞士以及北美洲的美国、加拿大等地区。其中人参在美国、加拿大和中国的潜在最大生态相似度区域面积最大，占人参全球最大生态相似度区域面积的 72.25%（图 2-1）。

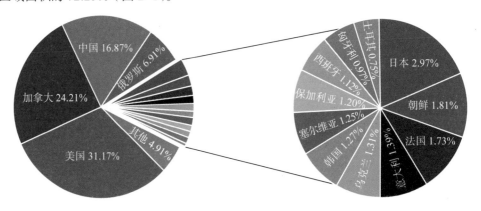

图 2-1 人参全球范围最大生态相似度区域面积比例图

二、中国人参农田栽培生态适宜产区

基于人参在国内的样点信息，根据 GMPGIS 分析得到人参在国内的最大生态相似度区域分布图。人参在国内的最大生态相似度区域包括黑龙江、吉林、辽宁、陕西、甘肃、湖北、四川、内蒙古、山东、河南、河北等省（自治区）。其中面积前 3 位的区域分别是黑龙江省、吉林省和辽宁省。黑龙江省适宜产区包括铁力、嘉荫、林口、海林、富锦、虎林、宝清等县；吉林省适宜产区包括靖宇、抚松、通化、桦甸、集安、敦化、长白等地；辽宁省适宜产区包括桓仁、新宾、宽甸、抚顺、凤城、开原、法库等地（表 2-2）。

表 2-2　国内人参最大生态相似度主要产区

省（自治区）	市（县）数	主要市（县）	总面积（km²）
黑龙江	65	铁力、嘉荫、林口、海林、富锦、虎林、宝清等	372 037.1
吉 林	42	靖宇、抚松、通化、桦甸、集安、敦化、长白等	153 588.9
辽 宁	62	桓仁、新宾、宽甸、抚顺、凤城、开原、法库等	139 559.8
陕 西	77	柞水、山阳、宜川、黄陵、旬邑、麟游、丹凤等	101 300.2
甘 肃	39	正宁、天水、合水、甘谷、武都、秦安、清水县等	67 881.6
湖 北	44	神农架、保康、竹溪、房县、巴东、兴山、鹤峰等	39 998.6
四 川	63	平武、北川、茂县、汶川、宝兴、美姑、宁南等	38 093.0
内蒙古	15	鄂伦春旗、莫力达瓦旗、阿荣旗、扎兰屯、宁城等	36 212.0

三、无公害人参农田栽培选址

在人参全球产地生态适宜性宏观分析结果的基础上，随机选择 2 个点开展了农田栽参验证试验，所选地块经过土壤消毒和绿肥改良处理后，其土壤 pH 降低，有机质、总氮等指标升高，改良后的土壤理化等指标接近伐林参地土壤理化指标，适宜人参种植。调查表明直播及移栽模式下农田人参及伐林参存苗率和病虫害指数差异不具有统计学意义（表 2-3）。对农田土壤进行改良可以有效提高土壤有机质含量，降低土壤容重，增加土壤肥力，提高人参存苗率。

表 2-3　不同种植模式下人参存苗率和发病率比较（$\bar{x} \pm s$）

种植方式及年限	农田种植		伐林种植	
	存苗率（%）	根腐病	存苗率（%）	根腐病
直播一年生	82.34 ± 6.14[bc]	—	86.67 ± 9.43[c]	—
移栽二年生	68.10 ± 14.60[a]	3.04 ± 3.43[b]	76.22 ± 10.10[ab]	1.21 ± 1.19[a]
移栽三年生	67.18 ± 9.61[a]	2.33 ± 3.42[a]	63.00 ± 11.62[a]	7.15 ± 10.10[b]

注：同一列不同小写字母表示差异具有统计学意义，$P < 0.05$。

103

在此基础上，调研了吉林省白山市、通化市，辽宁省本溪市、抚顺市和丹东市等10余个农田栽参基地的人参种植现状，在多年农田栽参研究数据基础上，结合文献及部分种植基地的调研结果，制定了农田栽参选地规范，主要包括生态指标、土壤理化指标及地势等其他指标。

（一）生态指标

农田栽参需选择在通风、凉爽、散射光较强且靠近水源的地区。基于人参GMPGIS结果，结合农田栽参研究数据，得出了适宜农田栽参栽培选地的环境因子数值范围。

气温：年均温为-2.1~14.0℃，最热季均温为12.3~24.6℃，最冷季均温为-23.2~3.5℃。

光照：人参喜散射光、弱光、蓝光，怕直射光、强光，适宜其生长的年均日照范围为113.0~158.6W/m²。

水分：人参生长期间，土壤相对湿度保持在35%~50%。土壤水分大于60%会抑制人参根部生长，引起参根腐烂，土壤水分低于30%易导致人参生长不良。

年均相对湿度：人参种植基地年均相对湿度适宜范围为54.9%~71.8%，年均降水量适宜范围为520~1999mm。

（二）土壤理化指标

农田栽参适宜选择土壤有机质含量较高的壤土及砂壤土。农田栽参土壤应符合"土壤环境"质量二级以上标准，农药应符合"农药安全使用标准"。基于GMPGIS结果，结合农田栽参种植基地及验证试验4年的分析结果，制定了农田栽参选地土壤因子范围（表2-4，表2-5）。

表2-4　农田栽参选地土壤环境因子分类表

分级指标	地形	土壤排水等级	土壤类型	倾斜度	倾斜方向	有效土深（cm）	板结层（cm）
最适	山麓倾斜地	非常良好	壤土	2°~7°	正东、正北及东北方向	≥100	≤30
适合	低丘陵地	良好	微砂质壤土、砂壤土	7°~15°	正东及西北方向	50~100	30~80
不适	河床地、沙丘地、山岳地	不良	沙土、沙土和壤土混合土	≥25°	正西、正南及西南方向	≤20	≥120

表2-5　农田栽参选地土壤营养元素分类表

分级指标	pH	有机质（g/kg）	碱解氮（mg/kg）	速效磷（mg/kg）	速效钾（mg/kg）	Ca²⁺（mg/kg）	Mg²⁺（mg/kg）
许可	5.0~7.0	15~150	50~150	15~100	40~300	400~1000	150~800
适合	5.5~6.5	50~100	50~100	20~80	100~200	400~900	200~400

分级 指标	pH	有机质 （g/kg）	碱解氮 （mg/kg）	速效磷 （mg/kg）	速效钾 （mg/kg）	Ca²⁺ （mg/kg）	Mg²⁺ （mg/kg）
较低	≤ 5.0	≤ 15	≤ 50	≤ 15	≤ 40	≤ 400	≤ 150
过高	≥ 7.0	≥ 150	≥ 150	≥ 100	≥ 300	≥ 1000	≥ 800

（三）其他指标

地势：宜选择山麓倾斜地、低山丘陵及有一定坡度（2°~15°）、排水灌溉便利的地块；坡向以北坡、东北坡及东坡较好；不宜选土壤黏重及低洼易积水的地区。

农田栽参宜选在土壤肥沃、农业灾害较少的地区；应远离交通主干道、厂矿、医院、家畜养殖场及村舍等周围有污染源的地区。适宜选择在背风向阳、日照时间长、排水良好、土质疏松肥沃、保水和保肥性能较好的中性或微酸性砂壤土中种植；前茬物种以大豆、玉米、紫苏、苜蓿等为好。为减轻土壤改良成本，所选地块需要进行土壤常规理化指标及农残、重金属测定。农田栽参选地规范的制定，为农田栽参合理规划生产布局及规范化种植提供参考，为高品质农田人参科学生产奠定基础。

第三节　环境因子与人参有效成分相关研究

人参产量、质量和环境因子（气候因子、土壤因子等）的相关分析，可有效指导人参生产，促进人参种植产业的健康可持续发展。在前期工作基础上，对人参主产区和道地产区中的吉林、辽宁、黑龙江三省16组人参样品的9种人参皂苷类（Rg_1、Re、Rf、Rg_2、Rb_1、Rc、Rb_2、Rb_3、Rd）含量与各产地9个气候因子、13个土壤指标，应用典型相关分析和主成分分析进行研究，探讨影响人参活性皂苷类成分合成富集的主导生态因子，对提高人参品质和道地药材人参GAP基地建设提供科学依据。

其中选用的人参样品的栽培样地的立地条件主要是平地，少数为阳坡，采样时按照东、西、南、北、中5个方位分别采集5株5年生人参样品和土样，并同时记录人参样品的长度、直径、鲜重等形态学指标，室内烘干机将人参样品烘干，做好标记；土壤样品的采集方法是取距土壤表面5cm以下至人参基部土壤500g，剔除杂质，装入密封袋混匀，并做好标记。

一、人参农艺性状及有效成分含量分析

不同产地人参生长指标测定

通过对16组人参样品长度、直径、鲜重、干重测定后发现，人参样品平均鲜重数

值较大的是吉林省集安，辽宁省新宾，吉林省长白、通化等地区，分别为82.82g/株、51.56g/株、48.75g/株、33.53g/株；平均干重数值较大的是吉林省集安、辽宁省新宾、吉林省长白、黑龙江省宁安、吉林省抚松等地的样品，分别为32.26g/株、19.2g/株、18.61g/株、13.7g/株、13.23g/株；平均根长最长的是辽宁省新宾，吉林省长白、集安，黑龙江省宁安，吉林省抚松、通化等地的样品，分别为33.9cm/株、32.2cm/株、31.0cm/株、30.0cm/株、28.3cm/株、25.2cm/株；平均直径最大的是吉林省集安、安图、长白、通化和辽宁省新宾的人参样品，分别为3.4cm/株、3.0cm/株、2.7cm/株、2.6cm/株、2.5cm/株。综合4个指标得出，吉林省和辽宁省新宾的人参样品生物学性状指标较优（图2-2）。

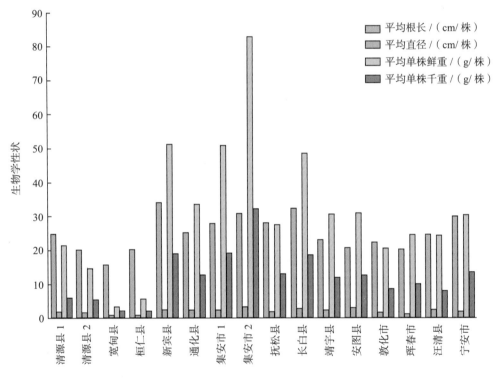

图2-2　不同产地人参样品生物学性状

二、不同产地人参皂苷成分含量分析

人参有效成分超高效液相色谱法（UPLC）测定结果显示辽宁省新宾、吉林省通化、吉林省集安、吉林省抚松、吉林省长白、吉林省靖宇、吉林省安图和吉林省敦化等地样品人参皂苷含量均较高，这与人参样品生物学性状的测定结果较一致。其中吉林省靖宇县人参样品有效成分含量总体最高，人参中主要化学成分人参皂苷 Rg_1、人参皂苷 Re 和人参皂苷 Rb_1 含量较高（图2-3），这3种化学成分也是《中国药典》（2015年版，一部）规定的成分；9个化学成分在16组样品中变异系数较高的为 Rd、Rg_1。

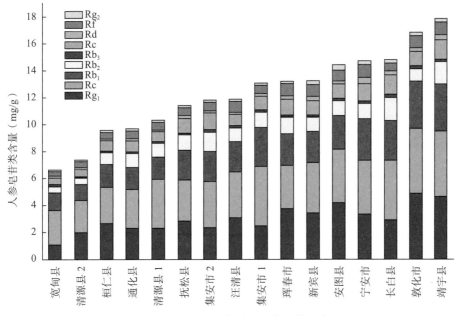

图 2-3　不同产地人参样品人参皂苷类含量

吉林省人参皂苷总含量最高，辽宁省（除新宾县外）人参样品的皂苷含量都较低（图 2-4）。利用 SIMCA-P 软件包对人参皂苷含量进行 PCA 分析发现，1~10 号样品主要分布在 PCA 三维图的左上半部分，而 11~15 号样品主要分布在右下半，且较为分散（图 2-4）。这与采样点的地理分布极为相似，1~10 号采样点主要分布于吉林省抚松至辽宁省宽甸一带，11~16 号采样点主要分布于吉林省靖宇至黑龙江省宁安一带。

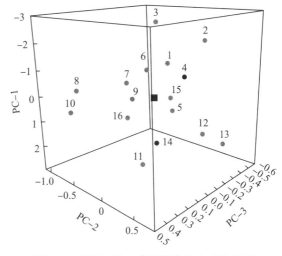

图 2-4　不同产地人参皂苷含量主成分分析

三、人参有效成分与环境因子相关分析

（一）人参皂苷含量与土壤因子相关性分析

土壤样品中养分的测定结果显示，速效氮、速效钾和有效铁的平均值较高，分别为 541.60mg/kg、267.52mg/kg 和 230.75mg/kg。对人参有效成分含量与土壤养分进行典型相关性分析发现，土壤中的有效硼、有效铁与人参皂苷含量呈显著正相关，即适当提高土壤中有效硼和有效铁的含量可以促进人参皂苷成分的积累。另外除 Rb_3 外土壤水分与所测人参皂苷含量呈显著正相关；pH 值与人参皂苷各成分皆为弱负相关。

土壤理化性质对药用植物的产量和质量有显著影响。微量元素铁有助于植物体内叶绿素形成、促进植物体内氮素代谢（糖类、脂肪、蛋白质）以及增强抗病力；硼能有效促进植物体内糖的运输，改善有机物质的供应，促进细胞分裂生长和木质素合成，促进根系生长，对增强吸收能力、人参皂苷和多糖的合成和代谢起调控作用。硼是人体内重要的微量元素，有助于提高男性睾丸甾酮分泌量，强化肌肉功能，改善脑功能，具有提高反应能力和提高机体活动能力的作用，与人参抗疲劳的功效相关。有文献研究发现重茬人参土壤中铁、硼含量明显低于生茬土壤，硼缺乏或者过量均不利于人参皂苷积累。

（二）人参皂苷含量与气候因子相关性分析

将中国 600 多个气象台站 30a 的站点数据（年均温、活动积温、1 月平均气温、7 月平均气温、最冷月气温、最热月气温、年降水量、年均相对湿度、年均日照时数），按照 DEM 的多元线性回归插值方法转换成栅格曲面数据。同时对所测人参样品有效成分含量与气候因子数据进行典型相关性分析，分析结果表明，温度（年活动积温、年平均气温、7 月最高气温、7 月平均气温、1 月最低气温、1 月平均气温）与人参皂苷含量呈显著负相关，其中与药典中人参含量测定项下的人参皂苷 Rg_1、Re、Rb_1 负相关尤为显著（$r > 0.6$），说明在一定温度范围内，人参皂苷是随着温度的降低而升高的，即适当低温有利于人参皂苷有效成分的积累；海拔与人参皂苷 Rc、Rb_2、Rb_3 含量呈显著正相关（$r > 0.6$），即相对较高的海拔可以促进这 3 种成分的积累；而年均降水量、年相对湿度和年均日照时数与人参皂苷相关不显著。

（三）人参皂苷含量与环境因子相关性分析

为更加全面分析采样点人参的环境因子，对人参生长环境中的气候因子和土壤因子进行 PCA 分析（图 2-5），发现 1~9 号组主要集中在 PCA 图的左上部，而 10~16 号组则分散在 PCA 图的右下部，与人参样品有效成分含量 PCA 分析的集散形式比较相似（图 2-5）。用 CANOCO 软件对人参有效成分与环境因子进行排序，得到 16 份人参样品各项指标的排序图（图 2-6），结果显示温度因子都集中在排序图纵轴左侧，1 月平均气温（MT_1）、1 月最低气温（HT_1）与横轴夹角最小，表明与人参有效成分之间存在显著负相关；另外，年均气温、7 月最高气温、7 月平均气温等其他温度因子也都与人参有效成分之间呈负相关，即适当低温有利于人参皂苷有效成分的积累，这与人参有效成分含量与气候因子、地形因子相关性分析中的结论基本一致。土壤无机元素主要集中在排序图纵轴的右侧，有效硼（B）与横轴夹角最小，表明其与人参有效成分之间呈显著正相关。土壤有效铁（Fe）、速效氮（N）与人参有效成分含量也呈显著正相关，土壤速效磷（P）、速效锌（Zn）、pH 值与人参有效成分含量呈弱相关。这与人参有效成分含量与土壤因子相关性分析中的结论一致。

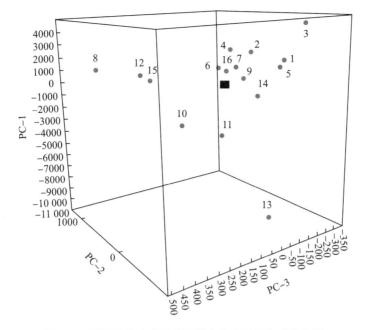

图 2-5 不同产地人参样品采样点生态因子主成分分析

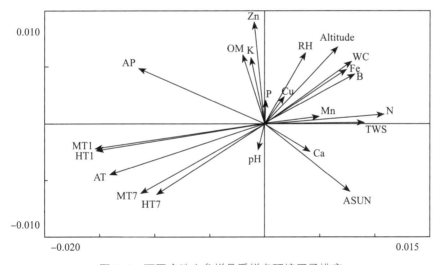

图 2-6 不同产地人参样品采样点环境因子排序

　　环境条件影响中药材的分布、生长发育、产量及品质，只有适宜的生态环境才能生产出优质高产的道地药材。特有的气候、土壤、地形因子条件有利于药材某种活性成分的形成和积累，从而影响到药材的品质。人参皂苷是评定人参品质的主要指标，考察不同产地人参样品中人参皂苷含量与生态因子间的相关性，寻找并揭示影响人参皂苷富集和影响人参品质的主要生态因子，阐明生态因子对人参的作用规律，有利于提高人参品质、扩大种植区域，保证人参中药资源可持续利用。人参主产区在北纬 40°~44°，东经117.5°~134°，位于长白山区及辽东山地，靠近渤海和日本海，属于中温带大陆季风气候，形成了特有的气候生态类型。地理位置因素通过影响光、热量、水分等环境因子的空间分布间接影响着植物的生长，不同的环境影响着植物体内有机物质的分布。人参皂苷含量与气候因子相关性分析在一定程度上说明人参皂苷含量最终受环境因子的制约与调控。

参考文献

[1] Baeg IH, So SH. The world ginseng market and the ginseng (Korea) [J]. J Ginseng Res, 2013, 37 (1): 1-7.

[2] Baranov AI. Medicinal uses of ginseng and related plants in the Soviet Union: recent trends in the soviet literature [J]. J Ethnopharmacol, 1982, 6 (3): 339-353.

[3] IPCC-Work Group I. Fourth Assessment Report of the Intergovernmental Panel on Climate Change Technical Summary [R/OL]. Http:///www.ipcc.ch/, 2007.

[4] Page, A L. Methods of Soil Analysis. Part 2: Chemical and Microbiological Properties [M]. American Society of Agronomy, Soil Science Society of America, 1982, 643.

[5] Parmesan C, Yohe G. A globally coherent fingerprint of climate change impacts across natural systems [J]. Nature, 2003, 421 (6918), 37-42.

[6] Yu H, Xie CX, Song JY, et al. TCMGIS-II based prediction of medicinal plant distribution for conservation planning: a case study of Rheum tanguticum [J]. Chinese medicine, 2010, 5 (1): 31.

[7] Yun TK. Brief Introduction of *Panax ginseng* C. A. Meyer [J]. J Korean Med Sci, 2001, 16 (1): S3-S5.

[8] Zhuravlev YN, Koren OG, Reunova GD, et al. Ginseng conservation program in Russian primorye: genetic structure of wild and cultivated populations [J]. J Ginseng Res, 2004, 28 (1): 60.

[9] 陈士林, 肖小河, 王瑀. 中国药用植物的数值区划 [J]. 资源开发与市场, 1994, 10 (1): 8-10.

[10] 陈士林, 张本刚, 张金胜, 等. 人参资源储藏量调查中的遥感技术方法研究 [J]. 世界科学技术 – 中医药现代化, 2005, 7 (4): 36-43, 86.

[11] 陈士林. 中国药材产地生态适宜性区划（第二版）[M]. 北京: 科学出版社, 2017: 17-22.

[12] 陈士林. 中国药材产地生态适宜性区划 [M]. 北京: 科学出版社, 2012.

[13] 陈士林, 朱孝轩, 陈晓辰, 等. 现代生物技术在人参属药用植物研究中的应用 [J]. 中国中药杂志, 2013, 38 (5): 633-639.

[14] 陈晓林, 冯鑫, 许永华, 等. 中韩人参产业的对比及其竞争策略 [J]. 中药材, 2009, 32 (8): 1181-1184.

[15] 崔东河, 田永全, 郑殿家, 等. 农田地人参栽培技术要点 [J]. 人参研究,

2010，22（4）：28–29.

［16］贾光林，黄林芳，索风梅，等. 人参药材中人参皂苷与生态因子的相关性及人参生态区划［J］. 植物生态学报，2012，36（4）：302–312.

［17］今井俊司，后藤实，孙禄. 日本人参栽培近况［J］. 东洋医学会志，1981，31（4）：70.

［18］任跃英，张益胜，李国君，等. 非林地人参种植基地建设的优势分析［J］. 人参研究，2011，23（2）：34–37.

［19］沈亮，吴杰，李西文，等. 人参全球产地生态适宜性分析及农田栽培选地规范［J］. 中国中药杂志，2016，41（18）：3314–3322.

［20］沈亮，徐江，董林林，等. 人参栽培种植体系及研究策略［J］. 中国中药杂志，2015，40（17）：3367–3373.

［21］王利群. 中国人参栽培史考［J］. 人参研究，2001，13（4）：46–48.

［22］王铁生. 中国人参［M］. 长春：辽宁科学技术出版社，2001.

［23］王瑀，魏建和，陈士林，等. 应用TCMGIS–I分析人参的适宜产地［J］. 亚太传统中医药，2006，2（6）：73–78.

［24］吴征镒. 论中国植物区系的分区问题［J］. 云南植物研究，1979，1（1）：1–23.

［25］谢彩香，宋经元，韩建萍，等. 中药材道地性评价与区划研究［J］. 世界科学技术–中医药现代化，2016，18（6）：950–958.

［26］谢彩香，索风梅，贾光林，等. 人参皂苷与生态因子的相关性［J］. 生态学报，2011，31（24）：7551–7563.

［27］许永华，宋心东，于淑莲，等. 吉林省参业对自然资源的影响及可持续发展对策［J］. 人参研究，2004，16（4）：15–17.

［28］张亨元. 关于中国人参和美国人参栽培带及其发展可能地域的探讨［J］. 特产科学实验，1980，1（5）：18–22.

第三章 无公害人参农田栽培土壤改良

针对农田土壤营养不足、物理结构不合理等问题，采用物理、化学和生物技术等手段，进行农田土壤性状改良，实现提高土壤肥力，保障农田人参质量的目的。无公害农田栽参土壤改良应满足人参对土壤养分的需求，以有效改善土壤性状，提高土壤肥力，降低有毒、有害物质残留，适宜农田人参健康生长为指导原则。农田栽参土壤改良包含土壤消毒和土壤施肥改土等过程。土壤消毒采用化学农药杀菌、紫外线杀菌、高温高热杀菌及生防菌剂调控等方式。土壤施肥改土可采用绿肥、有机肥及微生物菌肥添加等措施进行。针对不同质地土壤理化特性，采用不同方法进行土壤改良，可有效改善农田土壤性状，促进人参产量和质量提升。通过无公害农田栽参土壤改良，可改善农田土壤生态环境，降低有害微生物比例，提高土壤肥力，增加产量和质量，促进人参种植产业健康可持续发展。

第一节 人参根际微生态失衡机制

人参连续种植容易导致土壤酸化、毒性物质积累、细菌多样性下降、真菌多样性增加以及功能菌群落丰度下降等问题。采用高通量测序技术结合代谢组学技术，分析人参根际土壤理化指标、微生物群落多样性及组成变化，阐述连作障碍机制，为人参土壤改良提供理论依据。

一、土壤酸化及毒性物质累积

人参样品采集于吉林省抚松县（127° 17′ N，42° 26′ E，平均海拔512m），该地是人参主产区，具有典型的大陆性气候，年平均降雨量为800mm。年平均气温4.3℃，年平均日照时数2200~2500小时，土壤样品采集于不同种植年限的人参根际（图3-1）。将长势均匀的2年生人参幼苗移栽到试验田，各小区面积为1.5m×20m，不同采收年限的土壤样品分别称为GL1（种植1年）、GL2（种植2年）和GL3（种植3年），不种植人参的地块设为对照（FL）。

与未种人参地块相比，人参根际土壤pH下降3.4%~10.2%，土壤总氮及有效钾含量分别显著增高112%~135%，63.4%~189%，但人参根际土壤有机质及有效磷含量差异不具有统计学意义（表3-1）。

图 3-1 移栽后种植年限分别为 1 年（a），2 年（b）和 3 年（c）参地

表 3-1 土壤理化指标（$\bar{x} \pm s$）

样品	pH	总氮	有机质	有效磷	有效钾
FL	5.9 ± 0.1	2.6 ± 0.2	108.1 ± 10.5	30.6 ± 3.2	91.9 ± 1.1
GL1	5.7 ± 0.2	$5.5 \pm 0.2*$	103.4 ± 5.0	32.9 ± 0.6	$150.2 \pm 6.5*$
GL2	$5.6 \pm 0.1*$	$6.1 \pm 0.4*$	115.9 ± 9.6	32.1 ± 1.8	$253.4 \pm 10.7*$
GL3	$5.3 \pm 0.1*$	$5.7 \pm 0.2*$	108.2 ± 1.9	29.1 ± 1.1	$265.6 \pm 4.1*$

注：数据为三次数据的平均值 ± 标准差，* 表示人参根际与森林土中土壤理化指标差异具有统计学意义，FL，GL1，GL2 和 GL3 分别表示森林土、不同种植年限人参根际土。

人参根际土壤共检测到 19 种化合物，主要包括脂肪酸类化合物、苯甲酸类化合物、萜类化合物等（表 3-2）。与未种人参地块相比，人参根际土壤毒性物质苯甲酸（BA）、3- 羟基丁酸（3-HA）、肉桂酸（CA）、棕榈酸（HA）、邻苯二甲酸酯（DiBP）逐渐累积（图 3-2）。人参栽培过程中，苯甲酸、棕榈酸、二苯甲酸的浓度分别从 5.2% 提高到 21.8%，7.7% 提高到 18.2%，2.5% 提高到 22.6%。在 GL3 土壤中，肉桂酸和 3- 羟基丁酸的浓度显著增加。

表 3-2 土壤化合物种类

序号	保留时间（min）	名称	样品中含量			
			FL	GL1	GL2	GL3
1	7.95	丙酸	+	+	−	+
2	9.75	苯甲酸	+	+	+	+
3	16.94	豆蔻酸	+	−	−	+
4	17.20	邻苯二甲酸二异丁酯	+	+	+	+
5	18.50	十六碳烯酸	+	+	+	+
6	18.75	棕榈酸	+	+	+	+
7	18.86	十七烷酸	+	+	+	+
8	19.72	9, 12- 亚油酸	+	+	+	+
9	19.78	反式十八碳烯酸	+	+	+	+
10	19.92	硬脂酸	+	+	+	+
11	20.14	十九烷酸	+	+	+	+

序号	保留时间（min）	名称	样品中含量			
			FL	GL1	GL2	GL3
12	22.84	二十二烷酸	+	+	+	+
13	21.12	花生酸	+	-	-	+
14	21.83	二十二醇	+	-	+	+
15	17.74	肉桂酸	+	-	+	+
16	20.90	脱氢枞酸	+	-	+	+
17	17.56	正十五酸	-	-	+	+
18	20.54	海松酸	-	-	+	+
19	9.10	羟基丁酸	+	-	-	+

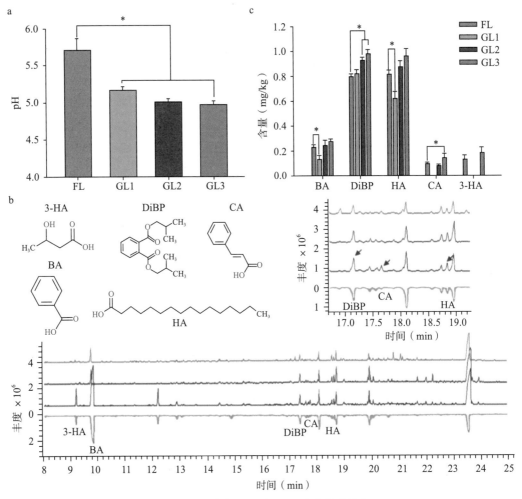

图 3-2　人参根际土壤 pH 及自毒物质浓度

a. 土壤 pH；b. 土壤化合物分析；c. 化合物定量结果。

FL：未种植人参对照；GL1：种植人参处理 1 年；GL2：种植人参处理 2 年；GL3：种植人参处理 3 年。

二、土壤微生物群落失衡

（一）细菌多样性显著下降

与对照相比，人参根际土壤细菌多样性显著下降（图 3-3）。基于分类距离矩阵分析，人参根际土壤细菌结构发生变化，且与种植年限相关。基于 Unifrac 距离矩阵分析，第一轴（总变异为 62.01%）区分不同年限人参根际细菌群落与对照细菌群落；而第二轴（总变异为 19.45%）区分 GL1 人参根际与对照的细菌群落。基于 Bray-Curtis 距离矩阵分析，对照中细菌群落与人参不聚在一起，且随着种植年限增加，逐渐分离。

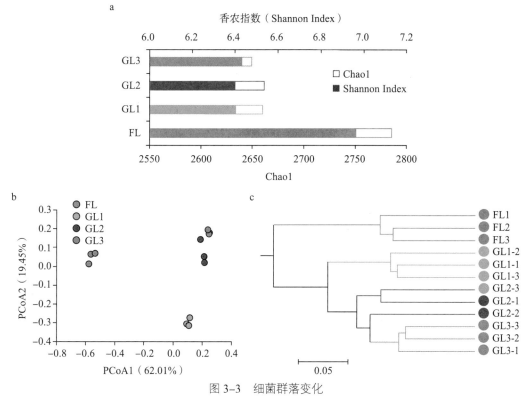

图 3-3　细菌群落变化

a. 细菌多样性；b. 细菌组成变化；c. 细菌聚类分析 LefSe

FL：未种植人参对照；GL1：种植人参处理 1 年；GL2：种植人参处理 2 年；GL3：种植人参处理 3 年。

线性判别分析（LDA）和细菌 OTUs 的 LEfSe 方法的结果显示了 FL 和 GL 土壤的差异（图 3-4），LDA 显著性阈值为 3.0 的富集类群如图 3-4a 所示。每个样品中相对丰度超过 0.5% 的类群的 LEfSe 图如图 3-4b 所示。LEfSe 结果表明，在 FL、GL1、GL2 和 GL3 土壤中，分别有 34、11、6 和 17 个菌群作为门和属的水平生物标记物。在 FL 中富集的类群有：亚硝化单胞菌科、假单胞菌科、小单孢菌科、缓生根瘤菌、剑尾杆菌、鞘脂杆菌科、鞘脂杆菌属。GL1 中富集的类群主要为微球菌、无氧菌、胞藻科、黄瘤菌科和罗丹诺杆菌。GL3 中富集的细菌谱系主要属于 α-变形菌和放线菌。这些结果表明，人参栽培过程中细菌群落的组成发生了变化。

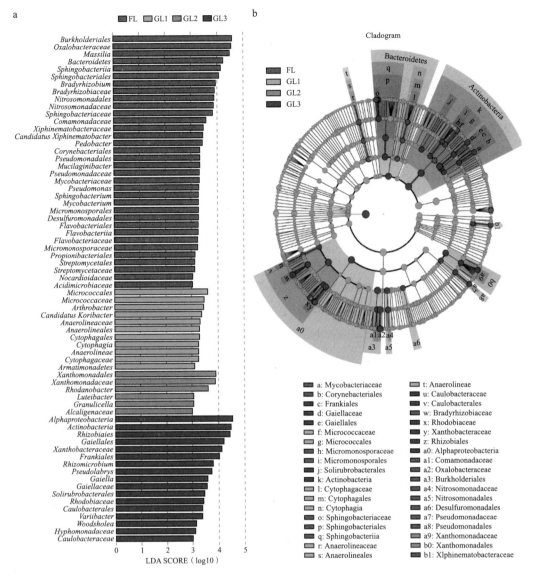

图 3-4　LefSe 分析区分细菌群落结构

a. LDA ＞ 3 细菌群落；b. 丰度大于 0.5% 的群落。

（二）真菌群落多样性增加

12 个土壤样品中共获得 61 985 条可分类的真菌序列，每个样本中平均含有 5165 条，数量范围为 2832~8747 条。对照和不同年限人参根际土壤中检测到的真菌 OTUs 分别为：3260、3710 和 2925、2471；对照与不同年限人参根际土壤中都检测到的真菌 OTUs 为 863；对照与不同年限人参根际土壤中检测到共有的真菌 OTUs 为：1783、1561、1394（图 3-5）。随着种植年限增加，人参根际土壤中真菌群落多样性增加（图 3-6）。与对照相比，人参根际土壤真菌多样性指数，香农指数，Chao 1 和群落种类显著增加；随着人参种植年限增加，真菌多样性指数增加趋势下降。

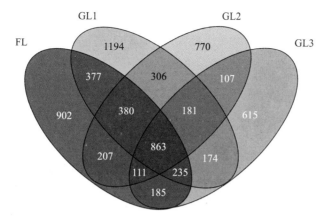

图 3-5　土壤真菌群落的韦恩图

数值为 3 次数值平均值，FL，GL1，GL2 和 GL3 分别表示对照、
1 年生、2 年生和 3 年生人参根际土。

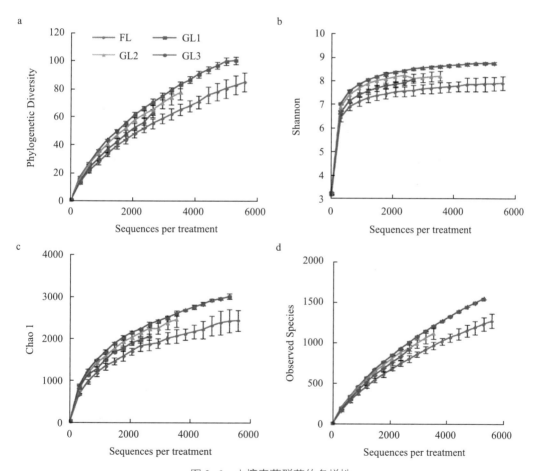

图 3-6　土壤真菌群落的多样性

a. 真菌群落分类多样性；b. 真菌群落香农指数；c. 真菌群落 Chao1 指数；d. 真菌群落种类。数据
为三次数据的平均值 ± 标准差。FL，GL1，GL2 和 GL3 分别表示森林土、不同年限种植的
人参根际土。

随着种植年限增加，人参根际土壤真菌群落发生变化（图3-7）。与对照相比，在门水平人参根际土壤中 *Ascomycota*（子囊菌门）和 *Glomeromycota*（球囊菌门）的丰度分别增加了 9.5%~22.2% 和 1.2%~2.4%；*Basidiomycota*（担子菌门）、*Blastocladiomycota*（芽枝菌门）和 *Chytridiomycota*（壶菌门）丰度分别下降了 6.9%~31.6%，27.4%~54.8% 和 0.7%~33.2%；GL1 人参根际 *Neocallimastigomycota*（新丽鞭毛菌门）的丰度增加了 15.1%，而 GL2 和 GL3 人参根际丰度分别下降了 22.1% 和 45.4%（图3-7a）。

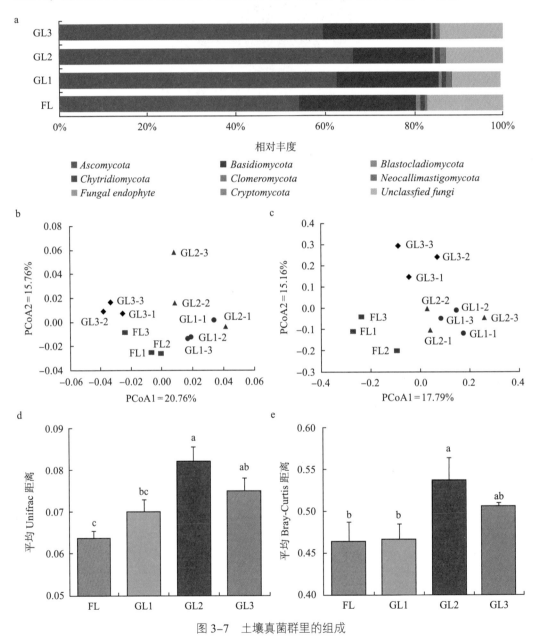

图3-7 土壤真菌群里的组成

a. 土壤真菌群落门水平（丰度＞1.0%）的差异；b. 基于 Unifrac 矩阵的主成分分析；c. 基于 Bray-Curtis 矩阵的主成分分析。真菌丰度为三次重复的平均值，FL、GL1、GL2 和 GL3 分别表示森林土、种植 1、2 及 3 年的人参根际土。

基于分类距离矩阵分析，人参根际土壤真菌结构发生变化，且与种植年限相关。基于 Unifrac 距离矩阵分析，第一轴（总变异为 20.76%）区分 GL1、GL2 人参根际真菌群落与森林土和 GL3 人参根际真菌群落；而第二轴（总变异为 15.76%）区分 GL3 人参根际与森林土的真菌群落。基于 Bray-Curtis 距离矩阵分析，第一轴（总变异为 17.79%）区分人参根际及森林土真菌群落，第二轴（总变异为 15.16%）区分了 GL3 人参根际真菌群落与 GL1、GL2 人参根际及森林土真菌群落。

人参连续种植导致科水平真菌群落丰度变化（图 3-8）。与对照相比，在科水平上，人参根际土壤真菌群落 *Sordariomycetes*、*Alatospora*、*Eurotiomycetes*、*Leotiomycetes*、*Saccharomycetes*、*Mucorales* 和 *Pezizomycetes* 的丰度增加，分别增加了 10.4%~33.7%，2.0%~32.1%，15.8%~44.0%，39.1%~41.2%，40.4%~46.7%，18.3%~76.9% 和 9.0%~38.2%；真菌群落 *Agaricomycetes* 和 *Dothideomycetes* 丰度下降了 4.8%~33.8%；GL1 及 GL2 人参根际土壤真菌群落 *Tremellomycetes* 丰度增加了 8.9%~16.8%；GL1 及 GL2 人参根际真菌群落 *Microbotryomycetes* 的丰度增加了 56.2%~93.6%，而 GL3 人参根际丰度下降了 52.5%。

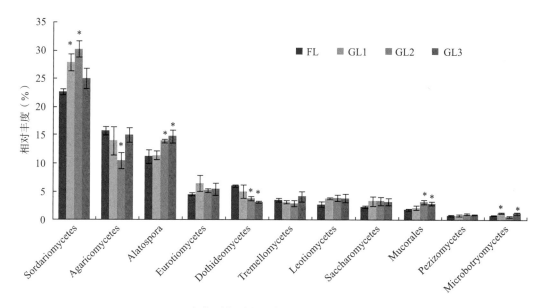

图 3-8　真菌群落科水平丰度（丰度＞0.5%）变化

FL，GL1，GL2 和 GL3 分别表示对照、种植不同年限人参根际土。数据为三次数据平均值 ± 标准差，* 表示人参根际土壤与对照的真菌群落在 $P < 0.05$ 水平差异具有统计学意义。

（三）土壤微生物群落与土壤理化性状相关分析

富集优势菌的比例分布如图 3-9 所示。其中 GL 土壤中放线菌、*Aeromicrobium*、*Asanoa*、*Brevundimonas*、*Chryseobacterium*、*Chthoniobacter*、*Ferruginibacter*、*Massilia*、*Pedobacter*、*Pseudomonas*、*Solirubrobacter*、*Sphingobacterium*、*Stenotrophomonas* 的相对丰度显著下降（$P < 0.05$）。GL 土壤中 *Klebsiella*、*Microbacterium* 的相对丰度显著增

加（$P < 0.05$）。土壤中 BA 浓度与 *Gaiella* 及 *Silanimonas* 丰度显著正相关，与 *Arthrobacter* 及 *Spingobcterium* 的丰度显著正相关；DiBP 浓度与 *Arthrobacter*、*Burkolderia*、*Rhodoplanes* 及 *Spingobcterium* 的丰度显著负相关；HA 浓度与 *Arthrobacter*、*Pseudolabrys* 显著正相关；CA 浓度与 *Gaiella* 及 *Variovorax* 显著正相关；3-HA 浓度与 *Bradyrhizobium* 丰度显著正相关（图 3-10）。

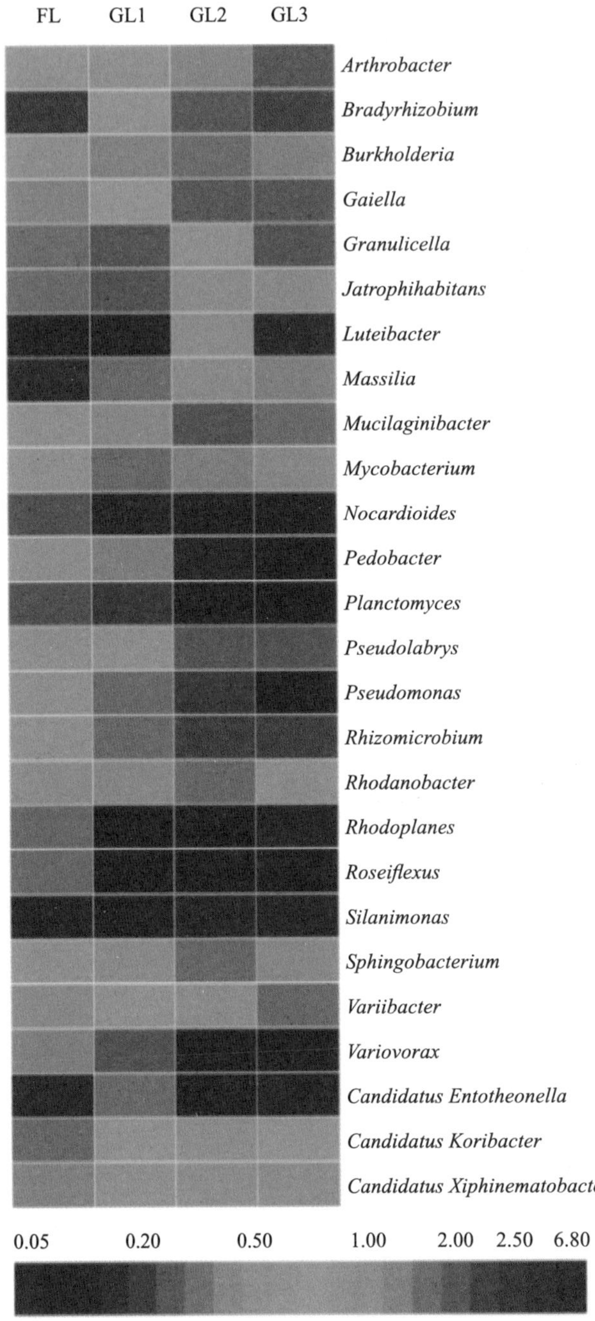

	BA	DiBP	HA	CA	3-HA
Arthrobacter	**−0.784***	**−0.785***	**−0.848****	−0.691	−0.298
Bradyrhizobium	0.341	−0.057	0.552	0.736	**0.791***
Burkholderia	0.022	**−0.698***	−0.087	0.179	0.524
Gaiella	**0.896****	0.519	0.338	**0.803***	0.378
Granulicella	0.293	0.235	0.315	0.093	−0.464
Jatrophihabitans	0.397	0.522	0.654	0.669	0.189
Luteibacter	0.313	0.497	0.372	0.101	−0.478
Massilia	−0.021	−0.515	−0.131	0.083	0.302
Mucilaginibacter	−0.124	−0.568	−0.233	0.006	0.316
Mycobacterium	0.413	−0.338	0.309	0.511	0.622
Nocardioides	0.208	−0.539	0.102	0.272	0.344
Pedobacter	−0.219	−0.54	−0.326	−0.116	0.154
Planctomyces	−0.586	−0.486	−0.671	−0.499	−0.179
Pseudolabrys	0.391	**0.791***	**0.854****	0.711	0.345
Pseudomonas	−0.261	−0.464	−0.364	−0.178	0.043
Rhizomicrobium	0.491	**0.852****	0.585	0.376	0.011
Rhodanobacter	0.501	**−0.619***	0.555	0.302	−0.287
Rhodoplanes	0.523	−0.216	0.425	0.615	0.687
Roseiflexus	−0.187	−0.321	0.295	−0.078	0.192
Silanimonas	**0.641***	0.579	0.522	0.526	0.122
Sphingobacterium	**−0.651***	**−0.876***	**−0.706***	−0.255	0.189
Variibacter	0.503	0.585	0.578	**0.872****	0.426
Variovorax	−0.432	−0.437	−0.529	−0.324	0.007
Candidatus Entotheonella	−0.361	−0.255	**−0.785***	−0.393	−0.508
Candidatus Koribacter	−0.456	0.286	−0.362	−0.478	−0.392
Candidatus Xiphinematobacter	−0.082	−0.358	−0.192	0.018	0.246

FL   GL1   GL2   GL3

0.05   0.20   0.50   1.00   2.00 2.50 6.80

Relative Abundance of Community（%）

图 3-9　高丰度细菌群落（＞0.05%）及其丰度与毒性物质的相关性分析

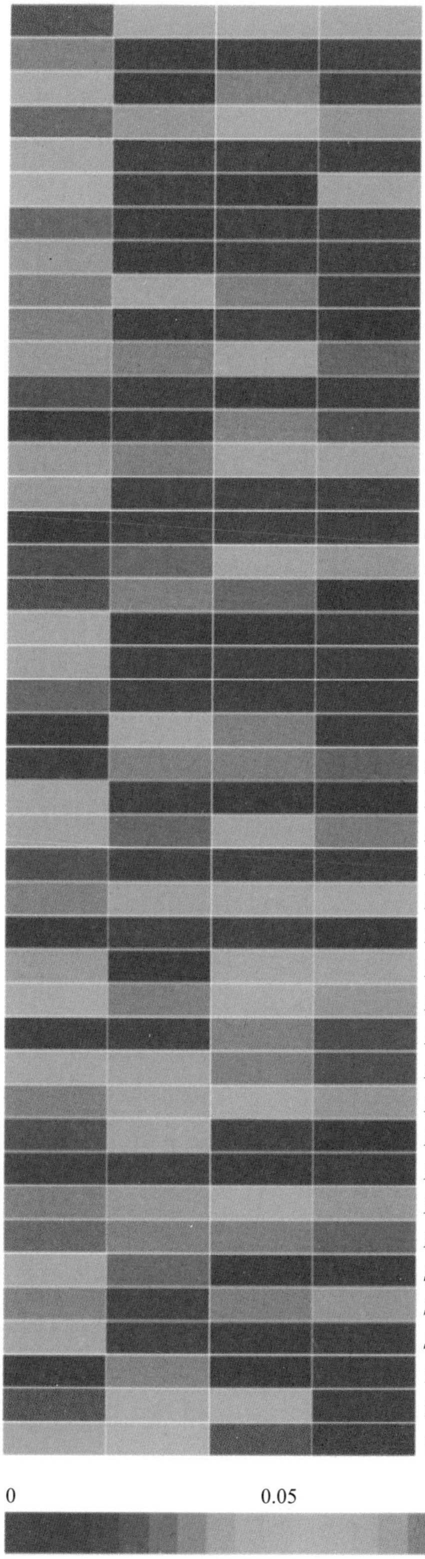

	BA	DiBP	HA	CA	3-HA
Actinoplanes	0.222	−0.213	0.119	0.252	0.244
Aeromicrobium	−0.049	−0.215	−0.149	−0.016	0.041
Asanoa	0.193	−0.343	0.089	0.237	0.263
Blastocatella	0.132	−0.395	0.027	0.179	0.229
Brevundimonas	0.075	−0.447	−0.036	0.169	0.344
Caulobacter	0.442	−0.138	0.356	0.611	**0.894****
Cellulomonas	−0.394	−0.519	−0.494	−0.28	0.059
Chryseobacterium	−0.039	−0.433	−0.149	0.054	0.254
Chthoniobacter	−0.095	−0.468	−0.204	−0.008	0.191
Cohnella	0.217	−0.512	0.117	0.244	0.226
Cryobacterium	−0.413	−0.434	−0.453	**−0.849***	−0.493
Cryptosporangium	0.247	−0.469	0.152	0.255	0.183
Defluviicoccus	0.591	**0.807***	0.656	0.413	−0.144
Dongia	0.299	−0.455	0.191	0.393	0.517
Duganella	−0.051	−0.337	−0.162	0.051	0.276
Dyadobacter	0.091	−0.334	−0.019	0.188	0.366
Elstera	0.329	0.544	0.437	0.524	0.562
Ferruginibacter	−0.026	−0.522	−0.135	0.061	0.242
Herminiimonas	0.211	−0.529	0.101	0.319	0.445
Hirschia	0.418	−0.341	0.318	0.475	0.481
Kribbella	−0.048	−0.436	−0.158	0.045	0.264
Ktedonobacter	−0.509	−0.167	−0.539	**−0.858***	**−0.665***
Limnobacter	−0.427	−0.203	−0.465	−0.527	−0.612
Lysobacter	0.213	−0.532	0.103	0.312	0.466
Marmoricola	0.315	−0.383	0.227	0.302	0.164
Methylobacterium	−0.035	−0.724	−0.146	0.071	0.302
Nakamurella	0.431	−0.327	0.331	0.486	0.486
Nitrolancea	**0.793***	0.242	**0.729***	0.393	**0.735***
Novosphingobium	0.639	−0.086	0.553	0.678	0.595
Parafilimonas	0.358	−0.167	0.306	0.259	−0.092
Paralcaligenes	0.305	0.467	0.361	0.093	−0.486
Patulibacter	−0.397	−0.426	−0.493	−0.323	−0.082
Pedomicrobium	0.431	0.162	0.673	**0.853***	0.328
Phycicoccus	**−0.884****	−0.399	**−0.782***	−0.926	−0.551
Phyllobacterium	0.289	−0.462	0.187	0.337	0.351
Pseudonocardia	0.535	−0.206	0.438	0.621	**0.673***
Rhizobium	−0.516	−0.553	−0.608	−0.394	−0.006
Sediminibacterium	−0.349	−0.607	−0.445	−0.255	0.024
Solirubrobacter	0.288	−0.467	0.181	0.376	0.488
Stenotrophomonas	0.176	−0.567	0.068	0.249	0.348
Terrabacter	−0.527	−0.442	**−0.810***	−0.721	−0.259
Terrimonas	−0.044	−0.621	−0.143	0.011	0.104
Woodsholea	0.433	0.569	0.391	0.706	0.455

FL　GL1　GL2　GL3

0　　0.05　　0.20　0.30

Relative Abundance of Community（%）

图 3-10　低丰度细菌群落（＜0.05%）及其丰度与毒性物质的相关性分析

研究表明 *Sphingobacterium* 与 strain PG-1 丰度及 pH 显著正相关（图 3-11），土壤酸化导致土壤功能微生物群落及功能菌株丰度下降。

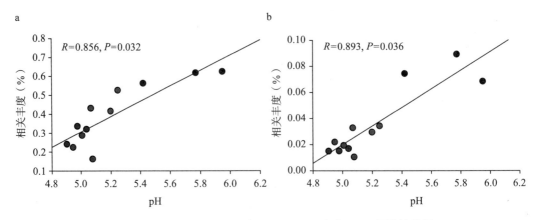

图 3-11　*Sphingobacterium* 与 strain PG-1 丰度及 pH 相关性分析

随着人参栽培年限的增加，DiBP 含量逐渐增加（图 3-12），其积累与某些特定的菌呈显著负相关。研究表明 PG-1（n=46）是降解 DiBP 数量最多的细菌。PG-1 是一种革兰阴性菌，基因组大约 5.9Mb，其中 GC 含量为 41.45%，预测了 4078 个编码蛋白质。PG-1 对 pH 具有依赖性，其适宜的 pH 值范围 5.5~8.0，但 pH 值 ＜ 5.0 时，其活性易被抑制。研究表明在 pH 为 6.0~7.0 的范围内，90% 以上的 DiBP 在 72 小时内被降解。与没有添加 PG-1 菌株的对照相比，在 pH 6.0 下接种 PG-1 可使人参幼苗根系生长速度提高 53.8%，说明 PG-1 菌株是一种重要的 DiBP 降解剂。

根据研究结果，本文提出了由原儿茶酚酸酯降解为丙酮酸酯和草酰乙酸酯的两条途径（图 3-12）。其中，*hpaF* 和 *hpcD* 催化 4- 羧基 -2- 羟基己基 -2,4- 二烯二酸盐转化为 4- 草酸盐。当 PG-1 在含 DiBP 的培养基中培养 48 小时后，*hpaF* 和 *hpcD* 的表达量分别增加 2.3~20.8 倍和 1.1~10.8 倍。此外，DiBP 在液体培养过程中诱导 Faz-2 表达，结果表明 *hpaF*、*hpcD* 和 *fabZs* 在 DiBP 降解中起重要作用。通过筛选试验获得了降解 DiBP 的功能菌株 *Sphingobacterium* sp. PG-1，该菌株有效降解 DiBP，72 小时后 DIBP 物质可以降解 90% 以上（图 3-12）。该菌株适宜 pH 生长范围为 5.5~8.0。

皮尔森相关分析表明，真菌群落丰度与土壤理化性状相关（表 3-3）。Dothideomycetes 的丰度与土壤 pH（R=0.712，$P ＜ 0.05$）及有效钾含量（R=-0.746，$P ＜ 0.05$）显著相关；Sordariomycetes 的丰度与土壤总氮含量显著正相关（R=0.719，$P ＜ 0.05$）；Alatospora 的丰度与土壤 pH（R=-0.669，$P ＜ 0.05$）及有效钾含量（R=0.737，$P ＜ 0.05$）显著相关；Mucorales 的丰度与土壤总氮（R=0.624，$P ＜ 0.05$）及有效钾含量（R=0.781，$P ＜ 0.05$）显著正相关。因此，土壤理化指标影响人参根际土壤真菌群落的丰度。

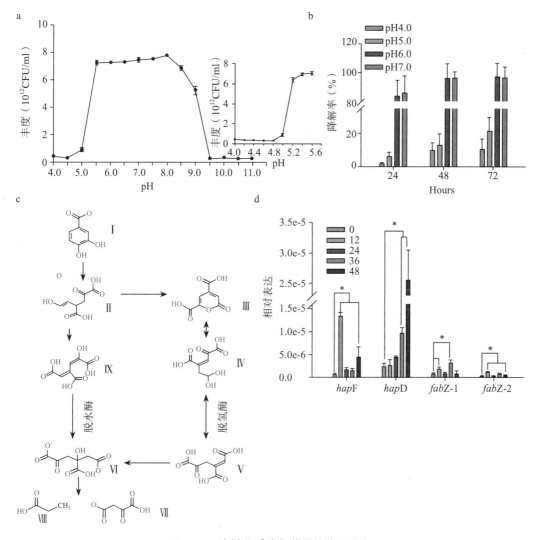

图 3-12 毒性物质降解菌的筛选及鉴定

表 3-3 土壤理化性状与真菌群落的相关性

样品	pH	总氮（g/kg）	有机质（g/kg）	有效磷（mg/kg）	有效钾（mg/kg）
Dothideomycetes	0.712*	−0.590	−0.098	0.161	−0.746*
Eurotiomycetes	−0.192	0.357	0.142	0.098	0.118
Leotiomycetes	−0.476	0.433	0.020	−0.163	0.395
Pezizomycetes	−0.242	0.357	0.275	0.077	0.421
Sordariomycetes	−0.201	0.719*	0.347	0.401	0.480
Saccharomycetes	−0.287	0.325	−0.250	−0.242	0.284
Alatospora	−0.669*	0.546	−0.061	−0.053	0.737*

样品	pH	总氮（g/kg）	有机质（g/kg）	有效磷（mg/kg）	有效钾（mg/kg）
Agaricomycetes	0.060	−0.510	−0.516	−0.101	−0.407
Tremellomycetes	−0.210	−0.010	−0.028	−0.025	0.112
Microbotryomycetes	−0.297	0.115	−0.347	−0.293	−0.038
Mucorales	−0.505	0.624*	0.316	−0.344	0.781*

注：* 表示真菌群落与土壤理化指标在 $P < 0.05$ 水平上具有统计学意义。

三、人参根际微生物群落结构调控

人参连续种植导致土壤酸化、毒性物质累积、细菌多样性下降、真菌多样性增加及功能菌群落丰度下降。种植过程中，土壤酸化导致功能菌丰度下降，功能菌丰度的下降导致土壤毒性物质累积。通过功能菌回接调控根际土壤生态环境，可有效提高人参存苗率及生长。通过回接根际微生物，可减少土壤毒性物质浓度，降低人参死苗率，促进人参生长（图 3-13）。

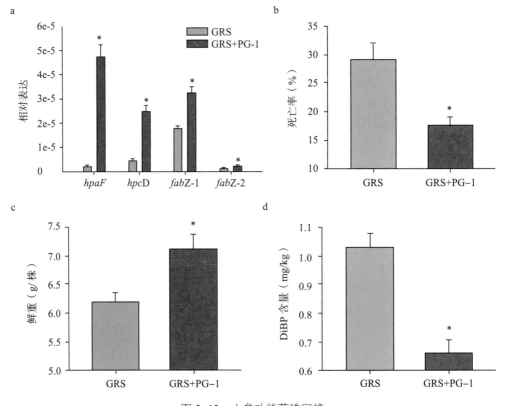

图 3-13 人参功能菌株回接
* 代表在 $P < 0.05$ 水平上只有显著性差异。

四、小结

连续种植模式改变了土壤微生物多样性及组成，打破了根际微生态系统功能，破坏了土壤健康度，土传病害增加，影响作物产量及品质。连作体系下真菌多样性及组成发生变化，且病原菌增加，益生菌减少。人参连续种植体系下，死苗率与真菌多样性显著相关，致病群落 *Fusarium oxysporum*（尖胞镰刀菌）增加。因此，微生物多样性及组成变化是土壤微生态失衡的因素之一。通过功能菌回接，可有效调控人参根际土壤生态环境，提高人参存苗率及产量。

第二节　无公害人参农田栽培土壤改良

土壤改良是提高人参产量和质量的关键环节。为提高农田栽参产量和质量，适宜的农田土壤是关键。农田栽参土壤改良应满足人参对土壤养分需求，以有效改善土壤性状、提高土壤肥力，降低有毒有害物质残留，适宜农田人参健康生长为指导原则。农田栽参土壤消毒以化学农药消毒为主，以紫外线、高温高热消毒为辅。通过消毒减少土壤中有毒有害微生物的传播，减少病虫害的发生。土壤改良包括绿肥种植和有机肥、生物菌肥添加等过程。通过绿肥回田达到改良土壤物理结构及提高土壤肥力的目的。有机肥适宜选择腐熟的猪粪、牛粪及鹿粪等。通过土壤消毒、绿肥回田和施肥改土相结合，能有效改善农田地土壤理化性质，抑制根腐病致病菌生长，提高人参保苗率和产量。

一、土壤改良要求

人参为宿根植物，对土壤选择性很强，适宜生长在排水良好、疏松、肥沃的土壤中。一般农田土壤难以完全满足其对水分、养分及通气性的要求。农田栽参土壤改良是将农田土壤物理结构及化学成分改良到适宜人参生长的过程，是生产高品质人参的重要措施。

（一）农田栽参土壤物理性状

1.土壤孔隙度和通气性

土壤孔隙度和通气性是影响人参生长的重要指标。通常孔隙度和通气性较好的土壤能够有效保持土壤水分，促进人参健康生长，而且还能有效防止地表径流及引起滑坡等问题。但不同农田地土壤孔隙度和通气性差异较大。一般砂质农田土壤通气孔隙较大，缺少细孔，使得土壤的透气透水性较好，但保水性很差，还容易导致土壤肥力流失；黏质土壤与砂质土壤相反，其土壤孔隙度和通气性较差，难以储水，而且雨水较大时，容易引起水土流失；壤质土壤孔隙度和通气性较好。由于人参长期生长在森林树荫下，长期进化逐渐形成了适宜生长在土壤疏松、通气性良好的环境中。人参在腐殖土中的总孔度与通气度一般为 50%~70% 和 10%~18%，均高于相同质地的农田土壤。为促进人参健康生长，应对农田参地进行土壤改良，采用种植绿肥作物、增施有机肥等方式进行土壤改良，使土壤肥沃、疏松通气，从而促进人参健康生长。

2. 土壤容重

土壤容重为一定容积的土壤烘干后重量与同容积水重的比值。土壤容重是由土壤孔隙和土壤中固体重量决定的。农田栽参土壤中许多物理特性，如土壤结构、孔隙数量、通气孔度、持水量及释水量等，均与土壤容重相关。一般农田地土壤容重在 0.9~1.4g/cm³ 之间，随土壤容重提高，人参出苗期会延迟，且导致出苗率降低；在土壤容重过大时，人参出苗率极低；在容重过小时，适当增加容重，可有效抑制须根生长，增加主根长度，使根形得到改善。有文献报道以不同容重处理的田间和微区床土进行栽参试验研究，结果表明土壤容重对参畦土壤持水性影响很大，通过改变畦面土壤容重，可使土壤中有效水和无效水分布发生显著变化，有助于人参生长，提高产量和质量。田间试验表明通过调节土壤容重，可使 4 年生和 5 年生人参单株重量显著增加。

（二）土壤 pH 值和盐基代换量

1. 土壤 pH 值

土壤 pH 值通常用于衡量土壤酸碱反应的强弱。通过影响土壤养分的有效性和土壤微生物的活动，来影响土壤养分的存在状态和有机质的分解与转化。研究表明土壤 pH 值过高或过低均不利于人参生长。在田间种植过程中发现人参在土壤 pH 值 5.0~7.0 范围内均可正常生长，而最适人参生长的土壤 pH 值一般在 5.5~6.5。随着人参生长时间延长，人参根际土壤 pH 值会逐渐降低。土壤 pH 降低，会恶化人参根际生长环境，导致人参根际土壤微生物区系发生变化，并且对人参生长产生抑制作用。因此，农田栽参土壤改良应通过不同措施调整土壤 pH 值在适宜区间。

2. 盐基代换量

盐基代换量是指在 pH=7 时测定的土壤中可替换的阳离子含量。盐基代换量与土壤供肥、保肥性能密切相关。研究表明高产参地土壤平均代换量比低产农田要高 50%~70%，而代换性盐基高 100%~200%，盐基饱和度高 20%~50%。因此，盐基代换量高的参地土壤供肥性能好，可满足人参对土壤营养的需要。农田地一般盐基代换量较低，为促进农田人参健康生长，应通过增施有机肥及调控土壤理化性状方式进行盐基代换量调控。

（三）土壤含水量

土壤湿度是人参生长发育的重要条件。土壤湿度大小影响田间植物生长小气候、土壤通透性、土壤营养成分分解、微生物活动以及人参对农田土壤养分吸收利用等。因此，农田土壤湿度与人参生长调控、根形发育、产量增减、品质优劣以及病虫害等均有密切关系。如农田土壤长时间处于干旱条件下，人参容易发生萎蔫，长势变弱，参根干物质积累过少，易出现抽沟等现象，严重影响人参质量。如农田地土壤湿度过大，容易导致人参地上部分叶片过早枯萎、落叶，同时影响地下部主根及须根长度，导致参根易开裂、烂根等问题。适宜人参生长的土壤相对湿度应保持在 30%~50%。人参种植基地年均相对湿度适宜范围为 54.9%~71.8%，年均降水量适宜范围为 500~2000mm。研究表明参地土壤水分与单根重呈显著正相关性，参地土壤水分含量高地区比水分含量低地区增产显著。

（四）土壤肥力

1. 土壤有机质

土壤有机质是土壤固相物质的重要组成部分，是植物营养的主要来源。土壤有机质可以有效促进人参生长发育，改良土壤物理结构及化学性质，可有效促进土壤微生物等生命体活动。土壤中适宜的有机质含量是人参优质高产的重要条件。研究表明伐林参地土壤有机质含量在 7%~20% 间，而农田土壤有机质含量通常变化范围为 0.5%~3.0%。因此，有机质含量低是农田土壤理化性状较差，人参生长不良，产量明显偏低的主要原因。将农田地土壤有机质含量提高到 3% 以上，可有效促进农田人参健康生长。

2. 土壤氮、磷、钾含量

氮磷钾是在人参生长过程中最重要的营养元素。随着人参种植年限增加，参地土壤中的营养物质逐渐减少，在人参生长过程中需要及时进行追肥。研究表明，高产参地土壤中全氮、全磷、速效磷、速效钾的含量显著高于低产参地土壤。通过适当提高栽参土壤中的氮磷钾含量，可有效促进农田人参健康生长。适宜农田栽参的土壤条件为是碱解氮含量范围为 50~150mg/kg，速效磷含量范围为 50~200mg/kg，速效钾含量范围为 40~300mg/kg。

二、土壤消毒

土壤是病虫害传播的主要场所。许多病菌、虫卵及害虫冬季都在农田土壤中越冬，如果土壤消毒不彻底，第二年将会成为重要侵染源，引起人参病虫害爆发。因此，进行土壤消毒是无公害农田栽参土壤改良的重要步骤。土壤消毒是利用化学、物理及生物措施快速、高效杀灭土壤中有害真菌、有害细菌、线虫、土传病毒、地下害虫的消毒技术，可显著减低人参发病率。

（一）化学消毒技术

化学消毒是用化学药物作用于病原体，使其器官或组织蛋白质变性，丧失正常生理功能而死亡的消毒过程。熏蒸是农田栽参化学消毒中防治土传病害的常用技术。熏蒸剂在土壤中易于分布，并且可杀死土中已知及未知病菌及害虫。常用熏蒸剂包括威百亩、棉隆、异硫氰酸烯丙酯、叠氮化钠、丙烯醛、硫酰氟和氰氨化钙等，对单一或多种病原生物具有防治效果。熏蒸剂可通过机械注射、手动注射等方式施入土壤，可通过附加不渗透膜或者通过镇压土壤、增加施药深度、加水、加肥等手段减少熏蒸剂散发。有文献报道，研究表明棉隆熏蒸处理参地后可有效减少土壤真菌种类和数量，降低人参病害发生。熏蒸剂可有效杀灭土壤病原菌和杂草种子，结合合理的土壤复菌技术可以快速达到修复土壤微生态的目的（表3-4）。

表3-4　常用土壤熏蒸剂

消毒剂	防治对象	用量	特点
1, 3-二氯丙烯	对线虫、土壤害虫、植物病原菌的防治效果较好	50mg/kg	持效期较长，安全，环境友好
威百亩	主要用于防治线虫病、土传病，兼具除草作用	49~95ml/m²	低毒、无污染、使用范围广
棉隆	对土壤线虫、害虫、真菌有杀灭作用	20~60g/m²	安全环保、使用简单，易与土壤混合
二甲基二硫	主杀线虫，并具有杀菌和除草活性	70mg/kg	高效，环境友好
异硫氰酸烯丙酯	防治地下害虫、真菌等	20~27g/m²	使用范围较广
环氧丙烷	具有良好杀菌、杀线虫和除草效果	40~50L/m²	化学性质活泼，高效
叠氮化钠	具有良好杀菌、杀虫、除草效果	8.4~22.4g/m²	剧毒
丙烯醛	对植物病原线虫和杂草种子均有优良的防治效果	11.2~22.4g/m²	安全，环境友好
硫酰氟	对根结线虫具有很好防治效果	40g/m²	处理后需很快敞气
氰氨化钙	对中、轻度土传病害和根结线虫具有很好的防治效果	60~120g/m²	吸入会急性中毒

　　人参农田栽培化学消毒可选用棉隆、威百亩、氰氨化钙等土壤消毒剂。一般当气温稳定在10℃以上，土壤相对湿度约为50%~80%时，适宜开展化学药剂消毒。农田栽参土壤消毒时间一般为7月中旬绿肥回田后，将消毒剂施入农田进行密封发酵。各农药消毒处理方法依据国家相关标准等规定进行（表3-5），消毒完成后立即进行土壤翻耕，排空土壤中残留有毒气体进行种植。为节省种植成本，降低化学药剂对农田土壤的污染，在土壤改良过程中可以进行定期翻耕。加强无公害农田栽参土壤消毒，可有效杀灭土壤中真菌、细菌、线虫以及土传病害等危害源。

表3-5　不同土壤消毒剂作用机制及消毒方法比较

处理	棉隆	威百亩	氰氨化钙	氯溴异氰尿酸
消毒机制	抑制细胞分裂，破坏生理机能	抑制细胞分裂，DNA、RNA合成	遇水形成氰胺，释放有毒物质	释放次溴酸和次氯酸，具杀灭细菌和真菌能力

处理	棉隆	威百亩	氰氨化钙	氯溴异氰尿酸
消毒方法	固体药剂，撒入2小时内立即覆盖熏蒸	液体药剂，扎桶放气后进行密封熏蒸	固体药剂，撒入混匀后立即覆盖	将药剂兑水稀释喷雾，翻耕土壤进行杀菌消毒
药剂用量	80~100g/m²	70~90ml/m²	70~100g/m²	3~5g/m²
消毒时间	12~20℃，15~20天	10~20℃，20天	15~30℃，10~15天	15~30℃，7~10天
施药深度	20~40cm	20~40cm	20~30cm	20~40cm
土壤相对湿度	60%~80%	50%~80%	50%~70%	40%~50%

（二）物理消毒技术

太阳能高温消毒是物理消毒的主要方式之一。7~8月高温季节，将土壤用塑料薄膜密封覆盖15~20天，高温天气可使土壤温度快速升至50~60℃，地表温度达到80℃以上，采用此方法可有效杀死土壤中许多有害生物，该方法操作简单、经济实用、生态友好，应用广泛。有文献报道，比较了不同消毒方法，结果表明垄沟式太阳能消毒通过提高土壤剖面温度，可以达到快速消毒，对土传病害有良好的防治效果。研究发现，使用土壤高效灭菌杀虫剂配合土壤生态环境恢复剂，可从根本上解决根结线虫及大多数土传病害难题，提高作物产量和品质。

其他物理消毒方法还有深翻、冬翻冬冻法等。深翻法是在前茬作物收获后，在土壤休闲过程中及时将土地深翻25~40cm，把落在地面上的植物病残体翻入土中压实，形成缺氧高湿环境，使植物病残体内的病菌加速死亡，通过翻耕8~10次达到改良土壤的目的。另外冬翻冬冻法是一种利用有害微生物对低温耐受性差的特点，通过冬季低温冻死土壤中病虫的一种简单而有效的物理防治措施，该方法一般在每年12月中下旬到翌年1月上旬进行，先将土壤中作物残留植株和残膜清除，然后将人参地土壤深翻均匀，利用地表干燥和日光照射以及冬季低温，利用物理方法杀灭部分病原微生物及害虫，从而降低人参病虫害的发生。

三、土壤绿肥改良

开展高产抗病虫害绿肥作物筛选，可有效改善农田土壤质量，促进人参健康生长。在已有工作基础上，进行不同绿肥作物及适宜农田栽参的绿肥新品种选育，可有效指导农田栽参土壤改良。

（一）绿肥作物筛选

1. 常见土壤改良绿肥作物筛选

土壤消毒采用石灰氮和棉隆相结合的方法，项目组前期试验中，在5~6月将37.5g/m²

的石灰氮均匀撒播在试验区域内，并采用穴施的方式施加 $37.5g/m^2$ 的棉隆，施入深度为 15cm 左右，覆膜一周，之后翻耕 3 次。消毒 3 周后播种绿肥，7 月中旬将绿肥粉碎，并进行回田处理，10 月中下旬开展 2 年生人参移栽（表 3-6）。

表 3-6　农田栽参绿肥改良方案

方案编号	处理方法	方案编号	处理方法
CK	无	4	消毒 + 玉米
1	消毒	5	消毒 + 大豆玉米间作
2	消毒 + 大豆	6	消毒 + 紫苏大豆间作
3	消毒 + 紫苏	7	消毒 + 紫苏玉米间作

对不同时期不同处理的人参株高、茎粗、叶长及叶宽进行测定。结果表明不同处理下的人参地上部分农艺指标在展叶期到开花期及红果期处于正增长趋势，红果期至枯萎期各项指标呈现衰减趋势，符合植物一般生长规律。农艺性状的显著性差异分析显示不同时期不同处理之间差异具有统计学意义。在植株高度上，与其他处理相比，单独消毒处理的植株株高相对较矮；大豆玉米间作，紫苏玉米间作处理的植株较其他处理的植株高。在植株茎粗上，各处理的茎粗在展叶期差异不具有统计学意义，但在后三个时期，大豆玉米间作、紫苏玉米间作和紫苏处理和其他处理有了较大差异，大豆玉米间作、紫苏玉米间作和紫苏处理的植株明显更粗壮，单独消毒处理则相对更细。在叶片大小上，大豆玉米间作及紫苏玉米间作处理较其他处理差异具有统计学意义，大豆玉米间作及紫苏玉米间作处理的叶片相对较大，单独消毒处理的叶片相对较小。不同绿肥处理方案对存苗率的影响差异不显著，其中大豆处理存苗率最高（69.44%），但差异分析表明不同绿肥处理对人参存苗率无显著性影响。不同绿肥处理方案对产量的影响存在差异，具有统计学意义，其中紫苏处理方案产量最高，其次为玉米加紫苏处理，而消毒处理产量最低。

2. 绿肥处理下人参皂苷含量比较

不同绿肥处理的人参样品皂苷含量见图 3-14，除 CK 外，其他处理组人参根部 Rg_1 与 Re 之和，及 Rb_1 的百分含量均大于 0.3，符合《中国药典》2015 年版规定，但不同绿肥处理对人参皂苷含量均没有显著性影响。由图 3-14 可知，8 个处理组中：CK 及大豆玉米间作处理组的 Rc、Rb_2 含量较高；消毒处理组 Rg_1 含量较高；大豆组 Re、Rf、Rd 含量较高；玉米组 Rb_2 含量较高；紫苏处理组 7 种成分均较高，其中 Rg_1、Rc、Rb_2、Rd 含量为组间最高；紫苏大豆间作处理组的 Rg_1、Rb_1、Rd 含量较高；紫苏玉米间作处理组 Rg_1、Rf、Rd 含量较高。紫苏、紫苏大豆间作、紫苏玉米间作处理组的人参总皂苷含量较高。

3. 适宜绿肥作物确定

田间试验表明紫苏、大豆 + 紫苏、玉米 + 紫苏绿肥对人参株高、茎粗无显著影响，但明显促进人参叶长及叶宽的生长。紫苏及其他间作绿肥的回田，可以使人参植株更加旺盛，显著提高人参产量和皂苷含量，综合考虑成本、绿肥生物量，后续研究我们选择了紫苏进行农田栽参绿肥新品种培育。

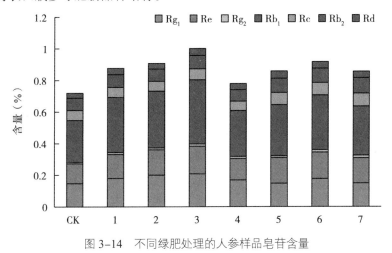

图 3-14 不同绿肥处理的人参样品皂苷含量

（二）人参绿肥品种选育

1. 中研肥苏 1 号选育

通过多年研究，筛选出了可高效改善农田参地土壤理化性状的紫苏（*Perilla frutescens*）新品种中研肥苏 1 号，该品种是在系统选育的基础上，结合分子标记辅助鉴定的方法选育得到的。通过全基因组测序，根据已有的基因集对检测到的变异进行注释，并与紫苏常见变异数据库比对分析，最后筛选出 30 个非同义突变 SNPs 标记作为中研肥苏 1 号特征性 SNP 标记，用于紫苏新品种的材料鉴选，最终选育形成具有叶籽两用、丰产、高抗、耐瘠等特性，可做绿肥使用的紫苏新品种。中研肥苏 1 号已经通过北京市植物新品种鉴定，鉴定编号为京品鉴药 2016 054。中研肥苏 1 号区域试验表现为平均产量比对照增产 27.07%；含油量为 43.51%，比对照高 9.39%；叶丰产，干叶及紫苏梗单位产量为 0.78kg/m² 和 0.3kg/m²。该品种与原亲本材料比较，单株有效穗数增加 83.8 个，主穗长增加 12.5cm，单株有效粒数增加 26.4 穗，籽粒含油量提高 11.06%。该品种的顺利选育，可为农田栽参土壤改良提供良好的物质基础。

2. 中研肥苏 1 号抗病机制

研究表明紫苏甲醇提取物显著抑制根腐病致病菌的生长。从紫苏甲醇提取物中分离获取 5 种具有防治根腐病的活性物质，分别为脂类化合物、醛类化合物、萜类化合物、酚类化合物、硫脲类化合物，经分析上述 5 类化合物对根腐病致病菌均有防治效果。可于人参直播或移栽前以液体喷施形式施用上述 5 类物质，使用浓度分别为：100~1000g/L，4~10g/L，10~100g/L，50~200g/L，30~100g/L，其中醛类化合物与硫脲类化合物的防治效果最为显著。将紫苏于花前通过翻耕方式回田，可显著提高人参及同属其他作物的保苗率及产量。

（三）绿肥回田对人参生长及根际微生态影响

1. 对人参根际土壤理化性状影响

绿肥回田可以有效降低土壤pH，增加土壤肥力（表3-7）。开花前紫苏植株中5类物质总量达到最大值。经大田试验证实撒播中研肥苏1号（用种量1.5g/m²）于花前通过翻耕的方式回田。与对照相比，绿肥回田降低了土壤pH，增加了土壤总氮（N）、有机质（OM）、铁（Fe）、速效钾（K）、镁（Mg）、锰（Mn）、全磷（P）、锌（Zn）的含量；其中土壤有机质增加72%，土壤中总氮增加47%，Fe、K、Mg、Mn、P、Zn的含量表现增加趋势。

表3-7　土壤理化性状（$\bar{x} \pm s$）

取样时间	样品	pH	有机质（g/kg）	总氮（g/kg）	铁（g/kg）
9~10月	对照	5.80±0.13a	39.79±1.83b	2.36±0.03b	22.39±7.79a
	回田	5.52±0.05b	68.60±9.26a	3.48±0.25a	29.88±3.36a

取样时间	样品	速效钾（g/kg）	镁（g/kg）	锰（mg/kg）	全磷（g/kg）	锌（mg/kg）
9~10月	对照	3.48±0.48a	3.27±0.12b	549.57±16.22b	1.05±0.05a	68.14±0.88a
	回田	3.51±0.23a	4.20±0.48a	727.70±94.83a	1.09±0.04a	79.68±6.66a

注：数据为三次重复均值，不同字母表示处理与对照在$P < 0.05$水平差异具有统计学意义。

2. 对农田土壤微生物群落结构影响

绿肥回田降低了土壤微生物的多样性。与对照相比，绿肥回田后，土壤微生物多样性的香农（Shannon）指数，Chao 1和丰富度均有所下降。土壤改良措施降低土壤微生物多样性，但差异不具有统计学意义（表3-8）。

表3-8　土壤微生物多样性（$\bar{x} \pm s$）

取样时间	样品	香农指数	Chao 1	丰富度
9~10月	对照	4.87±0.20a	2 959.04±287.46a	1 270.87±74.34a
	回田	4.81±0.06a	2 918.09±249.37a	1 256.05±62.79a

注：数据为三次重复平均值，不同字母表示处理与对照在$P < 0.05$水平上具有统计学意义。

绿肥回田改变了土壤微生物群落的组成。在门的水平上，与对照相比，绿肥回田措施降低了土壤中变形菌门、拟杆菌门、放线菌门、TM7和疣微菌门的丰度。结果表明，改良后土壤微生物的丰度在门水平主要表现为下降趋势。在科的水平，与对照相比，绿肥回田后土壤中布丘菌属（*Buttiauxella*）、粪杆菌属（*Faecalibacterium*）、假单胞菌属（*Pseudomonas*）、琥珀酸弧菌属（*Succinivibrio*）、埃希杆菌属（*Escherichia*）、巴恩斯菌属（*Barnesiella*）、不动杆菌属（*Acinetobacter*）、地杆菌属（*Pedobacter*）、沙雷菌属（*Serratia*）和单胞菌属（*Stenotrophomonas*）丰度下降。结果表明，改良后土壤微生物的丰度在属的水平主要表现为下降趋势。

四、微生物菌肥对人参生长影响

针对人参自毒物质积累、土传病害增加以及土壤菌群结构失衡等问题，筛选出了有效改善人参根际微生态环境，可与底肥及追肥配合使用的微生物菌剂，并建立了各人参菌肥使用技术流程，同时得出人参特效肥（10~20mg/m²）作为底肥可以显著降低人参病害发生并促进人参保苗率提高。

（一）人参微生物菌肥筛选

自主开发的针对自毒物质降解、消减土传病害、改善土壤环境的三类专用菌剂，可以有效改善人参根际微生态，可与底肥及追肥配合使用（图 3-15）。

图 3-15　不同微生物菌肥处理下人参长势比较

1. 人参自毒物质降解菌剂

自毒物质降解菌剂如鞘氨醇杆菌属（*Sphingobacterium*）和恶臭假单胞菌（*Pseudomonas putida*）主要用来降解人参土壤中的苯甲酸、棕榈酸、肉桂酸、阿魏酸等自毒物质，来缓解人参土壤自毒物质的累积。研究表明该类降解菌在 pH 5.0~8.0 区间可以保持较强的活性，说明该类菌剂适宜应用到农田栽参土壤改良过程中。添加降解菌 72 小时后，苯甲酸物质的降解率达到 50% 以上，移栽或直播前，可通过喷施及沟施方式施入土壤。利用分子生物学技术解析了该菌株的降解机制，阐述了苯甲酸的降解通路，筛选到降解通路中的关键基因，为菌剂的开发及利用提供科学依据（图 3-16）。

2. 人参根腐病生防菌剂

人参根腐病生防菌剂如枯草芽孢杆菌（*Bacillus subtilis*）主要针对人参土传病害根腐病进行防治，功能菌株来自人参连续种植三年的土壤，对根腐病致病菌的防治效果显著。移栽或直播前，通过喷施方式施入土层，可有效防治人参病害（图3-17）。

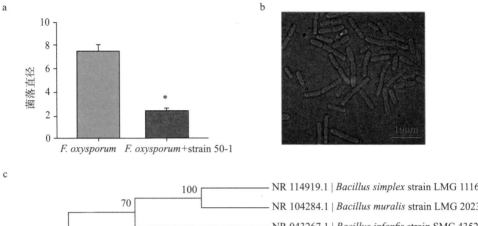

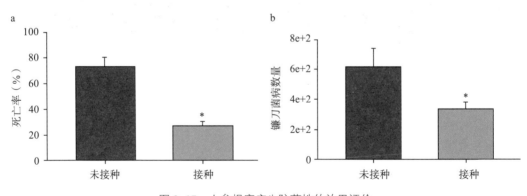

图3-16 苯甲酸降解菌的基因组图谱

图3-17 人参根腐病生防菌株的效果评价

　　研究团队开展了微生物菌肥试验，采用4因素处理人参幼苗，分别为抗重茬剂（T1）、微生物菌肥（T2）、人参专用生物菌肥（T3）、EM菌肥（T4），并设有对照组（CK）（表3-9）。共选取5项指标测定人参生长状况，分别为株高、茎粗、叶长和叶宽以及保苗数。在2014年的基础上对配方施肥试验进行了优化设计，参龄为4年生。通过盆栽试验得出该类菌剂施用后，人参根腐病发病率下降40%以上（表3-10）。

表3-9 微生物菌肥试验设计

技术名称	浓度梯度（g/m²）
抗重茬剂（T1）	3、6、12、24
微生物综合肥（T2）	30、60、120、180
人参专用生物菌肥（T3）	3、6、12、24
EM菌肥（T4）	15、22.5、30、37.5

表3-10 人参根腐病生防菌剂的效果评价（$\bar{x} \pm s$）

处理	根腐病发病率（%）
CK	2.67 ± 1.83^a
T3-低	1.46 ± 1.46^b
T3-中	1.64 ± 2.84^b

注：[a]、[b] 表示在 $P < 0.05$ 下有显著性差异。

3. 人参土壤微生态复合改良菌剂

该类菌剂主要改善土壤微生态环境，其分泌与合成的物质如各种有机酸、氨基酸、酶、活性激素、抗氧化酵素等，可直接促进植物生长，还能分解残留的农药，使土壤处于抗氧化状态，减轻并逐步消除土传病虫害和连作障碍。移栽或直播前，可与有机肥混施做基肥，大田试验表明该类菌剂降低了人参死苗率（图3-18）。

其中以T3中低存苗率最高，而以T4低存苗率值最低，平均存苗率

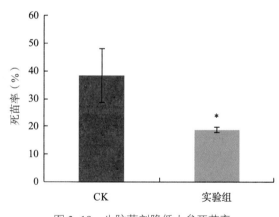

图3-18 生防菌剂降低人参死苗率

均在70%以上。通过不同浓度的生物菌肥的筛选，确定抗重茬剂（T1高浓度）、人参特效肥（T3低浓度和中浓度）促进了人参保苗率；低浓度的微生物菌肥（T2）、人参特效肥（T3）、生物菌肥（T4）对根腐病和干叶病表现出良好的拮抗作用。因此，人参特效肥（10~20mg/m²）作为底肥降低人参病害并促进人参保苗。同时菌剂在使用的过程中应注意浓度配比及交替使用。抗重茬剂（T1高浓度）、人参特效肥（T3低浓度和中浓度）促进了人参的保苗率。因此，2种菌剂在合理浓度范围内具有较好保苗效果（表3-11）。

表 3-11　菌肥对人参保苗率的影响（$\bar{x} \pm s$）

处理	出苗数（株）	存苗数（株）	存苗率（%）
CK	71~127	51~136	92.85 ± 26.47
T1- 低	49~166	45~147	84.48 ± 10.04
T1- 中	32~127	29~113	87.87 ± 9.14
T1- 高	89~125	73~123	99.32 ± 19.36
T2- 低	68~137	59~103	84.51 ± 8.43
T2- 中	64~122	41~109	87.71 ± 4.14
T2- 高	41~121	34~109	86.49 ± 31.47
T3- 低	92~137	84~128	95.56 ± 5.63
T3- 中	85~120	80~98	99.42 ± 1.01
T3- 高	57~93	56~93	89.32 ± 6.69
T4- 低	82~142	73~137	78.19 ± 15.62
T4- 中	92~117	77~109	88.43 ± 10.31
T4- 高	57~152	50~102	77.50 ± 6.69

（二）EM 菌肥配施对土壤细菌群落结构影响

1. 土壤细菌多样性和丰富度分析

研究表明土壤 DNA 样品的测序覆盖度为 90.5%~91.3%，测序结果可用于土壤微生物群落组成分析。Ace 指数分析显示，低浓度菌肥处理与对照组无明显差异，中、高浓度菌肥处理较对照组显著提高；Chao1 分析显示，低浓度菌肥处理与对照组无明显差异，中、高浓度菌肥处理较对照组显著提高；Shannon 指数分析显示，低浓度菌肥处理与对照组无明显差异，中、高浓度菌肥处理较对照组显著提高；Simpson 指数分析显示，菌肥处理与对照组无显著差异。结果表明低浓度的菌肥处理与对照组无明显差异，Ace 指数、Chao 1 指数及 Shannon 指数表明中、高浓度的菌肥处理与对照组存在显著差异（表 3-12）。

表 3-12　EM 菌肥施用下人参根际土壤细菌 α 多样性指数比较

	Coverage（%）	Ace 指数	Chao1 指数	Shannon 指数	Simpson 指数
CK	91.28 ± 0.46	5715.61 ± 225.27	4574.75 ± 181.13	6.89 ± 0.10	0.0030 ± 0.00054
低浓度	91.01 ± 0.29	5869.55 ± 272.65	4749.58 ± 91.37	6.98 ± 0.03	0.0023 ± 0.00015
中浓度	90.52 ± 0.17	6126.77 ± 178.51*	4939.81 ± 105.90*	7.07 ± 0.07*	0.0024 ± 0.00081
高浓度	90.49 ± 0.09	6170.82 ± 117.88*	4929.64 ± 66.37*	7.09 ± 0.04*	0.0021 ± 0.00020

注：*：在 $P < 0.05$ 水平有显著性差异。

2.韦恩分析

研究表明出芽期各处理组中共有 OTU 数为 2590，土壤中细菌群落 OTU 数随菌肥浓度无明显变化，菌肥处理增加了红果期特有 OTU 的数目，但菌肥处理与 OTU 数目没有明显的相关性；人参生长期各处理组土壤细菌群落组成中共有 OTU 数目分别为 2590，2415，2371 和 2438，出芽期到红果期不同处理间土壤中共有 OTU 数降低，不同处理特有 OTU 数相对提高，表明菌肥处理改变了土壤中细菌群落的组成（图 3-19，其中 C、K、H、W 代表人参从出芽期到红果期；CK、Low、Mid，High 分别表示不施肥、低浓度、中浓度和高浓度施肥处理）。

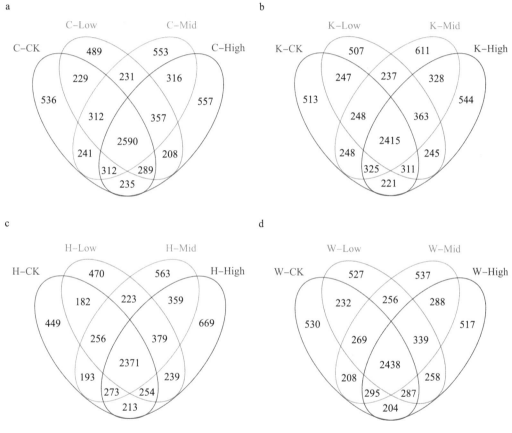

图 3-19　出芽期不同菌肥处理下人参根际土壤细菌多样性 Ven 图分析

a、b、c、d 分别为出芽期、开花期、红果期和枯萎期

3. 不同处理间细菌群落的差异性分析

（1）根际土壤细菌群落分布相似性分析　出芽期人参根际土壤细菌群落结构在门水平上的差异性分析显示，对照组和低浓度菌肥处理聚为一支，相似性较高；中、高浓度的菌肥处理虽处于同一分支，但距离较远，群落结构略有差异。各土壤样品中变形菌门（Proteobacteria）、酸杆菌门（Acidobacteria）、绿弯菌门（Chloroflexi）及放线菌门

（Actinobacteria）丰度均超过 10%。中浓度菌肥处理中蛋白菌门丰度最高为 32.61%，酸杆菌门及绿弯菌门丰度略低于对照组，放线菌门丰度最高为 12.66%，与对照组 12.06% 差异不大（图 3-20）。

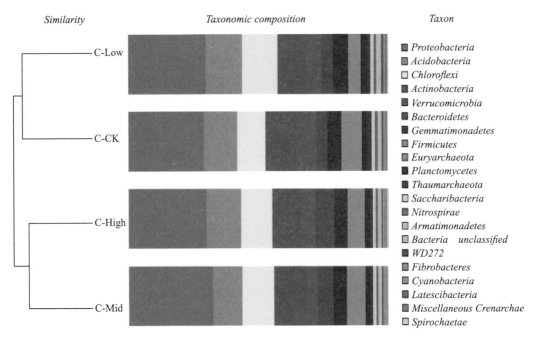

图 3-20　出芽期土壤样本群落分布相似性分析（门，97% 相似水平）

细菌群落在门水平上丰度最高的为 *Proteobacteria*、*Acidobacteria*、*Chloroflexi* 和 *Actinobacteria*，并且进化分支树可聚为一支，亲缘关系较近，菌肥处理组中 *Chloroflexi* 的丰度显著高于对照组；较高的是厚壁菌门（*Firmicutes*）、广古菌门（*Euryarchaeota*）、拟杆菌门（*Bacteroidetes*）、疣微菌门（*Verrucomicrobia*）和芽单胞菌门（*Gemmatimonadetes*），进化分枝树可聚为一支，亲缘关系较近，菌肥处理组中 *Bacteroidetes* 的丰度高于对照组，再次为浮霉菌门（*Planctomycetes*）、奇古菌门（*Thaumarchaeota*）和 *Saccharibacteria*，其丰度在菌肥处理组中均高于对照组，但 *Verrucomicrobia* 的丰度则低于对照组（图 3-21）。

（2）根际土壤细菌含量分布分析　研究表明中浓度菌肥处理人参根际土壤细菌群落在门水平主要是 *Proteobacteria*、*Actinobacteria*、*Chloroflexi*、*Acidobacteria*、*Bacteroidetes*、*Gemmatimonadetes*、*Firmicutes* 及 *Verrucomicrobia* 等，分别占 32.16%、12.66%、12.26%、11.1%、6.03%、5.14%、4.38% 及 4.18%（图 3-22）。

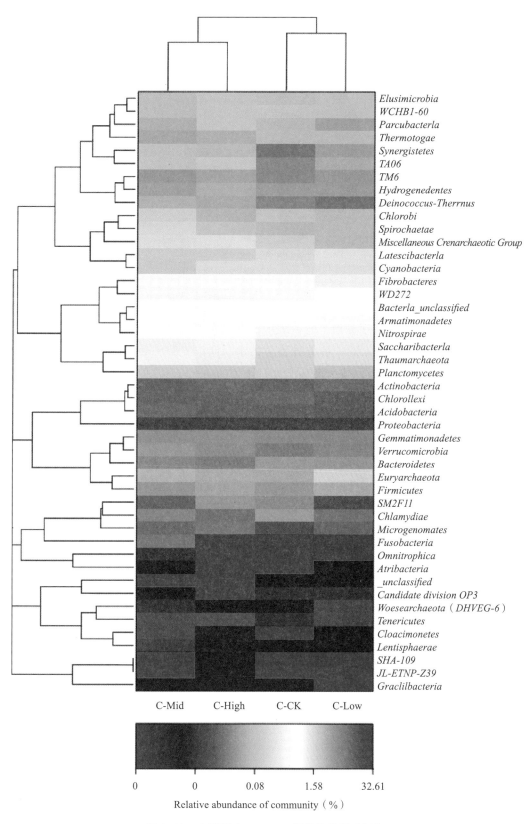

图 3-21　土壤样本 Heatmap 相似性分析（门）

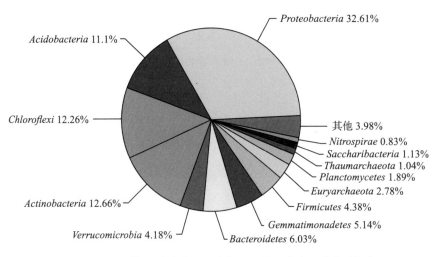

图 3-22 出芽期中浓度菌肥人参根际土壤细菌含量分布（门）

（3）根际土壤细菌丰度分析 研究表明出芽期菌肥处理组与对照组相比，鞘氨醇单胞菌属（*Sphingomonas*）的丰度差异不大；中、低浓度菌肥处理后，*Gemmatimonas* 丰度提高 7.03% 和 11.79%，高浓度菌肥处理下 *Gemmatimonas* 的丰度降低了 10.27%；低浓度菌肥处理后，*Methanosarcina* 的丰度较对照组降低 51.38%；菌肥处理后，*Clostridium sensu stricto* 1 的丰度较对照组明显降低，分别下降了 68.93%、48.22% 和 82.52%；中、高浓度菌肥处理后，节细菌属（*Arthrobacter*）的丰度较对照组提高了 5.50%、48.50% 和 23.50%；菌肥处理对 *Bryobacter* 的丰度差异不大；低浓度菌肥处理后，*Massilia* 的丰度较对照组提高 39.11%，中、低浓度菌肥处理较对照组差异不大；中、低浓度的菌肥处理后，*Candidatus Solibacter* 的丰度较对照组降低了 19.50% 和 13.75%，高浓度菌肥处理较对照无统计学意义（表 3-13）。

表 3-13 出芽期人参根际土壤细菌群落分布（属）

处理	*Sphingomonas*	*Gemmatimonas*	*Methanosarcina*	*Arthrobacter*
C–CK	5.47%	5.26%	5.78%	2.00%
C–Low	5.36%	5.63%	2.81%	2.11%
C–Mid	5.53%	5.88%	5.12%	2.97%
C–High	5.90%	4.72%	5.76%	2.47%

处理	*Bryobacter*	*Massilia*	*Candidatus Solibacter*	*Clostridium sensu stricto* 1
C–CK	2.61%	2.48%	4.00%	3.09%
C–Low	2.42%	3.45%	3.22%	0.96%
C–Mid	2.54%	2.90%	3.45%	1.60%
C–High	2.78%	2.35%	4.09%	0.54%

（4）根际土壤细菌主成分（PCA）分析　PC1 坐标轴解释了该时期细菌主成分差异的 59.96%，该方向上，低浓度菌肥处理组与对照组较近；中、高浓度的菌肥处理较近，与对照组有显著差异，表现出一定的浓度相关性。PC2 坐标轴解释了该时期细菌主成分差异的 25.91%，该方向上，中、高浓度菌肥处理组与对照组较近，低浓度菌肥处理与对照组较远，无浓度相关性（图 3-23）。

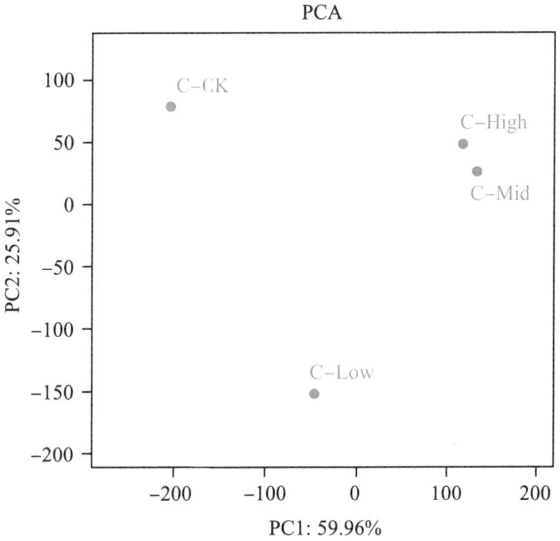

图 3-23　展叶期根际土壤细菌 PCA 分析

五、土壤综合改良技术

土壤微生态受多种因素影响，单一措施无法有效改善农田的微生态系统，综合改良措施是解决农田栽参产量低、质量差、病害重等问题的关键环节。利用土壤复合修复、绿肥回田、施肥改土的综合措施对农田微生态环境进行改良和修复，以土壤理化性质及人参存苗率等作为检验指标，建立一套适合农田栽参土壤改良的综合措施，可有效提高农田栽参成功率。

（一）综合土壤改良措施

试验样地位于中国中医科学院中药研究所靖宇农田栽参试验基地（126.80° E, 42.39° N），前茬作物为玉米，玉米收获后，地块经翻耕备用。本试验于 2014~2015 年开展，试验共用地 667m²。该试验地为传统农田，前小区试验（面积为 111m²）随机排布（表 3-14）。农田地处理后，对照及处理地翻耕 2 次，深度达 40cm，然后进行农田栽参做床、播种等操作。人参、紫苏种子及农家肥由盛实百草药业有限公司提供，紫苏采用撒播方式种植。

表 3-14　农田栽参土壤改良试验设计

处理	时间	具体措施
对照	4 月 20 号	无任何处理
综合措施	4 月 20 号	绿肥种植：采用紫苏进行播种，用种量 1.50g/m²
	7 月中旬	绿肥回田：待紫苏生长至花前，进行翻耕回田
	7 月 20 号	消毒：进行土壤消毒，覆膜 1~2 周
	7 月中旬	翻耕：深度 30~40cm，翻耕 3 次
	8 月下旬至 9 月上旬	翻耕：深度 30~40cm，翻耕 2 次
	9 月中旬	施肥改土：农家肥施用标准为 3.00g/m²，农家肥主要成分为牛粪及猪粪，按照 2∶1 混匀，发酵备用

（二）综合土壤改良对人参根际土壤理化性质影响

综合改良措施降低 0~30cm 土层的容重（图 3-24）。与对照相比，0~10cm，11~20cm，21~30cm 土层中容重分别下降了 4.0%，9.3% 和 1.0%。结果表明，与 21~30cm 土层容重相比，综合改良措施对 0~20cm 土层容重影响较大。

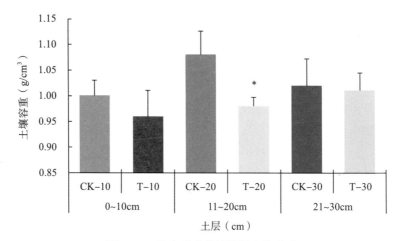

图 3-24　综合改良措施降低土壤容重

CK-10，T-10，CK-20，T-20，CK-30，T-30 分别表示对照 0~10cm 土层，处理 0~10cm 土层，对照 11~20cm 土层，处理 11~20cm 土层，对照 21~30cm 土层和处理 21~30cm 土层。数值为三次重复的平均值，* 表示处理与对照在 $P < 0.05$ 水平上差异具有统计学意义。

与对照相比，综合改良措施显著降低 0~30cm 土层的 pH（图 3-25）。与对照土层相比，0~10cm，11~20cm，21~30cm 土层中 pH 分别下降了 3.9%，3.4% 和 2.8%。结果表明随土层加深，综合改良措施对土壤 pH 的影响减弱（表 3-15）。

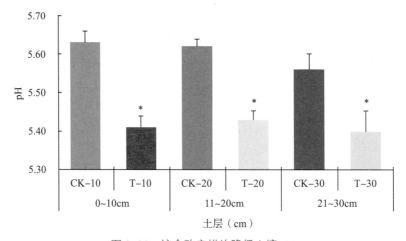

图 3-25　综合改良措施降低土壤 pH

CK-10，T-10，CK-20，T-20，CK-30，T-30 分别表示对照 0~10cm 土层，处理 0~10cm 土层，对照 11~20cm 土层，处理 11~20cm 土层，对照 21~30cm 土层和处理 21~30cm 土层。数值为三次重复的平均值，* 表示处理与对照在 $P < 0.05$ 水平上差异具有统计学意义。

表3-15　处理后的农田土壤常规理化指标（$\bar{x} \pm s$）

样品	总氮（g/kg）	有机质（g/kg）	钾（g/kg）	磷（g/kg）	钙（g/kg）
CK-10	2.15 ± 0.07	38.42 ± 1.91	2.16 ± 0.02	0.85 ± 0.03	2.29 ± 0.03
T-10	2.72 ± 0.07*	48.65 ± 0.96*	2.56 ± 0.15*	0.91 ± 0.03*	3.00 ± 0.13*
CK-20	2.14 ± 0.06	34.55 ± 1.14	4.01 ± 0.22	0.93 ± 0.04	3.05 ± 0.33
T-20	2.86 ± 0.05*	54.88 ± 0.51*	4.04 ± 0.50	1.01 ± 0.03*	3.15 ± 0.20
CK-30	2.16 ± 0.07	34.98 ± 2.38	3.03 ± 0.23	0.89 ± 0.04	2.55 ± 0.12
T-30	2.59 ± 0.02*	50.12 ± 2.17*	2.46 ± 0.15	0.95 ± 0.02*	2.60 ± 0.03

样品	铜（mg/kg）	铁（g/kg）	镁（g/kg）	锰（mg/kg）	钠（mg/kg）	锌（mg/kg）
CK-10	7.67 ± 1.00	22.90 ± 0.11	3.24 ± 0.02	537.90 ± 24.60	151.60 ± 8.21	65.11 ± 1.26
T-10	9.89 ± 0.99*	26.36 ± 0.26*	3.82 ± 0.04*	646.00 ± 16.80*	204.47 ± 7.38*	67.79 ± 2.10*
CK-20	6.83 ± 1.02	24.20 ± 1.62	3.61 ± 0.20	555.94 ± 57.45	272.22 ± 33.31	71.09 ± 3.76
T-20	8.34 ± 1.12*	24.45 ± 1.69	3.67 ± 0.23	607.62 ± 59.75	276.64 ± 28.63	71.50 ± 1.30
CK-30	7.29 ± 1.76	23.14 ± 1.74	3.45 ± 0.22	506.51 ± 67.28	196.43 ± 13.50	66.90 ± 0.85
T-30	7.22 ± 0.12	23.52 ± 0.99	3.64 ± 0.05	530.08 ± 28.32	198.65 ± 8.04	68.79 ± 1.16

注：数值为三次重复的平均值，* 表示处理与对照在 $P < 0.05$ 水平上差异具有统计学意义。

（三）综合土壤改良对人参长势影响

与对照组相比，综合土壤改良措施显著增加人参的存苗率、促进人参生长。综合处理之后地块人参存苗率达 92.6%，与对照组相比，显著提高 21.4%。综合处理后，人参株高及茎粗分别为 14.1cm、0.84cm，与对照组相比，显著增加了 8.4% 及 7.9%。结果表明，综合土壤改良措施促进了人参的保苗及生长（图 3-26）。

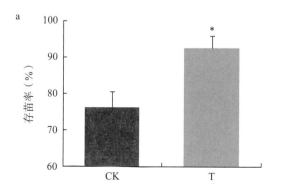
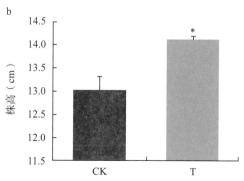

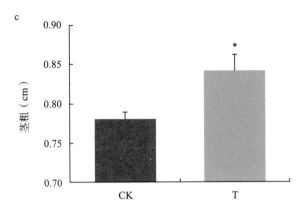

图 3-26 综合改良措施对人参存苗率及生长的影响

a. 存苗率；b. 株高；c. 茎粗。CK 和 T 分别表示对照组及处理组。数值为三次重复的平均值，
* 表示处理与对照在 $P < 0.05$ 水平上差异具有统计学意义。

（四）综合土壤改良改变土壤细菌群落结构

与对照土层相比，综合农田土壤改良措施降低 0~20cm 土层细菌 OTUs、Shannon 指数（H'），随着土层加深，OTUs、H' 降低减弱，而 21~30cm 土壤中 OTUs、H' 高于对照土层（图 3-27）。结果表明，综合土壤改良措施显著降低 0~10cm 土层中细菌 α 多样性。

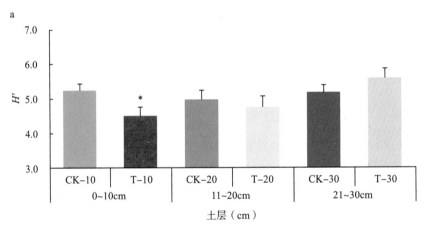

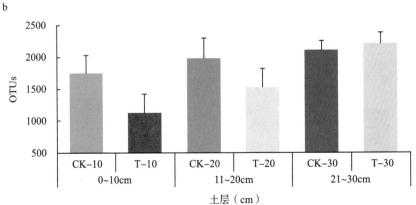

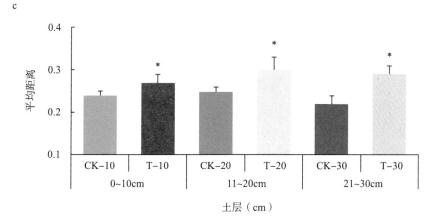

图 3-27　综合改良措施对土壤细菌群落多样性的影响

a. OTUs；b. Shannon 指数。CK-10，T-10，CK-20，T-20，CK-30，T-30 分别表示对照 0~10cm 土层，处理 0~10cm 土层，对照 11~20cm 土层，处理 11~20cm 土层，对照 21~30cm 土层和处理 21~30cm 土层。数值三次重复平均值，* 表示处理与对照在 $P < 0.05$ 水平差异具有统计学意义。

与对照组相比，综合土壤改良措施改变不同土层细菌群落的组成（图 3-28）。在门的水平，农田土壤中主要包含 *Proteobacteria*、*Firmicutes*、*Bacteroidetes*、*Actinobacteria*、*Acidobacteria*、*Verrucomicrobia*、*TM7*、*Planctomycetes*、*Chloroplast*、*Nitrospira*、*Chloroflexi*、*Armatimonadetes*、*Euryarchaeota*、*Gemmatimonadetes* 及 *Chlorobi*。与对照土层相比，综合处理 0~10cm 土层中细菌群落（除 *Proteobacteria*、*Verrucomicrobia* 和 *Nitrospira* 之外）表现为下降趋势，下降率为 17.5%~81.1%；11~20cm 土层中细菌群落，*Actinobacteria*、*Acidobacteria*、*Verrucomicrobia*、*Planctomycetes*、*Chloroplast*、*Nitrospira*、*Chloroflexi*、*Euryarchaeota* 及 *Gemmatimonadetes* 丰度下降 8.7%~71.8%；21~30cm 土层中细菌群落 *Proteobacteria*、*Bacteroidetes*、*Verrucomicrobia*、*TM7* 及 *Armatimonadetes* 丰度下降了 3.5%~38.9%，而其他群落丰度增加了 8.8%~21.5%。在科的水平，与对照土层相比，0~10cm 土层细菌除 *Enterobacteriaceae* 外，*Ruminococcaceae*、*Pseudomonadaceae*、*Moraxellaceae*、*Lachnospiraceae*、*Sphingobacteriaceae*、*Porphyromonadaceae*、*Comamonadaceae* 及 *Xanthomonadaceae* 丰度表现为下降趋势，下降率为 4.4%~53.4%；而 11~20cm 土层细菌群落的丰度均增加，增加率为 6.5%~67.3%；21~30cm 土层，除 *Enterobacteriaceae*、*Pseudomonadaceae*、*Moraxellaceae* 及 *Sphingobacteriaceae* 外，细菌群落丰度表现上调，增加了 0.3%~81.0%。结果表明，综合土壤改良后，0~10cm 土层细菌群落丰度主要表现为下降趋势。

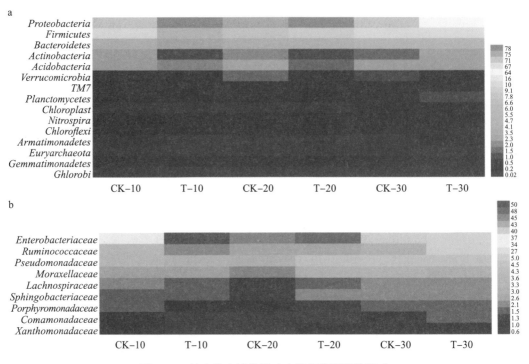

图 3-28　综合改良措施影响土壤细菌群落的组成

a. 门水平上细菌群落变化；b. 科水平上细菌群落变化。CK-10，T-10，CK-20，T-20，CK-30，T-30
分别表示对照 0~10cm 土层，处理 0~10cm 土层，对照 11~20cm 土层，处理 11~20cm 土层，对照
21~30cm 土层和处理 21~30cm 土层。数值为三次重复的平均值，* 表示处理与对照在 $P < 0.05$
水平上差异具有统计学意义。

六、小结

　　土壤是人参生长发育的物质基础，是影响参根产量和质量的重要因素。通过土壤消毒、绿肥回田、施肥改土等综合措施，可有效改善农田栽参土壤理化性质。土壤消毒能有效杀灭土壤中病原菌，减轻土传病害；有机肥具有养分全、肥效长等特点，能够调节参土氮、磷、钾含量及其比例，降低人参锈腐病的发生，提高其产量和质量；绿肥回田不但改变土壤的结构而且对病虫害有抑制作用，中研肥苏 1 号的研制成功，能有效改善农田土壤结构、增加土壤肥力、施肥改土可降低土壤细菌多样性，改变细菌群落组成，有利于保证人参种植的稳产增收。通过土壤消毒、绿肥回田和施肥改土相结合的方法可有效提高土壤有机质含量，降低土壤容重，增加土壤肥力，改变土壤细菌群落的多样性及组成，提高农田栽参存苗率及生长，最终促进人参农田种植产业的健康可持续发展。

参考文献

［1］Bell T，Yergeau E，Maynard C，et al．Predictable bacterial composition and hydrocarbon degradation in Arctic soils following diesel and nutrient disturbance［J］. ISME J, 2013, 7：1200–1210.

［2］Berg G, Smalla K. Plant species and soil type cooperatively shape the structure and function of microbial communities in the rhizosphere［J］. FEMS Microbiol Ecol, 2009, 68（1）：1–13.

［3］Chen M, Li X, Yang Q, et al. Soil Eukaryotic microorganism succession as affected by continuous cropping of peanut–pathogenic and beneficial fungi were selected［J］. PLo S ONE, 2012, 7（7）：e40659.

［4］Dong L, Xu J, Li Y, et al. Manipulation of microbial community in the rhizosphere alleviates the replanting issues in *Panax ginseng*［J］. Soil Biology and Biochemistry, 2018（125）：64–74.

［5］Dong L, Xu J, Zhang LJ, et al. Rhizospheric microbial communities are driven by Panax ginseng at different growth stages and biocontrol bacteria alleviates replanting mortality［J］. Acta Pharmaceutica Sinica B, 2018, 8（2）：272–282.

［6］Fierer N, Lauber C, Ramirez K, et al. Comparative metagenomics, phylogenetic and physiological analyses of soil microbial com–munities across nitrogen gradients ［J］. ISME J, 2012, 6：1007–1017.

［7］Jorge LMR, Vivian HP, Rebecca M, et al. Conversion of the Amazon rainforest to agriculture results in biotic homogenization of soil bacterial communities［J］. Proc Natl Acad Sci USA, 2013, 110：988–993.

［8］Lauber CL, Strickland MS, Bradford MA, et al. The influence of soil properties on the structure of bacterial and fungal communities across land–use types［J］. Soil Biol Biochem, 2008, 40（9）：2407–2415.

［9］Rousk J, Bth E, Brookes PC, et al. Soil bacterial and fungal communities across a pH gradient in an arable soil［J］. ISME J, 2010, 4：1340–1351.

［10］Tian YQ, Zhang XY, Liu J, et al. Effects of summer cover crop and residue management on cucumber growth in intensive Chinese production system：soil nutrients, microbial propertiesand nematodes［J］. Plant Soil, 2011, 339（1）：299–315.

［11］Vendan RT, Yu YJ, Lee SH, et al. Diversity of endophytic bacteria in ginseng and their potential for plant growth promotion［J］. J Microbiol, 2010, 48（5）：559–565.

［12］Yu JQ, Shou SY, Qian YR, et al. Autotoxic potential of cucurbit crops［J］. Plant Soil, 2000, 223（12）：149–151.

［13］白容霖，张惠丽，曲力涛. 参地施用有机粪肥对人参锈腐病和参根质量的作用 ［J］. 特产研究, 2000, 22（2）：34–36.

［14］白容霖，张惠丽，曲力涛. 施用鹿粪对参地土壤改良效果的研究［J］. 特产研

究，2000，22（3）：26-28.

[15]曹坳程，郭美霞，王秋霞.土壤消毒技术[J].世界农药，2010，32（S1）：10-13.

[16]崔东河，田永全，郑殿家，等.农田地人参栽培技术要点[J]人参研究，2010，22（4）：28-29.

[17]杜立财，杨利民，马友德，等.不同种子处理方案在人参上应用对比实验[J].人参研究，2015，27（1）：55-57.

[18]黄瑞贤，黄淑敏，黄杰，等.农田栽参是吉林参业可持续发展的必由之路[J].人参研究，2002，14（3）：2-4.

[19]金永善，许永华，庞立杰，等.农田种植绿色人参技术研究[J].人参研究，2006，（3）：10-13.

[20]李青，张玉武，刘盈盈，等.贵州威宁县人参种子催芽与育苗试验初报[J].贵州科学，2015，33（4）：94-96.

[21]李英梅，田朝霞，徐福利，等.不同土壤消毒方法对日光温室土壤温度和土壤养分的影响[J].西北农业学报，2009，18（6）：328-331.

[22]李自博，郑殿家，田永全，等.药肥处理对老参地土壤微生物区系及化学性质的影响[J].吉林农业大学学报，2015，37（1）：73-76.

[23]刘亚南，赵东岳，刘敏，等.人参病虫害发生及农药施用现状调查[J].中国农学通报，2014，30（10）：294-298.

[24]毛连纲，颜冬冬，吴篆芳，等.土壤化学熏蒸效果的影响因素述评[J].农药，2013，52（8）：547-551.

[25]潘剑玲，代万安，尚占环，等.秸秆回田对土壤有机质和氮素有效性影响及机制研究进展[J].中国生态农业学报，2013，21（5）：526-525.

[26]彭浩，吕龙石.中国人参药用和栽培史及关键栽培技术研究[J].安徽农业科学，2012，40（20）：10400-10402.

[27]朴希璥，高学敏.中韩人参栽培技术与管理学的比较研究[J].中华中医药杂志，2006，21（4）：237-241.

[28]任一猛，王秀全，赵英，等.农田栽参土壤的改良与培肥研究[J].吉林农业大学学报，2008，30（2）：176-179.

[29]任跃英，张益胜，李国君，等.非林地人参种植基地建设的优势分析[J].人参研究，2011，2：34-37.

[30]沈亮，徐江，董林林，等.人参栽培种植体系及研究策[J].中国中药杂志，2015，40（17）：3367-3373.

[31]宋兆欣，王秋霞，郭美霞，等.二甲基二硫作为土壤熏蒸剂的效果评价[J].农药，2008，47（6）：454-456.

[32]王铁生.中国人参[M].沈阳：辽宁科学技术出版社，2001.

[33]王婷婷，刘双，赵洪颜，等.农田栽参和伐林栽参土壤养分及酶活性比较分析[J].安徽农业科学，2014，42（34）：12075-12077.

［34］吴连举，赵亚会，关一鸣，等．人参连作障碍原因及其防治途径研究进展［J］．特产研究，2008，（2）：68-72．

［35］许光辉，赵奇龙，高宇．火焰高温消毒技术防治农田土壤病虫害研究与试验［J］．农业工程，2014，4（s1）：52-54．

［36］许永华，张国荣，宋心东，等．腐殖酸液肥在农田栽参上的研究应用［J］．现代农业科技，2014，3：82．

［37］薛振东，魏汉连，庄敬华．有机肥改土对农田土壤结构和人参质量的影响［J］．安徽农业科学，2007，35（20）：6190-6191．

［38］杨利民，陈长宝，王秀全，等．长白山区参后地生态恢复与再利用模式及其存在的问题［J］．吉林农业大学学报，2004，26（5）：546-549，553．

［39］张连学，陈长宝，王英平，等．人参忌连作研究及其解决途径［J］．吉林农业大学学报，2008，30（4）：481-485，491．

［40］赵英，王秀全，侯玉兵，等．施用秸秆堆肥对人参根系生长及产量的影响［J］．吉林农业大学学报，2010，32（3）：307-311．

［41］周大纲．甲基溴的取代药剂—棉隆［J］．世界农药，2011，33（3）：46-49．

第四章 无公害人参农田栽培管理关键技术

生产管理是人参栽培的重要环节。无公害农田栽参生产管理可根据各地区自然环境条件和人参生长发育特点，在农田生态系统中，通过提高种子种苗质量，改进栽培管理技术，创造有利于人参健康生长的环境。无公害农田栽参生产管理贯穿人参展叶期、开花期、结果期及采收期等全过程。种子种苗是无公害农田栽参的重要基础，选用健康的人参种子进行催芽、育苗及种植，可以有效提高人参存苗率和产量。直播和移栽是农田栽参重要的种植模式。根据人参产品需求，选择适合各产区的种植模式，并调整农田栽参田间生产布局，可有效促进农田人参健康生长。通过无公害农田栽参田间管理，达到降低病虫害发生率，减少农田地有毒有害物质施入及残留，促进农田人参健康生长。无公害农田栽参管理是经济、安全的农业管理方法。本章在前期工作基础上，总结了近年来无公害农田栽参田间管理技术，可为无公害农田栽参提供一个良好的生长环境，进而提高人参产量，促进人参种植产业的健康可持续发展。

第一节 无公害人参农田栽培管理指导方法

制定科学合理的无公害农田栽参管理技术，是促进人参健康生长，生产无公害人参的有效措施。依据中药材无公害栽培生产技术规范，无公害农田栽参应加强无公害田间生产过程规范化和可追溯性，严控农残重金属等物质施入及残留等。

一、无公害人参农田栽培基本概念

无公害农田栽参管理技术应严格遵守"满足人参水分需求、温度适宜、光照适度、营养充足、气热均衡的需求，防治病虫草危害，防御自然灾害，降低有毒有害物质施入、积累和残留，促进人参健康生长，生产优质无公害人参药材"的原则。

二、无公害人参田间管理关键环节

注重农田栽参田间生产过程的无公害管理，是生产优质人参的关键。农业生产有"三分种，七分管"说法，做好农田栽参管理技术，才能有效确保人参丰产丰收。无公害农田栽参生产管理主要包括种子种苗繁育、直播和移栽，出苗期、生长期、越冬期管理及采收加工等技术环节。无公害农田栽参应按照要求进行管理技术，注重各环境因子的合理调节，给人参提供一个环境适宜、营养充足、气热均衡的生长环境，有效控制人参病虫害发生、防御自然灾害，从而达到降低化肥、农药使用量，生产优质人参的目的。

种子种苗是无公害农田栽参的重要基础，选择健康的种子种苗，可提高人参存苗率和产量。农田栽参种子应选取外形饱满完整的健康种子，种苗应选取长势健壮、整齐一致的种苗。直播和移栽是农田栽参重要的种植模式，根据人参药材加工需求，应因地制宜选择适宜各产区的种植模式，及时调整农田栽参种植基地周边植被生产布局，通过农业防治方法防止人参病虫害发生，促进农田人参健康生长。

管理技术涉及人参生长的多个物候期，通过撤除积雪、防寒物，排除桃花水、预防缓阳冻、畦面消毒、参棚覆盖及维护等出苗前期管理，可以有效提高人参出苗率，促进农田人参整齐出苗、健康生长；通过密植及间苗、松土除草、畦面覆盖、摘蕾及疏果、扶苗培土、防旱排涝、遮荫、调光、控热等生长期管理，创造适宜人参生长的环境条件，达到降低病虫害发生、促进参根生长和提高种子质量的目的；通过清理参园、清挖排水沟、防风固棚、撤网下膜、人参防寒、畦面消毒等越冬期管理技术，达到消灭病原、虫源，防止人参冻伤、染病的目的。

种子、参根及茎叶采收是农田栽参最重要的环节，加强采收过程的无公害生产管理，可有效提高人参原料质量，降低有毒有害物质污染。荫棚搭建也是农田栽参重要的环节，参棚搭建应因地制宜，以促进人参健康生长，提高产量和质量为目的，搭建的荫棚要牢而防风，而且透光性及透气性良好。另外，农田栽参生产管理过程中，还应注重防御干旱、水涝、风霜等自然灾害造成的伤害等。

三、无公害人参农田栽培田间管理注意事项

（一）注重生产过程管理的规范性

加强无公害农田栽参田间生产规范化管理，是生产稳定可控、优质均一人参原料的有效措施。无公害农田栽参生产管理是指依据人参对光照、温度、水分、气体、养分等环境因子的要求，制定农田栽参种子种苗繁育、直播、移栽生产管理的规范化标准化操作规程（SOP），并依据种植操作规程进行种植管理的过程。传统人参种植模式存在用水、用肥及用药量大等问题，不仅导致了资源浪费，还污染了生态环境。依据农田栽参规程进行无公害田间管理，减少化肥及农药使用量、降低病虫害发生率，最终达到提升农田人参产量和质量，有序推进农田栽参产业健康可持续发展的目的。

无公害农田栽参田间管理种植规程包括挑选优质、抗病虫及无变异的种子进行种子、种苗培育，播种前需要进行浸种、催芽、消毒等处理，根据生长季节及人参种质特征，进行合理播种；依据人参生产目的，不同年生人参生长所需空间，合理安排种植密度；根据不同产地气候环境，及时进行中耕除草，确保人参正常生长；合理排灌水，做到人参缺水时及时补水，积水过多时及时排水；合理施肥，以有机肥为主，化肥为辅，在田

间管理期间，根据人参长势情况，合理安排中期追肥；根据不同产区环境差异及人参长势情况，在最适宜的采收期及时进行收获，同时注意严格控制好药材采收农药安全间隔期等。

（二）严控有毒有害物质积累

严控田间管理过程中农残及重金属等有毒有害物质积累，是生产优质人参的有效措施。有毒有害物质主要包括农药残留、重金属及有害元素、真菌毒素、兽药残留、亚硫酸盐以及污染物残留等，其中以农残及重金属污染最为常见。人参农残及重金属污染主要来源于种植过程中的土壤、大气、灌溉水、肥料及农药添加等，农田人参采收及加工过程中有毒有害物质的添加，也是人参农残、重金属污染的重要来源。通过无公害农田栽参田间管理，达到降低人参农残、重金属含量，提高药材质量的目的。

为生产优质农田人参，应加强无公害农田栽参育苗及种植基地的选取，避免在土壤、大气及灌溉水有重金属污染的产区种植；无公害农田参地灌溉用水必须符合国家农田灌溉水二级以上标准；有机肥、化肥等肥料应符合无公害人参生产技术规范要求，减少或者不施入重金属含量高的化学肥料；田间管理过程中应严禁使用剧毒、高残及致畸农药种类，尽量使用国家推荐的无公害农药种类，加强农药使用剂型及使用方法改进，注意在农药消解有效间隔期内开展农田人参采收，人参加工过程应严禁使用硫黄等有毒有害外源物质添加剂，降低药材外源污染物质积累等。另外，农田土壤塑料地膜残留、秸秆废弃及焚烧等均会对环境造成污染。农膜不但影响农田机械耕作和人参根系伸展，还容易导致人参倒伏、死苗及减产等问题。因此，在田间管理过程中，应积极开展化肥、农药、废旧农膜等污染治理力度。

第二节　人参农田栽培种子种苗生产技术

无公害农田栽参种子种苗繁育及播栽技术主要包括选种催芽、育苗技术及直播和移栽等种植环节。选取优质的农田人参种子进行选种催芽，繁育整齐一致、健壮的农田人参种苗，制定并推荐适宜农田栽参使用的种子种苗标准，开展无公害农田人参直播及移栽种植，同时加强农田栽参田间管理过程中的无公害农业防治，是生产无公害农田人参的重要措施。

一、种子生产技术

挑选优质的农田人参种子进行选种催芽，是提高人参种子种苗质量的有效措施。人参种子催芽过程应尽量减少污染，提高农田人参种苗质量和均一性。农田人参生长过程中，及时进行疏花疏果，去掉长势较差的花蕾，确保采收时期种子成熟的均一性，提高种子饱满度，方便后期田间管理，从而达到提高人参产量和质量的目的。

（一）种子生长期管理

人参主要依靠种子进行繁殖，种子质量对人参生长及产量高低影响很大。研究表明农田人参产量随种子千粒重的增加而明显提高，因此需要合理的疏花疏果以提高人参种子质量。人参花通常是由外缘向内缘逐渐开放的，而且内外开花顺序通常相差 7~15 天，由此导致同一时间采收的农田人参种子大小、饱满度及质量差异较大。因此，育苗及直播种植前，根据农田人参种子质量推荐标准进行选种，是促进人参种子出苗整齐、增加人参产量的重要措施。为保证农田人参种子质量，通常选择 4~5 年生参苗进行留种。在种子采收当年的人参开花初期，将农田人参花序中央的花蕾摘除 1/3~1/2，同时掐除茎秆上的散开生长的花蕾，待 8 月初人参种子成熟时进行采收。当人参花序长出小青果时，把花序中心小而弱的青果摘除，1 株人参保留约 25~30 粒种子，采收留种。

（二）种子采收

1. 采收年限

人参一般是从 3 年龄开始抽薹开花结实，但 3 年生人参种子的结果数量少，种子粒小，不适宜作为大田生产用种。6 年生及以上人参虽然种子结果数量多、种子粒大，但采种对参根生长影响较大，而且 6 年生及以上人参产量增长缓慢，种植成本较高。目前，农田栽参主要采收 4~5 年生的人参种子。

2. 采收时间

农田人参种子采收时间通常在每年 8 月初，当人参种子由青转红时，即可进行采收。过早采收，农田人参种子成熟度低；过晚采收，参果容易脱落，造成减产，并影响种子适宜播种及催芽时间。一般当果实由绿色变成鲜红色时，且大部分种子变成红色时是农田栽参适宜的采收期。采收方法通常为用手将果实从茎干顶端摘下或从花梗 1/3 处剪断。将采回的种子尽快进行分级挑选，将优等种子与劣质种子分开，病果、干籽等劣等种子单独存放，没有使用价值的种子应及时进行销毁。

（三）种子脱粒

搓洗前先进行场地清理及搓籽工具准备。将挑选出来的人参果实放入水池中，使用清水漂洗 3 次，去除外面的泥土，同时将漂浮在水面上的劣质人参种子捞出。大量种子采用搓种机去除果皮，少量种子可采用人工方法搓洗。搓洗后的种子再次用清水漂洗干净，将种子运到晾晒区阴干或弱光晒干，不得在阳光下暴晒。

二、种子检验推荐标准

种子种苗是人参规范化生产的基础，也是中医药标准化的关键。制定无公害农田栽参种子种苗推荐标准是实现优质农田人参生产的基础。此研究在前期工作基础上，依据我国国家标准:《人参种子》(GB 6941—1986)、《人参种苗》(GB 6942—1986)、《中国传统医学—人参种子种苗》(ISO 17217-1 : 2014)规定，经过分析及总结，推荐了适宜无公害农田栽参的种子种苗标准。

种子检验及分级

种子检验主要包括种子净度、生命力、千粒重、含水量等项。加强人参种子流通环节的检验及检疫，避免病虫害长距离传播及扩散，防止植物病原体、害虫等有害生物的传入或传出，可以保障农田栽参安全种植。种子分级是依据种子千粒重、饱满度、生活力、净度等指标，对种子质量进行分级。农田栽参种子分级标准见表4-1，实际生产中，一般选用二级及以上人参种子种植。

表4-1　农田栽参种子分级推荐标准

标准等级	一级	二级	三级	级外	备注
千粒重（g）	>30	>24	>20	<20	符合一级种子标准，千粒重>36g为特级
饱满度（%）	>95	>95	>90	<90	饱满度不符合标准要降级
生活力（%）	>98	>95	>90	<90	生活力不符合标准的种子相应降级
净度（%）	>99	>98	>95	<95	净度不符合标准要进行筛选或风选
含水量（%）	<14	<14	<14	>14	含水量超过标准 × 重量折算系数

三、种子筛选及储藏

为将不同质量的种子进行分级，生产上可采用筛选、风选和水选等方法进行农田人参种子筛选。

（一）种子筛选

1. 风选

对一次性采收的农田人参种子，经过风选可淘汰部分劣等种子，从而提高种子千粒重的目的。通过筛选和风选两种方法对农田人参种子筛选，可以有效清除杂质和劣等人参种子，提高种子净度和千粒重。

2. 水选

对于一次性采收的农田人参种子，也可以通过水选淘汰瘪粒。一般人参种子浸泡一昼夜后，饱满的种子吸水后易下沉到水中，而瘪粒则浮于水上，此时将其全部漂除，可以有效提高种子质量。

3. 筛选

对于一次性采收的人参种子，可利用不同孔径的筛子把小粒种子剔除，从而达到提高种子千粒重的目的。在实际生产中，可以使用直径 4.5mm 筛子进行农田人参种子筛选，将全部小粒种子清除后，该法可简洁快速将种子进行分级。

（二）种子贮藏

采收的种子如果当年不催芽及播种，需要将种子阴干后置于通风、干燥且湿度较低的库房中保存。种子保存可采用干储和湿储方式进行储存。

1. 干储

干储是将种子装入透气的编织袋中，按照种子等级分别存放在储藏库，储藏库内温度控制在 5~15℃，相对湿度 12%~15%，库内要求通风良好，需要定期进行灭虫杀菌；或将种子和沙子按 1∶3 比例混匀装入编织袋，埋在背风向阳的地方，贮藏期间需要勤检查，防止种子出现霉烂现象，但贮藏时间不得超过一年。当年不播种的种子，可以采用湿储方法进行储藏。

2. 湿储

湿储是按照种子与沙子 1∶2 的比例进行混合，保持湿度在 35% 左右，在 4℃冷库中密封保存。为了提高种子发芽率和寿命，在 8 月初完成采种及阴干后 3~4 天，即可进行催芽处理，10 月下旬种子形态后熟，即可在土壤未冻前进行播种。

四、种子催芽

人参种子催芽是根据农田人参种子后熟期间种胚形态与生理变化特征，及时调整其生长环境的温度和湿度条件，创造适宜其后熟条件，促进种胚尽快完成生长发育，缩短种子休眠时间，使农田人参种子提前出苗及整齐出苗的过程，一般使用层级处理技术。

（一）种子后熟特性

通常人参种子需要经历形态后熟和生理后熟两个过程才能完成萌发，达到播种条件。影响种子后熟的环境因子主要包括温度、湿度及空气 3 个指标。温度是影响人参胚生长的重要条件。作为阴生植物，人参经过长期的系统发育，对温度变化十分敏感，形成喜冷凉、湿润的生活习性。温度高低变化对种胚形态后熟和生理后熟均有重要影响。农田人参种子在完成形态后熟后还须在低温下经历一个种胚生理后熟的过程。水分是人参生命活动的介质，水分供应状况的好坏直接影响人参的生长发育。适宜的水分是农田人参种子完成后熟的必要条件。由于不同催芽基质对水分的吸收不同，导致人参种子催芽过程中的适宜湿度因催芽基质不同而有明显差异。另外，人参种子在后熟过程中，随着呼吸强度增强，会产生较多水分，如不能及时进行翻种，易造成通气不良，产生有害物质，使种胚中毒死亡。因此，无公害农田栽参种子催芽过程中，需要对种子进行定期翻动，通过补水或晾晒方式，使人参种子处于适宜的萌发环境中。加强农田栽参催芽过程中的无公害防控，较好完成培育优质人参种子目的。

（二）催芽方法

1. 催芽消毒处理

刚采收的人参种子表面常带有各种致病菌，易导致农田人参种子催芽过程中感染各种病菌，因此，在农田人参种子催芽前需要用 2.5% 的咯菌腈（适乐时）或 1000 倍的高锰酸钾液体浸种 30 分钟进行消毒。在选种过程中，还应注意剔除被真菌污染的种子，达到提高人参种子质量，促进人参育苗均一及健壮生长。

2. 催芽场所和方法

农田栽参催芽可分为室内催芽和室外催芽两种。室内催芽通常将种子置于清水中浸泡 48 小时，使其充分吸水，取出拌 3 倍湿沙土（含水量约 35%，达到手握成团，松开散掉的状态），拌匀后装入催芽容器内，室内催芽可以在搭建的水泥池或人工打造的催芽木箱中完成。通常在 18~20℃ 下，湿度约为 35%；经 2~3 个月大部分种子裂口时，即可进行播种。室外催芽通常在 5 月初及 5 月中旬启动，选择背风向阳、地势较高、排水良好的场地进行催芽，清除所选催芽场地表土，周围挖好排水沟，挖 25~35cm 的深坑，放入无底木框。将种子与 2 倍量沙土混拌均匀，装入坑内，催芽坑上面覆盖 8~12cm 厚度土壤并压实。每隔 1~2 周将种子取出翻拌 1 次，将种子调整到合适的水分状态，再装入坑内，经过 2~3 月的催芽处理，人参种子即裂口。为防止催芽木框引起种子腐烂，在种子装箱时，在催芽箱内部四周放一些沙土基质，减少人参种子与木箱四壁的接触面积。

3. 催芽时间

根据人参种子催芽时间和播种时间，将人参种子催芽分为夏催秋播和冬催春播两个时期。

（1）夏催秋播　将上年采收的干燥人参种子于 6 月底前进行催芽，多在室外进行，9 月末种胚完成形态发育，即可进行种植。夏催秋播方法优缺点如表 4-2 所示，该方法应用较为广泛。

（2）冬催春播　用当年采收的种子在 8~10 月进行催芽，催芽过程中要及时调节温、湿度，防止室温过高或过低。当种子胚芽长 3cm 左右，裂口率达到 95% 以上，即表示种胚完成了形态分化，人参种子完成形态后熟，其优缺点如表 4-2 所示。因此，各产区需采用适宜催芽方式，提前进行催芽准备，确保催芽保质保量完成。

表 4-2　不同催芽时间比较

催芽时间	催芽方法	优点	缺点
夏催秋播	将上年干燥种子于 6 月底进行催芽，多在室外进行，9 月末种胚完成形态发育即可种植	使用隔年种催芽，种胚发育良好，能充分完成形态和生理后熟，次年出苗率高，幼苗长势旺	种子延期 1 年播种出苗，部分种子易丧失活性
冬催春播	当年采收的种子在 8~10 月进行催芽	能够提供大量催芽种子，缩短人参育种周期	技术性强，催芽环节多，需经常检查及倒种

4. 催芽管理

加强催芽过程无公害农业管理，可以有效提高催芽人参种子质量。催芽管理主要包括搭棚、倒种、调水、调温等过程。为防止强光暴晒和雨水进入催芽箱内，要架设大小适宜的荫棚。催芽期间由于人参种子呼吸作用，会产生大量水气，因此，需要定期倒种，使催芽箱上下层温度、水分及通气情况保持一致，以利于人参种胚发育。通常种子裂口前每隔 10~15 天翻倒 1 次种子，裂口后每隔 6~10 天倒种 1 次。倒种过程中如发现各层种子水分不足时，可以通过浇水进行调节，使各种层水分基本均匀。一般人参种子催芽前期的适宜温度为 18~20℃，催芽时间约为 60~80 天。如果催芽箱内温度低时，可揭开遮盖物进行日晒；温度过高，可盖帘遮荫或置于阴凉处进行降温。完成裂口的种子冬贮需在土壤封冻前，选择背阴高燥的场地进行挖窖，将种子放入窖内进行覆盖，并注意加强越冬期无公害农业防冻管理。

五、育苗技术

健壮均一的种苗是提高人参产量和质量的前提。农田栽参种苗培育过程中，应该加强农田栽参育苗基地无公害选择及田间管理，培育优良种苗，提高农田人参的抗逆性，达到减少化学农药使用量，生产优质人参的目的。

（一）育苗地选择与改良

1. 育苗地选择

育苗地选择是无公害农田栽参育苗的重要环节。无公害农田栽参育苗所选地块土壤、水质及大气环境质量首先应符合《土壤环境质量标准（修订）》（GB 15618—2008）、《农田灌溉水质标准》（GB 5084—2005）、《环境空气质量标准》（GB 3095—2012）。土壤重金属和有机污染物均应达到国家相关土壤标准，曾使用过 2,4-D 丁酯、甲嘧磺隆、异噁草酮等除草剂的地块不得使用。为生产优质农田栽参种苗，应避免水灾、旱灾、风灾和冻害等问题。育苗地适宜选择土质疏松、肥沃、具团粒结构，通气透水性能好的壤土或砂质壤土；前茬作物以大豆、苏子、玉米等作物为好，不宜选择茄子、土豆等地块进行种植。作物育苗地确定后，在育苗的前一年要进行土壤休闲、翻倒晾晒，一般翻倒 5~8 次，以夏伏天为宜，雨后不宜翻耕。

2. 育苗地改良

土壤贫瘠的育苗地块可以施用腐熟的猪粪、牛粪及鹿粪等。研究表明施入腐熟的畜禽肥料可为农田栽参土壤补充充足养分，促进腐殖质形成，其中施入牛粪对土壤有机碳的增加和腐殖质的形成贡献巨大；施入的猪粪可为农田人参生长提供充足的氮、磷、钾等养分；尽量减少鸡粪使用量，与其他粪便相比，鸡粪中氮、磷、钾等含量相对较少，且鸡粪中有毒有害物质残留量较高。

（二）播种时期和方法

1. 直播时间

春播一般在 4 月中下旬开始，当农田栽参种植产区土壤解冻时即可进行。春播时间一般较短。过早播种土壤未能解冻，难以完成播种工作；过晚播种影响人参种子出苗及健壮生长。因此，各地区应因地制宜选择合适播种时间，加强田间无公害农田管理，争取在较短的时间内完成直播工作，春播优缺点如表 4-3 所示。

秋播一般在 10 月中旬至土壤结冻前进行，是农田栽参常用的播种方式。秋播时注意天气变化，防止播种后气温短暂升高，导致播下去的种子出现发芽现象。秋播优缺点如表 4-3 所示。

表 4-3　农田栽参不同播种时期优缺点

播种时间	播种月份	优点	缺点
春播	4 月中下旬土壤解冻时	春季播种后即可出苗，出苗率高且较为整齐	东北地区易干旱，影响人参出苗；人参种子在运输及播种前易发芽，易使生长点受伤，降低种子出苗率；而且难以短时间完成播种
秋播	10 月中旬至 11 月土壤结冻前	适于大面积作业；出芽快且齐；次年春天不易干旱，利于出苗	易发生冻害，增加了田间用工量和成本；需要及时进行畦面松土，以促进农田人参种苗顺利出土

2. 播种方法

无公害农田栽参播种可分为点播、条播和撒播 3 种。点播苗床高 20~30cm，洼地苗床不得低于 30~40cm，平地苗床不得低于 25~35cm，坡地苗床不得低于 20~30cm，点播用种量约为 25~30g/m^2。条播需要用锄头在做好的畦面上，按行距要求，开成 5cm 深的平底沟，将种子均匀撒在沟内；或用特制的条播器，平放于畦面上，把种子撒在播幅内，覆土 3~5cm，一般采用行距 10cm 的方式进行条播，条播用种量约为 30~35g/m^2。撒播需要将畦面上的土壤推向两边，做到畦边整齐，畦底平，中间略高的参畦形状，然后将种子均匀撒于槽内，撒播用种量为 35~40g/m^2。一般点播可以节省种子，参地覆土深浅一致，人参出苗齐，生长整齐健壮，种苗可利用率高；条播比撒播省种子，有利于苗畦通风，便于田间管理，但种子分布不均匀，导致植株生长不整齐；撒播省工，但浪费种子，种子分布不均匀，覆土深浅也不一致，参苗长势也不均匀，目前该方法使用较少。点播密度一般依育苗年限而定，一般育苗年限越长，种子用量越少（表 4-4）。

表 4-4　不同播种方式优缺点

播种方法	优点	缺点
点播	节省种子，可有效利用土地	费工和费时
条播	可保证人参育苗田通风透光，利于间苗及除草，机器播种，效率高	人参质量差异较大
撒播	播种时间较短，播种时间较短	难以控制撒播密度，用种量大

3. 直播注意事项

加强点播过程无公害农业防治，是促进农田栽参种苗健康生长、降低病害发生的有效措施。人参播种密度要合理，达到既能有效利用土壤养分，又能合理利用光照的目的。一般播种田多采用行距 10~15cm，播幅宽 3~5cm 的种植规格；部分参地也有采用行距和播幅宽均为 5cm 或单行条播的种植规格。为减少病虫危害，直播参地覆盖使用的畦土需要提前一年准备，通过多次翻耕、日光照射及喷施高效低毒农药的方式进行消毒和处理，畦土在翻耕过程中还需要倒细，拣出杂物，降低种子出苗时的阻力；直播所用种子要符合无公害农田栽参种子种苗推荐标准，选用优质种子（1~2 级）进行播种，劣等种子及生活力不高的种子不推荐使用；播种完成后，畦面覆土深浅一致，覆土厚度以冬季不被冻伤为原则。

（三）苗田管理

人参育苗时间通常为 1~3 年，加强育苗期无公害农业管理，可有效提高人参种苗质量。苗期管理主要包括松土除草、畦面覆盖等环节。

1. 松土除草

松土除草可使畦面疏松，增强透气性，提高土壤氧气含量，促进土壤中有机物分解，生成易被植物吸收利用的物质，促进人参提前出苗及根系发育，增强抗逆性，有效降低田间病虫草害的发生。另外，松土除草还可以提高土温，调节水分，为人参生长发育创造良好的土壤条件。一般松土除草的次数应根据药材年龄和土壤性质决定。通常 1 年生育苗田一般只在参苗出土时松土，其他时间不松土，可以根据杂草生长情况，1 年拔草 3~5 次，以保持畦面无杂草为原则；2~3 年生参苗视参龄大小、覆土深度、参根生育情况来确定松土深度。一般松土深度以达到参根为宜，第二次以后松土，因须根旺盛生长，要适当浅松，以不伤水须为度。通过农业防治进行松土除草，有效减少化学农药使用量，促进农田人参健康生长。

2. 防潮保湿

防潮保湿主要使用畦面覆盖方法，畦面覆盖是指在参畦表面覆盖稻草、松针及树叶的过程。畦面覆盖是促进人参保苗、增产的重要措施。畦面覆盖可以调节或缓冲土壤中水分变化，干旱时防止水分蒸发，多雨期能防止畦内水分过多增加，缓冲土壤过湿、过旱等现象发生。畦面覆盖可以缓和土壤温度剧烈变化。畦面覆盖时，雨水不能直接淋进畦面土壤表层，可防止土壤板结，并能有效控制土壤带病菌传播，减少人参病虫害发生。

3. 越冬防寒

越冬前进行科学防冻保护，是促进农田人参健康生长的有效措施。越冬防寒主要包括架设风障、畦面覆盖等环节。农田人参育苗地应在参田四周风口处架设防风障，避免寒风侵袭参畦，发生冻害，同时也可以防止春季大风刮坏参棚，造成损失。人参幼苗越冬前必须在土壤结冻前覆好防寒物,如防护过晚,寒流到来则会导致土壤迅速结冻,导致参根被冻伤。10月中下旬至土壤封冻前,可以根据种植地区情况进行防寒处理:通常畦面采用覆盖参膜、草帘子及遮荫网进行覆盖,从次年4月中旬开始,一层一层将防寒物撤掉。

六、移栽技术

移栽种植是农田栽参重要的种植模式,加强农田栽参移栽环节的无公害防治,是生产优质人参的重要措施。按照移栽时间,人参移栽可分为春季移栽和秋季移栽两种;按照移栽方式,可分为平栽、斜栽和立栽。移栽过程主要包括起苗、选苗及分级、下须整形、运输及种植多个环节。

(一)移栽前准备

1. 起苗

为保障参苗质量,起苗应根据移栽进度而定,做到随起随栽,不宜存放时间过长或存放量过大,防止参苗伤热或失水,导致参苗损伤。起苗时应深挖轻提,切勿伤根。起出的参苗要及时用纸箱进行装载,切勿使用坚硬、易刮伤参根的装置进行运输。人参摆放以越冬芽向内,须根向外为宜,防止风吹日晒。当天不能完成移栽的参苗,要存放在阴凉潮湿的地方,并尽快完成种植。

2. 下须整形

下须整形就是人为地把参根上过多的须根去掉,并进行适当整形,使之栽培后向着体形美观的方向发展。须根在生长过程中会消耗人参大量营养,为促进人参健康生长,需要对农田人参进行下须整形。下须整形在农田人参完成分级后开始。农田人参苗在下须整形时,需要把多余的支根、须根和不定根用剪刀剪掉,并留下一段须茬,防止种植后,修剪的细根腐烂而感染到主根。当两条支根长短粗细不一时,需要将细而短的支根进行重下须,粗而长的支根进行轻下须或不下须,达到抑制较粗支根生长,促进细短支根生长的目的,最终使人参参形美观。

(二)种苗检验及推荐分级标准

1. 种苗检验

种苗检验及分级是农田栽参重要的生产环节。加强农田栽参种苗检验及分级可有效降低病害发生率,提高农田栽参产量。人参种苗采挖后,需要及时进行种苗分级,否则易引起人参幼苗脱水、导致检验结果不准确等问题。种苗检验内容包括种苗大小检验、种苗病斑及破伤痕迹检验等。种苗等级制定主要依据参根长度、根形、病害程度等因素而定,种苗须根完整性、参苗浆气充足以及参根外形也是农田栽参种苗分级的重要依据。种苗外观检验方法为随机取出20~30株种苗,用米尺对种苗长度、粗度等指标进行测量，得出平均值，各批次误差不超过 5%；越冬芽要求新鲜、大小均匀一致，否则种植后影响出苗；种苗要求浆气充足；所选参根样品应该无明显病斑和破伤。

2. 种苗分级

为指导无公害农田栽参田间管理，参考 GB 6942—1986 及 ISO 17217-1：2014 规定分级标准，在多年农田栽参工作基础上，制定了农田栽参种苗分级推荐标准。为防止等级相混，每个等级的样品应建立明显标记的标牌。该标准可用于无公害农田栽参移栽过程的种苗分级使用（表 4-5）。

表 4-5　农田栽参种苗分级推荐标准

年生	等级	根重不小于（g）	根长不短于（cm）
一年生	一等苗	0.6	10.0
	二等苗	0.4	8.0
二年生	一等苗	5.0	12.0
	二等苗	4.0	10.0
	三等苗	3.0	8.0
三年生	一等苗	12.0	15.0
	二等苗	10.0	12.0
	三等苗	8.0	8.0

（三）选苗及运输

1. 选苗

起出的参苗经过挑选分级进行移栽。选苗主要是选择根、须及根茎完整、越冬芽健壮、浆足无病的人参。由于培育的商品参类型和移栽制的不同，参苗的分级标准不一样。应注意选择越冬芽饱满、有两条支根的人参，而普通参主要以参苗大小为分级依据。为实行标准化生产，可以依据国家颁布的人参种苗标准或本书推荐的无公害农田栽参种苗标准进行种苗分级。参苗质量优劣直接影响商品参的产量和优质参率。参苗质量越好，人参单株重越高。因此，为获得优质农田人参，应选择二等及以上参苗进行移栽。

2. 运输

人参参苗应以自有参场培育为主。如果需要采购参苗，最好在秋季到参苗种植基地进行挑选。为减少幼嫩参根失水，应边起参苗，边过秤及包装。参苗包装前需要准备好青苔，把箱底用青苔垫好，然后按照须根向外、越冬芽向内的原则，逐层摆放参苗，参苗装满后，用青苔封箱，防止参苗在箱内活动，擦伤参苗须根。一般每箱参苗以装10~20kg 为宜。参苗装好后尽快运输，并及时种植，运输和贮藏过程中，要注意天气对参苗的伤热和冻害。为保证参苗活力，箱内温度最好保持在 1~10℃。

（四）移栽时间

人参移栽分为春季移栽和秋季移栽。春季移栽一般在 4 月中下旬各地区土壤解冻后进行。农田栽参产区春天风大，起苗时参根容易失水。因此，人参种苗应随起随栽，不宜长时间贮存及长途运输，从而减少失水及损伤引起的出苗率低、缓苗慢等问题。人参移栽完成后宜用稻草、落叶、松针等进行畦面覆盖，以保持畦面土壤水分，提高人参出苗率。春季移栽优缺点如表 4-6 所示。

秋季移栽一般在 10 月中下旬至土结冻前进行。秋季移栽不宜过早，否则由于秋季气温高、湿度大等原因，使得人参移栽后出现萌发等现象，导致越冬期间参苗出现腐烂等问题，但也不宜过晚进行种植，过晚容易影响栽参质量。秋栽优缺点如表 4-6 所示。另外，人参移栽时，土壤水分也不能过大，否则易出现冻害等问题，在适宜的种植时期完成移栽后，还需进行畦面防寒处理。通过压实表层土壤，增强人参根部与土壤的接触面积以及增加畦面覆盖的土壤厚度，达到降低冻害发生，促进人参健康生长的目的。

表 4-6　不同移栽时间优缺点

移栽时间	移栽月份	优点	缺点
春栽	4 月中下旬土壤解冻后	可以避免早春缓阳冻的危害；移栽过后地温较高，人参出苗快，移栽参出芽时期也不存在冻害影响	春季短，气温回升快，导致适宜栽参的时期较短；春季风大，降水少，容易导致移栽参地土壤干旱，影响出芽率
秋栽	10 月中下旬至土结冻前	秋季土壤湿润，人参移栽过程不易失水，移栽后参根与土壤接触紧密，加上防寒层保护，次年春天出苗整齐、长势健壮	栽后需要花费较多的人力、物力进行越冬管理；次年春天土壤表层易板结，畦面防寒及消毒不到位，容易导致人参出苗率降低

（五）移栽方法

人参移栽方式（即人参主根纵长与参畦水平面所成的角度）有平栽（0°）、斜栽（30°~60°）和立栽（60°~90°）三种。

（1）平栽　把整理好的农田床面横向做成 20~30cm 宽的平底槽，将人参种苗平放在槽内，使根茎稍高，然后覆土 7~10cm。平栽优缺点如表 4-7。平栽人参的主根短，须根多，不定根较大。

（2）斜栽　在床面横向做 20~30cm 宽斜槽，参苗 30°~45° 斜放槽内，覆土 5~8cm。斜栽是农田栽参常用种植模式，其优缺点如表 4-7 所示，斜栽人参主根比平栽人参长，不定根少，产量高，质量好。

（3）立栽　在整好的畦面上，横向做成 20~25cm 宽，20~25cm 深的底槽，参苗与水平面成 60°~90° 角放于槽内，覆土 5~10cm。立栽优缺点如表 4-7。不同栽参角度各有利弊，各种植产区应因地制宜选用适宜本地区的种植方法，最终达到生产高品质人参的目的。

人参移栽主要以人工操作方式为主，如移栽种植面积较大，不仅耗费大量人力物力，还会增加较多的种植成本。为提高人参移栽生产效率，有文献报道，在国内外人参移栽机械研究基础上，设计了一种可以有效减轻人工操作工作量、提高作业效率的人参移栽机。田间试验表明该移栽机可以有效完成人参参苗移栽作业，移栽效率可达 $333.5\sim667.0m^2/h$，而且漏苗率和伤苗率均在 3% 以下，成活率可以达到 97% 左右。随人参移栽机性能改进，未来时期可以高效应用于人参移栽中。

表 4-7　不同移栽方法及其优缺点

移栽方法	移栽角度	移栽方法	优点	缺点	适宜参田类型
平栽	0°	把整理好的农田床面，横向做成 20~30cm 宽的平底槽，将人参种苗平放在槽内，使根茎稍高，然后覆土 7~10cm	人参根系分布较浅，不需要在较厚的土层中也可以生长。可以避免由于水分过大或通透性不良而造成的烂根现象	人参抗寒性、抗病性等抗逆能力较差，另外，平栽人参的主根短，须根多，不定根较大，导致商品参等级降低	土层较薄、土壤水分大、底层通透性较差的农田
斜栽	30°~60°	在床面横向做 20~30cm 宽斜槽，参苗 30°~45° 斜放槽内，覆土 5~8cm	人参长势较好。主根长，不定根比较少，人参产量高、质量好	需要较厚的畦土，而且栽参所需时间也比平栽长	土层较厚，土壤肥沃的农田
立栽	60°~90°	在畦面横向做 20~25cm 宽，20~25cm 深槽，参苗与平面成 60°~90° 放槽内，覆土 5~10cm	主根长，须根占总根的比重较小，人参外形美观，质量好。抗逆性较强	须根发育较差；立栽费工，种植较慢，难以掌握种植深度，对中上层土壤的养分利用率低	多用在干旱地区农田

（六）覆土深度

栽参后覆土深度对参苗出苗率有较大的影响。覆土过深，参苗出土阻力大，消耗的参根养分多，容易造成瘪芽，影响出苗率；覆土过浅，参芽易受干旱及冻害威胁，还容易导致人参在生长期倒伏。因此，根据参龄不同、土壤状况和地势等情况，移栽人参的覆土深度一般在 5~9cm。平栽人参易倒伏，应适当加深覆土厚度，斜栽和立栽的人参应该适当浅覆土。参苗强壮的人参拱土能力强，如果夏季易倒伏，可适当深覆土，参苗芽小的可浅覆土；疏松的农田土壤可适当深覆土壤，低洼冷凉、易板结的土壤，可浅覆土壤，地势高燥的土壤可深覆土。通过适当覆土，达到促进保墒、控湿、促进人参健康生长的目的。

（七）移栽注意事项

为促进无公害农田栽参，加强移栽过程中无公害农业防控，是促进移栽人参健康生长的关键。移栽过程中遇到阴雨天或土壤过于黏重时不宜栽参。否则，栽后土壤板结，不利于人参出苗和生长。人参移栽时注意保持参苗水分，做到随栽随拿，防止长时间暴露在外界。移栽过程中摆放参苗要等距，使越冬芽在同一直线上。移栽后要用疏松土壤进行覆盖，避免使用黏重土壤，防止人参拱土出苗困难。移栽后覆土深浅要一致，保证出苗整齐，便于后期管理。

第三节　无公害人参农田栽培生产田管理技术

无公害农田栽参田间管理技术主要包括参棚搭建、出苗期管理、生长期管理、越冬期管理及采收期管理等过程。加强无公害农田栽参田间管理，减少化肥和农药使用量，达到提高人参产量及质量目的。

一、出苗前田间管理

1. 撤除积雪

出苗前期及时撤除积雪，可有效防止人参产生冻伤及病害。农田栽参主产区冬季积雪较厚，过厚的积雪可以起到较好的防寒保暖作用。但随着春季气温逐渐升高，每年3月份积雪开始缓慢融化，融化的雪水会逐渐渗入参畦内，一冻一融之间，易导致人参根部发生冻害及病害，同时容易产生腐烂等问题。因此，每年各种植产区积雪融化时，需要及时将畦面上的积雪撤到作业道上。另外，为防止风害对参苗造成伤害，当极端风雪天气出现，参棚上面的积雪过厚，容易压坏参棚，需要及时撤除积雪。因此，加强撤出积雪过程的无公害农业防治，可有效减少农田人参病害发生率。

2. 排除桃花水

桃花水即桃花汛，一般指桃花盛开时，河流暴涨的水。每年3~4月间，人参主产区积雪会融化成水，形成"桃花水"。由于冬季需要挖取作业道的土进行防寒，容易形成各种鱼鳞形坑。农田地较为平整，积雪融化容易导致作业道及排水沟水流不畅，造成作业道内积水以及浸入参畦。积水过多容易冲毁参畦及漫灌畦面，导致浸水的人参感染病害，引起烂芽、烂根等问题。排除桃花水，可有效减少病虫害传播，促进人参健康生长。因此，春季随着气温上升，当积雪融化时，需要派专人检查田间积水变化，及时将存水的地方进行疏通，减少人参病虫害等发生。

3. 预防缓阳冻

农田参地土壤缓冲性不好，容易产生冻害。为提高农田栽参成功率，在春季参地化冻时期，预防缓阳冻非常重要。晚秋和早春时期气温变化剧烈，部分位于向阳坡及风口的农田地，如果昼夜温差较大，一冻一融期间易使参根发生冻害。受害严重的参根容易脱水、腐烂死亡；受冻较轻的人参可以出苗，但生长发育不良，也容易感染其他病害。

因此，为预防缓阳冻，可在畦面上多覆土或盖草帘。

4. 撤除防寒物

4月初，随着气温升高，参床积雪融化，土壤逐渐解冻。为促进人参幼苗出土，防止闷苗问题出现，需要及时撤除防寒物。通过撤除防寒物，达到提高土壤通透性，促进土壤温度上升，有效降低菌核病等病害的发生。当气温稳定在8~15℃左右时，参畦土壤基本化透、越冬芽将要萌动时，撤除防寒物最适宜。过早撤掉防寒物，容易引起人参冻伤，产生缓阳冻；过晚撤除，人参会出现憋芽，影响出苗。撤除方法一般为撤去播籽床和移栽床所有覆盖物，包括防寒草帘、塑料膜等，再将表层土壤耧松，深度以不损伤参根和越冬芽为度。撤下来的土和防寒物质堆放在作业道上，并将杂物运到地外。

5. 畦面消毒

撤除防寒物后，应及时使用无公害药剂进行畦面消毒，用药量以渗入床面1~2cm为宜，使人参顶药出土，降低人参染病率。土壤消毒过程尽量做到床面、参棚及作业道全面消毒，以消除上盖防寒物带来的有害微生物。新栽的农田地可以使用1%硫酸铜或50%多菌灵可湿性粉剂500倍液进行消毒，但需要控制浓度，防止在药材中残留过多；留籽、作货地及黑斑病严重的地块，可以使用斑绝500倍液或50%贺清300倍液重点消毒处理；育苗地宜用50%多菌灵可湿性粉剂500倍液进行浇施。

6. 参棚覆盖及维护

人参一般5月初出苗，为提高农田参地土壤含水量，通常在人参出苗时接一次春雨再进行参膜覆盖。随着气温及光照强度逐渐提升，5月中旬需要及时覆盖遮阳网，防止强光灼伤处于展叶期的人参。在参膜及遮阳网覆盖后，需要及时修补损坏的参膜及遮阳网，同时对田间杂草进行清理。将不结实的棚架修好，以防生长期参棚倒塌压坏参苗。为防止农田栽参过程中交叉感染，在田间管理过程中及时对农具及交通工具进行消毒，防止病原传播。

二、生长期管理

生长期水、肥、光、热的合理调控可有效促进人参健壮生长。在实际生产中需要依据不同参龄人参的生长特点及产地气候因子，进行科学调控。

1. 松土除草

松土除草是农田栽参田间管理中重要的环节。松土是为了增加土壤透气，提高土壤温度，借此调节土壤水分。除草主要是为了消灭杂草，为人参生长发育创造一个良好的土壤环境。与伐林参地相比，农田参地土壤物理结构较差，容易引起板结，因此，松土工作较为重要。最好实行浅松、少松或不松土，采用畦面覆盖方法减少土壤板结。

1年生播种田和育苗田一般不松土，可以根据杂草生长情况决定拔草时间和次数。多年生农田地全年可松土4~6次，第1次松土在出苗前，春季当农田参地畦面板结严重，影响人参出苗时，可用铁质耙子或手挠破板结层，确保人参出苗，松土深度以达到参根为宜。第2次在幼苗出齐后，过早松土容易损伤幼嫩参苗，引起病害发生；过晚松土容易损伤已经生长到表层的须根。后续可以分别在开花期、初果期及果实成熟后进行。松土时进行除草，以保持畦面无杂草为原则。将拔除的杂草运到参地以外深埋。

松土深度应适当，防止伤根创面感染，以及带菌传播。根据参龄大小、覆土深度以及参根生育情况确定松土深度。第1次松土深度以达到参根为宜；第2次以后松土，因须根旺盛生长，要适当浅松，一般约为2cm，以不伤害正在生长的水须为目的。松土主要使用双手进行，用双手将行间和株间畦土抓松、抓细、整平，以增进土壤透气性，促进人参生长。畦帮用手挖松或用锄头铲松，以增进土壤透气性。

2. 畦面覆盖

畦面覆盖是农田栽参保苗增产的重要措施。通过畦面覆盖可以调节或缓冲土壤水分变化，干旱时防止水分蒸发，多雨季节又能防止畦内水分过度增加，有效保持土壤湿润状态，促进人参健康生长。畦面覆盖还可以有效减少松土次数、控制杂草生长、控制土传病害传播。畦面覆盖原则是不妨碍参苗生长，同时不带进杂草种子和病原微生物。

畦面覆盖物可以选用落叶、稻草、麦秆等。通常育苗田在早春撤除防寒物后进行覆盖，将稻草或麦秆均匀铺放于畦面上，不应有漏盖之处，人参出苗时可以沿草缝伸出。多年生种植田覆盖时间通常在展叶期第一次松土后进行，将松针或稻草均匀铺于人参行间，厚度约为5~8cm。次年春季出苗前，将覆盖物一并撤除，以利于提高地温，促进人参提前出苗及幼苗生长，可在幼苗出齐后再覆盖。总之，各农田栽参种植基地需要因地制宜地选择覆盖材料，在做好消毒灭菌处理的前提下，在人参出苗期进行畦面覆盖。

3. 摘蕾

人参生长至第3年就开始开花结果。在未开花前将花蕾掐掉谓之"摘蕾"。人参花蕾发育成果实，需要经过一个相当长的营养过程，消耗大量的营养。为了不影响参根产量，除留种田外，需要将各年生人参花蕾全部掐掉。这样才能使人参有限的光合产物不被繁殖器官所消耗，而主要集中于根部，促进参根生长发育和产量提高。人参在整个栽培的6年生长过程中，不同年生留种和连续采种，皆影响参根的产量和质量。5年生采种1次减产13%，6年生采种1次减产19%，4年生和5年生连续采种减产38%；4年生、5年生、6年生连续采种减产44%。

摘蕾时期和方法在5月中下旬人参开花之前，将花蕾掐掉。摘蕾时间过晚影响人参生长，当花梗长至5cm时，从花梗上1/3处将整个花序掐掉。摘蕾时用一只手扶住参茎，另一只手掐断花梗，注意勿拉伤植株。掐掉的花蕾收集起来，阴干保存或加工成参花茶、参花晶或提取人参皂苷。

4. 扶苗培土

扶苗是将茎叶伸到参棚以外的参株扶向棚内。人参和其他植物一样有趋光性，因此，靠近畦边的人参随着植株生长，常伸向参棚外面。6月中旬以后，光照强烈，雨水频多，易受到强光伤害和伏雨淋袭，发生日灼病及黑斑病等，因此要将伸到棚外的参株扶到参棚里面，以防参株受害。扶苗要与培土结合进行。5、6年生人参植株高大，覆土层浅易倒伏，所以要加厚覆土层，稳定植株，防止倒伏。

扶苗时间通常在6月中上旬，结合松土进行。过早扶苗，植株幼嫩发脆，易折断；过晚茎叶繁茂容易受害。扶苗时，首先结合除草用锄头将畦帮铲松，然后将前后沿每行1~3株参，扶到立柱里边。通过拉线方式，从第3株开始，将各参株内侧畦上向外扒，轻轻将参苗推向里边，倾斜10°~15°，将土推回，再将植株外侧土壤按实，然后再分别扶第2、第1株参苗。之后将畦帮上的土块捏碎，培到畦面上，整平畦面，刮平畦帮，清除杂物。培土厚度由原覆土层厚薄、人参生长状况和水分多少等因素来决定。土壤水分大、参苗小，则应少增或不增土。土壤水分少、原覆土层薄、参苗大，则应多增土。5、6年生人参覆土层厚度应保持在10cm左右。

5. 防旱排涝

人参生长好坏、产量高低及质量优劣与土壤水分有直接关系。土壤水分适宜，人参生育健壮、病害轻微、参根产量高、浆气足、质量好。如果土壤水分过大，土壤通气性不良，容易引起"红皮病"，为有害病原菌浸染提供有利条件，使保苗率低，烂根严重，产量亦低。反之，土壤干旱，也影响人参生长发育。为降低病害及提高产量，大量施用化肥和农药易导致药材农残及重金属超标。因此，有效调节土壤含水量是人参栽培过程中重要的管理技术。东北为我国农田栽参主产区，但多数地区雨水分配不均。目前，农田参地主要采用的是单透棚遮荫技术，便于接雨。因此，为促进农田人参健康生长，在生育期充分满足人参理生态需水，注意防旱排涝非常重要。

（1）防旱方法

①因地作畦：参畦高度对土壤水分有重要影响，在易干旱的地块，作低畦或将参畦适当加宽，可减少畦内水分散失，利于抗旱。

②刨松作业道：在下雨之前将作业道刨松，利于贮积雨水；在作业道上挖鱼鳞坑或叠坝拦截雨水，增加畦内水分；用作业道土贴畦帮、包畦头、以减少畦内水分的散失。

③放雨：雨天揭开参棚，接部分春雨。通常头雨不放、阵雨不放，春秋放雨，夏季不放雨，放雨后立即喷药，防止病害发生，当年作货地秋季可提早拆棚放雨，即可解除干旱，提高产量，又可补足浆气，提高质量。

④畦面覆盖：畦面用树叶、地膜覆盖是减少床土水分蒸发的有效措施。

⑤灌水：灌水是人参种植过程中防止干旱的有效方法。目前，参业上灌水方法主要有渗灌、滴灌、喷灌，也有采用开沟灌水的。渗灌是根据人参需水要求研制出一种灌水方法，将输水管道埋于参床人参根分布区内，将水缓缓渗入参床土中。滴灌是将水通过架设于参畦上的输水管道送至畦表面，并渗入地下的一种灌水方法。喷灌是采用小型灵便能够移动的定向喷灌设备或手提式喷灌设备进行灌水。行间开沟灌水是在参畦上植株行间开一沟，将水灌于沟内，1次灌透，待沟土不黏时，再覆回床土。

（2）排涝方法

①春挖排水沟：在雨季到来之前，要清理排水沟，沟底要平整，低于畦底。

②参棚维护：在雨季到来之前维修好参棚，以防漏雨或参床水分过大。

③作畦、搭高棚：在低洼易涝地块，参床可适当做高窄一些，有利于水分散失，搭高棚有利于棚下空气流通，促进棚下水分向外散失。

④放阳：春季土壤水分过大，选择晴天撤掉荫棚进行放阳，加速畦内水分蒸发。

⑤排水：依地势和土壤水分，天气情况排水，连续雨天要对参地勤检查，保证排水沟通畅，同时在低洼地的参床挖腰沟进行排水。

三、越冬期管理

1. 清理参园

清理参园可以阻断病虫害的传播途径，是预防人参病虫害发生的有效措施。每年越冬期间，参地均会产生大量植株残体、老叶和杂草等，这些物质是病原菌和害虫良好的寄生处。随着种植时间延长，人参在生长期感染的病害、虫害物种均不断繁殖，每年越冬前这些有害病原菌或害虫以病原孢子或虫卵、蛹等形式在人参茎叶或杂草上越冬，次年条件适宜时再度侵染，造成病虫害大量发生。因此，清理参园应在全年进行。营养生产期可通过拔除、严格淘汰病株，摘除病叶、病果并移出田间销毁的方式进行参园清理；枯萎期至参床覆盖前，可通过采收植株、打扫落叶等方式清理参园。清理出来的不能利用的人参茎叶、杂草都需要运到参园外用火烧毁或挖坑深埋的方式进行处理。通过清理参园减少病虫害来源，控制病虫危害。

2. 清挖排水沟

清挖排水沟是为了防止春季积雪融化及雨水过多，滞留在参园，引起人参病虫害发生及传播等问题。清挖排水沟一般在土壤结冻前，与人参防寒工作一起进行。首先将参园四周排水沟清挖通畅，然后参园内上完防寒土后，将作业道搂平，使次年融化的雪水能够顺利排出参园。新栽参要在栽参后于参园上缘和两侧深挖排水沟，同时结合上防寒土，搂平作业道。低畦地块通常在作业道上挖一定深度的排水沟，以防止次年融化的雪水浸入参畦，造成烂根。

3. 防风固棚

越冬期间加强防风固棚管理，是降低人参冻伤，促进人参健康生长的有效措施。一般地势较高的地区农田人参冻害轻，地势低洼的地区冻害重，而且畦头、畦帮和迎风口处的人参都容易受到冻害。因此，在参地四周风口处架设防风障，避免寒风侵袭参畦，是减少冻害发生的有效措施。春季季风较为强烈，常刮坏参棚、参株，造成损失。通过架设风障，能有效减少农田栽参损失。架设风障的材料很多，农田参地可以选择的材料有草帘子或塑料布。为了防止大风将风障刮倒，最好每隔2m距离埋1根立柱，尽量做到坚固耐用。另外，为防止风大将参棚整体刮倒，在越冬时期需要检查各参棚立柱的稳固性，使用铁锤将各活动的柱角夯实，并使用铁丝进行固定，达到固定参棚的目的。

4. 收网下膜

为防止大雪压坏参棚，同时为参地土壤补充水分，农田栽参种植基地越冬初期需要撤下遮阳网和参膜。使用拱形参棚的农田地，可直接将遮阳网和参膜撤下，卷起放在田边。复式遮荫棚可以将下层参膜撤下，遮阳网直接绑在参棚顶端铁丝上。另外，冬季下雪较少的地方，可以不拆复式棚的遮阳网，这样不仅可以减少田间用工量，遮阳网还有助于防止农田人参冻伤。撤下的参膜及遮阳网需要卷好，用绳子扎紧，防止毁坏，以备次年再用。

5. 防止冻害

冻害是导致人参减产、染病的重要因素。加强越冬防寒是预防人参冻伤、感染病虫害的有效措施。有文献报道，以不做防寒处理作为对照组，一般防寒和加厚防寒作为处理组，研究表明农田人参越冬季末期不做防寒处理的参地土壤温度昼夜温差最大，一般防寒处理的土壤温度变化范围处于中间，而加厚处理的防寒区温度变化范围最小；种植后发现不同处理下的人参出苗率差异较大，加厚处理的防寒区出苗率最高。冻害一般发生在晚秋或早春气温忽高忽低、一冻一融的变化过程中，如果防寒处理不当，容易导致农田人参参根脱水腐烂，严重的参地可能绝产。引起冻害的原因主要与土壤温度变化过快、土壤含水量、地势、土壤性质、参苗质量等有关。

为提高农田人参出苗率、保苗率和产量，开展越冬防寒具有重要意义。越冬防寒必须在土壤结冻前进行，过晚则土壤结冻，参根容易受到寒害影响。一般通过覆盖草参膜、草帘子、树叶等防寒物抵御严寒。由于不同地区的气候因子差异较大，因此，防寒时间略有不同。吉林省北区参地及黑龙江省部分地区适宜在10月中上旬进行防寒，而吉林省南部地区及辽宁省南部产区适宜在10月下旬至11月上旬进行。越冬防寒的方法主要为挖取作业道上的土壤扣压到畦面内，包好畦头和畦帮，畦面要扣严铺平，厚度约为10cm。为减少防寒田间工作量，在畦面覆盖部分土壤后，可采用草帘子进行畦面覆盖。通常迎风地块、沙性大的土壤及新栽地防寒物要铺厚一些的防寒垫或防寒网等，而背风地块、移栽地块可适当铺薄。

6. 畦面消毒

加强畦面消毒是有效防治农田人参病虫害的有效措施。农田人参生长年限一般为4~5年，连续多年种植容易导致人参产区病虫害种类增多，增大防治难度。另外，各种病源、虫源在长期进化过程中，也形成了各具特色的越冬本领。为有效减轻次年生长季人参病虫害发生率，根据病虫越冬特点，进行畦面及作业道消毒，能有效降低次年农田人参病虫发生基数，达到减少化学农药用量，生产优质人参的目的。一般在过道清理及畦面覆盖过程中，使用1%硫酸铜、50%多菌灵600倍液或500倍75%百菌清进行消毒，做到床面、参棚及作业道全面消毒，不留任何死角，从而有效消灭冬季过冬虫卵等有害微生物。另外，还需对农具及交通运输工具进行消毒处理。

参考文献

[1] Cai Y, Hu H, Li XW, et al. Quality traceability system of traditional Chinese medicine based on two dimensional barcode using mobile intelligent technology [J]. PloS one, 2016, 11（10）: e0165263.

[2] Chen SL, Luo H, Li Y, et al. 454 EST analysis detects gene sputatively involved in ginsenoside biosynthesis in *Panax ginseng* [J]. Plant Cell Rep, 2011, 30（9）: 1593–1601.

[3] Dong LL, Xu J, Zhang L, et al. Rhizospheric microbial communities are driven by *Panax ginseng* at different growth stages and biocontrol bacteria alleviates replanting mortality [J]. Acta pharmaceutica sinica B, 2018, 8（2）: 272–282.

[4] Lee JH, Lee JS, Kwon WS, et al. Characteristics of Korean ginseng varieties of Gumpoong, Sunun, Sunpoong, Sunone, Cheongsun, and Sunhyang [J]. Journal of Ginseng Research, 2015, 39（2）: 94–104.

[5] Sun C, Li Y, Wu Q, et al. De novo sequencing and analysis of the American ginseng root transcriptome using a GSFLX Titanium platform to discover putative genes involved in ginsenoside biosynthesis [J]. BMC Genomics, 2010, 11（1）: 262.

[6] Xu J, Chu Y, Liao BS, et al. *Panax ginseng* genome examination for ginsenoside biosynthesis [J]. Gigascience, 2017, 6（11）: 1–15.

[7] 白亚静, 林成日. 非林地人参主要病害安全用药技术分析 [J]. 南方农业, 2018, 12（2）: 23–25.

[8] 曹坳程. 溴甲烷及其替代产品 [J]. 农药, 2003, 42: 1–5.

[9] 陈君, 徐常青, 乔海莉, 等. 我国中药材生产中农药使用现状与建议 [J]. 中国现代中药, 2016, 18（3）: 263–270.

[10] 陈士林, 董林林, 郭巧生, 等. 无公害中药材精细栽培体系研究 [J]. 中国中药杂志, 2018, 43（8）: 1517–1528.

[11] 程惠珍, 高微微, 陈君, 等. 中药材病虫害防治技术平台体系建立 [J]. 世界科学技术 – 中医药现代化, 2000, 7（6）: 109–114.

[12] 崔东河, 田永全, 郑殿家, 等. 农田地人参栽培技术要点 [J]. 人参研究, 2010, 22（4）: 28–29.

[13] 冯家. 人参栽培技术 [M]. 长春: 吉林科学技术出版社, 2007.

[14] 高纪超, 关松, 许永华. 不同畜禽粪肥对农田栽参土壤养分及腐殖物质组成的影响 [J]. 江苏农业科学, 2017, 45（6）: 255–259.

[15] 田义新, 尹春梅, 盛吉明, 等. 长白人参最佳采收期的确定 [J]. 中草药, 2005, 36（8）: 1239–1241.

[16] 李显辉, 陈丽, 张志东, 等. 集安人参适宜采收时间的确定 [J]. 人参研究,

2006，4：28-29．

［17］芦学峰，孟祥茹，王佳，等．农田人参皂苷积累规律［J］．分子植物育种，2018，16（1）：339-344．

［18］金学俊．人参茎叶中矿物质元素含量测定及提取物抗氧化活性研究［D］．延边大学，2017．

［19］孟祥霄，沈亮，黄林芳，等．无公害中药材产地环境质量标准探讨［J］．中国实验方剂学杂志，2018，24（23）：1-7．

［20］南烟．吉林育出非林地种植人参新品种［J］．北京农业，2012，12：54．

［21］牛玮浩，徐江，董林林，等．农田栽参的研究进展及优势分析［J］．世界科学技术-中医药现代化，2016，18（11）：1981-1987．

［22］沈亮，李西文，徐江，等．无公害人参农田栽培技术体系及发展策略［J］．中国中药杂志，2017，42（17）：3267-3274．

［23］沈亮，徐江，陈士林，等．无公害中药材病虫害防治技术探讨［J］．中国现代中药，2018，20（9）：1039-1048。

［24］王思明，赵雨，赵大庆．人参产业现状及发展思路［J］．中国现代中药，2016，18（1）：3-6．

［25］王铁生．中国人参［M］．沈阳：辽宁科学技术出版社，2001．

［26］徐江，沈亮，陈士林，等．无公害人参农田栽培技术规范及标准［J］．世界科学技术-中医药现代化，2018，20（7）：1138-1147．

［27］薛志革，杨世海．我国人参棚的基本结构、应用及发展方向［J］．吉林农业大学学报，1989，11（4）：35-38，109-110．

［28］刘强，丁丽洁，张达正，等．鲜人参储藏工艺研究［J］．人参研究，2013，25（1）：25．

［29］赵英，蔡荣春，范广志，等．鲜人参生物保鲜技术研究［J］．农业与技术，1995，2：36．

［30］贾璐璐，李琼，王慧斌，等．不同基质对低温保鲜人参的影响［J］．中国中药杂志，2017，42（13）：2449-2452．

第五章 无公害人参农田栽培施肥技术

安全、科学、高效的施肥是保障无公害农田栽参产量和质量的重要环节。农田栽参常用的肥料种类较多，按照肥料性质，主要包括有机肥、无机肥和微生物菌肥等；按照施肥方法，可分为基肥和追肥等。无公害人参栽培施肥需遵守我国国家标准《农用微生物菌剂》（GB 20287—2006）、农业行业标准《有机肥料》（NY 525—2012）、农业行业标准《复合微生物肥料》（NY/T 798—2015）、农业行业标准《生物有机肥》（NY 884—2012）等，允许使用的肥料种类包括：有机肥、无机肥料及微生物菌肥等。不应使用的肥料种类包括成分不明确的、含有安全隐患成分的肥料，未经发酵腐熟的人畜粪尿，生活垃圾和含有害物质（如毒气、病原微生物、重金属等）的工业垃圾等，同时，禁止使用未经国家或省农业部门登记的化学和生物肥料。

无公害农田栽参合理施肥技术应依据人参生长发育特点和不同生长阶段的需肥规律，以养分归还学说、最小养分律等为指导，建立人参整个生育期的需肥指导原则，结合土壤供肥能力和肥料利用效率等，提出无公害农田栽参施肥要求：以有机类肥料为主、遵循平衡施肥、养分吸收效率及减少有毒有害物质残留等，生产中多施有机肥及微生物菌肥等，同时兼顾基肥、追肥和叶面肥配合施用。最终实现多种养分平衡供应，达到提高肥料利用率，减少土壤污染，提高人参产量和品质的目的。

第一节 无公害人参农田栽培常用肥料种类

无公害人参栽培允许使用的肥料种类包括：农家肥（饼肥、堆肥、沤肥、厩肥、沼渣、绿肥、作物秸秆）；在农业行政主管部门登记注册或免于登记注册的商品有机肥（包括腐植酸类肥料、经过处理的人畜废弃物等）；微生物肥料（包括微生物制剂和经过微生物处理的肥料）；化肥（包括氮肥、磷肥、钾肥、钙肥、复合肥等）和叶面肥（包括大量元素、微量元素、氨基酸类）等。禁止使用未经国家或省农业部门登记的化学和生物肥料。

一、无机肥

无机肥料（Inorganic Fertilizer）指主要以无机盐形式存在，能直接为植物提供矿质营养的肥料。无机肥具有养分含量高、肥效快、使用方便等优点，无机肥主要是根据植物生长所必需的矿质元素的比例进行配置。人参栽培过程中生长发育不良的现象除了栽培密度过高外，主要是后期营养供应不足造成的。经过几年生长，参地中氮、磷、钾显著减少，参与抗病的微量元素硼，参与新陈代谢的微量元素锰，以及促进光合作用的铁、锌等微量元素也逐渐较少，土壤代换性盐基也逐年下降，代换性氢上升，腐殖质和有效磷含量也相对减少，土壤三相比例发生变化，因此，在人参栽培后期，必须追施无机肥料，保持土壤肥力，阻止土壤恶化，以保证人参的抗病能力和人参正常新陈代谢与光合作用。

（一）无机肥种类

无机肥料包括氮、磷、钾的单元素肥料和由氮、磷、钾组成的复合肥料及微量元素肥料。无机肥料的施用要严格控制用量，并根据人参的需肥特性配合有机肥深施，否则会造成毒害和某些元素含量超标。无机肥含有人参所需的大量元素、中量元素和微量元素，包括氮肥（硫酸铵、碳酸氢铵、尿素等）、磷肥（过磷酸钙、重过磷酸钙、钙镁磷肥、磷酸一铵、磷酸二铵等）、钾肥（硫酸钾、钾镁肥等）、多元素复合肥、复混肥料、微量元素肥（硼砂、硼酸、硫酸锰、硫酸亚铁、硫酸锌、硫酸铜、钼酸铵等），主要为将矿石经化学或物理方法制成粉状或粒状的肥料产品。

（二）无机肥质量要求

无机肥多呈白色、灰黄或灰黑色，粉状、结晶或颗粒状，无结块，无机械杂质。关于无机肥的标准较多，更替也相对频繁。无机肥的质量标准要求多为总养分（氮＋五氧化二磷＋氧化钾）含量（以干基计）、水分（游离水）含量、水溶性磷占有效磷百分率（％）、粒度（1.00~4.75mm 或 3.35~5.60mm）、氯离子的质量分数、pH 值和水不溶物的质量分数，还包含了大量、中量或微量元素的含量（以元素计）。复混肥料中又将肥料分为不同等级的产品，多以高、中、低浓度指标三项进行要求。而复混肥料不论已作废还是经过更新的现行的标准均没有对重金属进行限量要求，大量元素和微量元素重金属限量要求多以《水溶肥料汞、砷、镉、铅、铬的限量要求》（NY 1110—2010）为准，不涉及蛔虫卵死亡率及大肠埃希菌值指标，详见表5-1和表5-2。

表 5-1　肥料质量要求

肥料类型	水分（游离水）含量（%）	酸碱度（pH）	总养分或主要化合物含量（g/L；%）	水不溶物的质量分数（g/L；%）	其他	肥料代表	引用标准
有机肥	≤30	5~9	≥5%；沼渣液≥80g/L	沼渣液≤50g/L	沼渣肥有机质含量（以干基计）≥30%	有机肥、油茶饼粕有机肥、沼肥	NY 525—2012、LYT 2115—2013、NY/T 2596—2014
无机肥	≤6	4~10	≥25%；液体肥料≥500g/L	≤3%；液体肥料≤50g/L	复混肥料（复合肥料）水溶性磷占有效磷百分率≥40%；水溶肥料主要元素含量≥10%或≥100g/L；其他元素含量≥0.1%或≥1g/L	复混肥料（复合肥料）、无机包裹型复混肥料（复合肥料）、硼镁肥、肥料级磷酸二氢钾、大量元素水溶肥料、微量元素水溶肥料、中量元素水溶肥料	Q/CNPC 120—2006、HG/T 4217—2011、GB/T 34319—2017、HG/T 2321—2016、NY 1107—2010、NY 1428—2010、NY 2266—2012
叶面肥	≤5	3~9	—	≤0.05%	微量元素叶面肥料微量元素含量≥0.1%；海藻酸类肥料海藻酸百分质量分数≥0.05%	微量元素叶面肥料、海藻酸类肥料	GB/T 17420—1998、HG/T 5050—2016
微生物肥	≤3	4~9	—	—	有效活菌数≥0.2×10^8CFU/ml（g）；杂菌率≤30%；有效期≥3%	根瘤菌肥料、固氮菌肥料、磷细菌肥料、硅酸盐细菌肥料、复合微生物肥料	NY 410—2000、NY 411—2000、NY 412—2000、NY 413—2000、NY/T 798—2015

表 5-2 肥料重金属等限量要求

肥料类型		重金属含量 总砷（As）（烘干基计；%）（mg/kg；%）	总汞（Hg）（以烘干基计）（mg/kg；%）	总铅（Pb）（以烘干基计）（mg/kg；%）	总镉（Cd）（以烘干基计）（mg/kg；%）	总铬（Cr）（以烘干基计）（mg/kg；%）	蛔虫卵死亡率（%）	大肠埃希菌值指标 [个/g（ml）]	引用标准	是否应用
有机肥	有机肥	≤15	≤2	≤50	≤3	≤150	≥95	≤101	NY 525—2012	现行
	油茶饼粕有机肥	≤15	≤2	≤50	≤3	≤150	≥95	≤102	LY/T 2115—2013	现行
	沼肥	≤15	≤2	≤50	沼渣肥：≤3 沼肥液：≤10	沼渣肥：≤150；沼肥液：≤50	≥95	≤103	NY/T 2596—2014	现行
无机肥	硼镁肥料	≤0.0050	≤0.0005	≤0.0200	≤0.0010	≤0.0500	—	—	GB/T 34319—2017	现行
	肥料级磷酸二氢钾	≤0.0050	≤0.0010	≤0.0200	≤0.0500	≤0.0005	—	—	HG/T 2321—2016	现行
	大量元素水溶肥料	≤10	≤5	≤50	≤10	≤50	—	—	NY 1107—2010	现行
	微量元素水溶肥料	≤10	≤5	≤50	≤10	≤50	—	—	NY 1428—2010	现行
	中量元素水溶肥料	≤10	≤5	≤50	≤10	≤50	—	—	NY 2266—2012	现行
叶面肥	微量元素叶面肥料	≤0.002	—	≤0.001	≤0.01	≤50	—	—	GB/T 17420—1998	现行
	含氨基酸水溶肥料	≤10	≤5	≤50	≤10	≤50	—	—	NY 1429—2010	现行
	含腐植酸水溶肥料	≤10	≤5	≤50	≤10	≤50	—	—	NY 1106—2010	现行
微生物肥	有机-无机复混肥料	≤0.0050	≤0.0005	≤0.015	≤0.001	≤0.05	≥95	≤0.1	GB 18877—2009	现行
	有机-无机复混肥料	≤30	≤5	≤100	≤3	≤300	95~100	10^{-1}~10^{-2}	NY 481—2002	现行
	复合微生物肥料	≤15	≤2	≤50	≤3	≤150	≥95	≤100	NY/T 798—2015	现行

二、有机肥

有机肥（Organic Fertilizer）是指主要来源于植物和（或）动物，经过发酵腐熟的含碳有机物料，其功能是改善土壤肥力、提供植物营养、提高作物品质。有机肥中的农家肥料（Farmyard Manure）主要由植物和（或）动物残体、排泄物等富含有机物的物料制作而成的肥料，其典型特征是就地取材，包括秸厩肥、堆肥、沤肥、沼肥、饼肥、蚯蚓肥等。有机肥具有种类多、来源广、肥效长等特点。有机肥所含的营养元素多呈有机状态，作物难以直接利用，需经微生物作用，缓慢释放出来，将养分持续供给作物生长使用。施用有机肥能改善土壤结构，有效协调土壤中水、肥、气、热，提高土壤肥力和土地生产力。

（一）有机肥种类

无公害农田栽参常用的厩肥有鸡粪、猪粪、鹿粪等；常用绿肥作物有紫苏、大豆、玉米等，一般在夏季高温时将绿肥打碎施入农田，促使其快速腐烂；此外还使用树叶堆肥、草木灰和饼肥等。

厩肥易受畜禽饲料添加剂中常含有的大量铜（Cu）、铁（Fe）、锌（Zn）、锰（Mn）、钴（Co）、硒（Se）、碘（I）、砷（As）等元素污染。有文献报道，在全国14个省（市）取样并调查测定了184个有机肥样品，其中污泥的铬（Cr）、铅（Pb）、镍（Ni）、汞（Hg）和猪粪的锌（Zn）、铜（Cu）、镉（Cd）、砷（As）的平均含量最高，污泥的锌（Zn）、铜（Cu）、砷（As），鸡粪铬（Cr）、镍（Ni），堆肥与厩肥的铅（Pb）、汞（Hg）平均含量也高于其他有机废弃物，表明污泥、猪粪、鸡粪、堆肥与厩肥的受污染程度严重。无公害人参生产使用的有机肥应优先选用不易受污染的绿肥，配合使用质量合格且无污染动物粪便类有机肥，严禁使用生活垃圾和污泥等。

绿肥作物生长过程中所产生的全部或部分绿色体，经翻压或者堆沤后施用到土地中作为肥料，具有提供养分、合理用地养地、部分替代化肥、提供饲草来源、保障粮食安全、改善生态环境、固氮、吸碳、节能减耗、驱虫、杀菌等作用。绿肥回田可改善土壤微生物组成，增加土壤中有益微生物群落及有机质含量，进而改善土壤微生态环境。人参土壤改良常用绿肥包括紫苏、玉米等。人参常用绿肥作物因其生长环境不同，种植时间及方式略有差异，于种植人参前对绿肥进行翻压腐烂，达到增强土壤肥力、改善土壤理化性状等效果（表5-3）。

表5-3　人参土壤改良常用绿肥作物种类及使用方法

绿肥品种	拉丁名	施用方法	作用机制
玉米	*Zea mays*	秋播，覆土厚度2~3cm	减少农业生态环境的污染、起到培肥土壤的作用，保持土壤生产力持续增产

绿肥品种	拉丁名	施用方法	作用机制
紫苏	*Perilla frutescens*	花期割倒切段，晾晒 3~4 天，耕翻时扣压土中，每隔 10~15 天耕翻，深度为 20~25cm	有效增加土壤肥力，改变土壤微生物群落的组成
大豆	*Glycine max*	多为秋播，覆土 3cm，上部盖 3cm 稻草	固氮培肥

传统绿肥回田方式通常是将绿肥作物做简单处理，在土壤改良方面具有一定积极作用，对绿肥作物深加工可以创造出更大的经济效益。针对人参属植物筛选出适宜的绿肥作物——紫苏，并于花期将紫苏割倒切段，晾晒 3~4 天，耕翻并将绿肥作物秸秆及杂草扣压到土中，以后每隔 10~15 天耕翻 1 次，耕翻深度为 20~25cm，该方式可以有效增加土壤肥力，改变土壤微生物群落的组成，改良后土壤微生物群落在门及属水平上其丰度主要表现下降趋势，在科水平上其丰度主要表现增加趋势。参田休闲期间可混种玉米和紫苏，播种量比正常播量高 30% 以上，玉米穴播，紫苏条播，于 8 月初割倒植株和杂草并切成 5~6cm 的短段，晾晒 3~4 天后翻入土壤中。为加速秸秆和杂草的腐烂速度，加快农残降解，翻前喷施一次微生物秸秆腐烂剂。另外紫苏种子也可做有机肥，紫苏子含氮约 5%、磷约 1.5%、钾约 1%，并有杀菌驱虫作用，紫苏子要炒熟或蒸熟后使用，用量一般为 50~100g/m^2。

（二）有机肥质量要求

来源于畜禽粪尿与作物秸秆的有机肥，应经过发酵腐熟，不应含过多重金属、抗生素、农药残留等有毒有害物质，外观多呈褐色或灰褐色，粒状或粉状，无机械杂质，无恶臭。有关有机肥标准较少，主要为行业标准（不考虑地方标准及企业标准）。其中有机质含量（以干基计）最少占 30%，总养分最少占 4% 或 80g/L，水分（游离水）含量最大占 30%，pH 值 5~9 之间，详见表 5–1。现行的有机肥有机质含量（以干基计）与总养分含量较以前作废的标准有所增加，重金属最高限量值也有所降低（表 5–2）。目前现行有机肥标准主要有《有机肥料》（NY 525—2012）、《油茶饼粕有机肥》（LYT 2115—2013）和《沼肥》（NY/T 2596—2014）等，但 NY 525—2012 只适用于以畜禽粪便、动植物残体和以动植物产品为原料，并经发酵腐熟后制成的有机肥料，不适用于绿肥、农家肥和其他由农民自积自造的有机粪肥。无公害人参生产中使用的有机肥质量要求可参照并满足以上标准。

三、微生物肥

微生物肥料（Microbial Fertilizer）又称"生物菌肥"，指含有特定微生物活体并能通过其中所含微生物的生命活动产物及酶类来增加植物养分的供应量或促进植物生长，提高产量，改善农产品品质及农业生态环境的肥料。

（一）微生物肥种类

微生物肥料本身指用特定的微生物培养生产后得到了具有特定肥效的微生物活体制品，主要类型有根瘤菌肥料、固氮菌肥料、磷细菌肥料、硅酸盐细菌肥料、复合微生物肥料等。人参栽培中常用的生物菌肥有生防菌剂、复合菌肥和生物钾肥、生物有机肥、人参复混肥等以土壤"有益菌"配制而成的复混肥料。

（二）微生物肥质量要求

微生物肥料的主要特点是无毒、无害，不污染环境，能够通过本身特定微生物的作用提高土壤养分的转化，促进土壤团粒结构的形成，协调土壤中空气和水的比值，疏松土壤，保水、保温，同时促进产生植物生长物质，帮助植物生长。我国有多项农业行业微生物肥料相关标准，其主要质量要求指标集中于水分含量、活菌个数、酸碱度、杂菌率和有效期等，微生物肥料有液体肥、固体肥、颗粒肥之分，质量要求指标多随肥料外观状态不同而变化，无重金属限量检查要求（表5-1，表5-2）。

第二节　无公害人参施肥作用机制

人参正常生长发育要求各种营养元素平衡供应，人参植株中含有27种以上的大量和微量元素，其中碳（C）、氢（H）、氧（O）是构成人参的主要元素，占95%，主要来源于空气和水。其他元素占5%，其中氮（N）、磷（P）、钾（K）、钙（Ca）、镁（Mg）、硫（S）含量较高，是人参所需大量元素。人参正常生长发育要求各种营养元素平衡供应，在施肥时要全面考虑土壤供肥能力和人参对各种营养元素的吸收特点，有针对性地平衡施肥，缺什么补什么，而且不能以一种养分代替另一种养分。

一、大量元素施用作用机制

人参所需各种营养元素对人参生长发育都是同等重要的，各种营养元素的作用和功能均不能互相替代。

（一）氮元素对人参生长发育的影响

氮元素在维持和促进人参生长发育方面发挥着重要作用。氮元素是氨基酸、酰胺、蛋白质、核酸、核苷酸辅酶等的组成元素，叶绿素、某些植物激素、维生素和生物碱等也含有氮元素。氮素营养对人参产量和质量的高低有显著影响，正常氮代谢能促进人参有效成分、营养成分的合成和积累。有文献报道，研究表明不同浓度的氮处理显著影响人参光合速率和叶绿素含量变化，同时显著影响根、茎和叶中人参皂苷合成相关基因

PgHMGR 和 *PgSQE* 的相对表达量。氮肥充足时，人参生长旺盛，根部肥大，果实种子发育充分；氮肥缺乏时，人参生长缓慢，植株矮小，叶小色淡或发红，花少，子实不饱满，参根小，产量低。但氮肥过多时，人参抗病力降低，出苗缓慢，不仅破坏人参体内各元素代谢平衡，影响人参质量，而且使人参根部腐烂，使产量和品质下降。另有文献报道，发现人参硝酸还原酶活力较低，施氮增加了植株全氮含量和 NO_3^- 的积累，影响了阳离子的吸收，促进了呼吸作用，增加了消耗，影响了生育、产量和质量，与"氮毒"征象相符。所以，适宜的氮肥用量，应根据人参需氮特性、参土供氮水平及养分平衡状况加以确定，并配施磷、钾肥，有利于无公害人参农田生产。

（二）磷元素对人参生长发育的影响

磷元素是参株体内的结构元素，是许多重要有机化合物的组分，例如核酸、磷酸酯和高能磷酸盐等，核酸是遗传信息的载体，而磷酸酯和高能磷酸盐在能量转移中起着重大作用。磷在 ATP 的反应、糖类代谢、蛋白质代谢和脂肪代谢中起着重要作用，可促进各种代谢正常进行。磷肥可以促进人参根部的生长，使须根发达，增强抗旱、抗寒、抗病能力，磷肥缺乏时，人参生长受到抑制，根系发育不良，影响碳水化合物的积累，叶片小或卷缩，呈现紫色、褐色或浅红色的斑点，且花、果发育不良，显著影响种子的数量和质量。人参主产区的土壤中有效磷含量较低，施用磷肥，往往增产效果明显，而且对参株代谢过程也有重要的影响。有文献报道，研究发现人参施用磷肥显著提高了土壤全磷、速效磷、速效钾、硝态氮的含量，提高了土壤磷素活化系数，外源磷浓度在 1~2.5mmol/L 时，人参较不施磷增产 17.07%，根系活力最高，电解质渗透率较小，根中 P、K、N、Ca、Fe、Mg 含量达到最大值。研究发现磷肥效应曲线变化吻合报酬递减律，磷肥用量适宜，才能起到增产作用，过量用肥会导致减产；磷肥用量与根中磷含量非线性效应，但参根中磷元素含量与其中氮、钾元素含量为线性效应，而且根内磷含量与皂苷含量也呈线性效应，说明根中磷营养的改善有利于参株对氮和钾元素的吸收和皂苷的合成。在一定用量范围内，施用磷肥通过增加根组织中磷元素含量及改善根中氮、磷、钾营养状况，间接提高了根组织糖代谢水平，尤其是明显地促进生育后期根中贮藏性多糖的合成和积累。

（三）钾元素对人参生长发育的影响

钾元素是人参体内重要的元素，在人参体内水分运输、物质和能量转移与转化方面起着重大作用。钾具有高度移动性的特点，易于从根部转移到地上部分，并有随人参生长中心转移的特点。虽然钾元素不参与代谢变化，但却对酶的活化、蛋白质的合成、光合作用、细胞渗透调节以及气孔运动等方面都发挥十分重要的作用。人参对钾肥的需要量最大，钾元素多数分布在分生组织中，随着人参的生长发育，需钾量增加。钾肥可增强人参抗病力，促进根系生长；缺钾时，叶缘逐渐变为褐色，果实发育不良，糖的积累受到抑制，抗病力减弱。有文献报道，研究发现施用适宜浓度的钾肥能促进人参植株的生长，茎高增加、茎粗增大、叶片肥大，使得人参的光合作用能力增强，干物质产量增加，根部性状的改善，增强了养分吸收能力，促进了产量的提高；而过高、过低钾素供应水平都会影响人参生长发育和干物质的形成。研究发现施用钾肥促进了人参对土壤中氮、磷、铁、锰、铜、锌养分的吸收，但钾肥的施用超过一定量时对养分的吸收不再继续增加甚至会降低；不同施钾量的人参根系活力和叶绿素含量差异较显著，同时影响叶片中光合产物的运出和在根中的积累。

（四）氮、磷、钾配施对人参生长发育的影响

人参土壤养分含量高低影响人参产量和品质，特别是大量元素氮、磷、钾的含量及配比。氮、磷、钾配合施用后，参根重量增加，人参皂苷含量也明显增加（表5-4）。有文献报道，研究发现在人参上追施氮、磷无机肥，有助于人参晒干率的提高，同时还会提高红参的成货率，降低烂根率和提高保苗率。研究发现施用化肥后的人参个头明显大于未施肥的人参样品，个头大小随施肥浓度递增，施肥人参产量为未施肥人参的1.2~1.4倍。养分元素用量不当也会影响人参生长发育，进而影响人参产量与品质。研究发现氮肥在一定用量范围内，施氮水平与参根干物质重量呈正相关关系；氮肥施用过量，参根皂苷含量下降，淀粉含量增加，品质降低，同时碳同化产物向茎转移增加，影响参根干物质的积累。另外，人参缺磷时生长受抑制，缺钾则抗病性低，影响淀粉和糖积累。研究结果也表明，无机肥料配施可增加人参根的产量。磷钾肥配合施用，人参根可增产73.3%。

表5-4　氮、磷、钾配施对人参收获期不同器官干物质积累的影响

处理	生长年限	干物质重（g/株）		
		根	茎	叶
CK	4	4.30	0.47	0.97
	5	7.35	1.10	1.72
	6	9.85	2.27	2.86
氮、磷、钾配施	4	4.52	0.58	1.03
	5	10.10	1.53	2.43
	6	13.90	2.62	3.85

二、中量元素施用作用机制

钙元素主要参与维持膜结构的稳定性，可与可溶性的蛋白质即钙调蛋白结合，形成有活性的 Ca·CaM 复合体，在代谢调节中起"第二信使"作用，是构成细胞壁的一种元素。有文献报道，研究发现人参缺钙会严重影响人参根、茎、叶的生长和发育，导致人参对逆境的抗性降低；单纯高浓度钙也不利于人参的生长，高浓度钙降低了人参叶片

中的铁元素含量，人参光合色素合成受阻，但增强了人参叶片的光合捕光能力；一定浓度的钙能明显维持人参茎电解质渗透率并有效促进侧根生长，提高对逆境的抗性。镁元素在光合和呼吸过程中，可以活化各种磷酸变位酶和磷酸激酶，可以促进 DNA 和 RNA 合成，也是叶绿素的主要组成成分。缺镁时，叶绿素不能合成，叶脉仍绿而叶脉之间变黄，有时呈红紫色；若缺镁严重，则形成褐斑坏死。硫参与硫辛酸、辅酶 A、硫胺素焦磷酸、谷胱甘肽、生物素、腺苷酰硫酸和腺苷三磷酸等的组成，人参缺硫时叶片缺绿，植株矮化，叶片积累花色素苷。

人参不同器官中钙、镁含量一般是叶片＞茎＞根，展叶期和收获期根中钙、镁含量高于其他生育期，钙作为细胞壁中果胶层成分、酶成分与活化剂，镁作为叶绿素成分和酶的活化剂，在生育前期由于地上部分生长速率较快，使根中钙、镁向地上部分的转移较多；收获期根中钙、镁净积累明显增多，致使根中钙、镁含量较高。茎中钙、镁的再分配能力差，随生育期的延长，其含量有增高趋势。

三、微量元素对人参生长发育的影响

合理补充微量元素对人参有增产和提高品质作用，不同微量元素增产效果不同，如单施锰肥比单施铜肥的增产幅度大，同时施用铜、锌、钼、钴等微量元素可增加人参皂苷的含量。有文献报道，研究发现微肥可提高人参的保苗率和促进人参根系生长，增大人参叶面积，促进人参植株的生长，并能提高叶片中叶绿素含量，促进氮、磷、钾吸收，增强抗旱性，提高人参根系中可溶性糖含量，提高人参根系中氨基酸含量和改善人参品质；研究发现硼素含量的高低显著影响人参植株体内大量元素的积累，缺硼和高硼均使人参体内大量元素的含量减少；研究表明人参叶面喷施锗（Ge）元素溶液对人参的生长发育有较好的促进作用，并可减轻根腐病的发生，同时对促进人参的干物质积累，提高人参的品质和成品参的产量。所以，在施肥过程中，微量元素等与大量元素的作用同样重要，在无公害人参生产中，微量元素的补充不能忽视。

四、微生物菌肥作用机制

利用生物菌剂配制的人参复混肥、复合菌肥，在人参栽培上应用，可增加人参叶面积，增强光合作用机能，提高人参品质，提高大支头参比例，增产效果显著，有些高效生物复合菌肥可解决由于病菌增多、养分失调、理化性状不良、分泌物毒害等导致的老参地、农田土不能栽参的问题，可同时进行土壤致病菌的调控，土壤培肥改良及养分供应，增强人参植物体的抗逆性和提高产量。在人参种植上，常使用一种促进生长的细菌 *Paenibacillus yonginensis* DCY84（T），DCY84（T）具有产生高含量的吲哚乙酸（IAA）、促进含铁细胞的形成、磷的溶解以及抗菌的作用，当受到盐胁迫时，附着在人参苗上的 DCY84（T）通过诱导防御相关的酶如离子转运、ROS 清除酶，以及促进脯氨酸的含量、糖和 ABA 合成基因以及根毛形成基因的表达，通过增强养分的有效利用、合成水解酶以及促进渗透物质的产生从而保护人参抵御短期的盐胁迫。人参"5406"菌肥是具有解钾、解磷、抗病、促生、保苗等多功能的抗生菌肥，施用"5406"生物菌肥，可使人参增产19.6%~25.6%，土壤中有机磷含量显著增高，起到了以磷增产的作用。人参生物钾肥不但能促进人参地上部茎叶健壮生长，减轻叶斑病危害程度，并且能提高人参优质率和产量。人参重茬剂可以抑制人参锈斑和腐烂现象，生物有机肥可以改善人参重茬栽培地的微生物数量、pH、有机质及速效氮、磷、钾等微生态指标，使人参的产量提高10%~30%，品质也得到很大提高。此外，抗生菌肥还可与根瘤菌、固氮菌、磷细菌、钾细菌等菌肥混施，可促进肥效提高，增强人参的根系生长和提高产量（图5-1），同时提高了人参根的品质。

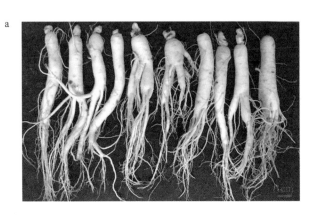

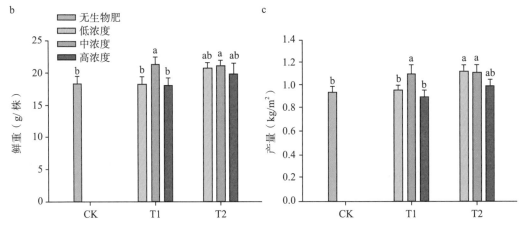

图 5-1 人参根系生长和产量

a. 4年的人参根；b. 在施用和不施用生物肥料的处理中，根的鲜重；c. 施用和不施用生物肥料处理的产量。CK代表没有生物肥料的处理。T1和T2代表具有促进生长和生防菌－生物肥料进行处理。数据为三次重复的平均值±SD（n=3）。字母表示P<0.05水平的差异。

为探讨生物肥料提高人参产量和皂苷含量的机制，通过对人参不同发育阶段土壤16S RNA基因的高通量测序分析，分析了生物肥料处理下土壤微生物群落的变化。为了评估生物肥料对潜在有害分类群的影响，通过定量聚合酶链反应（qPCR）检测了腐皮镰刀菌的丰度。使用高效液相色谱法检测人参皂苷含量，以评估生物肥料施用的效果。试验处理为：T1 表示促生长生物肥料，低（T1-L）、中（T1-M）和高（T1-H）浓度分别为 3.0ml/kg、6.0ml/kg 和 9.0ml/kg 的促生长生物肥料。T2 表示生防菌有机肥，低（T2-L）、中（T2-M）和高（T2-H）浓度分别为 1.5ml/kg、3.0ml/kg 和 4.5ml/kg 的生防菌 - 生物肥料。CK 表示无生物肥料处理。研究结果表明，生物肥料的应用有助于人参的可持续栽培和安全使用。

（一）微生物菌肥施用降低根腐病发病率

生物肥料处理后土壤的 pH、全氮、有机质含量、有效磷、有效钾等化学性质与未处理的土壤没有明显差异。用生物肥料处理的人参幼苗的出苗率和地上生长也与对照相比没有显著性差异。根腐病侵染会引起人参根部变色和地上部分枯萎，研究结果表明 T1 处理对根腐病的防治效果与不含生物菌肥的对照 CK 在 2015 年和 2016 年的记录中均无显著性差异（$P > 0.05$）（图 5-2）。与 2015 年和 2016 年未施用生物肥料的处理相比，T1 对立枯病的防治效果微乎其微。2015 年，T2 处理对根腐病和立枯病的发生率显著下降 40.3%~47.3% 和 30.0%~39.4%。而在 2016 年，T2 处理生物防治效果与未施用生物肥料的土壤相比，差异不具有统计学意义。

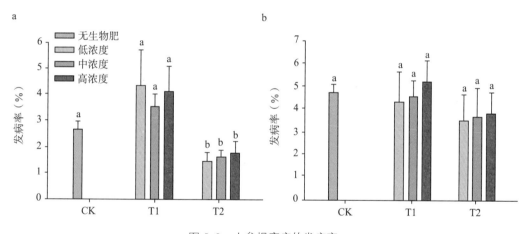

图 5-2　人参根腐病的发病率

a. 根腐病的症状；b. 2015 年根腐病发病率；c. 2016 年根腐病发病率；CK 代表没有生物肥料的处理。

T1、T2 分别代表生长促进和防病生物肥料处理。数据为三次重复的平均值 ±SD（n=3）。

字母表示 $P < 0.05$ 水平的差异。

（二）微生物菌肥施用改变土壤微生物群落多样性和群落构成

为了评估生物肥料对土壤微生态的影响，我们分析了生物肥料施用 1 年后人参不同发育阶段土壤微生物群落的变化。从 84 个土壤样本中共获得 6 328 913 个可分类的 16S rRNA 基因序列和 233 542 个 OTUs 进行分析。每个样品的平均序列数和 OTUs 数分别为 75 344 和 2780，OTUs 数的范围为 2394~3122。与没有生物肥料的情况相比，生物肥料对细菌多样性指数（Ace，Chao 和 Shannon）的影响取决于它们在人参幼苗不同生长阶段的使用浓度。细菌多样性指数显示，与未处理土壤（CK）相比，人参的营养期至根生长期 T1–M 处理的土壤（6.0ml/kg）呈上升趋势。多样性指数在 T2–M 和 T2–H 土壤中与未处理土壤（CK）相比也显示出较高的值（用量分别为 3.0ml/kg 和 4.5ml/kg）。此外，营养和结果期 T2–M 土壤的多样性指数显著高于未处理土壤。这些结果表明，生物肥料改变了土壤微生物群落的多样性，其效果取决于施用浓度。

PCoA 排序揭示了 T1 和 T2 土壤中与 CK 相比的细菌群落的变化，在人参的营养阶段，第一主成分轴（贡献率为 56.20%）表现在 T2–L，T2–M 和 T2–H 土壤中（图 5–3，a）。在人参开花期，第一主成分轴（贡献率为 46.92%）表明 T2–M 土壤中的细菌群落与 T1–H、T2–H 和 CK 土壤中的细菌群落显著不同（图 5–3，b）。在人参的结果期，第二主成分轴（18.72% 贡献率）表明 T1–M 和 T2–M 土壤中的细菌群落与 CK 中的不同（图 5–3，c）。在人参根生长阶段，PCoA 排序在生物肥料和 CK 处理的土壤中细菌群落差异不具有统计学意义（图 5–3，d）。

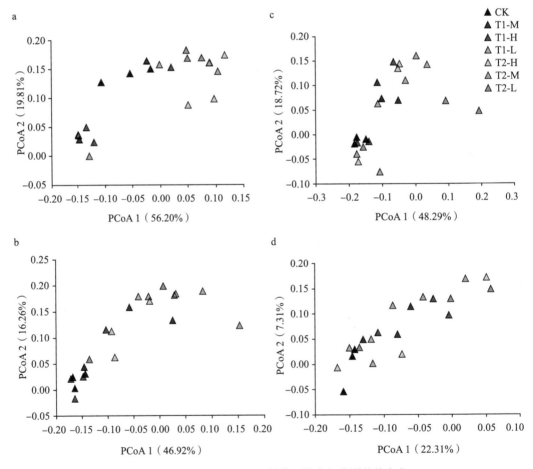

图 5–3　含有和不含生物肥料的土壤中细菌群落的变化

a，b，c，d 主坐标分析排序图显示了在营养、开花、结果和根生长阶段使用分类的 16S rRNA 基因序列的 Bray–Curtis 距离分离的样品的相关性。CK 代表没有生物肥料的处理。T1–L、T1–M 和 T1–H 分别代表用低浓度、中浓度和高浓度的生长促进生物肥料的处理。T2–L、T2–M 和 T2–H 分别代表低浓度、中浓度和高浓度的生防菌–生物肥料的处理。

（三）微生物菌肥改变细菌群相对丰度

在人参不同发育阶段，处理或未处理土壤中细菌群的相对丰度从门水平变为属水平。酸杆菌门（*Acidobacteria*）、放线菌门（*Actinobacteria*）、绿弯菌门（*Chloroflexi*），芽单胞菌门（*Gemmatimonadetes*）、变形菌门（*Proteobacteria*）和疣微菌门（*Verrucomicrobia*）是人参土壤中门的主要细菌类群。在人参的开花和结果期，芽单胞菌门的相对丰度显示 T1 和 T2 土壤与 CK 土壤相比呈下降趋势。此外，在人参开花、结果和根系生长阶段，与 CK 土壤相比，T1 和 T2 土壤中的绿弯菌门丰度增加。细菌群的相对丰度在处理或未处理的土壤中表现出科水平的波动。在人参的营养生长阶段，生物肥料土壤中厌氧绳菌属（*Anaerolinea*），冷杆菌属（*Cryobacterium*）和甲烷细菌属（*Methanobacterium*）的相对丰度分别显著下降 54.5%~69.5%，24.8%~28.2% 和 48.9%~88.5%。生物肥料处理与 CK 土壤相比，T1 土壤中厌氧黏细菌属（*Anaeromyxobacter*），蛭弧菌属（*Bdellovibrio*）和鞘氨醇单胞菌属（*Sphingomonas*）的相对丰度分别增加 56.0%~82.3%，11.4%~65.7% 和 17.6%~21.6%（图 5-4，a）。此外，芽孢杆菌属（*Bacillus*），黄杆菌属（*Flavobacterium*），根瘤菌（*Rhizobium*）和链霉菌属（*Streptomyces*）的相对丰度分别增加了 30.3%~57.2%，10.2%~82.5%，77.9%~116.7% 和 14.9%~102.0%。嗜盐海洋粘细菌属（*Haliangium*）和甲烷细菌属的相对丰度与 CK 土壤相比，T2 土壤中分别下降了 10.8%~17.1% 和 15.4%~33.4%。在人参开花期，生物肥料处理土壤中单胞菌属（*Arenimonas*）和 *Pseudolabrys* 的相对丰度分别比没有生物肥料的土壤下降了 12.0%~64.0% 和 12.0%~78.7%。与 CK 土壤相比，T1 土壤中蛭弧菌属的相对丰度显著增加了 37.8%~303.4%（图 5-4，b）。与 CK 土壤相比，T1-H 土壤中芽孢杆菌属、伯克菌属（*Burkholderia*），根瘤菌属和链霉菌属的相对丰度分别显著增加了 185.7%、121.1%、439.0% 和 116.2%。与 CK 土壤相比，T2 土壤中厌氧绳菌属和根瘤菌属的相对丰度分别增加了 17.1%~230.0% 和 14.1%~125.6%。与 CK 土壤相比，T2-L 和 T2-M 土壤中分枝杆菌属（*Mycobacterium*）和链霉菌属的相对丰度分别显著增加 45.0%~57.9% 和 161.6%~179.2%。

在人参的结果期，与 CK 土壤相比，T1 和 T2 土壤中分枝杆菌属和链霉菌属的相对丰度分别显著增加了 11.5%~140.0% 和 20.3%~144.3%（图 5-4，c）。与 CK 土壤相比，T1 土壤中热酸菌属（*Acidothermus*）和芽孢杆菌属的相对丰度分别增加了 37.0%~67.2% 和 13.3%~31.9%。在人参的根生长阶段，与 CK 土壤相比，T1-M 土壤中芽孢杆菌属、伯克菌属和根瘤菌属的相对丰度分别显著增加了 28.0%，28.6% 和 45.3%（图 5-4，d）。在 T2 土壤中，厌氧绳菌属、节细菌属（*Arthrobacter*），冷杆菌属和紫色杆菌属（*Janthinobacterium*）的相对丰度显著高于 CK 土壤。芽孢杆菌属和根瘤菌属的相对丰度与 CK 土壤相比显著增加，T2-L 土壤中含量分别为 34.3% 和 35.3%。

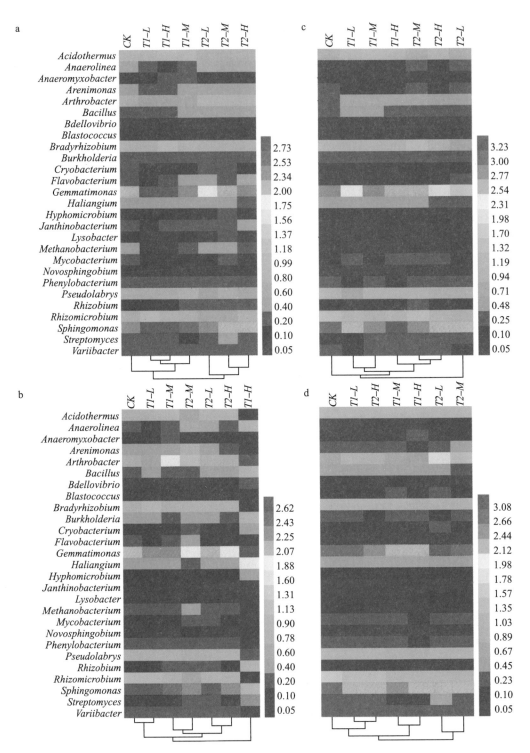

图 5-4 含有和不含生物肥料的土壤中细菌属的变化

a.b.c.d 为营养、开花、结果和根生长阶段细菌属的相对丰度的变化。热图显示所有样品中的主要细菌属，平均相对丰度＞0.05%。x 轴上的聚类依赖于样品的细菌组成。CK 代表没有生物肥料的处理。T1-L、T1-M 和 T1-H 分别代表用低浓度、中浓度和高浓度的生长促进生物肥料的处理。T2-L、T2-M 和 T2-H 代表分别在低浓度，中浓度和高浓度的生防菌 - 生物肥料处理，数据表示为平均值（n=3）。

（四）微生物菌肥降低镰刀菌属的相对丰度

与对照土壤相比，T1 和 T2 土壤中镰刀菌属（*Fusarium*）的相对丰度降低（图 5-5）。T1（中浓度）和 T2（低浓度）土壤中镰刀菌属的相对丰度分别下降了 11.4%~18.8% 和 13.1%~31.2%（图 5-5，a）。在 2016 年人参开花、结果和根系生长阶段，与未处理土壤相比，T1 土壤（中等浓度）的镰刀菌属相对丰度下降了 15.9%~18.9%（图 5-5，b）。与未处理土壤相比，2016 年人参果实和根系生长期 T2 镰刀菌属丰度显著下降。

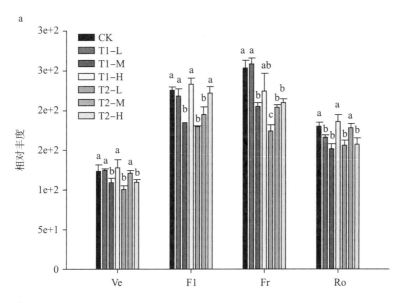

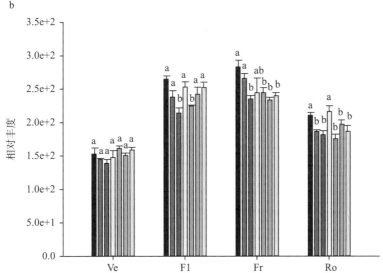

图 5-5　2015 年 a. 和 2016 b. 人参不同发育阶段土壤中镰刀菌属（*Fusarium*）相对丰度变化
Ve，F1，Fr 和 Ro 分别代表营养、开花、结果和根生长阶段。CK 代表没有生物肥料的处理。T1-L，T1-M 和 T1-H 分别代表用低浓度，中浓度和高浓度的生长促进生物肥料的处理。T2-L，T2-M 和 T2-H 用低浓度，中浓度和高浓度的生防菌 – 生物肥料进行处理。数据为三次重复的平均值 ±SD（*n*=3）。字母表示 *P* < 0.05 水平的差异。

第三节　人参需肥规律及其对生长发育影响

人参在不同生育期和不同年限对不同肥料的需求各异，因此在施肥过程中，必须依据其需肥特点和规律，进行合理平衡施肥，确保人参产量和质量。

一、各生育期肥力要求

（一）不同物候期需肥规律

人参对养分的吸收因生育阶段不同而表现出不同的规律。人参出苗到展叶期为生长前期，是参株形成茎、叶的营养生长阶段，这一阶段干物质积累少，三要素的吸收量排序是磷＞氮＞钾，此阶段所需养分主要由参根供给，从土壤中吸收的很少，所以早期施肥应以叶面肥为主，以快速补充所需养分。人参开花到红果期为生长中期，是参株茎、叶生长和果实形成的生殖生长阶段，这一阶段的人参同化能力显著增强，干物质大量积累，人参对氮、磷、钾元素的吸收进入高峰期，三要素吸收顺序为氮＞钾＞磷，其中对氮元素的吸收量最大，对磷元素的吸收量最小，此阶段的养分来源主要靠土壤补给，所以要施足基肥，合理追肥，保证氮肥的供应能力，确保人参营养器官的生长。红果后期到收获前是参根膨大增重期，三要素吸收量顺序为钾＞磷＞氮，此阶段对钾元素的吸收量最大，氮元素最小，这一时期应注意施用钾肥和磷肥，可喷施磷、钾叶面肥，以促进光合产物向根输送，保证人参的产量和品质。

（二）不同生长年限需肥要求

人参叶面积系数小，光合作用能力弱，每年生长量不大，需肥量较低。但随着人参生长年限增加，需肥量也在增加，各年生参株对氮、磷、钾元素的吸收也有不同的特点。人参在各不同生长年限对氮、磷、钾元素的吸收分为 3 个阶段：1~2 年生为缓慢吸收阶段，参株吸收氮、磷、钾量很少，不到其总量的 1.5%；3~4 年生参株吸收进入正常吸收阶段，对氮、磷、钾元素的吸收约占其总量 20%；5~6 年生参株吸收进入显著增长阶段，对氮、磷、钾元素吸收占其总量近 80%。据测定，2 年生人参需氮、磷、钾总量是 1 年生的 4~5 倍，3 年生是 2 年生的 2.5~3.5 倍，4 年生是 3 年生的 2.5~3.5 倍，5 年生是 4 年生的 1.2~1.5 倍。栽培人参对钾元素的吸收占居首位，其次是氮元素，再次是磷元素，5 年生人参根吸收钾元素的含量是氮元素的 1.21 倍，是钾肥的 4.9 倍。不同年生人参吸收氮、磷、钾的量见表 5-5。按比例供给提供人参所需各元素，是生产优质人参的重要举措。

表 5-5　不同年生人参对氮、磷、钾的吸收量

生长年限	含量（mg/ 株）		
	氮	磷	钾
1	4.5~8.4	0.9~2.9	5.3~11.6
2	20.9~27.3	4.4~5.5	32.6~34.4
3	91.1~109.1	16.7~19.5	126.3~142.4
4	215.6~285.7	49.0~74.2	247.18~444.6
5	273.5~302.2	57.8~68.8	352.1~579.7
6	323.7~359.1	64.3~75.6	605.2~854.9

随着人参生长年限的延长，人参各部位氮元素、磷元素、钾元素吸收量差异显著。1~5 年生人参根中氮元素含量在 3.38~215.25mg 之间，茎在 0.55~23.35mg 之间，叶在 0.62~34.98mg 之间；根中磷元素含量在 0.83~47.25mg 之间，茎在 0.06~4.17mg 之间，叶在 0.08~13.28mg 之间；根中钾元素含量在 4.10~264.77mg 之间，茎在 0.38~15.88mg 之间，叶在 0.81~71.45mg 之间，不同生长年限不同部位对氮、磷、钾的吸收量见表5-6。

表 5-6　不同年生人参各部位氮、磷、钾元素吸收量

生长年限	部位	含量（mg/ 株）		
		N	P_2O_5	K_2O
1	根	3.38	0.84	4.10
	茎	0.55	0.06	0.38
	叶	0.62	0.08	0.81
2	根	15.48	3.87	26.36
	茎	1.97	0.18	1.36
	叶	3.49	0.42	4.95
3	根	79.37	14.87	97.32
	茎	5.18	0.44	3.175
	叶	24.57	4.16	41.83
4	根	164.56	31.57	172.63
	茎	22.16	4.17	16.72
	叶	28.88	13.28	57.84
5	根	215.25	47.25	264.77
	茎	23.35	3.18	15.88
	叶	34.98	7.38	71.54

总之，人参需肥有其自身特点，人参吸肥阶段性明显，不同生育年限、不同生育时期吸肥数量与强度差异显著。所以，在无公害人参生产中，应根据不同年限、不同生长发育时期人参生长需肥规律，并充分考虑参田土壤的原始供肥能力、肥料利用率等因素，选择合适肥料和施肥方法，做到合理施肥。

二、各营养元素通用施肥方法

无公害人参施肥时应依据无公害农田栽参施肥原则，根据人参营养生理特点、吸肥规律、土壤供肥性能及肥料效应，确定有机肥、氮、磷、钾及微量元素肥料的适宜用量和比例，选择合适的肥料类型，确定相应的施肥技术；应尽量减少无机氮肥的施用量，充分提高无机氮肥的有效利用率，减少环境污染。

（一）基肥施用技术

基肥是指在作物播种前或定植前施入田间的肥料。因有机类肥料肥效长、养分全，并有改良土壤的作用，故无公害人参生产，基肥应以有机肥为主，混拌入适量的化肥。基肥施用过程中注意防止肥料浓度过高，氮素基肥中，供给人参生长所需氮量的 60% 作基肥，40% 作追肥，磷肥应全数作基肥，钾肥不宜太多。人参生长对土壤肥力依赖性强，因此基肥至关重要，是人参施肥关键环节之一。科学合理施肥是人参优质高产高效的重要保证，在施肥上要走出"施肥量越大，增产增收效果越好"的误区，推广应用平衡施肥技术。底肥要于作床前施入，结合翻耕作床翻入土壤中进行全层施肥，进一步补充土壤养分之不足。

通过大量田间实验，得到农田栽参土壤改良的农家肥用量为 3.75~9.00kg/m² 为宜，农家肥以鸡粪及猪粪为主，按照 2：1（W/W）混匀，发酵备用。基肥中可加入适量的无机肥，它的特点是养分浓度高，肥效快而猛，肥料效短。但化肥用量不宜过大，过大会导致出苗不齐，烧须烂根严重并加重土壤盐渍化，具体用量可通过采土化验，根据人参生长需肥规律加以确定。人参生产中常用的化肥主要有二胺、尿素、过磷酸钙及硼肥、镁肥等。另外，生物肥也可做基肥施用。

人参施基肥可以分为休闲改良和补充肥料两个阶段。参田休闲改良期施绿肥阶段的方法是在 5 月初种植玉米（种子用量 4.5~7.5g/m²）、紫苏（种子用量 1.5~3g/m²）或大豆（种子用量 6~10g/m²）等作物，8 月上旬收割、切碎、回田，腐熟消解，每隔 15 天左右耕翻 1 次。种植豆科作物可明显提高土壤的氮素营养，种植禾本科须根作物则有利于增加土壤有机质含量。种植绿肥作物和多次的耕翻，有利于熟化土壤，改善土壤环境。如果土壤通透性差，在休闲整地时可掺拌适度的河沙以增加土壤通透性；如果土壤沙性过大，可掺适量黑土，以增加土壤保肥能力。

整地作畦期应补充有机肥、生物菌肥、无机肥料。5~6 月整地时补施腐熟鸡粪、猪粪或羊粪等（1.5~6kg/m²），同时也可施豆饼粉和过磷酸钙。这些肥料要提前 2~3 个月混在一起，充分发酵腐熟后施用。混合腐熟好的肥料在做畦时把肥料均匀地施入 10~16cm

深的床土中，覆上 3cm 的土，在其上播种或栽参，然后覆土 3~6cm。根据菌群结构特征，可选择 2~4g/m^2 芽孢杆菌、5~8g/m^2 哈茨木霉菌及复合 EM 菌肥的 1 种或 2 种施入土中。

（二）追肥施用技术

追肥主要目的是补充基肥的不足和满足植物中后期的营养需求。追肥施用比较灵活，要根据人参生长的不同时期所表现出来的元素缺乏症，对症追肥。氮、钾及微肥是最常见的追肥种类。

追肥时期一般在春季展叶期，追施腐熟圈肥、豆饼及草木灰等混合肥料，也可追施化学肥料。追施氮肥时，根外撒施铵态氮肥和酰胺态氮肥，易与空气直接接触，容易使铵离子变为硝酸根离子而被人参吸收积累，易使人参中硝酸盐含量增加；另外，氮肥撒施时，若人参叶面有露水或雨后叶面潮湿时容易使其粘在植株叶片上，有烧苗、灼伤植株的风险，故不宜采用。追施氮肥应选用深施覆土的方法，将氮肥施入土壤中，能提高肥料利用率，避免肥料与空气直接接触，在缺氧条件下好气性细菌活动微弱，硝化作用进行缓慢，氮肥中铵离子很少转变为硝酸根离子。钾有抑制硝酸盐在药用植物中积累的作用，所以在施用氮肥时，最好与磷、钾肥配合施用。

人参根际追肥较好的方法是在参苗出土之前把所要追的肥料均匀扬在床土上，结合中耕松土拌入土中；如果条播可开沟追肥，在苗出齐后，结合松土在行间开沟施肥，浇灌足够水后覆土。可追发酵好的豆饼粉 0.1~0.15kg/m^2；如果追猪粪或鸡粪最好前 1 年发酵腐熟，第 2 年春季用；追速效肥，可追二胺 0.15~0.2kg/m^2，过磷酸钙 0.05~0.1kg/m^2；另外磷细菌肥也可作根侧追肥，磷细菌能促进土壤中磷酸盐转化成有效磷，便于人参吸收，提高人参根的重量。追肥的要点是应注意肥料用量不宜过大，追肥时开沟不能伤参根，追肥后浇一遍水。

（三）叶面肥施用技术

叶面施肥是将水溶性肥料或生物性物质的低浓度溶液喷洒在生长中的作物叶片上的一种施肥方法。可溶性肥料通过叶片角质膜，经外质连丝到达表皮细胞原生质膜而进入植物体内，用以补充作物生育期中对某些营养元素的特殊需要或调节作物的生长发育。叶面肥供应养分快，但供应量不足，因此多适用于紧急缺素状况及需求量较少的微量元素的补充。

在人参生长旺盛期，当体内代谢过程增强时，叶面肥追肥能提高人参的总体机能。人参生长后期，当根系从土壤中吸收养分的能力减弱时或难以进行土壤追肥时，叶面肥追肥能及时补充养分，矫正人参缺素症。叶面肥追肥可以与病虫害防治相结合，药、肥混用，但混合以不致产生沉淀为前提，否则会影响肥效或药效。叶面肥施用效果取决于多种环境因素，特别是气候、天气、风和溶液持留在叶面的时间。因此，叶面肥追肥应在天气晴朗、无风的早晨或傍晚进行，不宜在中午喷施。

人参叶面肥追肥是及时补给缺素营养最快的办法，有明显的增加人参根和种子产量的作用，有研究表明叶面喷施2%过磷酸钙可使人参种子增产34.1%；喷施2%高锰酸钾，可使人参种子增产38.3%；喷施1%氯化钾，可使人参种子增产30%，但叶面肥不能代替根际施肥。叶面肥追肥应根据人参缺素症选择合适的叶面肥料，如人参缺氮时，植株矮小瘦弱，叶色淡绿，严重时呈现淡黄色，可以喷施浓度为0.2%~0.5%的尿素溶液；缺磷时，茎叶柔嫩，出现徒长，可以叶面喷施浓度为2%的过磷酸钙溶液或稀释800~1000倍磷酸二氢钾溶液；缺钾时，植株生长迟缓，叶尖或叶缘黄褐色，根易腐烂，可喷施稀释1000倍的磷酸二氢钾溶液。人参缺少硼、锌等微量元素时，可喷施少量微量元素肥料，如0.2%~0.5%的硫酸锌、0.01%~0.05%的硼砂等。叶面肥喷施时要求叶正面及背面喷施均匀，喷施量以叶面湿润为宜。

总之，人参无公害栽培施肥关键技术应注意以下几点：应以基肥为主，辅以追肥、叶面肥；有机肥宜做基肥，化肥、微量元素肥等宜做追肥；通过观察株形叶色，发现症状及时鉴定，及时补充其所需肥料；人参施肥采用有机肥和化肥结合，施肥效果较好。

三、移苗期氮肥施用技术

氮素是人参生长发育不可缺少的营养元素，是制约人参产量和品质的重要因素。氮肥施用不当，可对人参生育、产量、品质造成不良影响。氮肥的施用形态、施肥数量及比例对人参的生长发育、产量形成、代谢调控、皂苷含量及病害发生影响显著。氮肥施肥技术是无公害人参栽培技术体系的重要环节，开展无公害人参氮肥栽培关键技术研究有利于优质人参生产，可为减肥增效及环境友好型可持续生态人参种植产业发展提供科学依据。

为探究氮肥对人参生物量积累及次生代谢产物合成的影响，开展无公害人参氮肥栽培关键技术研究试验。试验以2年生营养生长阶段人参为试材，分别施加氮浓度为0mg/L，10mg/L，20mg/L和40mg/L的改良霍格兰营养液，并编号为Z，L，M，H，观测叶色、茎粗、叶绿素含量等表型变化，测定光合速率动态变化，定量分析皂苷合成关键基因 *PgHMGR* 和 *PgSQE* 的时空表达量。

（一）不同氮水平下人参生长特征

分析不同氮素浓度处理40天以后的无土栽培人参的生长情况，研究发现氮素水平显著影响人参叶片的营养生长状态。氮素施用浓度为0mg/L时，人参叶片颜色黄化严重；当氮素浓度为10mg/L时，其叶片颜色较20mg/L和40mg/L时叶片颜色稍浅，氮素浓度为40mg/L时人参叶色最浓绿。但对不同氮浓度下人参营养生长阶段茎粗的分析结果显示，氮浓度对人参茎粗的影响效果并不显著（$P > 0.05$）（图5-6）。

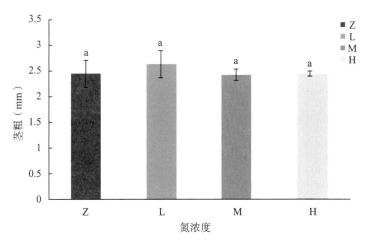

图 5-6　不同氮浓度下人参营养生长阶段茎粗分析

Z，L，M，H 分别表示对照、低浓度、中浓度和高浓度氮梯度 0mg/L，10mg/L，20mg/L，40mg/L。

（二）不同氮水平下人参光合特性变化

对不同氮水平下人参叶片中叶绿素含量变化规律的分析表明，在氮浓度为 0~40mg/L 的范围内，叶片中叶绿素含量随着氮浓度的升高而表现出先上升，然后含量变化趋于平缓的趋势。氮浓度为 20mg/L 和 40mg/L 时，人参叶片中叶绿素含量较高，分别为 36.94mg/g 和 36.41mg/g，二者之间的叶绿素含量差异不具有统计学意义（$P > 0.05$），而其他氮素组间差异具有统计学意义（$P < 0.05$）（图 5-7）。

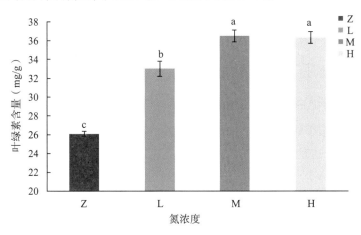

图 5-7　不同氮浓度下人参营养生长阶段叶绿素含量分析

Z，L，M，H 分别表示对照、低浓度、中浓度和高浓度氮梯度 0mg/L，10mg/L，20mg/L，40mg/L。

不同氮水平下人参净光合速率的动态结果显示处理 5 天时，不同氮水平间净光合速率的变化差异不大，当处理时间延长至 10 天时，净光合速率差异变化最明显，当处理时间达 40 天时，净光合速率间差异具有统计学意义（$P < 0.05$）。总体而言，随着处理时间的延长，人参叶片净光合速率呈现先升高后下降的趋势，处理第 10 天时净光合速率最大，氮浓度为 20mg/L 时，其光合速率达最大值为 2.14μmol/（$m^2·s$）。处理第 40 天时，

CK 组人参叶片的净光合速率最低，氮浓度为 20mg/L 的净光合速率与 40mg/L 组相比变化不大（图 5-8）。

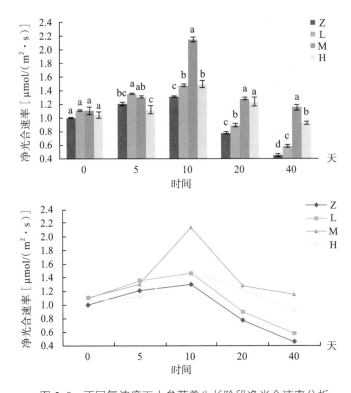

图 5-8　不同氮浓度下人参营养生长阶段净光合速率分析

Z，L，M，H 分别表示对照、低浓度、中浓度和高浓度氮梯度 0mg/L，10mg/L，20mg/L，40mg/L。

（三）不同氮水平下人参功能基因分析

1. 不同氮水平下人参 *PgHMGR* 基因表达

不同氮水平下人参根、茎、叶中 *PgHMGR* 基因表达趋势具有一定的差异性（图 5-9）。人参根中 *PgHMGR* 基因在氮浓度为 20mg/L 时表达量最高，氮浓度为 40mg/L 时，人参根中 *PgHMGR* 基因的相对表达量最低，与其他氮浓度下根中 *PgHMGR* 基因的表达量差异具有统计学意义（$P < 0.05$）。人参叶片中 *PgHMGR* 基因表达量随着氮浓度的升高，呈现为先下降后升高的趋势。0mg/L 与 40mg/L

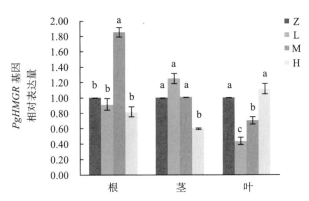

图 5-9　不同氮浓度下皂苷合成相关基因 *PgHMGR* 在人参不同组织中相对表达量

Z，L，M，H 分别表示对照、低浓度、中浓度和高浓度氮梯度 0mg/L，10mg/L，20mg/L，40mg/L。

氮水平下人参叶片中 *PgHMGR* 基因的表达量差异不具有统计学意义（$P > 0.05$），其他氮素水平间差异具有统计学意义（$P < 0.05$）。

2. 不同氮水平下人参 *PgSQE* 基因时空表达

氮水平显著影响人参根、茎、叶中 *PgSQE* 基因的表达量（图 5-10）。氮素水平分别为 0mg/L，10mg/L，40mg/L 时，人参根中 *PgSQE* 基因表达量差异不具有统计学意义（$P > 0.05$），氮浓度为 20mg/L 时，*PgSQE* 基因的表达量与其他氮水平下该基因的表达量差异具有统计学意义（$P < 0.05$）。人参茎中 *PgSQE* 基因的表达量呈先升高后下降的趋势，氮浓度为 20mg/L 时，*PgSQE* 基因表达量最大，与其他浓度下该基因的表达量差异具有统计

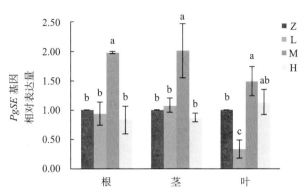

图 5-10　不同氮浓度下皂苷合成相关基因 *PgSQE* 在人参不同组织中相对表达量

Z，L，M，H 分别表示对照、低浓度、中浓度和高浓度氮梯度 0mg/L，10mg/L，20mg/L，40mg/L。

学意义（$P < 0.05$）。人参叶片中 *PgSQE* 基因相对表达量在氮浓度为 20mg/L 和 40mg/L 时，二者之间差异不具有统计学意义；氮浓度为 0~40mg/L，*PgSQE* 基因的相对表达量差异不具有统计学意义（$P > 0.05$），其他处理项间 *PgSQE* 基因的表达差异具有统计学意义（$P < 0.05$）。

研究表明不同氮浓度处理下，人参光合速率和叶绿素含量变化差异具有统计学意义，根、茎和叶中 *PgHMGR* 和 *PgSQE* 基因相对表达量差异具有统计学意义。氮浓度为 20mg/L 时，人参叶片净光合速率和叶绿素含量最大，叶片净光合速率随时间延长呈先上升后下降趋势。根中 *PgHMGR* 与 *PgSQE* 基因的相对表达量最高。推测适宜人参营养生长阶段的最适氮浓度为 20mg/L（纯氮量），该浓度是人参最适皂苷合成氮浓度。以 2 年生营养生长阶段的人参幼苗为材料，研究不同氮水平下人参幼苗的形态特征及光合特性的变化，分析了不同氮水平下皂苷合成相关基因 *PgHMGR* 和 *PgSQE* 的时空表达量，筛选出适宜人参生长及皂苷合成的适宜氮浓度，为改善人参商品性和优质率奠定理论基础，为人参施肥技术体系建立提供科学依据。

四、小结

人参种植经历了从无肥到有肥、从有机肥到有机肥与无机肥相结合的发展阶段。随着栽培措施的不断改进，人参单产有很大提高，人参施肥受到广泛重视。无公害人参合理施肥技术是根据人参的需肥规律，土壤供肥性能与肥料效应，由传统的经验施肥方法走向科学定量化的施肥技术。提出人参无公害栽培施肥应以有机肥为基础，养分归还、

最小养分律为指导，根据作物种类及生长阶段等内部因子信息，结合土壤供肥能力和肥料效率，将大量元素与微量元素进行配比，建立了相应的无公害施肥技术，结合土壤消毒、促使紫苏等绿肥回田、施肥改土等措施修复土壤、改善土壤结构、增加土壤肥力，提高了参苗的存活率，更好地保证了优质人参的生长。在无公害施肥的基础上可逐步实现人参绿色及有机施肥方法，从而建全优质人参药材合理施肥体系。

参考文献

［1］陈士林，董林林，郭巧生，等．中药材无公害精细栽培体系研究［J］．中国中药杂志，2018，43（8）：1517–1528．

［2］黄鸿翔，李书田，李向林，等．我国有机肥的现状与发展前景分析［J］．土壤肥料，2006（1）：3–8．

［3］郭丽丽，郭帅，董林林，等．无公害人参氮肥精细化栽培关键技术研究［J］．中国中药杂志，2018，43（7）：1427–1433．

［4］高金方，金龙南，赵述文，等．人参（Panax ginseng）的氮过剩现象——人参氮毒原因初探［J］．土壤学报，1997（2）：206–211．

［5］吕林．外源磷对人参品质和土壤理化及生物学特性的影响［D］．中国农业科学院，2019．

［6］黄瑞贤，吕昕，黄祖兴，等．追施钾肥对人参生长及产量的影响［J］．人参研究，2016，28（1）：38–40．

［7］张春阁．钾肥对人参生长发育影响的研究［D］．中国农业科学院，2018．

［8］陈佳，金红宇，戴博，等．化肥施用对人参品质影响的观察［J］．中药材，2012，35（6）：847–850．

［9］张平，索滨华，郭世伟，等．基肥氮素水平与人参碳氮代谢［J］．吉林农业大学学报，1995（2）：63–67．

［10］赵英，王秀全，郑毅男，等．施用化肥对人参产量性状的影响［J］．吉林农业大学学报，2001，23（4）：56–59．

［11］崔增平，胡秀艳，崔著明．人参测土配方施肥技术要点［J］．现代农业，2014（12）：34–35．

［12］杨振，孙海，李腾懿，等．钙对人参某些生物学性状和生理指标的影响［J］．吉林农业大学学报，2014，36（6）：674–679．

［13］郑友兰，张崇禧，李树殿，等．锗（Ge）元素对人参生长发育的影响［J］．人参研究，1994（4）：7–10．

［14］丁丹丹，李西文，陈士林，等．优质中药材栽培合理施肥探讨［J］．世界科学技术–中医药现代化，2018，20（07）：1114–1122．

［15］董林林，苏丽丽，尉广飞，等．无公害中药材生产技术规程研究［J］．中国中药杂志，2018，43（15）：3070–3079．

［16］刘兆荣．人参营养与施肥及人参去向施肥模型的研究［M］．北京：中国农业出版社，2012．

［17］李志洪，陈丹，刘兆荣，等．施肥对人参干物质积累和氮磷吸收影响的研究［J］．吉林农业大学学报，1993（4）：59-62．

［18］刘翔，赵和，吕凤华，等．追施无机氮对人参产量和品质影响的研究［J］．中草药，1994（10）：536-538．

［19］郭玉林．"5406"菌肥促使人参增产的肥效作用的研究［J］．中药通报，1985，10（2）：55-57．

［20］孔祥义，王英平，常维春，等．硼对人参三要素积累的影响［J］．特产研究，1997（4）：16-17．

［21］刘兆荣，丁桂云，孙艳君，等．人参氮、磷、钾吸收、积累与分配的动态变化［J］．吉林农业大学学报，1994，1：48-52．

［22］许永华，曹志强，宋心东．对人参生产中科学施肥的探讨［J］．人参研究，2004，1：22-25．

［23］么历，程惠珍，杨智．中药材规范化种植（养殖）技术指南［M］．北京：中国农业出版社，2006．

［24］沈亮，李西文，徐江，等．人参无公害农田栽培技术体系及发展策略［J］．中国中药杂志，2017，42（17）：3267-3274．

［25］Dong L，Li Y，Xu J，et al．Biofertilizers regulate the soil microbial community and enhance *Panax ginseng* yields［J］．Chinese Medicine，2019，14（1）：20．

［26］索滨华，张平，郭世伟，等．磷肥与参根磷素营养碳水化合物和皂苷的相互关系［J］．吉林农业大学学报，1994（04）：87-91．

［27］徐江，董林林，王瑞，等．综合改良对农田栽参土壤微生态环境的改善研究［J］．中国中药杂志，2017，42（5）：875-881．

［28］张治钧，张吉民，李启辉，等．人参施微肥、稀土效果研究［J］．辽宁农业科学，1998（3）：14-16．

［29］赵英，何忠梅，杨世海，等．人参需肥规律与测土配方施肥技术研究［J］．人参研究，2016，28（5）：2-6．

第六章　无公害人参农田栽培荫棚搭建与遮荫调光

人参为多年生草本阴性植物，需要在遮荫条件下进行栽培。遮荫方式不同，直接影响人参生育和产量。光是光合作用的能源，植物的全部产品，直接或间接来源于光合作用。光合能力的大小，与植物经济产量或生物产量的形成关系极大。光照不仅对植物的生长发育起着重要作用，而且对植物体内的次生代谢也有重要影响。农田栽培人参作为新兴的人参栽培方式，对于光环境的调控非常重要，因此，开展无公害人参农田栽培荫棚搭建与调光，对提高人参产量和质量意义重大。农田栽参荫棚搭建应遵循经济适用、简便有效原则，荫棚搭建过程中可采用能够调节农田人参生长的复式棚模式，使用遮阳网、塑料模等新型材料进行遮荫调光，达到促进人参健康生长的目的。

第一节　人参光合作用机制研究

光作为一种重要的环境因子，会直接影响植物的光合作用，对植物的生长发育具有重要影响。人参为阴生植物，光照强度大小对其光合作用，产量和质量均有较大影响。农田栽参作为新兴的人参栽培方式，对于光环境的调控非常重要。人参光合作用具有季节变化、日变化和不同生育期变化特性，人参叶片光合速率日变化受空气、水分、温度、光强、光质及叶片生理状态等的影响。解析人参光合作用机制，对提高人参光合速率具有重要意义。

一、人参光合作用生理规律

（一）人参适宜光照强度

由于各地区环境条件及人参品种不同，有关人参适宜光照强度的报道差异较大。有文献报道，在研究中发现，人参的光补偿点约为 0.4klx，由 0.4klx 至 10klx 时，人参光合强度直线上升，但由 10klx 到 33klx，人参光合强度增高缓慢。据苏联学者测定光强在 1.1~3.2klx 时，光合强度微弱，光强由 3.2klx 至 22klx，光合强度急剧增加，认为人参的光饱和点为 22klx（CO_2 浓度在 0.8% 以下）。一些学者测得的光饱和点范围为 4~35klx，最常见的是 20~30klx。另有文献报道，研究测得，人参光饱和强度为 10~20klx，适宜光照强度为 6~20klx。田间条件下，人参在全光的 20%~60% 下发育好，产量高，对有效物质积累有利。近年来，在遮荫网的推广下，参棚内增加了折射光照，受光量达 8klx，人参长势更好。透光率的改变对农田人参有一定的影响，研究表明 4 年生农田人参各形态指标在 20%~30% 透光率条件下，达到最大值，该条件适合农田人参生长及物质积累。在 30~40% 透光率条件下，4 年生农田人参叶片的抗逆酶活性较高，适宜叶片生理活动的进行。在一定透光率条件下，随着透光率的升高，有利于人参多糖物质积累。人参皂苷含量随着透光率的升高呈现先增加后减少的趋势。在 25~30% 透光率条件下，有利于 4 年生农田人参有效成分的积累。

（二）人参光合作用日变化规律

叶片净光合速率日变化是人参光合作用日变化规律的重要指标，得出一天中人参叶片净光合速率并进行合理调控，可有效提升人参光合速率。有文献报道，观察人参叶片光合作用的日变化主要受冠层上部光照的影响，在遮荫棚下，呈单峰曲线型变化，气孔开闭，气孔导度和蒸腾作用一日中的变化与光合作用的日变化基本吻合，清晨至上午 10 时前，所测叶片净光合速率较高，这时环境中 CO_2 浓度较高，湿度较大，温度适宜。对多年生人参光合速率日变化特征进行分析，结果表明 4 年生及 6 年生人参均呈现出早晨和傍晚光合速率较低，随光照强度增加，其光合速率不断升高，中午期间的光合作用速率达到最大值，之后光合速率逐渐下降。人参光合速率高稳时期是每天 8 时至 16 时，在此时期提高光能利用率对人参产量具有重要意义。因此，为促进人参光合作用，应注重参棚内光强和气温日变化调控。

（三）人参生育期光合作用变化规律

人参在一年内的生育周期分为展叶、开花、绿果、红果等多个时期，不同时期人参光合作用速率差异较大，为合理调控人参生长，开展人参生育期光合作用变化规律研究具有重要意义。有文献报道，研究表明农田人参叶片的净光合速率在全年生育期内呈现双峰曲线特征，在展叶期和绿果期出现峰值，开花期略低，红果期后逐渐降低，黄叶期最低。其中，绿果期的叶片净光合速率对光强的响应最敏感，而开花期叶片次之，说明绿果期是人参生长的关键时期，应加强绿果期人参生长的环境因子调控。

二、不同因素对人参光合机制影响

（一）光强对人参光合特性影响

光照是农田栽参进行光合作用的能量来源，荫棚内光照强弱直接影响农田人参的光合效率。有文献报道，研究表明荫棚透光率大小对人参生长影响很大，当荫棚透光率低于 20% 时，人参叶片净光合作用速率较低，人参生长缓慢；当荫棚透光率超过 40% 时，人参叶片叶绿素含量明显下降，净光合作用速率不再增加，适宜人参生长的荫棚透光率以 25%~40% 为宜。研究表明荫棚透光率 25%、光强为 20klx 时，人参光合速率最高，随着光强提高，光合速率降低。另外，研究认为茎、叶柄、叶、花梗的长度和叶的宽度随光照强度的增加而减少，茎的数量随着光照强度增加而增加。参根中萜和生物碱含量随光照强度的减少而增加。在 5% 光照下人参生长叶中没有皂苷 Rb_3 的峰值。在 30% 光照下生长叶 Rh_1 峰值较高。随着光照强度的增加，人参二醇皂苷和三醇皂苷含量减少。为促进人参健康生长、提升产量，需要依据参龄、生境等条件调控光照强度。通常低年生人参长势较快，可适当增加参棚透光率，促进人参光合作用；当参龄 5 年生及以上时，人参长势变慢，适宜减少透光率。研究得出，同一颜色灯光在不同光强下，人参光合速率随着光强的增强而直线上升（在饱和点光强以下）；人参在直射强光下，叶片气孔关闭，光合速率下降直至零，在自然光下光合速率不如在遮荫棚和人工光照下高。

（二）光质对人参光合特性影响

人参在光合作用中吸收的光能主要通过光合色素进行转化，而光合色素对光的吸收具有一定选择性。一般短波的蓝紫光有利于提高人参光合速率，而绿光下人参光合速率则会下降。因此，光质在一定程度上会影响人参光合作用高低。根据不同地区环境特征和人参长势情况，选择不同颜色的参膜具有重要意义。有文献报道，研究表明与梯形棚及覆盖黄膜相比，拱形棚覆盖蓝色棚膜可有效促进人参叶片光合作用，促进农田人参生长。高光效膜改善了光质，增加了红光成分，提高了光合效率，出苗率与保苗率均比普通膜明显提高，参苗生长茂盛而健壮，采用高光效膜还能提高人参抗病能力，增强光合作用。分析表明紫膜和黄膜可明显提高人参皂苷含量，应用高光效膜改善光质，促进人参活性成分积累。

（三）温度对人参光合特性影响

光合作用暗反应是由酶催化的化学反应，而温度会影响其化学反应速率。因此，温度是影响人参光合作用的重要因素。有文献报道，研究发现温度对人参光合速率影响较大，人参光合作用最适温度为 18~25℃，展叶后 30 天以内的叶片不仅光合作用较强，对温度响应也敏感。一般低温（5~15℃）对人参叶片光合效率的抑制作用不大，但在高温（30~40℃）条件下叶片光合效率明显下降，这可为无公害人参农田栽培合理调节温度提供依据。另有文献报道，的研究表明，最大光合作用能力大都出现在 18℃ 以下，表明人参喜低温。人参在低光照强度下生长的叶子于 20℃ 时光补偿点比较高，但在 30℃ 时则恰好相反。研究发现农田人参叶片净光合速率与参棚内气温和光量子通量显著相关。光饱和点与温度关系密切，温度在 10~30℃ 范围内呈明显负效应。

（四）水分对人参光合特性影响

水是光合作用的重要原料之一，也是人参生命活动的重要介质，缺水导致人参光合作用下降，甚至停滞。有文献报道，研究表明在全生育期内，当土壤相对含水量为

40%~80% 时，人参光合速率随土壤含水量上升而提高，当全生育期土壤相对含水量在 40% 以下时，人参光合作用速率则显著下降。另有文献报道，测定 4 种水分处理的 4 年生人参光合速率差异，结果表明当土壤相对湿度为 60%~80% 时，在一年的生育期内光合速率高；但当相对湿度大于 80% 或小于 40% 时，光合速率逐渐下降直到停止，这与其他相关文献报道的研究结果较为相似。为促进人参健康生长，研究表明农田栽参红果期前土壤相对含水量应控制在 80% 以内，而在红果后期到人参采收期土壤相对含水量可以略有提高。在水分胁迫条件下，短时间内增加光强可使光合速率有所回升，但尚不能弥补水分胁迫带来的影响。因此，在人参生育期间，应加强水分管理，使人参处于稳定的高光合速率，促进人参健康生长，提高产量和质量。

（五）CO_2 对人参光合特性影响

CO_2 是人参进行光合作用的主要原料，增加 CO_2 供应量可显著提高叶片光合速率，提高人参产量。当 CO_2 浓度较低时，氧气含量对光合作用影响较大，但在高浓度 CO_2 条件下氧气影响作用变低。有文献报道，研究表明当 CO_2 浓度在 36.6~500μmol/mol 范围内，人参光合速率随 CO_2 浓度增加而提高，但 CO_2 浓度超过 500μmol/mol 时，人参光合速率则缓慢提升。另外，叶片生理状况也是影响 CO_2 吸收的关键因素之一，一般功能健全的人参叶片对 CO_2 浓度变化响应敏感，而衰老的叶片对 CO_2 浓度变化响应不敏感。因此，在人参生长期应注意合理调控温度、水分和 CO_2 浓度，从而促进人参光合速率提升。

（六）比叶重对人参光合特性影响

比重叶是影响人参光合作用的重要指标，其数值大小受光照条件影响很大，一般透光率大的荫棚下人参比重叶较大，光合速率也高。有文献报道，对不同年生及不同遮荫程度的人参比重叶进行分析，结果发现 1 年生和 4 年生人参叶片比重叶较高，而 3 年生和 6 年生人参叶片比重叶较低；随着荫棚透光率增加，人参的比重叶会不断增加，当荫棚透光率超过 45% 时，人参的比重叶会下降。因此，为提高人参光合速率，应注意调控人参棚内光照强度，使人参比重叶处于一个较高的水平。

第二节　人参荫棚搭建方法

人参喜阴凉，适宜生长在遮荫湿润的环境中。因此，农田栽参需要通过搭设荫棚调节其生长环境。由于人参种植产区广，各产区生态环境差异较大，在长期的生产实践中，逐渐形成了种类繁多的棚式结构。遮荫方式不同，对人参生长、产量和质量均有较大影响。选择适宜各产区的棚式结构，在荫棚搭建及管理过程中开展无公害农业防治，可有效促进农田人参健康生长。目前，农田栽参常见棚式结构为拱形棚和复式棚两种。

一、参棚类型及搭棚基本要求

按透光透雨程度划分：参棚既不透光，又不透雨的为全荫棚；参棚透光15%~30%，但不透雨的为单透棚；参棚既透光，又透雨的为双透棚。不同参棚由于采用的棚式结构、遮荫材料等不同，导致参棚内小气候环境差异较大。从栽培地区看，各地区参棚搭建方法差异较大，韩国主要采用单向倾斜遮荫方式，日本采用屋脊式全荫棚，朝鲜为单透棚遮荫，而中国采用拱形棚和复式棚方式（表6-1）。

参棚构造不同对人参生长发育、产量提升及品质形成具有较大的影响。荫棚种类不同，易导致参畦土壤湿度及光照差异较大。参畦土壤湿度高低与参畦宽度、漏雨情况显著相关；参棚内光照好坏与参棚大小、高低均显著相关。参棚张口小，光线过强，人参生育不良，容易感染疾病；而参棚张口大，光线过强，则会导致叶片出现日灼病等问题。因此，各产区应因地制宜，选择适宜当地的参棚结构。棚材不同对人参生长也会产生影响，常见棚材种类有板棚、草棚及塑料棚等。各种棚材的特点差异较大，板棚过于沉重，操作不便，但可以重复利用；草棚容易漏雨，易引起病害等问题，但成本较低；塑料棚虽然造价较高，但棚下小气候状况好，人参生育期长，增产效果显著，而且病害较少。因此，根据各地实际情况，选择适合当地的棚式材料。目前，我国农田栽参常用的棚式材料主要以木质柱角、塑料膜和遮阳网为主。

表6-1　不同地区农田栽参棚式结构比较

地区	搭棚类型	搭棚材料	搭棚时间
韩国	开城式、丰基式及锦山式，单向倾斜遮荫棚	水泥柱、铁线、木条、黑色遮光塑料布、白色塑料布等	4月中旬出苗期
日本	半屋脊式北高南低等全荫棚	铁质钢管、松木、竹子、铁线、塑料布等	4月中旬人参出苗期
朝鲜	倾斜屋檐式单透棚	木制立柱、塑料板、稻草等	4月出苗至展叶期前
中国	复式遮荫棚或拱形棚	50%遮阳网、蓝色及黄色参膜	10月立柱，4月搭棚

二、棚架搭建方法

（一）复式棚搭建方法

下层是单畦拱棚（拱高110~130cm），只上一层参膜，起到防雨作用；上层是全封闭大棚（棚高180~200cm），只上一层遮阳网，起到遮光和防止淋雨的作用。由于该棚式分上、下两层，故称"复式棚"。复式棚可有效增加棚内光照强度和气温，提高透光率，便于操作（图6-1）。目前该棚式结构在农田栽参田间生产中较为常用（表6-2）。

复式棚搭建所用的材料主要包括立柱、参杈、拱条、遮阳网、参膜及铁线等。立柱采用粗度为6~9cm的硬杂木或落叶松杆，长度约为2.2~2.5m。参杈选用粗度4~5cm，

图 6-1 农田栽参复式棚样式

长度约为 1.2~1.5m 的硬杂木或松树枝干。拱条选用长 2.2~2.6m，宽度不小于 3cm 的竹条；或直径为 0.6~1.0cm，相似长度的钢管。黑色遮阳网的遮光度为 60%，宽度因池床及作业道宽度而定。参膜为人参专用膜，以蓝色或者黄色为主，厚度 0.06~0.08mm，宽度为 2.2m。在秋季播栽完成后至土壤上冻期间合理安排时间，将立柱埋入土中。立柱纵向间距以 6~8m 为宜，横向宽度以两个池床和作业道的距离为准。第二年开春土壤化冻前，将复式棚的横线铁丝拉上，土壤上冻后尽快安装参杈和绑架子，参杈要用锤子夯实，下到床邦 1/2 处，固定，保持高度一致。拱棚支架要绑牢，棚拱高度以距离床面 100~125cm 为宜。移栽及播种的农田地可以先覆盖遮阳网，待农田人参苗出齐后覆盖参膜，托遮阳网的铁线要拉直绷紧，同时将遮阳网及参膜拉紧绑牢。吉林省集安、通化地区及辽宁省新宾、抚顺气温较高，风力较小，农田栽参多采用复式棚遮荫技术。

（二）拱形棚搭建方法

拱形棚是由前后等高的立柱和拱条组成，有拱形棚顶，但没有棚檐的参棚，主要用于单、双透棚使用。拱形棚上部的空气容量大、温度高、比重较轻，且处于参膜保护范围内，可为人参正常生长提供有利条件（图 6-2）。拱形棚可调节土壤水分，保持棚内温度恒定，有效延长人参的生长时间，提高人参产量和质量，其优点如表 6-2 所示。

拱形棚搭建所用的材料包括立柱、木条、顺杆、拱条、遮阳网、参膜及铁

图 6-2 农田栽参拱形棚样式

线等。各种植区在参棚搭建过程中，应依据当地生态环境及土壤质地，选择适宜当地人参生长的参棚结构，达到促进农田人参健康生长的目的。参棚搭建首先需要埋立柱，两柱角横向宽度为 120~180cm，两柱角纵向距离为 150~250cm，床面高 20~35cm，拱高为 135~155cm，柱角地上部高度为 70~90cm，拱条两端用铁钉固定在参畦两侧柱角上。参膜覆盖时要用铁丝卷住，牢牢固定在两侧柱脚上。其他操作与复式棚搭建方法相似。参棚搭建所用材料应避免使用容易发霉变质的木质材料及遮盖物，尽量选用塑料等具有一定抗腐蚀性物质，从而减少病虫害的传播及蔓延，减少有毒有害农药的使用量。目前，吉林省靖宇县、抚松县、长白县及黑龙江省一些地区气温低，风力大，农田栽参多采用

拱棚栽培模式。

（三）双透棚搭建方法

双透棚是一种既透光又透雨的棚式结构，参棚只用遮阳网进行覆盖，利用自然界的光照和雨水，达到土温、水温和气温的一致性，在解决了浇水问题后，增强了光合作用，促进了人参产量提升。农田栽参可根据参地土壤砂性和地势梯度，在 3~5 年生的人参移栽种植过程中使用双透棚种植模式（表 6-2）。

表 6-2 不同搭棚方式的特点比较

种类	特征	优点
复式棚	上层平面遮阳网，下层拱棚	有效增加棚内光照强度和气温，提高透光率，提升人参产量和质量；减轻病害发生，降低日灼病发生
拱形棚	拱形棚顶，无棚檐参棚	减轻环境因子对人参生长伤害；可接收外界降雨调节水分，防止病害传播
双透棚	既透光，又透雨	确保土温、水温和气温一致，增强光合作用，促进产量提升

第三节　人参遮荫调光

人参为长日照阴生植物，具有单位面积上叶气孔数目少、无栅栏组织、叶肉细胞稀疏等特征。光照过强时，人参叶绿素被破坏，叶片被灼伤，而逐渐丧失生理功能；光照过弱时，植株细高徒长，光合速率下降，有机物质积累减少，导致人参产量低、质量差。因此，随着参龄及气候环境因子变化，需要及时调整参棚内的光照强度。遮荫调光可保持人参一直处于适宜的光照环境中，从而达到促进农田人参健康生长的目的。遮荫调光主要依靠参膜、遮阳网及其他遮荫涂料完成。参棚选择主要依据育苗地土壤和气候环境条件而定。一般农田参地选择单透拱棚，如农田栽参常见的拱形棚和复式棚等；干旱地区可选用双透棚等。比较发现拱棚覆盖蓝色膜下人参叶片的净光合速率最高，梯形棚蓝膜次之，拱棚黄膜较低，最低的是梯形棚黄膜下人参叶片。

一、不同生育期光合因子需求

不同物候期以及一天不同时间的光强和温度差异较大。温度低时，光饱和点大。有文献报道，研究表明农田人参功能叶片在绿果期净光合速率为 0.50~3.05μmol/（m²·s）。一日中人参叶片净光合速率、蒸腾速率、气孔导度的日变化均呈现为上午升高、中午降低，并维持在较低水平，下午逐渐降低的趋势，且上午的净光合速率要高于下午。对环境因子与净光合速率的相关性分析表明，农田人参叶片净光合速率与光量子通量密度和空气温度均呈显著正相关，相关系数分别为 0.5912 和 0.5728。农田人参叶片净光合速率的日变化主要受空气温度和光量子通量密度的影响，因此，在农田栽培中应注重调控阴棚中的光强和温度指标。研究表明强光和高温可使植株生育期缩短、叶片早衰、而弱光和低温使植株生育期延长。叶片表观量子效率（AQY）、气孔导度（Gs）和蒸腾作用（Tr）自展叶期至绿果期变化不大，红果期和黄叶期持续下降；叶片光合速率与比叶重呈负相关，推测叶片光合产物的积累和消耗与光合速率的生育期变化有关。因此，得出不同生育期人参光合因子需求，可有效促进人参光合作用的提高。

人参生育期的需光趋势是出苗、展叶期光照可适当强些，随着气温升高，光照强度需要降低一些，7 月上旬到 8 月中旬需要的光照强度最低；8 月中旬后随着气温降低，人参所需光照强度可逐步提高，直到枯萎时，光照强度又可以升到出苗至展叶期的光照强度。因此，人参早春和晚秋温度低时，光照可适当大些，夏季光照要小一些。另外，在一天之内的光照强度也有较大差异，一般早、晚温度低，中午温度高，中午光照强度以接近光饱和点的光强为宜，早、晚应适当提高光照强度。有文献报道，研究表明弱光（10% 透光率的荫棚）下人参叶片净光合速率（Pn）呈单峰曲线型变化，Pn 的最大值在 12：00~13：00；适宜光强（20%~40% 透光率的荫棚）下，9:00~11:00 和 12:00~13:00 时为人参、西洋参 Pn 的高稳时期。强光（50% 透光率荫棚）下，9：00~11：00 时 Pn 最大。研究表明人参叶片的净光合速率在生育期内的 2 个高峰期分别是展叶期和绿果期，绿果期是人参生长的关键时期，此时人参的营养生长和生殖生长并行，因此，加强田间管理，保证叶片中较高的叶绿素水平，对人参高产栽培实践有重要的理论及实践意义。

二、不同年限光合因子需求

（一）1 年生人参调光方法

1 年生人参光饱和点最大值为 10~12klx。为促进幼苗健康生长，4 月下旬上一层遮阳网，使透光率达到 50% 左右；5 月中下旬再上一层浅绿或蓝色参膜，使透光率保持在 30%~40%；6 月下旬光强逐渐增大，为保证人参正常光合作用，需要加盖第 2 层遮阳网或使用喷雾器在参膜上涂一层黄泥水，将透光率调到 20%~25%；8 月下旬撤掉第 2 层遮光网，使参棚透光率达到 30%；8 月末至 9 月初应撤掉第 1 层遮阳网，只留膜使透光率达到 50% 以上。

（二）2~3 年生人参调光方法

2 年生和 3 年生人参光饱和点为 15~20klx。为促进其健康生长，2 年生、3 年生人参 5 月初上一层参膜，使透光率达到 50% 以上；5 月下旬到 6 月 15 日前膜上再上一层遮阳网，使透光率保持在 30%~40%；6 月 15 日以后在一层膜一层遮阳网的基础上，向参棚上喷施黄泥水或用 75% 遮光率的遮光网进行调光；8 月下旬将调光用的遮阳网撤掉，使得参棚透光率达到30%左右；9月中旬将第1层遮阳网撤掉，使透光率达到50%以上为宜。

（三）4~5年生人参调光方法

4年生人参光饱和点为30~35klx。具体调光操作技术：5月初上一层参膜，使透光率达到50%以上；5月中下旬至6月初在第1层膜上加盖一层遮光网，使透光率达到30%~40%；6月中下旬人参坐果期，加盖一层遮阳网，使参棚透光率达到20%；8月下旬撤掉第2层遮阳网，使透光率达到40%左右；9月中下旬撤掉第1层遮阳网，只留参膜使其透光率达到50%以上。

三、不同棚式遮荫调光

目前，在农田栽参生产实践中，主要通过搭建参棚的方式进行遮荫调光。由于各地区生态环境差异较大，棚式搭建应因地制宜。搭建的荫棚要牢而防风，而且透光性及透气性良好。遮阴调光要求如下。

（一）参棚类型选择

参棚类型主要依据当地生态环境条件决定，温度较高的产区可以采用单透拱棚，土壤湿度大的地区可以选用通风良好的拱棚，干旱地区可以选用双透棚，在春秋缺水季节可以进行接雨补水，具有灌溉条件的地区可以采用半透棚。

（二）棚架高度选择

参棚过高易受风雨袭击和长时间日光直射；过低田间操作不便，而且通风散热不好，影响人参生长。一般以檐头与畦面相距60~70cm为宜。农田栽参育苗田参棚可以适当矮些，低矮的参棚可以有效保护幼嫩的参苗免受伤害；移栽田可以适当高些，高的参棚通风散热良好，可促进人参生长。

（三）棚盖斜度

棚盖倾斜度以下雨时棚盖不积水为准。倾斜度过大，浪费架材又受强光和风雨侵害；倾斜度过低，雨水下流的速度较慢，易导致棚盖积水、参棚被压坏或棚内光照不均等问题。通过参棚架设最终达到整齐、坚固、耐久、棚下透光率均匀一致的目的。

参考文献

［1］李哲，张燕娣，许永华，等. 人参光合特性研究进展［J］. 中国农学通报，2012，28（13）：143-146.
［2］李晨曦，何章，许永华，等. 不同遮荫棚下农田人参叶片光合特性的生育期变化［J］. 吉林农业大学学报，2017，39（1）：32-37，48。

［3］李晨曦，何章，夏冬冬，等．农田人参叶片净光合速率日变化及其与环境因子的关系［J］.西北农林科技大学学报（自然科学版），2017，45（6）：199-205。

［4］徐克章，张治安，陈星，等．人参叶片比叶重特性的初步研究［J］.吉林农业大学学报，1994，16（4）：39-42。

［5］徐克章，张治安，王英典，等．西洋参与吉林人参叶片光合作用的比较研究［J］.吉林农业大学学报，1994，16（Suppl）：59-61。

［6］冯春生，高金方，王化民，等．应用14C示踪法测定人参的光合速率［J］.核农学报，1988，2（4）：226-230。

［7］王铁生，王化民，洪佳华，等．光强、光质对人参光合的影响［J］.中国农业气象，1995，16（1）：19-22。

［8］冯春生，高金方，王化民，等．应用14C示踪法测定人参的光合速率［J］.核农学报，1988，2（4）：226-230。

［9］杨世海，尹春梅．人参光生理研究进展［J］.人参研究，1994，1：2-5。

第七章　无公害人参农田栽培病虫害防治

近年来，由于对优质安全药材的需求与日俱增，为解决中药行业实际需求，陈士林研究团队构建了"中药材无公害精细栽培体系"。中药材病虫害无公害综合防治是该体系的重要一环。病虫害无公害防治是指在中药材病虫害防治过程中防治方法及所使用的药剂种类符合国家有关标准和规范的要求，且生产药材的有害物质（农药残留、重金属、有害元素）含量应控制在国家规定的安全使用范围内的防治方法。人参作为我国传统的大品种中药材，在现阶段农田栽培人参病虫害防治过程中还存在较多问题，如大多数药农缺乏综合防治知识，滥用、误用农药，致使农药残留超标的现象普遍存在；施药方法不科学，不仅浪费农药量，还降低了防治效果，同时也对生态环境造成了严重破坏；另外，不合理的种植方法也是导致农田栽参病虫害频繁爆发的主要原因。开展农田栽培无公害人参病虫害防治研究势在必行。农田栽培无公害人参病虫害防治应严格遵守"预防为主，综合防治"的防治原则。在病虫害预防上应加强人参抗病品种选育、参地土壤修复与改良工作，以提高人参自身的抗病抗逆能力，从源头上减少病虫危害。综合防治要求在解析病虫害发生规律和危害程度的基础上，应以无公害农业防治技术和无公害生物防治技术为主，以高效、低毒、低残留的化学防治为辅，综合使用农业防治、生物防治及化学防治方法减少人参病虫危害。本章结合无公害人参病虫害防治要求和防治技术，总结了近年来农田栽参中的主要病虫害种类、发病规律及其无公害防治途径，基于人参基因组筛选了人参抗病的候选基因及转录因子，并在不同生长年限及人参不同器官中进行差异表达分析，以期为无公害农田栽参病虫害防治提供参考。

第一节　基于基因组解析人参抗病功能基因

目前，人参育种研究起步较晚，抗病人参品系缺乏，人参病害防治主要通过施用化学药剂进行防治，该方法短期内可以起到防治作用，长期施用导致人参病原微生物产生抗药性，土壤微生态失衡，加剧病害传播。病原微生物是人参病害的主要诱因，抗病基因（Resistance Gene）是植物免疫过程中参与识别病菌、抵抗侵染及扩散的基因，是植物抗病性的分子生物学基础和选育抗病品种的重要分子标记。前期研究中，应用人参全基因组草图，基于从头注释流程，获得42 006个基因，与PRGdb数据库（http://www.prgdb.org）中的16 488个抗病基因进行比对，得到人参抗病基因候选基因

（ E 值< 10^{-5} ）。基于人参基因组解析人参抗病功能基因，对农田栽参病虫害防治具有重要意义。

一、人参抗病基因家族

抗病基因编码蛋白通过特定结构域或结构单元发挥识别病原微生物及免疫激活功能，按其结构域和功能可分为三大类，核苷酸结合域 – 富含亮氨酸的重复结构类（NBS–LRR）、跨膜受体 – 富含亮氨酸的重复结构类（TM–LRR）及包括转运蛋白类、凝集素类等家族在内的其他类。NBS-LRR 类按其 N 端结构可以被进一步分为含双螺旋结构类（Coiled coil-NBS-LRR，CNL）、含果蝇蛋白 Toll 和哺乳动物蛋白质白细胞介素 1 受体类似结构类（TIR–NBS-LRR，TNL）以及不含以上两种结构的其他类（NBS-LRR，NL）。三种 NBS-LRR 类都以进入宿主细胞的致病效应因子为靶点，引发"致病因子触发免疫途径"（Effector Triggered Immunity，ETI）。相似的 TM–LRR 也可分为类受体激酶类（Receptor Like Kinases，RLKs）和类受体蛋白类（Receptor Like Proteins，RLPs）。RLKs 和 RLPs 识别几丁质、鞭毛、脂多糖等致病微生物分子模式结构，被称为模式识别受体，激发"模式触发免疫途径"（Pattern Triggered Immunity，PTI）。在植物体免疫过程中，PTI 途径与 ETI 途径时常相互交叉，共同调控内质网 Ca^{2+} 的释放、活性氧簇（Reactive Oxygen Species，ROS）的富集、植物激素合成、MAPK 激酶级联反应和其他防御相关基因的表达等一系列抗病反应，阻止病害的侵染和扩大。

（一）人参抗病基因鉴别及家族分析

应用人参全基因组草图，基于从头注释流程，获得 42 006 个基因。与 PRGdb 数据库（http://www.prgdb.org）中的 16 488 个抗病基因进行比对，得到人参抗病基因候选基因（ E 值< 10^{-5} ）。所有候选抗病基因氨基酸序列经 Pfam 蛋白家族数据库再次比对，标注 TIR（果蝇 Toll 蛋白/哺乳动物蛋白质白细胞介素 1 受体类似结构 Pfam：PF01582.18）、NB-ARC（核苷酸结合域 Pfam：PF00931）以及 LRR（富含亮氨酸的重复结构 Pfam：PF00560.31/PF12799.5/PF13306.4/PF13516.4/PF13855.4）结构域。通过 COLIS Server（http://www.ch.embanel.org/software/COLIS_form.html）标注 CC（Coiled Coil）结构域。

模式植物拟南芥（*Arabidopsis thaliana*）（TAIR10）、水稻（*Oryza sativa*）（v7_JGI）、中粒咖啡（*Coffea canephora*）（v1.1）、胡萝卜（*Daucus carota*）（v2.0）、桃（*Amygdalus persica*）（v2.1）、番茄（*Solanum lycooersicum*）（iTAG2.4）、可可（*Theoroma cacao*）（v1.1）及葡萄（*Vitis vinifera*）（Genoscope.12X）等 8 种经典植物全基因组信息来源于 Phytozome 12.1（https：//phytozome.jgi.doe.gov/pz/portal.html），以相同方法与 PRGdb 数据库进行比对，注释人参各家族抗病基因。

通过将人参 42 006 个基因与 PRGdb 数据库中的 16 488 个抗病基因比对，得到 7 个类型共 1652 个人参抗病基因，分别为：CNL 家族基因（含双螺旋结构 – 核苷酸结合域 –

富含亮氨酸的重复结构类，Coiled coil–NBS–LRR）50 个，TNL 家族基因（含果蝇蛋白 Toll 和哺乳动物蛋白质白细胞介素 1 受体类似结构域 – 核苷酸结合域 – 富含亮氨酸的重复结构类，TIR–NBS–LRR）21 个，NL 家族基因（含核苷酸结合域 – 富含亮氨酸的重复结构类，但非 CNL 或 TNL）2 个，RLP 家族基因（胞外富含亮氨酸的重复结构和胞内丝/苏氨酸激酶结构类）130 个，RLK 家族基因（胞外富含亮氨酸的重复结构的跨膜受体蛋白类）877 个，Kinase 家族基因（含蛋白激酶类似结构类）139 个，及 ABC 转运蛋白类似抗病基因，凝集素类抗病基因，Mlo 家族抗病基因，MtN3 slv 族抗病基因等其他类 433 个（图 7–1）。

与其他 8 种被子植物相比，人参 RLK 家族基因 887 个，占抗病基因总数的 53.09%（其他 8 种植物占比 34.88%~46.32%），Kinase 家族 139 个，占人参抗病基因总数的 8.41%（其他 8 种植物占比 2.90%~5.49%），显示出在进化过程中明显的扩张趋势。而 3 类 NBS–LRR 家族抗病基因总数 73 个，占人参抗病基因总数的 4.29%（其他 8 种植物占比 12.85%~33.08%），呈现强烈收缩趋势。两个扩张家族均属于 TM–LRR 类抗病基因，在胞外识别几丁质、鞭毛、脂多糖等致病微生物的分子模式，通过 PTI 途径引发基本免疫反应。NBS–LRR 家族抗病基因在胞内识别致病因子或自身蛋白变化触发 ETI 途径。两条途径通过相互交叉的信号通路调控免疫进程，引起时长和强度不同的免疫反应。人参生长周期长，宿根生长过程中需接触多种土壤微生物，丰富的 TM–LRR 类抗病基因（共 1007 个，占人参抗病基因总数的 60.96%，其他 8 种植物占比 47.31%~59.74%）和相应收缩的 NBS–LRR 家族有利于精确识别致病微生物，确保植物体正常生长。

	Arabidopsis thaliana	*Coffea canephora*	*Daucus carota*	*Oryza sativa*	*Panax ginseng*	*Amygdalus persica*	*Solanum lycooersicum*	*Theobroma cacao*	*Vitis vinifera*
RLK	516	747	553	814	877	609	528	533	530
Kinase	58	61	57	89	139	62	65	84	52
RLP	91	186	157	127	130	185	141	212	160
CNL	50	678	141	452	50	188	190	246	198
TNL	145	17	24	1	21	182	48	25	85
NL	2	95	2	73	2	56	40	49	113
其他	251	317	350	427	433	366	293	379	309

图 7–1　人参及其他 8 种被子植物抗病基因家族成员数目及各家族分布

（二）人参 NBS-LRR 基因结构和家族分析

以隐马尔可夫模型预测核苷酸结合域共有蛋白序列，与候选 NBS-LRR 基因进行比对，抽取 73 个候选基因中的核苷酸结合域蛋白序列（Pfam：PF00931.20），进行 Clustal W 多序列比对。比对结果用 MEGA6 构建无根系统进化树，采用最大似然法（Maximum Likelihood，ML），设定 Jones-Taylor-Thornton 模型，自展循环数 1000 次。

基因结构分析及可视化使用 TBtools Crossplatform V0.49999，同时标注 Pfam 蛋白家族数据库预测的标准结构域。MEME Suite V4.12.0 预测蛋白质结构单元，选取氨基酸序列长度为 6~50，E 值小于 2×10^{-30} 的保守单元进行分析和标注。

NBS-LRR 包括 CNL 类家族基因、TNL 类家族基因以及 NL 类家族基因。由于长期面对复杂多变的微生物环境，NBS-LRR 家族抗病基因是植物中变异最为广泛的基因家族之一。对 73 个 NBS-LRR 基因的氨基酸全长序列进行多序列比对，采用最大似然法构建 NBS-LRR 基因家族分子系统发育树。分别将 CNL、TNL 划分为 4 个和 3 个亚家族（图 7-2，a）。对连 2 个 NL 基因在内的所有 NBS-LRR 基因进行基因结构、主要结构域（图 7-2，b）和保守结构单元（图 7-2，c）的分布分析。

由图 7-2 可以看出，CNL 类抗病基因按序列相似度可以分为 Ⅰ、Ⅱ、Ⅲ、Ⅳ 4 个亚家族，分别包括 12、15、14 和 9 个抗病基因，TNL 类可分为 Ⅰ、Ⅱ、Ⅲ 3 个亚家族，分别包含 9、7 和 5 个抗病基因。含外显子最多的是 TNL Ⅱ 亚家族（平均外显子数 5.14），其次是 TNL Ⅰ 亚家族（平均外显子数 4.44），CNL 家族普遍拥有较少的外显子，最多的是 CNL Ⅳ 亚家族（平均外显子数 4.22），最少的是 CNL Ⅲ 亚家族（平均外显子数 2.50）。CNL Ⅲ 亚家族全部抗病基因核苷酸结合域处在同一外显子内，内含子集中在 3′ 端，0 相位内含子比例高达 85.71%，同时对称外显子比例为 31.43%。在 TNL Ⅱ 亚家族中，高比例的 0 相位内含子（86.21%）和对称外显子（55.56%）协同出现（表 7-1），提示 CNL Ⅲ 及 TNL Ⅱ 亚家族基因在翻译过程中出现高可变剪切异型体的可能。

表 7-1 NBS-LRR 类抗病基因亚家族

亚家族	基因数	外显子总数	外显子平均数	0 相位内含子数	0 相位内含子比率（%）	对称外显子数	对称外显子比率（%）
CNL Ⅰ	12	37	3.08	15	62.50	6	16.22
CNL Ⅱ	15	43	2.87	20	71.43	10	23.26
CNL Ⅲ	14	35	2.5	18	85.71	11	31.43
CNL Ⅳ	9	38	4.22	18	62.07	5	13.16
NL	2	9	4.5	4	57.14	2	22.22
TNL Ⅰ	9	40	4.44	21	67.74	10	25.00
TNL Ⅱ	7	39	5.14	25	86.21	20	55.56
TNL Ⅲ	5	14	2.8	7	77.78	1	7.14

22 个 NBS-LRR 基因（32.53%）未预测到典型 NB-ARC 结构域（图 7-2，b 中黄色区域），集中在 CNL Ⅳ、TNL Ⅰ 和 TNL Ⅱ 亚家族中；TNL Ⅲ 亚家族全部成员预测到典型 TIR 结构域（图 7-2，b 中红色区域）；12 个 NBS-LRR 基因预测到典型 LRR8 结构（图 7-2，b 中蓝色区域）；7 个 NBS-LRR 蛋白（PG11628，PG12182，PG12609，PG28965，PG37866H，PG17793 和 PG00310）含有 RPW8（Resistance to Powdery Mildew 8）结构，其中 4 个聚集在 CNL Ⅳ 中。通过 MEME 氨基酸序列分析，预测到 10 个保守结构单元（表 7-2）。其中 Motif3，Motif5 和 Motif8 为含有亮氨酸（Leucine）且长度为 11 氨基酸的重复序列，是典型 LRR 结构单元。复合型结构单元 Motif5-Motif4 在 CNL Ⅰ 和 CNL Ⅱ 亚家族中高频出现。复合型结构单元 Motif2-Motif6-Motif10 在 Pfam 预测 NBS 区域广泛存在，其中 Motif2 含 GMGGJGKT 序列，符合 P-loop 模型（GxxxGKT/S）；Motif6 含 LVVLD 序列，与 ATP/GTP 结合结构域中 Kinae2 结构单元特征相符；Motif10（序列：HELKLLSEEESWELFLKKAFP）符合 ATP/GTP 结合结构域 Kinae 3a 结构单元 RNBS-C（xEVxxLSEDEAWELxxKxA）特征。未发现农作物中常见的亮氨酸拉链（Leucine Zipper，L-X6-L-X6-L）。由此可见，在 73 个 NBS-LRR 基因中预测的多个保守结构单元的种类和相对位置，与已知植物 NBS-LRR 家族共有蛋白结构相符（图 7-2）。

表 7-2   NBS-LRR 类抗病基因保守结构单元

	序列	长度	兼并 N 数	E 值
Motif 1	LEELGREIVKKCKGLPLAIVVLGGILKTK	29	38	4.2×10^{-370}
Motif 2	VVSIYGMGGJGKTTLAKKJYN	21	37	1.6×10^{-359}
Motif 3	NLSKLNJEDCKKLEELPEGJGFLTSLETL	29	53	2.7×10^{-339}
Motif 4	LYQLWIAEGMVLSKDRREGETMMDVAERYL GELAHRSMVQV	41	14	7.30×10^{-302}
Motif 5	LKPCFLYLGSFPEDE	15	33	6.50×10^{-189}
Motif 6	KCLVVLDDVWSNDAW	15	42	5.00×10^{-186}
Motif 7	SCRLHDLMRDLSLSKAKEEBFFKVIDFRRAHB DQH	35	18	2.40×10^{-224}
Motif 8	KILNLSHSKYLTRTPDFSGVPNLERLILKGCAS LVEVCESI	41	17	4.00×10^{-205}
Motif 9	SNLEEDPMPVLEKJPNLRILALNGNAYLGKEM VCSANGFPQ	41	14	2.60×10^{-213}
Motif 10	HELKLLSEEESWELFLKKAFP	21	41	5.60×10^{-195}

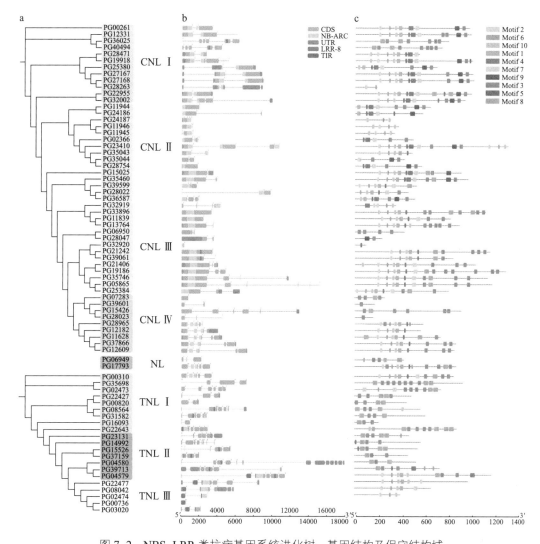

图 7-2 NBS-LRR 类抗病基因系统进化树，基因结构及保守结构域

a. NBS-LRR 类抗病基因系统进化树，采用最大似然法（ML），Jones–Taylor–Thornton 模型，自展循环数 1000 次；b. 基因结构及保守结构域分布；c. 预测保守结构单元及其在 NBS–LRRs 分布。

（三）基因表达模式分析

NBS–LRR 抗病基因在不同器官表达分析

选取 9 个人参不同器官（主根、根茎、茎、叶片、小叶柄、叶梗、果实、种子、果梗）及 4 个不同年限人参根（5 年、12 年、15 年、25 年）的转录本原始数据（NCBI Accession Number SRP066368）作为分析数据（图 7–3）。GO（Gene Ontology）富集使用在线工具 Goatools（https://github.com/tanghaibao/Goatools）进行，定义 Bonferroni 矫正 P 值小于 0.05 为显著富集。分级聚类分析使用 R–hclust，参数为默认值。WGCNA（Weighted Correlation Network Analysis）构建基因共表达模式，Cytoscape（v3.5.1）可视化共表达模型。分析显示 NBS–LRR 类抗病基因在包括不同年限人参根在内的 13 个转

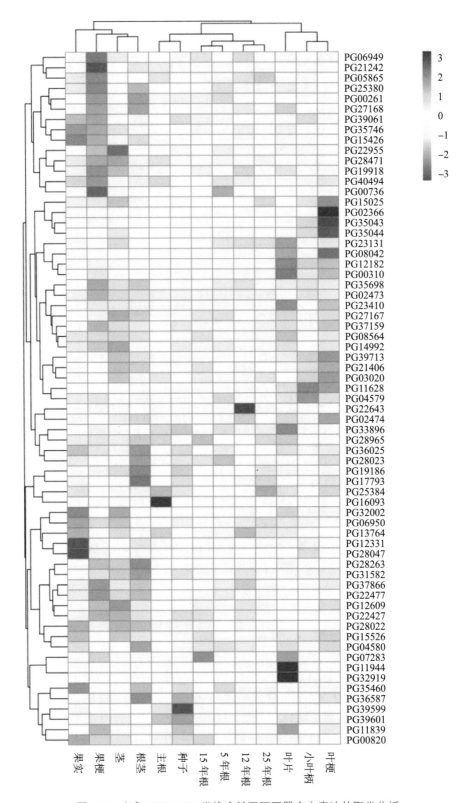

图 7-3　人参 NBS-LRR 类抗病基因不同器官中表达的聚类分析

录本中的表达模式：73 个 NBS-LRR 类基因中 67 个至少在 1 个样本中得到表达，6 个在 13 个器官中未见表达的 NBS-LRR 类基因（PG24186、PG24187、PG11945、PG11946、PG28754 和 PG32920）都属于 CNL 类抗病基因，其中 5 个是 CNL Ⅱ 亚家族基因。13 个器官按 NBS-LRR 类基因的表达模式可以划分为 3 支：不同年限根和种子 6 个样本聚为一支，多数 NBS-LRR 类基因表达不活跃；果实、主茎和根茎聚为一支，NBS-LRR 类基因表达活跃；其余各级叶柄和叶片聚为第三支。

由热图（图 7-3）可见，PG11944、PG32919、PG02366、PG35043、PG35044、PG15025 分别在叶片和叶柄特异表达，6 个特异表达基因全部都属于 CNL 家族，5 个分布于 CNL Ⅱ 亚家族；PG00736、PG22643、PG07283，分别在 5 年生根、12 年生根和 18 年生根中表达量达到检测最大值，其中 PG00736、PG22643 属于 TNL Ⅲ 亚家族，PG07283 属于 CNL Ⅳ 亚家族；而在种子和果实中，4 个 CNL 基因（PG35955、PG21242、PG13764 和 PG112331）特异性表达。由此可见，NBS-LRR 类抗病基因在不同器官中表达模式差异具有统计学意义，CNL 家族在人参植株地上部分最为活跃，包括繁殖器官和营养器官，并且以 CNL Ⅱ 亚家族为主（特异表达基因占比 60%）；TNL 类基因主要活跃在长期与土壤微生物接触的地下器官中，特异表达基因占比 75%。

二、人参抗病相关转录因子

bHLH 转录因子是一类含有 basic Helix-Loop-Helix（bHLH）结构域的转录因子，广泛存在于动植物中，是植物中最大的转录因子家族之一。在植物的生长发育、抗逆性和信号转导等方面发挥着重要作用。目前，报道的植物基因组中 bHLH 转录因子数量已远超动物的 bHLH 转录因子数量，其中，重要农作物中发现的 bHLH 转录因子已超过 630 个。人参中已鉴定的 bHLH 转录因子有 169 个，按其序列特征可以分为 24 个亚家族，总数和基因长度分布特征均与其他 7 种高等植物相似（图 7-4）。

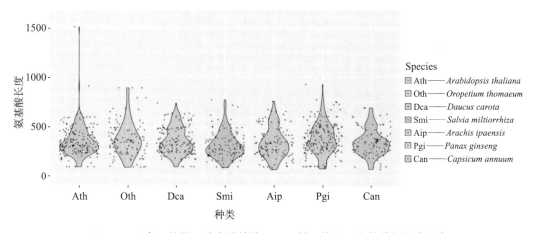

图 7-4　人参及其他 7 种高等植物 bHLH 基因编码蛋白总数与长度分布

人参 Ⅲ（d+e）家族基因 26 个，为占比最大的 bHLH 亚家族，相比于拟南芥（9 个）

发生了显著扩张。据报道，Ⅲ（d+e）家族含有多个与次生代谢产物合成调控及植物激素茉莉酸反馈相关的基因。相似的情况也在Ⅲ（b）家族发生，此家族含多个冷胁迫激活转录因子。此外，人参Ⅷc和Ⅰb（2）家族发生了显著收缩，这两个家族据报道与金属离子的富集相关（图 7-5）。

图 7-5　人参 bHLH 转录因子编码基因系统进化树及各组织中的表达量

转录因子是植物和微生物互作中调控防御基因表达的重要因子。在 29 个防御基因中，响应乙烯的转录因子 TIFY 10A，TIFY 10B 和 MYB108 相比对照在 0.5D 时均有增长。

第二节 人参农田栽培病害种类及无公害综合防治

已报道的人参病害分为侵染性病害和非侵染性病害两大类。其中侵染性病害是由微生物侵染引起的病害，其对人参危害最严重，故又名传染性病害。人参侵染性病害主要包括黑斑病、根腐病、锈腐病、立枯病、菌核病、疫病及灰霉病等病害，是人参病理学研究以及病害防治的重点；非侵染性病害是由于

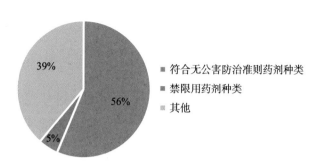

图 7-6 基于 CNKI 检索的人参病虫害防治用药统计

植物自身生理缺陷或生长环境中有不适宜的物理、化学等因素直接或间接引起的一类病害，主要由非生物因素引起，故又名生理病害，主要包括红皮病、冻害、烧须、日烧病及生理花叶病等。通过在 CNKI 中检索并查阅与人参病虫害防治有关文献，共统计人参病虫害防治用药 124 种（图 7-6），其中符合无公害防治原则的药剂有 70 种，禁限用药剂 6 种。

一、侵染性病害种类及综合防治

（一）黑斑病

1. 病原菌

人参黑斑病的病原菌为半知菌亚门链格孢属链格孢菌（*Alternaria panax*），是人参地上部发生最普遍、危害最严重的病害之一。该病原菌于 1904 年首次在西洋参中发现并报道。1964 年，我国学者将人参黑斑病病原菌鉴定为 *Alternaria panax* Whetz.。自然条件下链格孢菌产生的分身孢子梗 2~16 根，褐色丛生，孢子顶端颜色较基部淡，基部细胞不分支，稍大于顶端，孢子隔膜 1~5 个。病叶上形成的分生孢子多为 2~3 个串联生长，呈长椭圆形，褐色，具长喙，不分支，孢子通常具 3~15 隔膜。病原分生孢子在 8~32℃范围内均可萌发、生长及产孢，最适温度为 25℃，在 pH 3~11 范围内生长良好，菌丝生长以 pH 6 最佳，产孢的最佳 pH 为 8；相对湿度为 0%~20% 时，孢子不能萌发，湿度达 40% 以上时开始萌发，且湿度越大，萌发率越高；光暗交替有益于病原菌孢子萌发及产孢，对菌丝生长基本无影响。提供外界营养物质有助于孢子萌发，病原菌可在多种碳源及氮源上生长，利用率最好的碳源为淀粉，氮源以氨基酸最佳。微量元素锰、钼对菌丝生长有利，铜和锌则不利于菌丝的生长发育。NCBI 下载的链格孢菌 18S Ribosomal RNA 基因（KC584549）通过二维码生成系统将序列碱基转化为图形化的条形码及二维

码以供参考，其序列特征序列如下：

>*Alternaria panax*_18S Ribosomal RNA Gene_KC584549

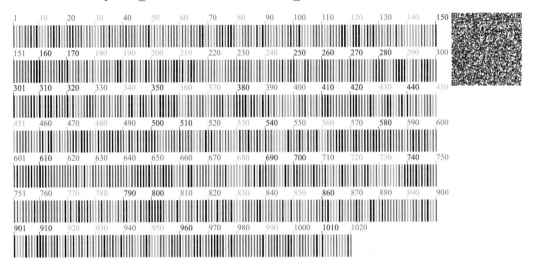

2. 发病症状

人参黑斑病发病时期为 6 月上旬至 8 月中旬，能侵染人参全株的多个部位，以人参根、茎、叶、果为主。人参黑斑病常年发病率为 20%~30%，严重时可达 90% 以上，病斑呈近圆形至不规则状，最初呈黄褐色，后变为褐色，中心颜色变淡，外缘有轮纹状，干燥后容易破碎，阴雨潮湿天气病斑的扩展迅速，使叶片枯死。茎上病斑逐渐长成长条状，并附有黑色霉层物质，发病严重时整株倒伏。花梗遭黑斑病侵害后常造成花序枯死，果实与籽粒皱瘪，形成"吊干籽"。根部遭受危害发病后变黑腐烂呈水浸状。

3. 防治方法

以"人参 + 黑斑病"为检索条件，在 CNKI 共检索到 166 篇文献（图 7-7），统计发现用于人参黑斑病防治研究的药剂共 51 种（图 7-8），其中属于禁限用农药的甲基立枯磷及氟菌唑曾被用于黑斑病防治，12 种化学源农药（代森锰锌、丙环唑、嘧菌环胺、多抗霉素、嘧菌酯、硫酸铜、异菌脲、多菌灵、腐霉利、甲霜·锰锌、氢氧化铜、王铜）包含在无公害人参防治过程推荐可使用药剂范围内。结合无公害防治原则及生产实践经验，总结农田栽参黑斑病无公害防治方法，主要包括无公害农业防治、化学防治以及生物防治

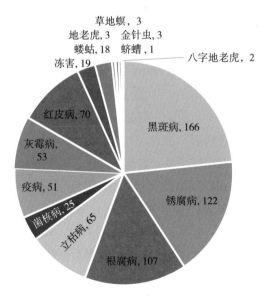

图 7-7　农田栽培人参常见病虫害文献统计

等措施。

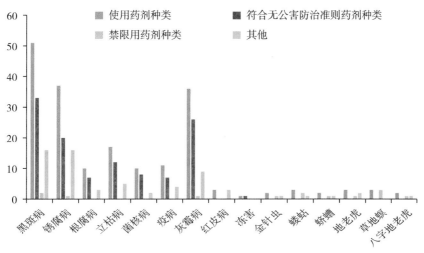

图 7-8　农田栽培人参病虫害防治药剂种类

（1）农业防治　选择不携带有黑斑病病原菌的种子。采集种子时选择无黑斑病且健康的果穗留种，一旦发现"吊干籽"，应及时挑出，播种前进行种子的清洗消毒；做好田间卫生管理。秋播参田应在早春及时松土、覆膜；提前挖好排水沟渠，防止雨水浸漫参床；适时松土及除草，以减少参地土壤板结，增加土壤透气性，降低土壤湿度；确保参棚覆盖均匀，防止参棚漏雨，并采用单侧透光，从入伏至立秋后适时扶苗、挂花及挂棚帘等措施；在参田发现人参黑斑病病叶、病茎、病种子等时，应及时摘去，防止黑斑病病原菌扩散蔓延。

（2）化学防治

①人参种子消毒：可使用 2.5% 咯菌腈悬浮种衣剂消毒，以杀灭种子携带的黑斑病病原菌，有研究表明使用多抗霉素 150 倍液浸泡人参种子 1 天，1% 福尔马林溶液浸泡人参种子 13 分钟，咪唑霉 400 倍液浸泡人参种子 2 小时。

②人参种苗消毒：参苗移栽前可使用多抗霉素 1000 倍液浸苗，以杀灭种苗携带的黑斑病病原菌，多抗霉素 200 倍液及咪唑霉 400 倍液依次浸苗 15 分钟。

③参地土壤消毒处理：播种或者移栽前可使用 50% 多菌灵可湿性粉剂 500 倍液进行土壤消毒，以防止病菌传染。

④病区处理：在参田一旦发现被黑斑病侵染的病株，可喷施 10% 多抗霉素可湿性粉剂 200 倍液、代森锰锌 500 倍液、25% 丙环唑乳油或 40% 菌核净可湿性粉剂 200 倍液等药剂，以控制人参黑斑病病情蔓延。此外，针对人参不同生长时期及不同部位，有文献报道，总结了人参黑斑病药剂防治的综合措施。针对人参出苗展叶期茎部黑斑病的防治，可选择 1.5% 多抗霉素 120 倍液、或异菌脲 750 倍液、或噁醚唑 1500 倍液等与天达参宝（产品证书编号：2002ED740001）600 倍液混合喷施，增强人参植株抗黑斑病及抗逆能力。待人参叶片完全展开后，可使用 30% 苯甲·丙环唑乳油 300 倍液或丙环唑 1500 倍液等配合天达参宝 600 倍液混合施用，以达到使人参植株挺立、叶片上举，并降

低人参茎部黑斑病病原菌侵染繁殖的目的。针对人参花期叶部的黑斑病，可在掐花后及时选用丙环唑 1500 倍液或 25% 嘧菌酯悬浮剂 1500 倍液，或 3% 多抗霉素水剂 200 倍液、异菌脲 500~750 倍液或 80% 代森锰锌 500 倍液等与天达参宝 600 倍液混合喷施；在开花前期至开花期可选用 25% 嘧菌酯悬浮剂 1500 倍液等配合花宝 600 倍液施用；坐果后可选用丙环唑 1500 倍液或 25% 嘧菌酯悬浮剂 1500 倍液，或异菌脲 500~750 倍液、80% 代森锰锌 500 倍液等与果王 600 倍液混合喷施。

（3）生物防治　播种前可考虑使用剂量与人参种子比为 1∶30~1∶40 的 100 亿（活孢子）/克的枯草芽孢杆菌可湿粉剂进行拌种处理，拌种时首先需用少量水润湿人参种子，用药拌种后阴干播种，以预防黑斑病。参苗移栽时可考虑使用 3 亿（活孢子）/克的哈茨木霉菌根部型 3000~5000 倍稀释液进行蘸根移栽，以预防参根黑斑病。黑斑病发病期可考虑施用 20 亿活孢子蜡质芽孢杆菌可湿性粉剂 0.15~0.22g/m²，兑水 30~40L 均匀喷施或使用 100 亿（活孢子）/克的枯草芽孢杆菌 500~600 倍水稀释液灌根，间隔 1 周，连续灌根 3 次或每平方米使用 0.15 亿（活孢子）/克的枯草芽孢杆菌 50~100g 喷施，间隔 1 周，连续喷施 3 次。叶部黑斑病发病严重时可考虑使用 3 亿（活孢子）/克的哈茨木霉菌可湿性粉剂叶部型 0.15~0.22g/m² 喷施。参根黑斑病发病严重时可考虑使用 3 亿（活孢子）/克的哈茨木霉菌可湿性粉剂根部型 0.15~0.30g/m² 进行灌根。

（二）锈腐病

1. 病原菌来源

人参锈腐病的病原菌为半知菌亚门柱孢菌属锈腐柱孢菌（*Cylindrocarpon destructans*）（图 7-9，a），该病原菌于 1904 年首次在西洋参中发现并报道。柱孢菌属病菌菌丝较繁茂，具隔膜，初呈白色，后逐渐转为褐色。分生孢子着生于孢子梗顶端，孢子梗多直而具分支或不分支，无色；分生孢子单生或聚生，圆柱形或椭圆形，无色，单孢或具有 1~3 个隔膜。厚垣孢子由病菌菌丝或分生孢子产生，呈球形或椭圆形，白色。人参锈腐病病原菌在 10~30℃ 环境下呈现峰形生长趋势，适合的生长温度为 20~25℃。同时发现 pH 值显著影响病原菌生长情况，病原菌在 pH 3~8 范围内均可生长，最适合病原菌生长的 pH 值约为 6.2。当环境相对湿度在 75% 以下时，病原菌生不能生长；环境相对湿度在 79%~90% 时，病原菌生长缓慢；相对湿度在 96% 以上时，生长很好，说明人参锈腐病病原菌喜湿。病原菌在不同培养基上生长情况差异具有统计学意义，在 PDA 培养基和 CZA 培养基上生长最好。病原菌能利用多种碳源及氮源，其中碳源以蔗糖利用最好，氮源以尿素和蛋白胨利用最好。NCBI 下载的锈腐柱孢菌 ITS（AM419065）通过二维码生成系统将序列碱基转化为图形化的条形码及二维码以供参考，序列特征序列如下：

>*Cylindrocarpon destructans* var. *destructans*_ITS_AM419062

2. 发病症状

人参锈腐病发病时期为 5~9 月，能侵染人参全株的多个部位，以人参根、茎、芽孢为主。人参根部被锈腐病原菌侵染后，在根部形成褐色的病斑，病斑初呈近圆形、椭圆形或不规则形等，黄锈色，中部凹陷边缘突起，与健康部位差别十分明显，且患病植株十分矮小，埋于土中的茎基部也呈锈褐色，严重时整个植株蔫萎枯死，常造成绝产。

3. 防治方法

以"人参 + 锈腐病"为检索条件，在 CNKI 共检索到 122 篇文献（图 7-7），用于人参锈腐病防治研究的药剂共 37 种（图 7-8），发现属于禁限用农药的氯化苦被用于锈腐病的防治，化学源农药有 8 种［代森锰锌、丙环唑、菌核净、多抗霉素、噻虫·咯·霜灵（迈舒平）、苯醚甲环唑（世高）、咯菌腈、多菌灵］包含在无公害人参防治过程中推荐可使用的药剂范围内。结合无公害防治原则及生产实践经验，总结农田栽参锈腐病无公害防治方法，主要包括无公害农业防治、化学防治以及生物防治等措施。

（1）农业防治 选择不携带有锈腐病健康的参苗移栽至适宜的土壤；改秋天移栽为春天移栽，有文献报道，通过比较实验发现春天移栽携带锈腐病病菌的人参植株不发病率及保苗率远高于秋天移栽；增施不同剂量的镁、磷、钾肥，从而创造有益于人参参苗生长的有利外界环境，可提高人参自身的抗锈腐病以及抗逆能力，增加了人参的保苗率。

（2）化学防治

①人参种苗消毒：可使用 2.5% 咯菌腈悬浮种衣剂蘸根消毒，或使用多抗霉素 1000 倍液浸苗，取出后阴干参苗再移栽到参田，以杀灭人参种苗携带的锈腐病病原菌，降低人参锈腐病的发病率。

②参地土壤消毒处理：播种或者移栽前使用 50% 多菌灵可湿性粉剂 500 倍液或 99% 噁霉灵可溶性粉剂 500 倍液进行土壤消毒，以防止人参锈腐病病原菌通过参地土壤传染。推荐在夏季高温时段，使用棉隆拌土，并覆盖密闭薄膜，充分熏蒸土壤，后期再经过两次翻倒参地，使残留的土壤杀菌剂散出，以预防人参锈腐病。

③病区处理：发现人参锈腐病病株后，及时挖除病株，并喷施 99% 噁霉灵可溶性粉

剂 200 倍液或 35% 甲霜灵水剂 200 倍液，以杀灭人参携带锈腐病病原菌，防止蔓延。

（3）生物防治　人参种子播种前，可考虑使用剂量与人参种子比为 1 : 30~1 : 40 的 20 亿（活孢子）/ 克的绿色木霉可湿性粉剂拌种播撒或使用 20 亿（活孢子）/ 克的绿色木霉可湿性粉剂与有机肥混合后施用（1~2kg/t）；参苗移栽时可考虑使用 3 亿（活孢子）/ 克的哈茨木霉菌根部型 3000~5000 倍稀释液进行蘸根移栽，以预防人参锈腐病。参根锈腐病发病严重时可考虑使用 3 亿（活孢子）/ 克的哈茨木霉菌可湿性粉剂根部型 0.15~0.30g/m^2 进行灌根或使用 100 亿（活孢子）/ 克的枯草芽孢杆菌 500~600 倍水稀释液灌根，间隔 1 周，连续灌根 3 次。

（三）根腐病

1. 病原菌来源

人参根腐病的病原菌为半知菌亚门镰孢菌属腐皮镰刀菌（*Fusarium solani*）和尖孢镰刀菌（*Fusarium oxysporum*）（图 7-9，b）。镰孢菌属致病菌，气生菌丝纤细，白色至无色，具隔膜。分生孢子座常产生长短不一的多支簇状分支，有大型与小型分生孢子之别。大型分生孢子常呈无色镰刀状，稍弯曲，两端钝，具隔，多为 3~5 个隔，少数为 2~8 个隔；小型分生孢子为无色单胞，椭圆或肾形。厚垣孢子由菌丝或大型分生孢子产生，数量较多，呈圆形，常单生或对生。人参根腐病菌丝在 10~35℃ 范围内均可生长，且菌丝在不同温度条件下，生长速度差异具有统计学意义，最适宜温度为 25~30℃。菌丝在环境温度大于 35℃ 时，生长明显受到抑制；菌丝在 pH 值为 3~10 范围内的 PDA 培养基上均能生长；且当 pH 值 6~7 时，菌丝长势最快。当相对湿度在 93%~96% 时，菌丝生长速度最快；当相对湿度小于 75%，分生孢子不萌发。光照对菌丝生长的影响不显著，但不同的光照处理会导致菌落颜色有所差异，菌落在持续黑暗的条件下呈淡黄色，在持续光照条件下呈白色。在碳源利用上，分生孢子在葡萄糖溶液中萌发率最高。有文献报道，采用组织分离法从人参根腐病株中分离得到单菌株。形态学结果表明，该病原菌的分生孢子有 2 种形态，小型分生孢子呈镰刀形或长柱形，大型分生孢子呈卵圆形，且有明显分隔；分子生物学鉴定结果表明，通过 Blast 比对，该菌株 18s rDNA 扩增产物与 *Fusarium oxysporum* 已知序列（JF807402.1）的同源性为 100%，确定该病原菌为尖孢镰刀菌。该研究确定农田栽参中根腐病的病原菌类型，为根腐病植物源农药的开发提供材料，保障农田栽参的顺利开展。NCBI 下载的腐皮镰刀菌 18S Ribosomal RNA 基因（EF397944）及尖孢镰刀菌（JF807402），通过二维码生成系统将序列碱基转化为图形化的条形码及二维码以供参考，其序列特征序列如下：

>*Fusarium_solani_*18S Ribosomal RNA Gene_EF397944

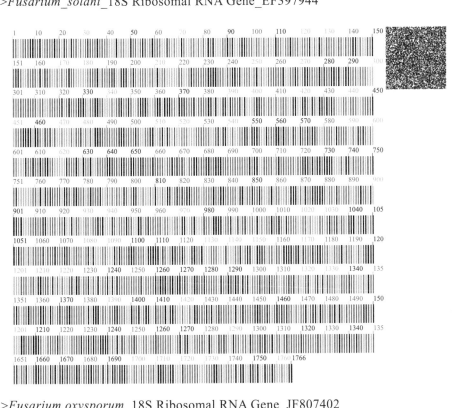

>*Fusarium oxysporum_*18S Ribosomal RNA Gene_JF807402

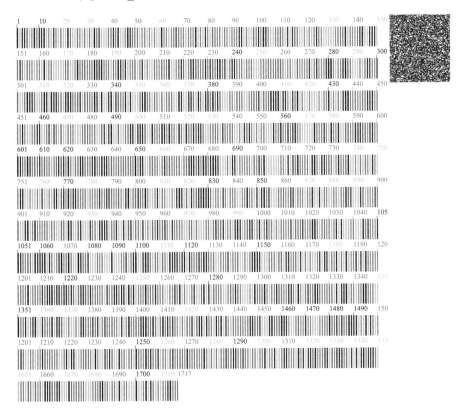

2. 发病症状

人参根腐病发病时期为 7~8 月，侵染人参的根部。根腐病是人参根部较为严重的病害，且 3 年生以上的参根病害较重，是造成人参不能连作的主要原因。参根受根腐病病原菌侵染后，病斑呈圆形，淡褐色，斑点逐渐扩大呈黑褐色，受害参根呈腐烂状。患病植株病部产生的新病菌可进行再次侵染，在雨季排水不良的情况下，发病严重，造成大片人参根部腐烂、参苗大面积死亡。

3. 防治方法

以"人参＋根腐病"为检索条件，在 CNKI 共检索到 107 篇文献（图 7-7），用于人参根腐病防治研究的药剂共 10 种（图 7-8）。结合无公害防治原则及生产实践经验，总结农田栽参根腐病无公害防治方法，主要包括无公害农业防治、化学防治以及生物防治等措施。

（1）农业防治　需注意防旱排涝，保持土壤湿度稳定。及时挖好水沟，防止雨水漫灌参床；及时除草松土，减少土壤板结以利于降低土壤湿度；防止参棚漏雨，注意使参棚通风，以降低参地土壤湿度，减少人参根腐病发生率；进行土壤调整，在早春使用充分腐熟的生物有机肥，抑制人参根腐病病菌繁殖。

（2）化学防治

①人参种子消毒：在播种前，可使用 2.5% 咯菌腈悬浮种衣剂拌种消毒，以杀灭种子携带的根腐病病原菌。

②人参种苗消毒：参苗移栽前可使用 2.5% 咯菌腈悬浮种衣剂蘸根沥干，以杀灭种苗携带的根腐病病原菌。

③参地土壤消毒处理：播种或者移栽前喷施 30% 精甲·噁霉灵水剂进行土壤消毒，以杀灭参地土壤的根腐病病原菌。有文献报道，推荐在播种或移栽前，使用 99% 噁霉灵可湿性粉剂 0.5~1g/m² 配合多菌灵可湿性粉剂 8g/m² 对参地土壤进行消毒处理，或在第二年春季人参出土前，使用 99% 噁霉灵可湿性粉剂 300 倍液配合农用链霉素 100 倍液，或使用 99% 噁霉灵可湿性粉剂 300 倍液配合 35% 甲霜灵可湿性粉剂 300 倍液混合喷施。

④病区处理：发现人参根腐病病株及时挖除，并喷施 70% 噁霉灵可溶性粉剂 200 倍液。推荐使用 2.5% 咯菌腈悬浮种衣剂 500 倍液或 96% 噁霉灵可溶性粉剂 3000 倍液配合农用链霉菌 1000 倍液混合喷施，或使用 96% 噁霉灵可溶性粉剂 3000 倍液配合 35% 甲霜灵 500 倍液混合喷施。

（3）生物防治

参苗移栽时可考虑使用 3 亿（活孢子）/克的哈茨木霉菌根部型 3000~5000 倍稀释液进行蘸根移栽，以预防参根根腐病。参根发病严重时可考虑使用 3 亿（活孢子）/克的哈茨木霉菌可湿性粉剂根部型 0.22~0.30g/m² 进行灌根、使用 100 亿（活孢子）/克的枯草芽孢杆菌 50~100g、10 亿（活芽孢）/克的解淀粉芽孢杆菌可湿性粉剂 0.15~0.22g/m² 兑水喷施，每隔 1 周，连续用药 3 次。此外，基于人参根腐病抑菌研究试验的结果表明，苏子粗提取物具有抑菌活性，该研究为开发防治人参根腐病的新型植物源杀菌剂提供材料。

此外，针对人参根腐病无公害绿色药剂的筛选和开发，前期通过平板稀释法结合平板对峙培养法，从人参根际土壤样品中分离筛选得到 1 株对人参根腐病病原菌具有较强拮抗作用且抑菌活性稳定的细菌菌株 PG50-1，并基于 16S rRNA 基因序列分析和该菌株的形态学及生理生化特征的分析，将拮抗菌株 PG50-1 鉴定为枯草芽孢杆菌（*Bacilluss ubtilis*）。通过根灌注法对枯草芽孢杆菌 PG50-1 的生防效果进行评价，结果发现在盆栽试验中接种菌株 PG50-1，对腐皮镰刀菌的生长抑制率高达 67.8%，而且还显著降低人参死苗率，促进人参植株生长发育，结果表明枯草芽孢杆菌 PG50-1 具有良好的生防潜力。

（四）立枯病

1. 病原菌来源

人参立枯病的病原菌为半知菌亚门丝核菌属立枯丝核菌（*Rhizoctonia solani*）（图 7-9，c）。立枯丝核菌在 PSA 培养基上，其菌丝具有明显的分隔，培养初期呈无色，随后颜色逐渐加深，呈褐色或黄褐色，菌体分支与母体呈垂直状，且常在分支处基部呈缢缩，逐渐形成隔膜，成熟的菌丝逐渐形成膨大的酒桶状细胞，多个细胞互相交织形成菌核。菌核常呈褐色不规则状，数个相互合并。立枯丝核菌菌丝在低于 5℃ 的环境下不能生长，在 10~35℃ 均能正常生长，环境温度在 25~30℃ 时生长较快。不同 pH 条件显著影响菌丝生长速率，立枯丝核菌的菌丝在 pH 3~12 范围内均能正常生长，其中 pH 为 5~7 时菌丝的生长速度相对较快。对病菌菌丝体及菌核进行不同的光照条件处理，结果发现菌丝在全黑暗条件下生长最快。立枯丝核菌在多种碳源中均可正常生长，其中菌丝在可溶性淀粉培养条件下生长最快，其次是在蔗糖培养基中生长较快。在供试的多种氮源中均可正常生长，其中在以酵母粉为氮源培养基中生长最好，其次是在以蛋白胨为氮源的培养基中生长较好。NCBI 下载的立枯丝核菌有性阶段 18S Ribosomal RNA 基因（AY946268），通过二维码生成系统将序列碱基转化为图形化的条形码及二维码以供参考，其序列的特征序列如下：

>*Thanatephorus cucumeris*_18S Ribosomal RNAGene_AY946268

2. 发病症状

人参立枯病发病时期为5月下旬至7月中旬，侵染人参幼苗的茎基部。立枯病是人参苗期主要病害，主要危害土表上下干湿交界处的茎基部。病部初期呈梭形、黄褐色斑点，随着病害发展，病部凹陷，并向四周扩展，茎叶逐渐萎蔫，人参苗站立枯死，故名"立枯"。参苗受害严重时，其茎部弯曲倒伏。种子被侵染后会立刻腐烂，幼苗被侵染后则死在土中。

3. 防治方法

以"人参＋立枯病"为检索条件，在CNKI共检索到65篇文献（图7-7），用于人参立枯病防治研究的药剂共17种（图7-8），其中化学源农药有5种［咯菌腈、噁霉灵、菌核净、甲霜·噁霉灵（瑞苗清）、腐霉利（速克灵）］包含在无公害人参防治过程中推荐可使用的药剂范围内。结合无公害防治原则及生产实践经验，总结农田栽参立枯病无公害防治方法，主要包括无公害农业防治、化学防治以及生物防治等措施。

（1）农业防治　在早春时对秋播参田应及时进行松土和上膜，增加土壤透气性；及时挖好排水沟，防止雨水漫灌参床；松土除草，减少土地板结，降低土壤湿度。

（2）化学防治

①人参种子消毒：在播种前，可使用2.5%咯菌腈悬浮种衣剂拌种消毒，以杀灭种子携带的立枯病病原菌。

②参地土壤消毒处理：播种或者移栽前浇灌70%噁霉灵可溶性粉剂500倍液喷施进行土壤消毒。有文献报道，推荐使用96%噁霉灵可溶性粉剂0.5~1g/m² 配合多菌灵可湿性粉剂8g/m² 对参地土壤进行消毒处理，以杀灭参地土壤携带的立枯病病菌。

③病区处理：发现病株及时挖出，推荐使用2.5%咯菌腈悬浮种衣剂750倍液，或96%噁霉灵可湿性粉剂3000倍液配合天达参宝600倍混合喷施，或使用96%噁霉灵可湿性粉剂3000倍液配合72%农用链霉素1000倍液混合喷施，或使用96%噁霉灵可湿性粉剂3000倍液配合35%甲霜灵可湿性粉剂500倍液混合喷施。

（3）生物防治　参苗移栽时可考虑使用3亿（活孢子）/克的哈茨木霉菌根部型

3000~5000 倍稀释液进行蘸根移栽，以预防人参立枯病。人参立枯病发病时可考虑使用3 亿（活孢子）/ 克的哈茨木霉菌可湿性粉剂根部型 0.15~0.22g/m² 喷施或使用 100 亿（活孢子）/ 克的枯草芽孢杆菌 100~150g 喷施，间隔 1 周，连续喷施 3 次。

（五）菌核病

1. 病原菌来源

人参菌核病的病原菌为子囊菌亚门核盘菌属人参核盘菌（*Sclerotinia ginseng*）。人参核盘菌菌核生于根部，呈中间凹陷，外周凸起的不规则状，髓部呈白色，其菌丝较发达，具明显的分隔，呈白色毛绒状。当外界环境适宜时，菌核可萌发形成有性的子囊盘，子囊盘初呈黄褐色漏斗状，多单生，后逐渐发育形成圆盘形。人参菌核病病菌菌丝生长快，菌落致密，形态正常；当环境温度为 5~30℃时，菌丝能正常生长；当环境温度为 15~25℃时，菌核萌发率最高；20℃是人参菌核病菌丝生长及菌核形成最适温度。菌核在 pH 6~8 时均可生长萌发，人参菌核病病原菌菌丝在 pH 为 4 时生长最快，而菌核形成的最佳 pH 为 6。人参菌核病病原菌在多种碳源中均可正常生长，但生长速率存在较大差异，菌丝在果糖上生长较快，有利于菌核的形成，果糖是人参菌核病病原菌的最佳碳源。人参菌核病病原菌菌丝在不同氮源上生长速度差异具有统计学意义，其中蛋白胨是菌丝生长及菌核形成的最佳氮源。

2. 发病症状

人参菌核病的发病时期为 4 月下旬至 5 月下旬，主要侵染人参根，早春发病，主要危害人参 3 年生以上的根部，有时也危害茎基及芦头。病菌部初生水浸状的黄褐色斑点，随着病害发展，病部由根冠处扩展至整个根部，后期受侵染的根部及根茎均出现不规则的菌核。若芦头受到危害则导致人参不能出苗，且发病初期人参地上部分与正常的参苗部分并无二异，后期地上部分才呈现出萎菱状。菌核病危害严重，一旦发病可使整个参地的人参根部烂掉。

3. 防治方法

以 "人参 + 菌核病" 为检索条件，在 CNKI 共检索到 25 篇文献（图 7-7），用于人参菌核病防治研究的药剂共 10 种（图 7-8）。其中化学源农药有 2 种（菌核净、丙环唑）、生物源农药有 4 种（解淀粉芽孢杆菌、蜡质芽孢杆菌、枯草芽孢杆菌、哈茨木莓菌）包含在无公害人参防治过程推荐可使用的药剂范围内。结合无公害防治原则及生产实践经验，总结农田栽参菌核病无公害防治方法，主要包括无公害农业防治、化学防治以及生物防治等措施。

（1）农业防治　注意早春参地的挖沟排水，该病为低温病害，发病较早，难以及时发现，在早春土壤开始化冻便可发病，还应及时扫除参床上的积雪；及时松土保证土壤透气性，以减少菌核病病菌繁殖及侵染。

（2）化学防治

①参地土壤消毒处理：播种或者移栽前喷施多菌灵 500 倍液进行土壤消毒，以杀灭参地土壤中人参菌核病病原菌。有文献报道，推荐使用噁霉灵可湿性粉剂 500 倍液喷施，

对参地土壤消毒。

②病区处理：出现菌核病病苗后，立刻拔除病苗，并喷施70%噁霉灵可溶性粉剂200倍液或50%腐霉利可湿性粉剂400倍液，杀灭人参菌核病病原菌，防止蔓延。有文献报道，推荐使用100倍波尔多液处理病穴；或使用生石灰、腐霉利可湿性粉剂等处理挖除病参后留下的病穴，以消灭人参菌核病病原菌，防止其扩散蔓延。

（3）生物防治　参苗移栽时可考虑使用3亿（活孢子）/克的哈茨木霉菌根部型3000~5000倍稀释液进行蘸根移栽，以预防人参菌核病。发病期可考虑使用100亿（活孢子）/克的枯草芽孢杆菌0.08~0.15g/m² 喷施或10亿（活芽孢）/克的解淀粉芽孢杆菌可湿性粉剂0.15~0.30g/m² 兑水喷施，每隔1周用药1次，连续用药3次。参根菌核病发病严重时可考虑使用3亿（活孢子）/克的哈茨木霉菌可湿性粉剂根部型0.22~0.30g/m² 进行灌根或使用100亿（活孢子）/克的枯草芽孢杆菌0.22~0.30g/m² 水稀释液灌根，每隔1周用药1次，连续灌根3次。

（六）疫病

1. 病原菌来源

人参疫病的病原菌为鞭毛菌亚门疫霉属恶疫霉菌（*Phytophthora cactorum*）（图7-9，d）。恶疫霉菌菌丝纤细，常呈白色或无色，具有分支，但无隔膜。孢囊梗呈无色，无隔膜的丝状体，其外表特征与菌丝无明显的差异，孢子囊顶生于孢囊梗。孢子囊呈无色椭圆或卵圆形，单生，孢子囊顶端具有明显的乳状凸起，成熟后从孢子梗上脱落。恶疫霉菌在环境温度为10~32℃下均能生长，当温度为25℃时，菌丝生长速率最快；病菌经过50℃下20分钟或45℃下40分钟处理后全部死亡。恶疫霉菌病病原菌在pH 4~11范围内均可正常生长，且pH为6时生长最佳，当pH小于3以及大于12时其菌丝无法生长。通过比较病原菌在玉米粉琼脂、燕麦、蔬菜培、马铃薯琼脂、人参根煎汁液以及茎叶煎汁等多种培养基下，产生卵孢子的数量，发现淀粉可作为恶疫霉菌合适的碳源。经过不同光照处理实验，发现恶疫霉菌卵孢子的产孢量在光照条件下比黑暗条件下产孢量多。NCBI下载的恶疫霉菌18S Ribosomal RNA基因（JN635052），通过二维码生成系统将序列碱基转化为图形化的条形码及二维码，其序列特征序列如下：

>*Phytophthora cactorum*_18S Ribosomal RNA Gene_JN635052

2. 发病症状

参疫病的发病期为 6 月中旬至 8 月下旬，主要侵染人参的茎、叶等地上部分，也能侵染人参根部。叶片上的病斑多从叶缘发生，水浸状，暗绿色，随后病斑扩散至整个叶片使其枯萎。受疫病侵染的茎上出现长条状斑，腐烂后使茎干倒折。疫病菌体常以卵孢子或菌丝体在土壤或病残体中越冬，等到第 2 年开春，条件适宜后菌丝直接侵染人参根部，或以孢子的形式侵染人参地上茎叶部分。在人参的生育期内，疫病病原菌可多次侵染人参各器官。

3. 防治方法

人以"人参 + 疫病"为检索条件，在 CNKI 共检索到 51 篇文献（图 7-7），用于人参疫病防治研究的药剂共 11 种（图 7-8）。其中化学源农药有 4 种（噻虫·咯·霜灵、甲霜·锰锌、嘧菌酯、霜脲·锰锌）包含在无公害人参防治过程中推荐可使用的药剂范围内。结合无公害防治原则及生产实践经验，总结农田栽参疫病无公害防治方法，主要包括无公害农业防治、化学防治以及生物防治等措施。

（1）农业防治　人参疫病在高湿条件下容易发生，应该注意及时上膜、松土除草，使用单透光棚，并防止参棚透雨，注意排水，降低参床湿度，减少疫病发生率。

（2）化学防治

①参地土壤消毒处理：播种或者移栽前喷施硫酸铜 200 倍液进行土壤消毒。有文献报道，通过实验发现施用甲霜灵 500 倍液，或甲霜·锰锌 500 倍液，或代森锰锌 500 倍液对土壤疫病病原菌有较好杀灭作用；

②病区处理：出现疫病病苗后，立刻拔除病苗，并喷施多菌灵 400 倍液、30% 精甲·噁霉灵水剂或 72% 霜脲·锰锌可湿性粉剂 200 倍液，杀灭病原菌，防止蔓延。有文献报道，推荐在高湿的伏雨季来临前，及时喷施 25% 嘧菌酯悬浮剂 1500 倍液，或 68% 精甲霜·锰锌水分散颗粒剂 500~750 倍液，或 72% 霜脲·锰锌等与天达参宝 600 倍液混合施用；在发现人参疫病植株后，及时喷施 68% 精甲霜·锰锌水分散颗粒剂 500 倍液与天达参宝 600 倍液混合液，或 72% 霜脲·锰锌可湿性粉剂 400 倍液与天达参宝 600 倍液混合液。在人参茎叶疫病发病初期，推荐喷施甲霜灵可湿性粉剂 500~800 倍液，或甲

霜·锰锌可湿性粉剂 500~800 倍液等，对疫病病原菌防治效果显著。

（3）生物防治　参苗移栽时可使用 3 亿（活孢子）/ 克的哈茨木霉菌根部型 3000~5000 倍稀释液进行蘸根移栽，预防参根疫病。叶部发病可使用 3 亿（活孢子）/ 克的哈茨木霉菌可湿性粉剂叶部型或 20 亿活孢子蜡质芽孢杆菌可湿性粉剂 0.15~0.22g/m² 喷施，也可考虑 100 亿（活孢子）/ 克的枯草芽孢杆菌 0.08~0.15g/m² 喷施。

（七）灰霉病

1. 病原菌来源

人参灰霉病病原菌为半知菌亚门孢盘菌属灰葡萄孢菌（*Botrytis cinerea*）（图 7-9，e）。灰葡萄孢菌菌丝呈无色或淡色，具隔膜。分生孢子具较长且直立的梗，多呈褐色，具有隔膜，在孢子顶端常分支，分支末端膨大，着生小突起，并产生大量的分生孢子，分生孢子聚集呈葡萄状，分生孢子呈球形、倒卵形或卵球形，表面光滑，无色，后期逐渐发育形成黑色不规则的菌核。人参灰霉病菌在环境温度为 5~35℃ 的范围内均可正常生长，菌丝在温度为 25℃ 时生长速度最快，低于 5℃ 或高于 35℃ 时均无法正常生长。人参灰霉病菌菌丝在 pH 为 5.0~10.0 范围内均能正常生长，当 pH 值为 5.0~6.0 时生长较快。人参灰霉病病原菌在多种碳源或无糖的培养基中均可正常生长，但在以蔗糖为碳源的培养基上生长最好，其次为葡萄糖和果糖。人参灰霉病病原菌菌丝在多种有氮或无氮培养基上均可正常生长，其中以蛋白胨为氮源的培养基上生长最好，其次为以牛肉膏、酵母膏、丙氨酸和硝铵。NCBI 下载灰葡萄孢菌 18S Ribosomal RNA 基因（KT587323），通过二维码生成系统将序列碱基转化为图形化的条形码及二维码以供参考，其序列特征序列如下：

>*Botrytis cinerea*_18S Ribosomal RNA Gene_KT587323

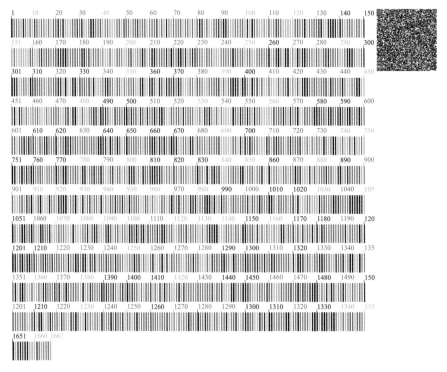

a. 锈腐病　　　　　b. 根腐病　　　　　c. 立枯病

d. 疫病　　　　　e. 灰霉病　　　　　f. 烧须

图 7-9　农田栽参中常见病害种类

2. 发病症状

人参灰霉病的发病期为 6 月中旬至 8 月下旬，主要侵染人参的茎、叶和芽孢。叶片病斑呈水浸状，黄绿色，茎上病斑呈褐色，病斑扩散使茎叶枯死。病菌从摘断的花梗处浸染发病，也可从叶柄基部浸染发病，可在地面交界处的茎基部发病，发病部位形成黑色菌核。在人参休眠期可造成参根及芦头的腐烂，病斑表面密生灰色的霉状物。

3. 防治方法

以"人参 + 灰霉病"为检索条件，在 CNKI 共检索到 53 篇文献（图 7-7），用于人参疫病防治研究的药剂共 36 种（图 7-8），其中属于禁限用农药氟菌唑曾被用于灰霉病防治，化学源农药有 9 种［苯醚甲环唑、腐霉利、嘧菌环胺、多抗霉素、菌核净、异菌脲（秀安）、代森锰锌、天达参宝、丙环唑］包含在无公害人参防治过程中推荐可使用的药剂范围内。结合无公害防治原则及生产实践经验，总结农田栽参灰霉病无公害防治方法，主要包括无公害农业防治、化学防治以及生物防治等措施。

（1）农业防治　持续的低温和高湿天气会导致人参灰霉病暴发，早春应深挖通道以利排水，降低土壤湿度，及时撤下防寒物，注意参棚通风透气，并适当的增加光照，可减少人参灰霉病发病概率。

（2）化学防治

①参地土壤消毒处理：播种或者移栽前喷施多菌灵 500 倍液进行土壤消毒，以消灭参地土壤灰霉病病原菌。

②病区处理：出现病苗后，立刻拔除病苗，并喷施多菌灵 400 倍液、50% 腐霉利可湿性粉剂 200 倍液、250g/L 嘧菌酯悬浮剂 1000 倍液或 25% 丙环唑乳油，杀灭病原菌，防止蔓延。有文献报道，认为人参植株花蕾在出苗展叶期受寒冷天气影响、人参植株掐花后期遇到阴雨天或持续的低温阴雨天气会导致人参灰霉病的爆发和蔓延，推荐使用 50% 嘧菌环胺水分散剂 750~1000 倍液，或嘧霉胺可湿性粉剂 1000 倍液等与天达参宝

600 倍液混合喷施；或使用异菌脲可湿性粉剂 500~750 倍液加 80% 代森锰锌可湿性粉剂 500 倍液与天达参宝 600 倍液或 25% 嘧菌酯悬浮剂 1500 倍液混合喷施；若需强效控制人参灰霉病，则推荐 50% 嘧菌环胺水分散剂 750~1000 倍液，或嘧霉胺可湿性粉剂 1000 倍液等与天达参宝 600 倍液混合喷施。

（3）生物防治　人参灰霉病发病期可考虑使用 20 亿活孢子蜡质芽孢杆菌可湿性粉剂 0.15~0.22g/m² 喷施。

二、非侵染性病害种类及综合防治

（一）红皮病

1. 起因

人参红皮病多发生于长白山一带的白浆土上，而在暗棕壤上人参红皮病发生率较低。目前，国内外学者对人参红皮病的发病机制持有 2 种观点：一是认为人参红皮病主要与土壤理化性质有关，即土壤中铁、铝等金属元素含量过高而毒害参根，为生理性病害；二是认为人参红皮病主要与土壤真菌的入侵有关，为侵染性病害。总之，根际土壤微生态的变化是红皮病发生的主要因素。研究表明人参红皮病会导致人参总皂苷、粗淀粉、总氨基酸等物质的含量降低。基于 UPLC 法，发现患红皮病参根比健康参根的粗淀粉含量下降了约 17%，总氨基酸含量减少了约 20%。此外，人参多糖为人参中一类重要的药理活性物质，具有明显的抗溃疡、降血糖、抗肿瘤、增强免疫系统和抗衰老等功能。为研究红皮病是否影响人参总多糖的含量，利用紫外分光光度法考察了 6 年生患红皮病人参鲜品、6 年生健康人参鲜品、6 年生患红皮病人参干品及 6 年生健康人参干品人参总多糖的含量（表 7-3）。结果表明，与健康的人参相比，患红皮病人参多糖含量有所降低，可能由于红皮病导致人参多糖消耗，用于愈伤，红皮病人参对于人参中多糖含量有一定的影响，其机制还有待进一步研究。本研究对指导人参生产和正确评价红皮病对人参质量的影响具有一定的指导意义。

表 7-3　人参多糖含量测定结果

样品	样品重量（g）	吸光度	多糖含量（mg/g）（$n=3$）
6 年生患红皮病人参鲜品	1.0002	0.023	0.24±0.032
6 年生健康人参鲜品	1.0010	0.068	0.42±0.018
6 年生红皮病人参干品	1.0010	0.209	0.71±0.022
6 年生健康人参干品	1.0003	0.291	1.2±0.026

2. 发病过程

人参红皮病发病初期病斑块仅在人参主侧根的局部出现；随着栽培人参参龄的增长，病斑逐渐扩展到主侧根的大部分甚至全部。患红皮病人参其商品等级降低，对人参产业造成巨大损失。发病特征主要为：①红皮病发病较轻的人参，其参根表皮出现大小不等、颜色深浅不一的红色病斑，俗称人参"水锈"；红皮病发病较重的人参，其根部周皮全部被红色病斑覆盖，进而表皮粗糙，出现裂缝以及参根腐烂现象。②患病的人参植株出现地上部萎蔫或不萎蔫，一般人参植株芦头以上的部位，红皮病症状不明显，仅从人参植株地上部无法判断红皮病的发生。

3. 防治方法

农田栽参红皮病的无公害防治主要包括：①选择地势高、排水良好的暗棕壤作为参地，避免使用低洼积水以及白浆土地块栽参；②使用隔年地，增加松土次数，使土壤充分腐熟，有利于二价铁离子氧化成三价铁离子；③翻地时拌入一定量的黑土，增加活土层，可改善土壤物理性状；④由于人参花期根部生活力和氧化量较低，应及时挖沟排涝，控制参地土壤水分，多次松土，增强通气透水性能，进而提高参根对红皮病的抗性；⑤施用土壤调节剂，如一定比例的生石灰、草炭土配制土壤调理剂，以达到调节土壤酸化程度，增加土壤有机质，增加土壤 Ca^{2+}、Mg^{2+} 含量，改良土壤结构的目的；⑥合理施用代森锰锌；⑦培育、筛选耐铁离子、铝离子胁迫人参新品种（抗病突变体）。

（二）冻害

1. 起因

冻害是由于越冬的参根经历骤变的天气后而引起参根病变的一类生理性病害。冻害的主要原因是早春参床土壤中含水量过多以及越冬后温度的骤变，土质结构以及参苗的大小也会直接影响人参受冻害的程度。

2. 发病过程

受冻害的人参根部会呈现出不同程度的变色腐烂，似水烫状，且须根大部分腐烂。若受冻害的部位为人参的芽孢，则会出现人参茎叶尚未出土就已经腐烂的症状。

3. 防治方法

农田栽参冻害的无公害防治主要包括：①畦面覆盖，入冬及时覆盖参床，上豆秸、玉米秸、树叶等覆盖；春季及时除去床面积雪，以防春季参床化冻化透后，造成缓阳冻；②注意排水，春季人参出土前处理好排水沟，以减少化冻水、雪水渗入参床；③如发生冻害达 50% 以上时，应及时起参，以减少损失。否则应及时使用硫酸铜 200 倍液或100 倍液对参床、作业道、参料等进行消毒；④变秋栽秋播为春栽春播。

此外，为研究水分对人参抗寒的影响，在吉林农业大学药用植物园内设计了高（HG，90%±5% 田间持水量）、中（MG，60%±5% 田间持水量）、低（LG，30%±5%田间持水量）三组水分处理人参，对照组为正常栽培组（CG），通过测量人参根的外观形态及数目（表 7-4），发现低水分组造成人参支根、须根生长长度加长；当提高至中水分组时，人参主根得以增长，主根粗度、支根个数略有提高；当提高土壤田间出水量至90% 时，参根短而粗。

表 7-4　水分胁迫对人参根部形态指标的影响

编号	主根长（cm）	根长（cm）	主根粗（cm）	支根数（个）
CG	8.9±1.8AB	17.8±4.2AB	1.3±0.1#	5.6±0.8#
LG	7.8±1.6AB	21.8±1.9A	1.2±0.2#	4.2±0.8#
MG	10.2±0.5A	18.8±1.3AB	1.4±0.2#	4.6±0.6#
HG	7.3±2.6B	16.8±4.0B	1.5±0.2#	5.2±1.5#

注：大写字母（A，B，AB）表示相同列不同行间在 $P < 0.05$ 水平上显著；# 表示无差异。

通过测定不同水胁迫下人参冻害及红皮病发病率，发现水分胁迫对正常人参、红皮病人参及受冻人参所占比例有一定影响（表 7-5），与对照组（4.35%）相比，中水分组人参冻害发生降低 2.53%，低及高水分组人参冻害发生分别提高 13.83%、3.69%；水分胁迫对红皮病发病率影响不大，与对照组（18.84%）相比高水分组红皮病人参所占比例提高至 19.38%，水分胁迫对正常人参所占比例有所影响，与对照组（76.81%）相比，中水分组正常人参所占比例提高至 80%，低及高水分组正常人参所占比例分别降低至 65.46%、72.58%。

表 7-5　不同水分胁迫下正常、红皮病及冻害人参所占比率

编号	正常率（%）	冻害率（%）	红皮病发病率（%）
CG	76.81	4.35	18.84
LG	65.45	18.18	16.37
MG	80.00	1.82	18.18
HG	72.58	8.04	19.38

此外，对水分胁迫下越冬人参皂苷含量进行测定，结果表明水分胁迫对越冬人参体内人参皂苷含量有一定影响。处理组人参总皂苷含量均高于对照组，低水分胁迫能够提高人参中总皂苷及 Re+Rg1 含量；而高水分胁迫能够提高人参中 Rb1 含量。人参对水分——低温交叉胁迫具有交叉适应；土壤水分含量过高或过低均能引发人参受冻，且土壤含水量过低时发生冻害比例较大。该研究结果为人参栽培中水分调控及安全越冬方面提供一定理论基础。

（三）烧须

1. 起因

烧须是人参的吸收根全部枯死的一类生理性病害（图 7-9，f）。其原因不一，参床干旱可引起烧须；老参、地栽参多发生烧须现象；红皮病发生的根部也会有烧须现象发生；化肥使用不当，或使用未经充分腐熟的有机肥时，也常常发生烧须现象。

2. 发病过程

烧须发生后，受害的人参须根会逐渐全部烂掉，仅仅剩下几条侧根，虽地上部分能

生长，但其长势十分衰弱。

3. 防治方法

农田栽参烧须的无公害防治主要包括：①采用保水和排水条件良好的参床栽培人参，防止干旱，及时供给充足的水分，遇旱季可开沟灌水，灌足水后将其覆盖平，以防水分蒸发，但必须保证参根透气性良好；②移栽参根时，应提前做好土壤消毒灭菌工作，防止烧须现象发生；③避免肥害的发生，使用有机肥时，应保证肥料经过充分腐熟，使用化肥时要严格按需按量施入，增加土壤的有机质。

（四）日烧病

1. 起因

日烧病是人参叶片受到强光照射变为浅绿色，并逐渐呈现黄白色，最终呈烧焦状的一类生理性病害。日烧病的主要原因是强光的持续性照射导致参苗叶片温度骤升，高温破坏了叶绿体结构，使其光合作用停止以致叶片死亡，故叶片呈现出烧焦状。

2. 发病过程

人参受强光照射后，叶片逐渐变形，并发生皱缩，烧焦状病斑逐渐向四周扩散，进而使叶片从茎干脱落。

3. 防治方法

农田栽参日烧病的无公害防治主要是通过使用半透光棚、挂面帘、加宽参棚等措施调节光照，避免阳光直射参田，同时加强田间看管，合理密植。

（五）生理花叶病

1. 起因

目前，引起人参生理花叶病的原因尚无统一定论，可能与参床土壤水分、光照条件或营养元素间的比例失调相关。

2. 发病过程

受生理花叶病危害的人参叶片上呈现菱形或方形病斑，色泽逐渐由黄褐色变为褐色或深褐色。

3. 防治方法

农田栽参生理花叶病的无公害防治主要是使用有机肥时，保证肥料充分腐熟，并控制土壤酸碱度（pH）在 5.5~7.0 间。

第三节　人参农田栽培虫害及鼠害无公害综合防治

目前，除病害以外，虫害也是农田栽参的一大威胁。危害人参的虫害包括地上和地下两部分害虫。地上害虫较少，如八字地老虎、草地螟。农田栽参主要虫害多属地下害虫，主要为金针虫、蝼蛄、蛴螬以及地老虎，它们分布广泛、食性繁杂、危害严重，受害人参根部常呈孔洞或缺刻状，容易导致病害的发生，进而对人参品质和产量造成影响。为防止虫害对农田人参危害，本节对无公害农田栽参的主要虫害进行总结，并提出相应措施，为农田栽参虫害的无公害防治提供技术参考。

一、地下虫害种类及综合防治

（一）金针虫

1. 害虫来源

金针虫为叩头虫类幼虫的总称，又名针丝虫、钢丝虫、姜虫子、金耙齿、黄灿蜒等，属鞘翅目叩头虫科。

2. 危害方式

在北方危害人参的金针虫主要为沟金针虫（*Pleonomus canaliculatus*）和细胸金针虫（*Agriotes subrittatus*），其中细胸金针虫危害甚重。越冬幼虫在 4~5 月上旬移至表土层，啃食人参种子、主根、芦头和茎基部，并钻入根茎内部，影响参株水分、养分的输送，受害参株常呈现黄萎状态，有的参株则因基部被咬断、伤口感染或其他病害而萎烂死亡。NCBI 下载的 *Campsosternus auratus* 28S Ribosomal RNA 序列（JF713737），通过二维码生成系统将序列碱基转化为图形化的条形码及二维码以供参考，其序列特征序列如下：

>*Campsosternus auratus*_28S Ribosomal RNA Gene_JF713737

3. 防治方法

以前常用于防治金针虫的农药辛硫磷，因其有毒致病等原因，已被禁止使用。农田栽配人参金针虫的无公害防治主要包括：在秋季翻耕参地土以及除草，使金针虫虫卵暴露在参地表面被太阳光杀灭；利用金针虫对黑光灯的趋向性，使用黑光灯、频振式杀虫灯来诱杀金针虫。

（二）蝼蛄

1. 害虫来源

蝼蛄俗名土狗、地拉蛄、水狗、拉拉蛄，属直翅目蝼蛄科，为典型地下害虫。东北地区主要有非洲蝼蛄（*Gryllotalpa orientalis*）和华北蝼蛄（*Gryllotalpa. unispina*），以非洲蝼蛄发生较多。

2. 危害方式

蝼蛄是杂食性害虫，成虫或若虫在土壤中过冬，4 月间开始活动，5~6 月成虫主要在地下用口器和前足将人参的嫩茎或主根、芦头咬断，也咬食发芽的种子，并在参床内挖掘隧道，进而导致参苗和土分离而枯死。NCBI 下载的蝼蛄 COI（KM362674），通过二维码生成系统将序列碱基转化为图形化的条形码及二维码以供参考，其序列特征序列如下：

>*Gryllotalpa orientalis*_COI Gene_KM362674

3. 防治方法

以前常用于防治蝼蛄的有毒有害农药敌敌畏、乐果等已被禁止使用。农田栽培人参蝼蛄的无公害防治主要包括：栽参前要提前 1 年整地；加腐熟的粪肥作基肥；采用黑光灯进行诱杀；采用一定比例的糖、醋、蜜为诱饵对蝼蛄进行诱杀。

（三）蛴螬

1. 害虫来源

蛴螬为朝鲜金龟甲（*Holotrichia diomphalia*）或铜绿金龟甲（*Anomala carpulenta*）等幼虫的总称，又名土蚕、白地蚕、地漏子、大头虫等，属鞘翅目金龟卿科。

2. 危害方式

蛴螬是杂食性害虫，按其食性可分为植食性、粪食性、腐食性 3 类，春季解冻后即活动，是危害人参较严重的害虫。幼虫危害人参根部和接近地面的嫩茎，把参根咬成缺刻和网状，严重时，参苗枯萎死亡。成虫危害人参叶片，咬成缺刻状或网状，影响人参的光合作用和植株的正常生长。NCBI 下载的朝鲜金龟甲 COI（HM180630），通过二维码生成系统将序列碱基转化为图形化的条形码及二维码以供参考，其序列特征序列如下：

>*Holotrichia diomphalia*_COI Gene_HM180630

3. 防治方法

以前常用于防治蛴螬的有毒有害农药辛硫磷已被禁止使用。农田栽培人参蛴螬的无公害防治同蝼蛄。

（四）地老虎

1. 害虫来源

地老虎属夜蛾科，也叫切根虫、截虫，种类很多，食性杂，分布广泛，农业生产上造成危害的有 10 余种。常见的有大地老虎（*Agrotis tokionis*）、小黄地老虎（*Agrotis ypsilon*）及黄地老虎（*Agrotis segetum*）等。

2. 危害方式

地老虎一般昼伏夜出，白天潜伏于参床土壤中，晚上外出取食，咬断接近地表的人参苗嫩茎及根部，低洼地块发生较重，造成严重缺苗断条现象。NCBI 下载的黄地老虎 *Agrotis segetum* 的 COI（KJ020898），通过二维码生成系统将序列碱基转化为图形化的条形码及二维码以供参考，其序列特征序列如下：

>*Agrotis segetum*_COI Gene_KJ020898

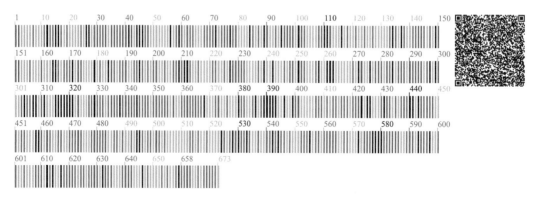

3. 防治方法

以前常用于防治地老虎的有毒有害农药敌敌畏已被禁止使用。农田栽培人参地老虎的无公害防治方法主要包括：地老虎具趋光性，常在成虫期，利用黑光灯或高压电杀虫灯对其诱杀；在播种前或参苗出土前，清除地里杂草，放置地老虎喜食的新鲜杂草或菜叶，每天翻动草堆捕杀；糖醋液诱杀地老虎是目前药剂防治中应用较普遍的方法，糖醋液配合比例为 8 分糖，3 分醋，1 分白酒，10 分水，诱杀地老虎。

二、地上虫害种类及综合防治

（一）草地螟

1. 害虫来源

草地螟（*Loxostege sticticalis*）又名黄绿条螟，属鳞翅目，螟蛾科，草地螟为多食性大害虫，主要分布于我国东北、西北、华北一带。

2. 危害方式

草地螟主要以 4 龄以上幼虫危害人参。人参受害后，在叶片被咬处呈孔洞或缺刻，严重时，叶柄被咬断，叶片脱落。幼虫有时还取食叶柄及参茎交界处的软组织和茎的表皮。NCBI 下载的草地螟 COI（HM428398），通过二维码生成系统将序列碱基转化为图形化的条形码及二维码以供参考，其序列特征序列如下：

>*Loxostege sticticalis*_COI Gene_HM428398

3. 防治方法

以前用于防治草地螟的有毒有害农药溴氰菊酯（敌杀死）、敌敌畏及乐果已被禁止使用。农田栽培人参草地螟的无公害防治方法主要包括：及时清理参地附近杂草，草地螟幼虫主要从邻近的杂草丛迁移过来，除草以破坏其栖息地；在参地周围挖倒漏形防虫沟；幼虫一旦入侵，应及时对叶面喷施 25% 噻虫嗪水分散粒剂 5000 倍液。

（二）八字地老虎

1. 害虫来源

八字地老虎（*Amathes c-nigrum*）又名八字切根虫，属鳞翅目，夜蛾科，其食性较杂，寄主繁多，在我国分布较广。

2. 危害方式

八字地老虎幼虫危害人参叶柄顶端的复叶，咬成杯状或喇叭形的凹缺，以参茎髓部为食，危害严重时使人参茎叶枯萎，并在咬伤处感染其他病菌，使人参茎苗枯死。NCBI下载的八字地老虎COI（GU092168），通过二维码生成系统将序列碱基转化为图形化的条形码及二维码以供参考，其序列特征序列如下：

>*Amathes c-nigrum*_COI Gene_GU092168

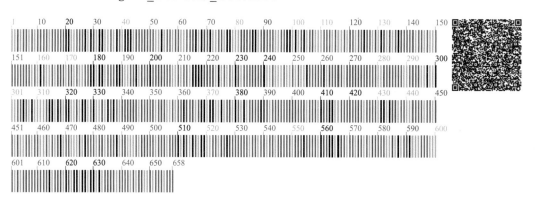

3. 防治方法

以前用于防治八字地老虎的化学农药敌敌畏已被禁止。农田栽培人参八字地老虎的无公害防治方法主要为除去参地周围杂草，防止其在杂草内栖息繁殖危害人参。

三、鼠害种类及综合防治

1. 害鼠来源

危害人参的鼠类主要包括花鼠（*Tamias sibiricus*）、鼹鼠（*Scaptochirus moschatus*）、大林姬鼠（*Apodemus peninsulae*）等。

2. 危害方式

鼠类对农田人参危害较大，其危害主要包括鼠类盗食参籽、危害参苗、啃食参根、破坏参床等。此外，害鼠在地下串成洞道，拱起一串串土堆，影响人参正常生长，有的参体悬空受风而死，有的灌进雨水使参根腐烂。NCBI下载的花鼠COI（JF444471）、鼹鼠线粒体Cytb Gene（AB306502）、大林姬鼠COI（KX859264），通过二维码生成系统将序列碱基转化为图形化的条形码及二维码以供参考，其序列特征序列如下：

>*Tamias sibiricus*_COI Gene_JF444471

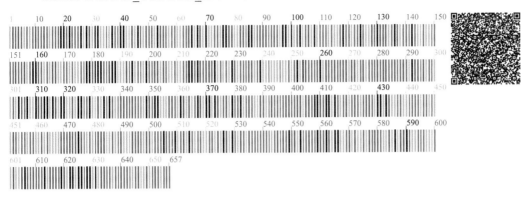

>*Scaptochirus moschatus*_Cytb Gene_AB306502

>*Apodemus peninsulae*_COI Gene_KX859264

3. 防治方法

鼠害的无公害防治主要包括：①清理杂草、灌木，搞好参地卫生；②在参地与林缘接壤地带清理出一条 2~4m 宽的作业道，既方便田间作业，又改善了参地环境，起到隔离阻断作用；③在参地四周挖 30~50cm 深的排水沟，既可排水，又对鼠有一定的防制作用；④使用毒饵站投饵技术，如纸质简易毒饵站，陶质毒饵站，PVC 管多用途毒饵站；⑤使用无公害植物源不育剂，如雷公藤（雄性不育剂）、天花粉蛋白（雌性不育剂）、莪术醇（雌性不育剂）。

参考文献

［1］Chang C，Yu D，Jiao J，et al．Barley MLA immune receptors directlyinterfere with antagonistically acting transcription factors to initiate disease resistance signaling［J］．Plant Cell，2013，25：1158-1173．

［2］Chen S，Xu J，Liu C，et al．Genome sequence of the model medicinal mushroom *Ganoderma lucidum*［J］．Nat Commun，2012，3：177-186．

［3］Cui H，Tsuda K，Parker JE．Effector-triggered immunity：From pathogen perception to robust defense［J］．Annu．Rev．Plant Biol，2015，66：487-511．

［4］Gao Y，He X，Wu B，et al．Time-course transcriptome analysis reveals resistance genes of *Panax ginseng* induced by *Cylindrocarpon destructans* infection using RNA-Seq［J］．PLoS One，2016，11：1-18．

［5］Kar WL，Sze TW．Pharmacology of ginsenosides：a literature review［J］．Chin．Med，2010，5：20-27．

［6］Manoj KS，Pingchuan L，Irene L，et al．Disease resistance gene analogs（RGAs）in plants［J］．Int．J．Mol．Sci，2015，16：19248-19290．

［7］Schulman，Alan H，Yilmaz，et al．The international brachypodium initiative genome sequencing and analysis of the model grass *Brachypodium distachyon*：insights into grass genome evolution［J］．Nature，2010，463：763-768．

［8］Shun M，Lu X．The preventing and control of ginseng *Rhizoctonia solani* with nymexazol［J］．Zhong Yao Cai，1997，20：56-58．

［9］Spoel SH，Dong X．How do plants achieve immunity? Defence without specialized immune cells［J］．Nat．Rev．Immunol，2012，12：89-100．

［10］Wang K，Jiang S，Sun C，et al．The spatial and temporal transcriptomic landscapes of Ginseng，*Panax ginseng* C．A．Meyer［J］．Sci Rep，2015，11：18283-18295．

［11］Xiao C，Yang L，Zhang L，et al．Effects of cultivation ages and modes on microbial diversity in the rhizosphere soil of *Panax ginseng*［J］．J Ginseng Res，2016，40：28-37．

［12］Zhang C，Liu L，Wang X，et al．The *Ph-3* gene from *Solanum pimpinellifolium* encodes CC-NBS-LRR protein conferring resistance to *Phytophthora infestans*［J］．Theor．Appl．Genet，2014，127：1353-1364．

［13］陈君，徐常青，乔海莉，等．我国中药材生产中农药使用现状与建议［J］．中国现代中药，2016，3：263．

［14］陈士林，董林林，郭巧生，等．中药材无公害精细栽培体系研究［J］．中国中药杂志，2018，43（8）：1517-1528．

［15］陈振山，尚延智，司永吉，等．红皮灵防治人参红皮病［J］．中药材，1997（11）：546-47．

［16］董林林，苏丽丽，尉广飞，等．无公害中药材生产技术规程研究［J］．中国中药杂志，2018，43（15）：3070-79．

［17］冯光荣，胡立海．人参病害的无公害综合防治技术［J］．吉林农业．2010（4）：77．

［18］傅俊范，史会岩，周如军，等．人参锈腐病生防细菌的分离筛选与鉴定［J］．吉林农业大学学报，2010，32（2）：136-39．

［19］胡一晨，孔维军，魏建和，等．人参药材中农药使用及残留限量标准的现状和思考［J］．中南药学，2013（9）：664-69．

［20］贾斌，赵贞丽，沈国娟，等．人参黑斑病生防用内生拮抗菌分离鉴定及发酵浓缩液的性质［J］．中国森林病虫，2014（03）：5-10．

［21］姜云，尹望，陈长卿，等．人参内生拮抗细菌NJ13的鉴定及发酵条件［J］．农药，2013，52（2）：97-101．

［22］李熙英，李烨．人参灰霉病菌生物学特性研究［J］．安徽农业科学，2010，38（27）：15014-15017．

［23］李翔国，韩莲花，吴松权，等．木醋液对人参黑斑病菌和人参灰霉病菌的抑菌作用［J］．中药材，2014，37（9）：1525-1528．

［24］李自博，周如军，傅俊范．哈茨木霉菌Tri41对连作人参根际土壤中酚酸物质的消减作用［J］．沈阳农业大学学报，2016，47（6）：661-66．

［25］潘乐．甲基营养型芽孢杆菌NJ13抗菌蛋白基因克隆、表达与敲除载体构建［D］．吉林农业大学，2017．

［26］沈亮，李西文，徐江，等．无公害人参农田栽培技术体系及发展策略［J］．中国中药杂志，2017，42（17）：3267-74．

［27］沈亮，徐江，陈士林，等．无公害中药材病虫害防治技术探讨［J］．中国现代中药，2018，20（9）：1039-48．

［28］王怀瑞，刘玲，方平，等．人参红皮病的研究现状［J］．人参研究，2018，30（2）：45-47．

［29］宋治，许永华，张学连，等．红皮病对人参多糖含量的影响［J］．人参研究，2015，27（2）：20-21．

［30］王二欢，许永华，张连学，等．干旱对人参抗寒性的影响［J］．人参研究，2016，28（3）：2-4．

［31］王瑞，董林林，徐江，等．农田栽参模式中人参根腐病原菌鉴定与防治［J］．中国中药杂志，2016，41（10）：1787-91．

［32］王铁生．中国人参［M］．沈阳：辽宁科学技术出版社，2001．

［33］王燕，王春伟，高洁，等．24种杀菌剂及其相关配比对人参根腐病菌的毒力测定及田间防效［J］．农药，2014（1）：61-65．

［34］吴长宝，回云静，徐小明，等．枯草芽孢杆菌生物菌剂对人参病原菌室内抑菌实验研究［J］．人参研究，2010，22（4）：11-13．

［35］徐江，沈亮，陈士林，等．无公害人参农田栽培技术规范及标准［J］．世界科学技术－中医药现代化，2018，（7）：1138-47．

第八章　无公害人参农田栽培采收加工及品质分析

采收加工目的是纯净药材，防止人参腐烂变质，从而延长其保存期以及提高药效。人参采收主要包括参根及茎叶采收，人参加工可分为初加工和深加工两类，初加工主要是将鲜参清洗、干燥加工成原料药材，对初加工药材按照市场要求进行再次加工的过程称为深加工，如精制红参、饮片，人参粉等。为保障人参药材质量，在完成采收加工后，需要对药材质量进行分析。通过对人参农艺指标、有效成分及农残重金属的检测，达到生产优质人参药材的目的。

第一节　无公害人参农田栽培采收及加工

采收加工目的是纯净药材，防止人参腐烂变质，从而延长其保存期以及提高药效。人参采收主要包括参根及茎叶采收，人参加工可分为初加工和深加工两类，初加工主要是将鲜参清洗、干燥加工成原料药材，对初加工药材按照市场要求进行再次加工的过程称为深加工，如精制红参、饮片，人参粉等。随着人民生活水平的不断提高以及对绿色食品的向往，对色、形、味和成分含量俱佳的保鲜人参的需求越来越多，同时对延长鲜参的保鲜期提出了更多要求。

一、采收期管理

无公害农田栽参采收主要包括参根采收及茎叶采收。加强采收过程及后续加工过程的无公害农业防控，是生产优质无公害药材的有效措施。加工及采收过程中，尽可能采用塑料筐或者其他无污染的工具进行药材加工、包装、储藏和运输，同时避免加工过程中有毒有害添加剂的施入，是降低药材农残及重金属含量，提高药材质量的关键。

（一）参根采收

我国适宜农田栽参的地区较广，各参区由于地理环境差异较大，导致不同产区参根的收获年限和采收时期有很大差异。研究表明即使同一参区不同收获年限及不同采收时间对提高人参产量及质量也有较大影响。

1. 采收年限

随着生育年限增长，农田人参产量和药效成分也在不断增加，但人参生长到第 6 年以后，人参产量和有效成分积累缓慢，而且容易产生病害。另外，随着农田栽参田间管理技术的提升及人参生长所需肥料的供应，农田人参长势加快，四年生人参的产量、质量及药效成分积累即可达到《中国药典》规定。有文献研究表明生长 4 年的长白县人参皂苷含量已经达到《中国药典》规定，而且药材质量合格且成本较低。农田人参生长 4~5 年后即可采收。

2. 采收时期

东北人参主产区的平均气温维持在 15℃左右，人参叶片由绿色变成黄色，参根干物质含量最高时即可进行采收。收获过早或过晚均对参根产量和质量产生一定影响，容易导致参根产量降低，出现白皮糠心等问题。由于我国栽参区分布较广，各地区气候环境差异较大。因此，各地应因地、因时制宜，视人参生长状况及当地气候条件确定人参适宜采收期。有文献报道，以集安地区为例，比较了不同年生及不同采收时期的人参产量及皂苷含量差异，研究表明集安人参的最佳采收年限为 6 年，每年最佳采收时间为9 月 15 日~9 月 30 日之间；另有文献研究结果表明长白县人参四年生即可收获；利用超高效液相色谱仪检测了 4~6 年生不同采收时期的农田人参皂苷含量，结果也表明集安地区的农田人参在 9 月下旬采收较好。因此，不同产区人参适宜采收期差异较大，一般以9 月采收为宜。

3. 收获方法

人参收获期确定后，应提前半个月拆除参棚，拔出立柱，将参棚材料堆放于作业道上，以便放阳放雨，促进参根增重和有机物积累。根据农田栽参采收面积，参根采收可采用人工起参或机械起参两种方法。

人工起参为先用锹、镐或三齿子将畦帮畦头刨开，以接近参根边行为度，接着从参畦一端开始，按栽参行逐行地挖或刨，深度刨至畦底，以不伤根断须为度。起出来的参根，抖去泥土，装袋运到加工厂进行后续加工干燥。

机械起参可以采用专用起参机进行采收。通常起参机可以完成一次性挖掘、分离参根等过程。机器起参优点为起参效率高，且不损伤人参、减少鲜参失水跑浆等，有利于人参加工和贮藏。研究表明人工起参收获需要半个月的工作量，用机械起参 2 天就可以完成，还可以节省一定的成本。采挖的人参应该及时进行挑选、加工，防止在日光下长时间暴晒或雨淋，仓贮人参时间不宜过长，避免堆积过厚，否则易造成参根跑浆、伤热、腐烂而影响人参质量。

（二）茎叶采收

人参为多年生草本植物，其地上茎叶每年均可采收。研究表明人参茎叶含有多种皂苷成分，且含量是主根皂苷含量的 1~2 倍，是提取人参皂苷或利用参叶精制人参茶的重要原料。另外，人参茎叶具有抑菌、抗疲劳、抗癌、调节免疫力等功效，具有多种生物活性成分。人参茎叶已经被开发为抗疲劳的饮料、口服液等食品及药品。有文献研究表明人参茎叶总皂苷含量为 3.19%，其综合抗氧化能力的水提取物具有较好的抗氧化效果。

人参茎叶采收时间可依据用途而定。可以先进行人参参叶采收，然后进行茎杆采收。如利用参叶生产人参茶，可在参叶枯萎前采收鲜参叶；如用于提取人参皂苷，可在人参收获季进行，但不能过晚。一般霜打叶和干枯叶的人参皂苷含量会降低。参叶采收可使用镰刀或剪刀在靠近畦面位置剪掉收割，不能拔扯参茎，防止损伤根茎和参根。收获后要把参叶捆成小把运回，置荫棚内阴干或直接加工，防止积压，造成霉烂。然后根据需要进行加工。

二、产地初加工

无公害农田栽参过程中应依据人参产地及长势情况选择最佳采收期，人参采收、加工及原料装运，包装环节应严格按照无公害药材采收及加工方法进行，避免二次污染，加工过程中的清洗用水质量必须符合 GB 3838—2002 地表水环境质量标准限值。

（一）产地加工的目的与意义

人参产地初加工具有纯净药材、防止霉烂变质、保持或提高药效、便于贮藏保管等作用。人参收获时，参根上黏附的泥土和微生物容易导致参根腐烂解体，通过加工可以洗净泥土，杀死微生物，使药材纯净，防止霉烂变质。新鲜参根中含有的较多酶类依然具有活性，会使人参组分发生分解或转化，通过适宜的加工手段，抑制或破坏酶的活性以防止药效下降。新鲜参根含水量较高，易腐烂变质而不利于长期保存，通过产地加工手段，降低参根中水分含量，便于贮存保管和运输。

（二）人参产地初加工技术

按照传统方法加工的人参可分为红参、白参、生晒参、白干参等，下面主要介绍生晒参的产地加工工艺流程及其技术要点。工艺流程：选参 - 剪须 - 洗刷 - 晾晒 - 烘干 - 分级入库。加工技术要点如下。

（1）选参　农田栽培人参可从 4~5 年生参根中选择芦、体齐全，浆足质实的人参进行加工。芦、体齐备，浆足质实，无病残及伤疤者为最佳，此类鲜参加工出的生晒参，质坚实、体重、无抽沟，气香，味苦。加工全须生晒参的原料，除具备上述条件外，还要具备形体美观，芦、体、须齐全等条件。选作加工生晒的鲜参，按大、小分别堆放，分别加工。

（2）剪须　加工生晒参的鲜参，除了保留芦、体和与主体粗细匀称的支根的中上部外，其他的苄、须全部剪掉。剪须时从离须根基部 4~5mm 处剪断。大支根截断部位要适中，不能留得细长。全须生晒参只是去掉主体中上部位的细须根和过于粗大的艼。

（3）洗刷　使用高压水枪配合手工刷洗的方法，使参根表面洁净，洗参过程中不要损伤表皮。

（4）晾晒　洗刷后的鲜参，按大、中、小分别摆放在烘干盘上，单层摆放。摆后送晒参场晾晒或入室烘干。

（5）烘干　烘烤生晒参的温度不宜过高，一般开始50℃为宜，3小时后温度降为40℃，烘干时每15~20分钟排潮一次，不然湿度过大，干后断面有红圈。当参根达九成干时，就可出室晾晒，然后分级入库。

（6）分级贮藏　生晒参成品按照规格和等级，进行分级包装。包装材料应符合食品级材料标准要求，贮存环境和运输工具保持清洁卫生，严格参照国家有关标准，防止二次污染。加工好的生晒参可采用密封法或冷藏法保存。密封法的关键是使用密封材料包裹生晒参或包装盒以隔绝空气，并密封。冷藏法的技术要点是先将生晒参密封，然后移入温度为8~13℃的条件下保存。

（三）影响人参加工产品产量与品质的因素

人参的加工是一项季节性强、时间短、环节多、技术要求比较严格的工作。加工时期的早晚、各加工环节技术掌握得是否正确，都直接影响产品品质和产量。

选择适宜的采收加工期，是提高鲜参产量和折干率的重要环节。加工时期不当，即起收偏早或过晚，不仅鲜参产最低，而且鲜参的折干率也低。适期采收不仅鲜参产量高，而且加工成品率也高。地区不同，收获加工时期也不一样。因此，各地要因地制宜，并且根据当年气候特点作相应的调整，选择合适的采收加工时期。起收的鲜参要及时加工，最好是边起边加工。如果贮藏保管不当，特别是贮存时间过长，则鲜参易霉烂或加速跑浆，造成较大的损失。

第二节　人参农田栽培药材品质分析

一、人参农艺指标分析

（一）单株产量与其农艺性状相关分析

人参单株农艺性状变异幅度不一，其中根长和鲜重变异系数最大，而茎粗和根粗变异系数最小（表8-1），说明人参根长和重量的变异范围较大，而茎粗和根粗的变异范围较小。人参单株农艺性状与鲜重间相关分析表明人参单株产量与根粗显著正相关（$P < 0.05$），而其他各指标相关性不显著（表8-2）。

表8-1　人参单株农艺性状表现（n=36）

性状	最小值	最大值	平均值	标准偏差	变异系数（%）
株高（cm）	7.70	22.50	13.42	0.55	28.66
茎粗（cm）	2.21	4.170	3.29	2.83	16.72
根长（cm）	2.10	12.00	6.73	2.35	41.97
根粗（mm）	10.73	19.19	14.39	4.25	16.31
鲜重（g）	7.60	24.50	13.35	3.85	31.81

表8-2　人参单株农艺性状间相关分析（n=36）

性状	株高	茎粗	根长	根粗	鲜重
株高（cm）	1				
茎粗（cm）	−0.36	1			
根长（cm）	−0.33	0.23	1		
根粗（mm）	0.44	−0.02	−0.40	1	
鲜重（g）	0.24	−0.15	−0.26	0.55*	1

注：* 表示在 $P < 0.05$ 水平下具有统计学意义，** 表示在 0.01 水平下具有统计学意义。

（二）人参农田栽培农艺性状比较

不同采收年限的人参农艺性状见图8-1所示，由图可知4~5年生农田人参不同物候期的农艺性状差异不具有统计学意义，其中以红果期及枯萎期人参农艺指标数值最高，以出苗期农艺指标最低；6年生农田人参的4个农艺指标差异具有统计学意义（$P < 0.05$），其中出苗期结果数据与其他物候期结果差异较大，这与出苗期数据采集时间较早有关。

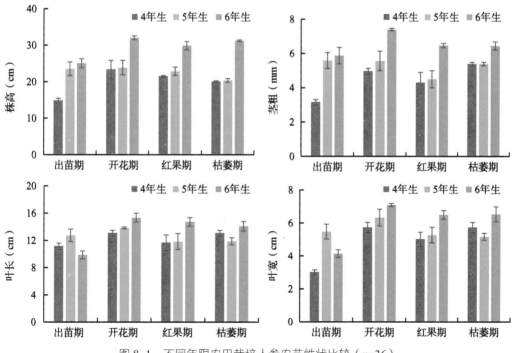

图8-1　不同年限农田栽培人参农艺性状比较（n=36）

二、农田栽培人参皂苷含量分析

研究表明人参农田栽培产量差异具有统计学意义（$P < 0.05$），其中以 6 年生人参产量最大，而 4 年生人参产量最低。4~6 年生人参中 7 种单体人参皂苷含量差异较大，而 Rb_2、Re 和 Rg_2 的含量差异具有统计学意义（$P < 0.05$）（图 8-2）。从种植年限看，5 年生人参皂苷含量最高，其次为 6 年生，含量最低的为 4 年生人参。从皂苷含量高低看，7 种人参皂苷中以 Rb_1 含量最高，以 Rg_2 含量最低。依据《中国药典》2015 年版方法测定，4 年生人参皂苷 Rg_1+Re 含量为 0.42%，Rb_1 含量为 0.34%；6 年生人参 Rg_1+Re 含量为 0.42%，Rb_1 含量为 0.36%；6 年生人参 Rg_1+Re 含量为 0.41%，Rb_1 含量为 0.36%。4~6 年生农田栽培人参均符合《中国药典》2015 年版规定。

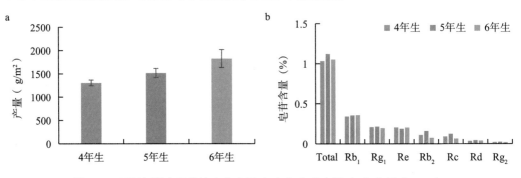

图 8-2　不同年限农田栽培人参产量（a）和皂苷含量（b）分析（n=36）

三、人参农艺性状与皂苷含量相关分析

为指导人参农田栽培品种选育，本研究分析了影响人参生长的 4 个关键农艺指标（株高、茎粗、叶长和叶宽）与人参品质（产量和总皂苷）相关性（表 8-3、表 8-4、表 8-5）。结果表明不同物候期的四年生人参株高和茎粗显著正相关（$P < 0.05$），产量与茎粗极显著正相关（$P < 0.01$）；不同物候期的五年生人参株高和茎粗显著正相关（$P < 0.05$），叶长与叶宽显著正相关（$P < 0.05$），产量和茎粗显著正相关（$P < 0.05$）；不同物候期的六年生人参叶长、茎粗和叶宽极显著正相关（$P < 0.01$），产量和茎粗显著正相关（$P < 0.05$）。因此，人参产量与农艺性状存在显著相关性，选择参根及主茎较粗的 2 年生种苗进行种植，有利于提高人参产量。

表 8-3　四年生农田人参农艺性状与其品质相关分析（n=36）

物候期	性状	株高	茎粗	叶长	叶宽	产量	皂苷
红果期	株高	1					
	茎粗	0.86**	1				
	叶长	0.78**	0.91**	1			
	叶宽	0.79**	0.90**	0.98	1		

物候期	性状	株高	茎粗	叶长	叶宽	产量	皂苷
红果期	产量	0.61*	0.79**	0.58*	0.66*	1	
	皂苷	0.26	0.00	−0.01	0.04	−0.45	1

注：* 在 $P < 0.05$ 水平（双侧）上具有统计学意义；** 在 0.01 水平（双侧）上具有统计学意义。

表 8-4　五年生农田人参农艺性状与其品质相关分析（$n = 36$）

物候期	性状	株高	茎粗	叶长	叶宽	产量	皂苷
	株高	1					
	茎粗	0.94**	1				
红果期	叶长	0.86**	0.94**	1			
	叶宽	0.93**	0.98**	0.94**	1		
	产量	0.54*	0.69**	0.65**	0.70**	1	
	皂苷	−0.27	−0.34	−0.16	−0.28	−0.45	1

注：* 在 $P < 0.05$ 水平（双侧）上具有统计学意义；** 在 0.01 水平（双侧）上具有统计学意义。

表 8-5　六年生农田人参农艺性状与其品质相关分析（$n = 36$）

物候期	性状	株高	茎粗	叶长	叶宽	产量	皂苷
	株高	1					
	茎粗	0.46	1				
红果期	叶长	0.50	0.50	1			
	叶宽	0.39	0.71**	0.89**	1		
	产量	−0.02	0.67**	0.16	0.36	1	
	皂苷	−0.52	−0.64*	−0.24	−0.35	−0.45	1

注：* 在 $P < 0.05$ 水平（双侧）上具有统计学意义；** 在 0.01 水平（双侧）上具有统计学意义。

参考文献

［1］陈士林，董林林，郭巧生，等. 无公害中药材精细栽培体系研究［J］. 中国中药杂志，2018，43（8）：1517-1528.

［2］陈士林，朱孝轩，陈晓辰，等. 现代生物技术在人参属药用植物研究中的应用［J］. 中国中药杂志，2013，38（5）：633-639.

［3］贾光林，黄林芳，索风梅，等. 人参药材中人参皂苷与生态因子的相关性及人参生态区划［J］. 植物生态学报，2012，36（4）：302-312.

［4］吴琼，周应群，孙超，陈士林. 人参皂苷生物合成和次生代谢工程［J］. 中国生

物工程杂志，2009，29（10）：102-108.

［5］谢彩香，索风梅，贾光林，等.人参皂苷与生态因子的相关性［J］.生态学报，2011，31（24）：7551-7563.

［6］张翠英，陈士林，董梁.超高效液相色谱法结合化学计量学分析评价4种商品人参的质量［J］.色谱，2015，33（5）：514-521.

［7］张翠英，董梁，陈士林，等.人参药材皂苷类成分UPLC特征图谱的质量评价方法［J］.药学学报，2010，45（10）：1296-1300.

［8］张鹏，邬兰，李西文，等.人参饮片标准汤剂的评价及应用探讨［J］.中国实验方剂学杂志，2017，23（7）：2-11.

［9］李慧，许亮，温美佳，等.不同产地人参皂苷成分含量UPLC法测定及质量评价［J］.中华中医药杂志，2015，30（6）：1963-1966.

第九章　无公害农田栽培人参质量标准与控制技术

研究团队基于药典算法建立无公害中药材农残限量通用标准的计算方法，为无公害中药材树立典范。无公害人参质量标准的制定应符合相关国家标准、团体标准、地方标准以及ISO等相关规定。无公害农田栽培人参农残及重金属质量标准的制定，可为高品质人参药材生产提供依据。基于人参药材商品和药品双重属性，首次把人参药材和饮片的物种真伪、品质优劣及流通管理相结合，建立了"人参质量追溯管理系统"。人参药材真伪主要基于中草药 DNA 条形码鉴定技术，品质优劣主要依托高效液相指纹图谱转化为二维码的技术，流通信息管理主要采用了物联网和云计算的现代信息技术，同时开发了基于移动智能技术的人参药材质量追溯技术平台，打通了人参药材生产中质量检查不能共享的环节，把企业生产内控、政府机构监管和消费者监督有机结合，可实现人参药材和饮片在生产和流通过程中的离线和在线质量追溯，确保来源可查、去向可追、责任可究。

第一节　无公害中药材农残限量标准

中医药在全球补充替代医学中占据了重要地位。中药材是中医药发展的物质基础，而日益稀缺的中药材野生资源已经无法满足其产业的需求，大力发展种植养殖已成为中药产业持续发展的有效途径。药材栽培过程中农药、化肥等不规范操作，导致药材农残及重金属等超标，危害了人类健康，制约了中医药产业的可持续发展。国家管理部门抽检表明中药材及饮片中农药残留超标问题严峻，农药残留有致癌、致畸、致突变，生殖毒性，神经毒性，肝、肾毒性等，严重影响药材安全性及有效性，危害人体健康；不合理使用农药，还会导致栽培地药害事故，危及土壤健康，引起大面积减产甚至绝产，严重影响原料药材的长期稳定供应，导致饮片品质参差不齐，无法保证其安全性。中药材的安全和质量问题已成为全社会关注的焦点，保障中药材生产质量也成为迫切需要。同时，由于农残及重金属超标等问题，也成为中药材出口的"绿色贸易壁垒"，制约中医药的国际化发展。以生产无公害中药材为目标，建立标准化、规范化的无公害生产技术体系已成为中药材生产和中药产业健康发展必然选择。

无公害中药材即产地环境、生产过程和产品质量符合国家有关标准和规范要求，药材中有害物质（如农药残留、重金属等）的含量控制在相关规定允许范围内的安全、优质中药材。因此，无公害中药材及饮片中有害物质（如农药残留、重金属等）的含量规定是安全优质药材生产的标准，然而中医药的标准化相对滞后，国家标准不足300项，仅占总数的0.65%；行业标准不足500项，仅占总数0.69%。《中国药典》2015年版对少数中药材作出了农残限量规定，有关单品种的中药材无公害的团体质量标准已经发布，如《无公害人参药材及饮片的农药残留与重金属及有害元素限量标准》，然而中药材品种繁多，现有质量标准不能满足市场对多元化中药材及饮片的需求。为提升中药材质量，保障其临床用药的安全性，无公害中药材及饮片农药最大残留限量通用标准制定迫在眉睫。

在已有工作基础上，结合合作公司近十年的人参质量数据，同时收集了200多个批次的人参样品，覆盖吉林省、辽宁省、黑龙江省主要产区25县，检测项目包括168项农药残留和5项重金属及有害元素，获得超过3万项数据和检测结果。通过多年来人参产地、市场、进出口检验等数据分析，并参考《中国药典》、美国、欧盟、日本及韩国对中药材的相关标准以及《Traditional Chinese Medicine–Determination of heavy metals in herbal medicines used in Traditional Chinese Medicine》（ISO 18664：2015）、《食品安全国家标准食品中污染物限量》（GB 2762—2017）、《食品安全国家标准食品中农药最大残留限量》（GB 2763—2016）等现行规定，制定了无公害人参药材及饮片的团体标准。

无公害人参药材及饮片团体标准采用《中国药典》2015年版的农药最大残留计算公式（MRL=AW/100M）计算出本标准MRL，与国内外现行标准及文献比较，通过RAND/UCLA合适度检测法（RAND/UCLA Appropriateness Method，RAM）形成专家咨询问卷，并采用9分制的李克特量表（Likert Scale）进行合适度分析，确定无公害中药材及饮片农药最大残留限量通用标准。采用RAND/UCLA（RAM）合适度检测法建立的无公害中药材质量标准达成了专家共识，形成的206种农药最大残留限量标准与国际食品法典委员会（CAC）、欧盟、美国、韩国、日本、澳大利亚、新西兰及加拿大颁布的相关标准进行了对比分析，结果表明88.8%农药类型的MRL与国际标准规定的MRL范围一致，4.4%农药类型的MRL高于国际标准范围，6.8%农药类型的MRL低于国际标准范围。《无公害中药材及饮片农药最大残留限量通用标准》的制定及发布有助于保障中药材及饮片的安全性及有效性，保障人类的健康及安全，促进中药事业的可持续发展。本标准的制定为规范无公害人参农田栽培农药使用提供了依据。

一、农残限量通用标准方法

（一）无公害中药材及饮片农药最大残留限量通用标准的制定流程

无公害中药材及饮片农药最大残留限量通用标准的农药种类主要参照我国农业部已经登记农药、禁限用农药、国内外相关质量标准规定的农药类型，结合我国农药使用现

状确定农药种类。凡中国农业部已明确禁用农药，均规定为不得检出；GB 2763—2016
中已经明确每日允许摄入量（ADI）的农药，依据《中国药典》2015年版第四部农药最
大限量残留理论值计算公式（MRL=AW/100M），其中ADI来源于《中国药典》2015年
版及GB 2763—2016，得出无公害中药材及饮片农药最大残留限量（MRL）的建议值；
无ADI的农药，若中国相关中药材已经明确MRL，则以中国标准为准；无中国标准的
农药类型，则根据欧盟2005年颁布的第396条法令第18条《关于动植物来源的食品和
饲料中农药最大残留量的第396/2005号条例》，采取肯定列表制度取值0.01mg/kg。最
后，通过专家对每个农药种类及其残留限量进行合适度评价，将达到意见一致的农药残
留限量进行标准拟定及发布（图9-1）。

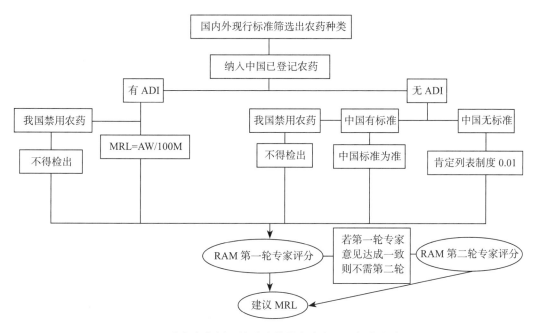

图9-1　无公害中药材及饮片农药最大残留限量标准制定流程

（二）最大农药残留限量的确定

　　无公害中药材及饮片农药最大残留限量，采用《中国药典》2015年版第四部中药
有害残留物限量制定指导原则中农药最大限量残留理论值计算公式：MRL=AW/100M。
MRL为最大限量理论值（mg/kg）；A为每日允许摄入量（mg/kg），来源于《中国药典》
2015年版及GB 2763—2016；W为人体平均体重（kg），一般按60kg计；100为安全因
子，表示每日由中药材及其制品中摄取农药残留量不大于日总暴露量（包括食物和饮用
水）的1%；M为中药材（饮片）每日人均可服用的最大剂量（kg）。为确定中国人均每
日可服中药的最大剂量，以"中药剂量""中药应用剂量""中药临床用药""中药临床
应用""中药剂量使用""中药临床用药剂量"为关键词通过检索，2010~2019年关于中
药临床用药剂量的文献分析表明，通过对300多种常用单味药进行统计分析，临床用药
单味中药多为9~30g，占临床单味药用药剂量的80%以上，而用药量在60g以上的大剂

量中药也并不鲜见。临床上个别中药用药剂量有超过 100g 的情况，例如黄芪 120g，麦芽 100g，南瓜子 60~120g，枳壳 50~100g，熟地黄 100g；再者药食同源的中药材，例如山药、百合、山楂、昆布、薏苡仁、赤小豆、大枣、枸杞子、淡豆豉、鱼腥草等每日服用量也较高。根据公式推算出的 MRL 数值小数点后的位数可能不尽相同，全球"协调性"（Harmonization）思想认为：制定的 MRL 都要取整，而且数值之间的间隔一般设为 0.015、0.15、1.5、15 以避免将 MRL 翻倍。因此，为保障药材使用安全性，制定 MRL 的科学性、通用性以及本标准的可行性，取其常用剂量 15g 的 10 倍为 150g，确定中药临床单味药的剂量为 0.15kg。另外，在制定 MRL 时，最后一位有效数字后一般不添加 0，以免混淆试验结果的精密度。

（三）MRL 制定过程的参照标准

本标准制定过程中，参考了中国、欧盟、美国、日本、韩国、加拿大等国的药典及其团体标准的 MRL（表 9-1）。

表 9-1　国内外农药残留相关标准文件

国家	相关标准文件
中国标准	《中国药典》《食品安全国家标准食品中农药最大残留限量》（GB 2763—2016），《农产品安全质量无公害蔬菜安全要求》（GB 18406.1—2001），《中药材生产质量管理规范（试行）》（GAP），《药用植物及制剂外经贸绿色行业标准》（WM/T 2—2004），《无公害三七药材及饮片的农药残留与重金属及有害元素限量标准》《无公害人参药材及饮片的农药残留与重金属及有害元素限量标准》
国际标准	世界卫生组织《药用植物种植和采集规范（GACP）指南》《欧洲药典》第 7 版，《美国药典》第 34 版，《韩国药典》第 9 版，《日本药局方》第 16 版，《食品法典委员会食品标准规划》，欧盟《关于动植物来源的食品和饲料中农药最大残留量的第 396/2005 号条例》，欧盟农药最大残留数据库，《美国国联邦法规》第 40 篇第 180 部分食品中农药化学残留限量及豁免清单，日本《食品中农药最大限量》《日本食品中残留农业化学品肯定列表制度》，韩国《食品公典》，澳大利亚《农畜化学药品限量标准》，新西兰《农用化合物最大残留量》，加拿大《害物防治法案》

（四）RAM 合适度检测法的评分准则

当有 ≥ 1/3 的专家对某一项目评分为低分，而另外 ≥ 1/3 的专家对同一项目的评分为高分时，则视为有分歧，没有达成共识。在没有分歧时，中位评分若处于低分段（1~3 分），视为"不合适"，如果评分处于高分段（7~9 分）时，视为"合适"，如果评分在 4~6 分，无论是否有无分歧都视为"不确定"。共识总原则为：凡是对共识内容同意或反对人数大于或等于 2/3 总人数，则视为达成共识；小于 2/3，则视为未达成共识。

（五）拟定专家咨询问卷

本次问卷共分为 2 部分，均为 9 分制的李克特量表（Likert Scale）。问卷一为必要性问卷，需要专家对本标准制定的必要性、制定流程、农药种类及农残最大残留限量的确定做出评分。问卷二为农药最大限量问卷，包括纳入的 206 个农药种类，各个国家的限量标准，以及无公害中药材及饮片拟推荐的标准，专家需要对 206 个农药分别评分。

（六）农残限量标准的安全漏洞评估

根据公式 MRL=ADI × W/TDI（人每日食物摄入总量 × 食品系数），可将此公式变换为：TDI=ADI × W/MRL，其中，TDI 为每日理论摄入量，W 为人体平均体重 60kg。依据变换后的公式计算出由本标准推导出的理论上中国人均每日摄入中药的最大剂量，与实际中国人均每日摄入中药的最大剂量相比，可评估本标准的安全风险。

（七）统计学分析

采用 SPSS 21.0 软件进行数据分析，问卷结果将从专家构成情况及积极性的描述性分析、专家意见的集中程度以及合适度比例 3 个方面分析。专家的积极性将取决于问卷回收率；专家意见的集中程度将由均值及标准差、中位数、满分比以及变异系数决定；满分比为给满分专家数与参加评分的专家数的比值，满分比越大，则表示专家越赞同；变异系数为标准差除以均值的比值，若小于 0.25，表示专家的集中程度高。合适度将由 9 分制的李克特量表评分决定，且需要计算出达到"合适"（1~9）分的条目比例。

二、农残限量通用标准

（一）206 项无公害中药材农药残留最大限量标准

参考《中国药典》《欧洲药典》《美国药典》以及《日本药局方》中对植物药已经注册过的农药，以及我国农业部已经登记农药、禁限用农药、国内外相关质量标准规定的农药类型，结合我国农药使用现状确定农药种类，共确定 206 种无公害中药材农药种类。206 项农药种类中，《中国药典》2015 年版及 GB 2763—2016 中确定 ADI 的农药共 184 种（表 9-2）。其中中国农业部明确禁用的农药，以及通过《中国药典》公式（MRL=AW/100M）计算出小于 0.01 的值，均规定为"不得检出"的农药种类共 50 种；0.01~0.1 区间的种类共 56 种；0.1~1 区间的种类共 71 种；1~4 区间的种类共 7 种。

表 9-2 根据药典算法计算 184 项农药残留最大限量

农药种类	MRL（mg/kg）	总计（种）
2,4- 滴丁酯、乙酰甲胺磷、甲草胺、涕灭威、艾氏剂、保棉磷、六六六、硫线磷、克百威（虫螨威）、氯丹、溴虫腈（虫螨腈）、坐果安、蝇毒磷、氰霜唑、滴滴涕、二嗪酮、敌敌畏、狄氏剂、乐果、敌草隆、异狄氏剂、乙氧基喹啉、咪唑菌酮、苯线磷、杀螟硫磷（杀螟松）、氟虫腈、地虫硫膦、呋线威、吡氟氯禾灵、总六六六、七氯、马拉硫磷、甲胺磷、杀扑磷、灭多威、久效磷、氧化乐果、多效唑、百草枯、对硫磷、甲基对硫磷、甲拌磷、辛硫磷、鱼藤酮、特丁硫磷、三唑磷、治螟磷、磷胺、氯唑磷、甲氨基阿维菌素	ND	50

农药种类	MRL（mg/kg）	总计（种）
阿维菌素、乙草胺、双甲脒、莠去津、联苯菊酯、溴氰菊酯、噻嗪酮、甲萘威、氯溴隆、毒死蜱、四螨嗪、环磺隆、霜脲氰、环唑醇、氯硝胺、三氯杀螨醇、苯醚甲环唑、除虫脲、敌草快、硫丹、高氰戊菊脂、乙硫磷、噁唑菌酮、氯苯嘧啶醇、丁苯吗啉、唑螨酯、倍硫磷、氰戊菊酯、氟氰戊菊酯、二氢吡啶、喹唑菌酮、氟硅唑、粉唑醇、噻唑嗪、己唑醇、异丙隆、高效氯氟氰菊酯、林丹、虱螨脲、嘧菌胺、甲基二磺隆、双苯氟脲、噁草酮、噁霜灵、亚胺硫磷、五氯硝基苯、硫酰氟、噻虫啉、敌百虫、杀虫脲、毒杀芬、甲基异柳磷、水胺硫磷、高效氯氰菊酯、四聚乙醛、咪鲜胺	0.01 ≤ MRL < 0.1	56
啶虫脒、四唑嘧磺隆、嘧菌酯、苯霜灵、灭草松、甲羧除草醚、丁草胺、克菌丹、多菌灵、唑草酮、氯嘧磺隆、百菌清、绿黄隆、绿麦隆、醚磺隆、异噁草酮、氯草啶、噻虫胺、环菌胺、氟氯氰菊酯、氯氰菊酯、嘧菌环胺、灭蝇胺、吡氟酰草胺、烯酰吗啉、二苯胺、乙烯利、乙氧磺隆、乙螨唑、环酰菌胺、仲丁威、甲氰菊酯、氟酰胺、灭菌丹、氯苯吡脲、氯吡嘧磺隆、环嗪酮、噻螨酮、噁霉灵、抑霉唑、吡虫啉、异菌脲、代森锰锌、双炔酰菌胺、甲霜灵、腈菌唑、烟嘧磺隆、o,p'–DDT 与 p,p'–DDE 和 p,p'–DDD 之和、戊菌唑、戊菌隆、苄氯菊酯、腐霉利、丙环唑、吡唑醚菌酯、除虫菊素、嘧霉胺、戊唑醇、七氟菊酯、噻菌灵、噻虫嗪、三唑酮、三唑醇、三环唑、肟菌酯、氟菌唑、灭菌唑、杀螟丹、三氯杀螨砜、多抗霉素、苦参碱	0.1 ≤ MRL < 1	71
咯菌腈、氟唑嘧磺草胺、氯氟吡氧乙酸、草甘膦、醚菌酯、溴甲烷、甲羧除草醚	1 ≤ MRL < 4	7

注：ND 为不得检出，是农业部禁用农药。

在《中国药典》2015 年版及 GB 2763—2016 未确定 ADI 的农药共 22 种（表 9-3）。凡中国农业部明确禁用的剧毒农药，本标准皆定为不得检出，共 12 种；有中国标准的农药参考中国标准取值，共 5 种；既无 ADI 也没中国标准农药，则采取欧盟法令肯定列表制度，取值 0.01，共 5 种。

表 9-3　未规定 ADI 的 22 种无公害中药材农药残留最大限量

MRL 制定原则	农药	MRL（mg/kg）	总计（个）
农业部明确禁用或药典公式计算小于 0.01	谷硫磷乙酯、枯草隆、氯酯磺草胺、杀螟腈、环己丹、除线磷、双氯磺草胺、百治磷、乙拌磷、噻唑禾草灵、灭线磷、氧化氯丹	ND	12
参考中国标准	二氯异丙醚	0.2	5
	六氯苯	0.02	
	五氯苯胺	0.02	
	烯虫磷	0.05	
	井冈霉素	0.5	

续表

MRL 制定原则	农药	MRL（mg/kg）	总计（个）
欧盟肯定列表制度	甲基苯噻隆、硫黄、赤霉酸、十三吗啉、丙硫磷	0.01	5

注：ND 为不得检出。

（二）专家意见的集中程度及合适度分析

来自中药学、标准化研究、农学、中药质量等不同领域的专家参加了第一次评分，男性占比56%，女性44%，其中所有专家均取得高级职称及博士以上学历，89%的专家工作年限大于15年。专家的组成保证了评审人员的权威性及专业领域的多样性，问卷回收率均为100%。专家意见集中程度采取德尔菲专家共识法中的均值与标准差、中位数、满分比以及变异系数来体现（表9-4）。合适度由1~9分的李克特量表做出评分，7~9分被认为是"合适"，同意人数超过2/3，则意见达成一致。

结果表明该标准制定的必要性问卷中六个问题的评分均值皆大于8，中位数大于8；满分比（满分的出现次数与数据总个数的比值）为0.33~1；变异系数为0~0.11，小于0.25，针对该标准制定必要性的分析结果表明专家意见的集中程度高。所有专家的评分均为7~9分，认为是"合适"的，且同意人数超过2/3，该标准制定的必要性达成共识。

表9-4 本标准制定必要性问卷的专家集中程度及合适度分析

必要性问题	$\bar{x} \pm s$（$n=9$）	中位数	F（9）	F（8）	F（7）	满分比	变异系数
本标准的制定是必要的吗？	9.00 ± 0.00	9	9	0	0	1.00	0.00
本标准能保障药材及饮片安全性及有效性吗？	7.89 ± 0.87	8	3	2	4	0.33	0.11
本标准能促进中药材产业的品质提升吗？	8.22 ± 0.92	9	5	1	3	0.56	0.11
本标准制定流程合理吗？	8.56 ± 0.68	9	6	2	1	0.67	0.08
本标准参考标准文件合适吗？	8.67 ± 0.47	9	6	3	0	0.67	0.05
本标准数据处理合理吗？	8.33 ± 0.67	8	4	4	1	0.44	0.08

注：F（7）为7的出现次数；F（8）为8的出现次数；F（9）为9的出现次数。

农药最大残留限量（MRL）的问卷中，9位专家评分均值均大于8，中位数也都大于8；满分比为0.76~0.84；变异系数为0.02~0.04，小于0.25；针对农药最大残留限量的标准，专家意见的集中程度高。专家评分值也在7~9，评分为9的出现频数为76.1%~84.2%，结果表明本表准规定的206个农药最大残留限量（MRL）达成专家共识（表9-5）。

表9-5　农药最大限量残留问卷专家集中程度及合适度分析

毒性	$\bar{x} \pm s\,(n=9)$	中位数	$F(9)$	$F(9)$ (%)	$F(8)$	$F(8)$ (%)	$F(7)$	$F(7)$ (%)	满分比	变异系数
低毒	8.71 ± 0.37	8.89	656	76.1	171	19.8	35	4.1	0.76	0.04
中毒	8.73 ± 0.31	8.91	297	76.9	78	20.2	11	2.8	0.77	0.04
高毒	8.73 ± 0.31	8.88	182	78.1	48	20.6	3	1.3	0.78	0.04
剧毒	8.83 ± 0.20	8.96	197	84.2	35	15.0	2	0.9	0.84	0.02

注：$F(9)$ 为 9 的出现次数，$F(9)$（%）为 9 的出现频率；$F(8)$ 为 8 的出现次数，$F(8)$（%）为 8 的出现频率；$F(7)$ 为 7 的出现次数，$F(7)$（%）为 7 的出现频率。

（三）无公害中药材及饮片农药种类分析

参照我国农业部已经登记农药、禁限用农药及国内外相关农药残留限量标准，结合我国农药使用现状确定农药种类为 206 种，其中剧（高）毒 71 种、中毒 52 种、低毒 83 种，比例分别为 34.47%，25.24%，40.29%（图 9-2，a）。本标准规定的 206 种农药种类与国际食品法典委、欧盟、美国、中国、韩国、日本、澳大利亚、新西兰及加拿大颁布的关于植物药及植物源食品 MRL 的农药种类相比，相同的农药种类分别为 105，174，142，199，147，181，137，106，51 种（图 9-2，b）。

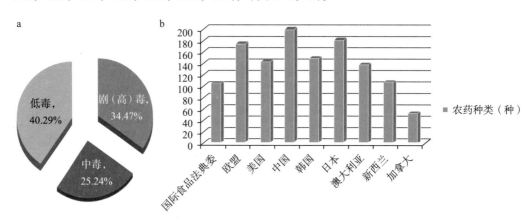

图 9-2　无公害中药材及饮片农药种类与检索到的各国植物及食品农药种类比较

a. 无公害中药材及饮片农药种类分析；b. 无公害中药材及饮片农药毒性分级。

（四）无公害中药材及饮片农药最大残留限量与国际标准的比较

本标准规定的 206 种农药最大残留限量与 CAC、欧盟、美国、韩国、日本、澳大利亚、新西兰及加拿大颁布的关于植物药及植物源食品的 MRL 进行对比，结果表明 183 种（88.8%）农药最大残留限量与国际颁布的关于植物药及植物源食品的 MRL 范围一致，9 种（4.4%）农药限量 MRL 值高于国际标准值范围，即 4.4% 的农药残留限量标准低于国际标准；14 种（6.8%）农药限量 MRL 值低于国际标准值范围，即 6.8% 的农药残留限量标准高于国际标准，这 14 种农药种类基本是我国农业部禁止使用的农药类型（图 9–3，a）。本标准 MRL 与 CAC、欧盟、美国、韩国、日本、澳大利亚、新西兰及加拿大颁布的关于植物药及植物源食品的 MRL 一致性农药数量分别为 9，16，10，11，12，8，5，4 种；本标准 MRL 小于 CAC、欧盟、美国、韩国、日本、澳大利亚、新西兰及加拿大颁布的关于植物药及植物源食品 MRL 的农药数量分别为 78，80，105，95，124，99，70，32 种；本标准 MRL 大于 CAC、欧盟、美国、韩国、日本、澳大利亚、新西兰及加拿大颁布的关于植物药及植物源食品 MRL 的农药数量分别为 18，78，27，41，45，30，31，15 种（图 9–3，b）。

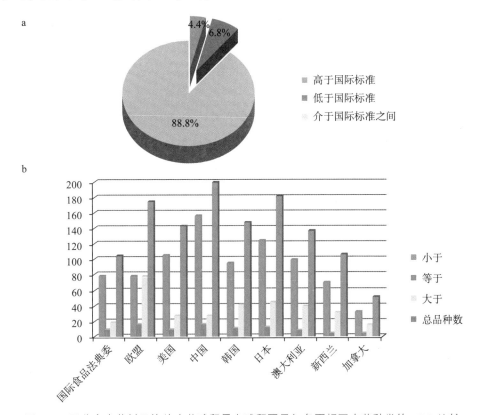

图 9–3 无公害中药材及饮片农药残留最大残留限量与各国相同农药种类的 MRL 比较
a. 无公害中药材及饮片农药残留最大残留限量与国际标准比较分析；b. 无公害中药材
及饮片农药残留最大残留限量与国际标准范围总体比较。

（五）无公害中药材及饮片农药最大残留限量安全漏洞评估

根据公式 TDI=ADI×60 /MRL，计算出了 206 种农药的每日理论最大摄入量，进而对本标准制定过程中每日理论摄入量进行安全漏洞评估（表 9–6）。除本标准中没有 ADI 以及规定为不得检出的农药种类，共有 132 种农药的每日理论摄入量中 71.4% 在 100~200g，小于 100g 及大于 200g 的 TDI 比例为 3.1%；TDI 的最小值为 30g；结果表明理论上中国每日摄入中药的最大剂量 100~200g 占多数，这与中医临床实际处方单味药用药剂量的最大值相符，说明本标准的制定是较为合理的。

表 9-6　无公害中药材及饮片农药最大残留限量中药人均每日理论摄入量分析

区间值	所占标准个数	所占标准比例（%）
30g ≤ TDI＜100g	1	0.80
100g ≤ TDI＜150g	35	26.30
150g ≤ TDI＜200g	93	45.10
200g ≤ TDI＜250g	3	1.50
TDI ≥ 250g	1	0.80

（六）农残限量通用标准讨论

基于《中国药典》（MRL=ADI×W/TDI）公式的测算依据，计算出无公害农残标准MRL。通过文献检索及资料收集，参考国内相关农残标准，借鉴国际组织包括食品法典委员、世界卫生组织、美国环境保护署及发达国家农残限量标准，结合我国农药使用现状，由 RAM 合适度法达成专家共识，拟定了 206 种无公害中药材及饮片农药最大残留限量通用标准。专家的积极性及集中程度高，206 个农残标准的 RAM 合适度评分均达到"合适"级别，表明无公害中药材及饮片农药最大残留限量的 206 农残限量指标可行。在第一轮专家评分中专家意见已高度一致，因此，不再进行第二次专家评分。无公害中药材及饮片农药最大限量残留值达到专家共识。

RAM 合适度法被广泛地应用于临床诊疗指南的制定、手术等医疗技术的采用以及医疗政策的颁布等领域。例如，采用 RAM 法探索帕金森综合征深部脑刺激的使用；基于 RAM 法的初级护理情境下的患者安全性评估工具的开发；美国密歇根州关于一般手术及骨科手术中导尿管的使用准则也采纳了 RAM 合适度法；研究胃腺癌所需要考虑的因素以及中央静脉导管的使用准则制定等也广泛采用 RAM 法。RAM 法基于大量的文献证据，结合某些领域专家的经验及专长，综合意见并最小化分歧，最后达成专家意见的一致。RAM 法的关键步骤包含通过文献检索整理归纳出某一问题的关键点以及关键参数。无公害中药材及饮片农药最大残留限量的关键步骤主要包括农药种类的纳入以及MRL 值的确定。无公害中药材及饮片农药最大残留限量通用标准的农药种类参照我国农业部已经登记农药、禁限用农药、国内外共 22 项相关质量标准规定的农药类型，结合我国农药使用现状确定本标准规定的农药种类。MRL 的限量值主要取决于实验室的毒理实验以及人体风险评估模型。《中国药典》"有害残留物限量制定指导原则"推荐了MRL 的计算依据，并将中药的食品系数定为 100。MRL 的计算公式也广泛应用在 CAC、GB 2763—2016 等标准中。本标准采用《中国药典》公式（MRL=AW /100M），并在临床调研和文献检索的基础上，将 M 值定为 0.15kg，制定了本标准的 MRL 值；同时针对没有 ADI 数值规定的农药类型，参照中国、国际组织及发达国家中药农残 MRL 值，最终规定了本标准 206 项农药类型的 MRL 值。根据农残标准的风险评估公式，计算出的理论上中国人均每日摄入中药的最大剂量 100~200g 占比 71.4%，且其最小值为 30g。临床调研及文献检索显示，中国人均实际每日摄入中药的平均最大剂量为 30~200g，因而可证明本标准制定的 MRL 是相对安全的。

本标准规定的 206 种农药种类以中国已登记、禁限用农药为主体，也考量到了中国农药使用情况，同时参照了国际农药限量标准。与 CAC、欧盟、美国、韩国、日本、澳大利亚、新西兰颁布的关于植物药及植物源食品 MRL 的农药种类相比，相同种类数量与大部分国家达到了 100 种以上。与各国标准的 MRL 值相比，183 项农药的标准介于国际标准之间，9 项农药 MRL 标准低于国际标准，14 项农药 MRL 标准高于国际标准。其中，高于国际标准的农药皆属于剧毒或高毒农药，为我国禁限用农药种类，而低于国际标准的均属于中毒或低毒农药。尽管本标准 MRL 值与其他 8 个国家或国际组织 MRL 有所差异。而目前，不同国家及国际组织对农药最大残留限量的标准不尽相同，其 MRL 甚至有指数级的差别，国际上对农药残留限量标准尚未达到绝对统一。本标准的制定在参考《中国药典》MRL 算法的基础上，考量了中医临床处方用药剂量实际情况及农药毒性分级，结合我国农药使用情况，欧盟肯定列表制度，以及国际标准值范围，通过 RAM 达成了专家共识。可见其制定准则及流程是相对合理的，可为无公害中药材农药残留最大限量的国际推广奠定基础。同时，本标准也会在专家的指导下定期更新，以进一步完善标准，为规范化无公害中药材种植提供依据。

第二节　国产人参药材中农药残留风险评估

人参的种植过程中病虫害高发，其防治以使用化学农药为主。对人参中农药残留情况进行检测及风险评估可为人参中农药监管和人参中高风险农药最大残留限量修订提供科学合理的线索。农药残留风险评估是指通过测定农药的生物效应、毒理学、污染水平和膳食暴露量等数据，定性或定量描述农药残留对健康或生态的风险，是以科学为基础的一个评估过程，其结果用于制定标准、规范等。近年来，中药中逐步开展了有害残留物风险评估的研究工作，有了一定的进展。在人参农药残留方面的风险评估工作也有少量报道，但多由于涉及农药指标较少或检测数量较少不具代表性。

近期，中国食品药品检定研究院对人参中农药残留开展系统的风险评估研究，实验以全国范围抽取人参样品 80 批次（饮片厂、药店、GAP 基地、人参规范化种植区域）为研究对象，采用 GC-MS/MS 及 LC-MS/MS 法对 246 种农药进行含量检测。研究以美国环境保护署（EPA）点评估模式作为暴露评估方法，分别计算急性和慢性暴露水平。在农残风险排序方面，英国兽药残留委员会提出的兽药残留风险排序矩阵兼顾了毒性和暴露两方面因素，是综合排序的有效手段。食品研究领域中已有采用此方法进行风险排序的报道，研究借鉴了英国兽药残留委员会兽药残留风险排序矩阵，以农药危害性、农药毒效、膳食比例、农药使用频率、是否存在高暴露人群及残留水平共 6 项指标对农药进行风险排序。

一、农药残留测试方法

（一）农药多残留样品前处理及检测方法

由于《中国药典》2015 年版一部"人参"项下只规定 17 种有机氯测定，为对人参中农残做出更准确的评估，采用了实验室建立的 LC–MS/MS 及 GC–MS/MS 法。此方法共有 246 种农药指标，246 种农药指标在 1~100mg/L，线性良好，$r > 0.999$；重复进样 6 次，精密度 < 5.0%；且 88% 的指标灵敏度达到或低于 0.01mg/kg；在 0.01g/L, 0.1g/L, 0.5g/L 3 个水平进行回收率及重复性考察，得出此方法 93% 的农药回收率在 70%~120%，RSD ≤ 15%，可满足本次实验要求。具体方法可参照已发表文章《花类、果实类中药材中禁限用及常用农药多残留检测方法的建立》。

（二）暴露评估方法

暴露评估是将食物中化学物含量数据与膳食消费量数据相结合，通过统计学处理获得膳食暴露量的估计，决定了人体暴露危害因子的实际或预期量。通常使用数学模拟模型，常用的有点评估和概率评估 2 种模式。本研究中的暴露评估采用点评估的方法，分别计算急性和慢性暴露水平。点评估简单易行，常用作筛选和确定食物中风险较高的污染物。其原则是保护大部分人群，被认为是目前暴露风险评估中进行暴露筛选的最适宜方法。当某种农药属于未检出时，计算用 1/2LOD（Limit of Detection）值代替。本研究采用 EPA 点评估模式，急性点评估和慢性点评估的暴露量模型分别按公式（1）和（2）计算。

$$EXP_a = L_P \times H_R / bw \tag{1}$$

式中，EXP_a（Acute Dietary Exposure Portion）为急性膳食暴露量 [mg/（d·kg·bw）]；L_P 为人参日消费最大量 97.5 百分位点值（kg/d），由于我国缺乏用于急性评估的大份餐数据，本研究根据《中国药典》2015 年版人参项下日用量为 3~9g 的规定，取 0.009kg 作为日消费最大量；H_R 为检出人参中检出的农药残留量最大值（mg/kg）；bw 为平均体质量（kg），以 60kg 计。

$$EXP_c = I \times R / bw \tag{2}$$

式中，EXP_c（Chronic Dietary Exposure Portion）为慢性膳食暴露量 [mg/（d·kg·bw）]；I 为人参的平均日消费量（kg/d），依据《中国药典》，取值为 0.005kg；R 为人参中农药残留量（mg/kg）平均值；bw 为平均体质量（kg），以 60kg 计。

（三）慢性摄入风险和急性摄入风险的计算

在国内风险评估方面，一般采用 EXP_a 和 EXP_c 分别对 ARfD（Acute Reference Dose）和 ADI（Acceptable Daily Intake）的比值评价急性摄入风险和慢性摄入风险，当比值 ≤ 100% 时，认为该危害物产生的风险是可接受的，当 ≥ 100% 时，认为该危害物产生的风险超过了可接受的限度，应采取适当的风险管理措施。分别采用公式（1）和（2）计算暴露量后，代入公式（3）和（4）计算摄入风险。

$$ARfD（\%）= EXP_a / ARfD \times 100\% \tag{3}$$

$$ADI（\%）= EXP_c / ADI \times 100\% \tag{4}$$

（四）风险排序

借鉴英国兽药残留委员会兽药残留风险排序矩阵，此方法采用农药危害性、农药毒效（即 ADI）、膳食比例、农药使用频率、是否存在高暴露人群及残留水平共 6 项指标对农药风险排序。本研究均采用原赋值标准，各指标的赋值标准见表 9-9。农药危害性根据经口半数致死量（Lethaldose，50%，LD_{50}）分为剧毒、高毒、中毒和低毒 4 类，各农药的 LD_{50} 从中国农药信息网查得。ADI 从 WHO 官网农药数据库获得。样品中各农药的残留风险得分用公式（5）计算。农药使用频率（F）按公式（6）计算。其中农药残留水平以该农药在所有样品中的残留平均值计。最终获得的风险得分越高，则表示此农药的风险越大。

$$S =（A + B）\times（C + D + E + F）\tag{5}$$

式中：A 为毒性得分；B 为毒效得分；C 为膳食比例得分；D 为农药使用频率得分；E 为高暴露人群得分；F 为残留水平得分。

$$F = T/P \times 100 \tag{6}$$

式中：P 为种植天数（单位：d）；T 为种植过程中使用该农药的次数。

二、农药残留水平分析及风险评估

（一）农药残留水平分析

对 80 批人参中的 246 种农药进行检测，发现人参中检出的农药品种共有 25 个，11 种农药的检出率在 20% 以上，包括五氯硝基苯、六氯苯、毒死蜱、苯醚甲环唑、异菌脲、腐霉利、丙环唑、嘧菌酯、霜霉威、辛硫磷及嘧菌环胺，其中五氯硝基苯的检出率最高，达到 78%（表 9-7）。25 种农药中丙环唑、嘧菌酯、咯菌腈、甲霜灵、异菌脲、苯醚甲环唑、多菌灵 7 种农药已在人参中登记，囊括在无公害人参用药范畴。其他农药为未登记的品种，甲拌磷、六六六为我国禁限用农药，毒性较强。参照现有可参考限量标准，《中国药典》2015 年版一部"人参"项下规定总六六六不得过 0.2mg/kg，五氯硝基苯不得过 0.1mg/kg，六氯苯不得过 0.1mg/kg。80 批样品中 29 批次不符合规定，主要为五氯硝基及六氯苯超标，总体不合格率达到了 36%。按照 GB 2763—2016 标准中人参规定了苯醚甲环唑和嘧菌酯的限量标准，所测定的 80 批样品均符合要求。

同时，查阅了各农药的急性经口毒性半数致死量，按照我国规定以 LD_{50} 为依据进行毒性划分：$LD_{50} > 5000$mg/kg 为实际无毒农药，LD_{50} 在 501~5000mg/kg 为低毒农药，LD_{50} 在 51~500mg/kg 为中毒农药，LD_{50} 小于 50mg/kg 为高毒农药。结果表明：检出的 25 种农药中，甲拌磷为剧毒农药，五氯硝基苯、毒死蜱、六六六、2,4-滴丁酯为中等毒，其他农药为低毒或微毒。但值得关注的是本研究中检出率较高的六氯苯，其为五氯硝基苯生产过程中副产物，是一种持久性有机污染物（POPs），具有长期残留性、生物蓄积性和高毒性，能够导致生物体内分泌紊乱、生殖及免疫机能失调以及癌症等严重疾病。由于六氯苯致癌以及环境因素等原因，日本、新西兰、瑞士、德国、韩国、印度及中国台湾地区已全面禁止五氯硝基苯的使用。

表 9-7　80 批人参中 246 种农药含量测定

编号	农药名称	毒性	检出样品数	检出率（%）	残留均值（mg/kg）	残留最大值（mg/kg）
1	五氯硝基苯	中等毒	62	77.8	3.141	69.5
2	六氯苯	致癌	49	61.2	0.230	2.70
3	异菌脲	低毒	40	50.0	0.037	0.115
4	毒死蜱	中等毒	39	48.8	0.033	0.178
5	苯醚甲环唑	低毒	34	42.5	0.026	0.135
6	腐霉利	微毒	24	30.0	0.052	0.324
7	嘧菌酯	微毒	23	28.8	0.015	0.036
8	丙环唑	低毒	22	27.5	0.026	0.167
9	霜霉威	微毒	22	27.5	0.003	0.007
10	辛硫磷	低毒	20	25.0	0.018	0.072
11	嘧菌环胺	低毒	16	20.0	0.020	0.047
12	戊唑醇	低毒	12	15.0	0.018	0.054
13	吡唑醚菌酯	微毒	11	13.8	0.006	0.012
14	多菌灵	微毒	10	12.5	0.010	0.019
15	氟硅唑	低毒	9	11.3	0.008	0.019
16	嘧霉胺	低毒	8	10.0	0.013	0.032
17	甲霜灵	低毒	8	10.0	0.013	0.013
18	烯酰吗啉	低毒	8	10.0	0.004	0.005
19	乙霉威	微毒	8	10.0	0.005	0.005
20	腈菌唑	低毒	4	5.0	0.006	0.007
21	总六六六	中等毒	3	3.8	0.068	0.171
22	咯菌腈	低毒	3	3.8	0.016	0.03
23	甲基立枯磷	低毒	2	2.5	0.045	0.072
24	甲拌磷	剧毒	2	2.5	0.009	0.007
25	2,4- 滴丁酯	中等毒	1	1.3	0.014	0.012

（二）农药残留慢性和急性膳食摄入风险

通过上述各公式对各检出农药的暴露量及风险指数进行计算，从表9-8结果中可看出24种农药慢性膳食暴露量均显著低于ADI值，比值远低于100%，说明慢性风险较小。针对急性暴露风险，除五氯硝基苯外，也均显著低于100%，五氯硝基苯急性暴露风险较高，已超过临界值。

表9-8　人参中急性和慢性风险评估

编号	农药名称	ARfD [mg/(kg·d)]	EXP$_a$ [mg/(kg·d·bw)]	ARfD (%)	ADI [mg/(kg·d)]	EXP$_c$ [mg/(kg·d·bw)]	ADI (%)
1	五氯硝基苯	—	1.04×10^{-2}	140.2	0.01	2.61×10^{-4}	2.6
2	六氯苯	—	4.05×10^{-4}	—	—	1.93×10^{-5}	—
3	异菌脲	—	1.72×10^{-5}	0.03	0.06	3.08×10^{-6}	0.05
4	毒死蜱	0.1	2.67×10^{-5}	0.03	0.01	2.75×10^{-6}	0.3
5	苯醚甲环唑	0.3	2.02×10^{-5}	0.007	0.01	2.18×10^{-6}	0.027
6	腐霉利	0.1	4.86×10^{-5}	0.05	0.1	4.37×10^{-6}	0.0047
7	嘧菌酯	—	5.4×10^{-6}	0.003	0.2	1.29×10^{-6}	0.0006
8	丙环唑	0.3	2.50×10^{-5}	0.008	0.07	2.20×10^{-6}	0.003
9	霜霉威	2	1.05×10^{-6}	0.00005	0.4	2.88×10^{-7}	0.00007
10	辛硫磷	—	1.08×10^{-5}	0.3	0.004	1.46×10^{-6}	0.04
11	嘧菌环胺	—	7.05×10^{-6}	0.02	0.03	1.63×10^{-6}	0.0054
12	戊唑醇	0.3	8.10×10^{-6}	0.003	0.03	1.48×10^{-6}	0.005
13	吡唑醚菌酯	0.05	1.8×10^{-8}	0.004	0.03	4.77×10^{-7}	0.002
14	多菌灵	0.1	2.85×10^{-6}	0.003	0.03	8.12×10^{-7}	0.003
15	氟硅唑	0.02	2.85×10^{-6}	0.015	0.007	6.48×10^{-7}	0.009
16	嘧霉胺	—	4.80×10^{-6}	0.002	0.2	1.07×10^{-6}	0.0005
17	甲霜灵	—	1.95×10^{-6}	0.002	0.08	1.07×10^{-6}	0.001
18	烯酰吗啉	0.6	7.50×10^{-7}	0.0001	0.2	3.17×10^{-7}	0.0002
19	乙霉威	—	7.50×10^{-7}	0.02	0.004	4.00×10^{-7}	0.01
20	腈菌唑	0.3	1.05×10^{-6}	0.0004	0.03	4.91×10^{-7}	0.002
21	总六六六	—	2.56×10^{-5}	0.5	0.005	5.66×10^{-6}	0.1
22	咯菌腈	—	4.50×10^{-6}	0.001	0.4	1.33×10^{-6}	0.0003
23	甲基立枯磷	—	1.08×10^{-5}	0.02	0.07	3.74×10^{-6}	0.005
24	甲拌磷	0.003	1.05×10^{-6}	0.04	0.0007	7.46×10^{-7}	0.19
25	2,4-滴丁酯	—	1.80×10^{-6}	0.02	0.01	1.16×10^{-6}	0.01

（三）农药残留风险排序

按照公式（5）对25种农药的风险得分进行计算，根据表9-9对各农药参数赋值。其中膳食比例根据《中国药典》2015年版中人参药材项下最大用量为0.009kg，同时参考"一般人群某种食品的消费量"、我国城乡居民的每日食物摄入量，每人每日总摄入量为1.03kg，计算得出人参摄入量占总膳食的比例为0.9%，根据表9-9确定其膳食比例得分为0。根据农药合理使用国家标准，每种农药在作物中最多使用3次，市场上人参多为4~5生，自第3年起为病虫害多发季，开始使用农药，按公式（6）计算各农药的使用频率均小于2.5%，确定农药使用频率得分为0。同时，由于人参属于药食同源品种，目前没有数据或资料以供准确判断是否存在高暴露人群，故根据表9-9确定高暴露人群得分为3。最终确定了25种农药的残留风险得分。其中五氯硝基苯、六氯苯、甲拌磷、总六六六为高风险农药（得分 ≥ 28）；2,4- 滴丁酯、氟硅唑、毒死蜱、辛硫磷为中风险农药（得分15~20）；其余均为低风险农药（得分 ≤ 12）。

表9-9　人参种农药残留标准排序指标得分赋值标准

指标	指标值	得分
A 毒性	低毒	2
	中毒	3
	高毒	4
	剧毒，致癌	5，6
B 毒效（mg/kg）	$> 1 \times 10^{-2}$	0
	$1 \times 10^{-4} \sim 1 \times 10^{-2}$	1
	$1 \times 10^{-6} \sim 1 \times 10^{-4}$	2
	$< 1 \times 10^{-6}$ 或无安全浓度	3
C 膳食比例（%）	< 2.5	0
	2.5~20	1
	20~50	2
	50~100	3
D 使用频率（%）	< 2.5	0
	2.5~20	1
	20~50	2
	50~100	3
E 高暴露人群	无	0
	不太可能	1

指标	指标值	得分
E 高暴露人群	很有可能	2
	无资料显示	3
F 残留水平（mg/kg）	未检出	1
	＜现有标准	2
	≥现有标准	3
	≥ 10 倍现有标准	4

本研究对 80 批人参样品中的 246 种农药残留进行测定，最终检出农药 25 种，其中五氯硝基苯的检出率最高，达到 78%。同时通过点暴露评估和风险排序的方式对检出农药进行分析，最后确定了人参中存在高风险的农药品种。研究抽样来源广泛、有代表性，测定农药指标具有针对性，并采用经典风险评价模式，形成的数据对风险管理者有一定的参考意义，同时为中药中农药残留如何开展风险评估工作做出了有益探索。

第三节 无公害人参药材及饮片农残和重金属限量标准

人参是我国中药材大品种，它的消费已经呈现出多元化趋势，优质优价是人参产业发展的需求。《中国药典》2015 年版一部对人参药材农药残留量仅有 7 种规定，重金属及有害元素未做明确规定，而欧盟、韩国和日本制定的农药残留标准大多比中国要求严格，韩国《食品中农药残留最大限量》2012 年版针对人参检测了 67 项，欧盟对人参根规定了 389 种农药的限量标准，日本肯定列表制度中规定了 285 项农药残留检测项。目前，我国人参药材及饮片的农残及重金属和有害元素限量标准不能满足市场对人参的多元化需求。

参考《中国药典》2015 年版、韩国、日本、美国及欧盟对人参或其他中药材的相关标准，以及 ISO 18664 : 2015、GB 2762—2017、GB 2763—2016 等现行标准规定结合试验得到的数据，制定了无公害人参药材及饮片标准，是对现有人参标准体系的补充和完善。

一、检测方法

历经多年搜集了人参药材及饮片 209 个批次，样本覆盖吉林省、辽宁省及黑龙江省的林地及农田人参，检测农残、重金属及有害元素近 200 余项，获得检测数据近 4 万个，各指标检测数据范围如下（表 9-10）。

表 9-10 人参种植过程中常用农药不同国家限量标准

农药名称	限量标准（mg/kg）			
	中国	韩国	欧盟	日本
啶虫脒	0.5	0.1	0.1	—
代森铵	5.0	—	—	—
嘧菌酯	0.5	0.5	50	—
啶酰菌胺	—	0.3	0.5	0.7
硫线磷	—	0.2	—	—
多菌灵	—	0.5	0.1	3.0
溴虫腈	1.0	0.1	0.1	—
百菌清	5.0	0.1	0.1	1.0
氰霜唑	—	0.3	0.02	—
氟氯氰菊酯	0.1	0.7	0.1	0.1
霜脲氰	0.5	0.2	0.05	0.05
氯氰菊酯	0.1	0.1	0.1	0.05
嘧菌环胺	—	2.0	1.0	0.8
棉隆	—	—	0.02	0.5
溴氰菊酯	0.2	—	0.05	—
二嗪农	0.5	—	0.02	0.5
乙霉威	1.0	0.3	0.05	5.0
苯醚甲环唑	1.0	0.5	20.0	0.2
菌核净	—	—	—	—
烯酰吗啉	0.05	15.0	0.05	—
呋虫胺	—	0.05	—	1.0
灭线磷	—	—	0.02	—
噻唑菌胺	—	0.2	—	—
土菌灵	—	3.0	0.05	0.1
虫胺磷	—	—	0.05	0.2
环酰菌胺	—	0.3	0.1	—
咯菌腈	—	1.0	1.0	0.7
氟吡菌胺	—	0.1	0.02	—
氟硅唑	1.0	0.07	0.05	—
氟酰胺	2.0	1.0	0.05	—
乙磷铝（克菌灵）	—	2.0	—	—

农药名称	限量标准（mg/kg）			
	中国	韩国	欧盟	日本
己唑醇	0.5	0.5	0.05	0.1
噁霉灵	0.1	—	0.05	0.5
扑海因	—	—	0.1	5.0
丙森锌	2.0	—	0.1	—
醚菌酯	—	1.0	0.1	0.3
代森锰锌	2.0	—	—	—
甲霜灵	0.5	0.5	0.1	0.05
叶菌唑	—	1.0	0.02	—
甲氧虫酰肼	—	0.2	0.05	—
腈菌唑	0.1	—	0.05	1.0
噁霜灵	—	—	0.02	5.0
戊菌唑	—	—	0.1	0.1
戊菌隆	—	0.7	0.05	—
辛硫磷	0.05	—	0.1	0.02
多抗霉素	—	—	—	0.3
咪酰胺	—	0.3	0.2	0.05
腐霉利	5.0	—	0.1	0.5
霜霉威	2.0	1.0	0.2	—
丙环唑	0.05	—	0.1	0.05
吡唑醚菌酯	0.5	2.0	0.05	0.5
嘧霉胺	2.0	0.3	0.1	—
五氯硝基苯	0.1	0.5	0.1	0.02
戊唑醇	0.05	1.0	50	0.6
丁基嘧啶磷	—	0.01	—	
七氟菊酯	—	0.1	0.05	0.1
噻苯咪唑	—	—	0.1	2.0
噻虫嗪	0.1	0.1	0.1	0.02
噻呋酰胺	—	2.0	—	—
甲基硫菌灵	—	—	0.1	—
福美双	0.3	—	0.2	—
甲基立枯灵	—	2.0	0.1	2.0

农药名称	限量标准（mg/kg）			
	中国	韩国	欧盟	日本
甲苯氟磺胺	—	0.2	0.1	—
敌百虫	0.1	—	0.1	0.5
肟菌酯	—	0.2	0.05	0.1
氟菌唑	—	0.1	0.1	1.0
乙烯菌核利	1	—	0.1	—
代森锌	0.5	—	—	—

二、最大残留限量标准

（一）范围

本标准规定了无公害人参药材及饮片中艾氏剂、毒死蜱、氯丹、五氯硝基苯等168种农药残留、5种重金属及有害元素的最大残留限量。

本标准适用于无公害人参药材及饮片的判定。

（二）规范性引用文件

下列文件对于本文件的应用是必不可少的。凡是注日期的引用文件，仅注日期的版本适用于本文件。凡是不注日期的引用文件，其最新版本（包括所有的修改单）适用于本文件。

（1）《中国药典》（2015年版，一部）

（2）《中国药典》（2015年版，四部）

第四节　无公害人参药材质量追溯技术体系

从中药原材料的生产到成药的销售是一个多环节且复杂的过程，如何确保中药生产全程质量的"安全、有效、稳定、可控"是疾病预防和治疗成功的关键。目前，中药生产和流通等各环节的质量检测相对独立，质量信息不能相互共享，导致监管盲点的出现。如何进行人参药材质量的全程追溯，跟踪中药质量检测信息，已成为目前中药质量追溯的一个亟待解决的难题。

化学指纹图谱是一种综合的、可量化的检定手段，它主要建立在化学成分系统研究的基础上，用于评价中药材以及中药制剂半成品质量的真实性、优良性和稳定性，是目前中药质量检测的主要手段。中药指纹图谱分析在化学指纹图谱在实践应用中，尤其是质量追溯过程中，存在诸多限制，例如：①化学指纹图谱为图片格式，数据容量大，信息压缩难度大，难以输出进行批量信息管理；②化学指纹图谱不能通过扫描直接获取所包含的质量信息，难以在中药不同生产和流通环节之间进行信息的共享和管理。

研究团队采用高效液相色谱技术随机抽取了人参药材及饮片 16 个不同批次的样品进行质量检测，构建了化学指纹图谱。以形成图谱的支持数据为基础，通过数据的标准化处理，将指纹图谱信息转换为能够被二维码保存的数据格式，进而转化为中药指纹图谱二维码，通过编码类型的比较，推荐 QR Code 作为中药化学指纹图谱的二维码编码类型，可有效追溯人参药材质量变化。

一、人参质量追溯方法建立

随机抽取了安捷伦的高效液相色谱仪采集的人参 16 个不同批次中 10 个批次的数据。数据筛选前，先将所有的文件另存为以 XLS 结尾的文件格式，然后采用 Ruby 语言（Ruby 语言是一种面向对象编程的脚本语言）进行数据筛选处理，处理完毕将结果分别保存为 TXT 格式和 XLS 格式，其中 TXT 格式为用于二维码转换的字符串，而 XLS 格式为用于处理完毕的中药化学指纹图谱格式文件，用于筛选后中药化学指纹图谱的呈现。

1. 中药化学指纹图谱数据筛选程序

通过在 Ruby 语言环境（Netbeans IDE 6.5，Ruby 1.8.7，Gem Spreadsheet 0.9.5）下编写软件算法进行中药化学指纹图谱数据筛选，筛选过程中产生的中间数据以及筛选后的数据点、字符串压缩率均在程序模块中计算完成。

2. 中药化学指纹图谱的生成

我们将筛选后的数据存储在 Excel 文件中，在 OriginPro 9 环境下使用图表生成工具完成中药化学指纹图谱的生成。

3. 生成二维码的模块

使用 Ruby 语言进行数据筛选工作，筛选后结果数据是一份能够生成中药指纹图谱拐点数据集合字符串，通过在线二维码软件（http：//qrgenerator.qrcreator.net/）QR Code Generators Online 转换为二维码，参数如下：① ECC（Error Correcting Code）：L–smallest；② Size：2。

二、人参移动智能质量追溯技术

（一）人参指纹图谱条形码转化

1. 条形码类型选择

条形码分为一维码和二维码两种。一维码比较常用，如用于商品外包装、电子门票等方面。二维码是近几年发展起来的，它能在有限的空间内存储更多的信息，包括文字、图像、指纹、签名等，并可脱离计算机使用。

通过对不同类型的中药化学指纹图谱测试数据进行分析发现，采样的数据是一个以时间为 x 轴，以毫吸光度（mAU）为 y 轴的数据点集合。当采样频率为 0.4 秒时，该液相色谱的数据点集合数字字符串字节数大小约为 200~370k，当前没有任何一种二维码技术能够直接记载如此庞大的数据信息。因此，必须经过数据的优化筛选处理，具体筛选的过程（图 9-1）。筛选完毕，指纹图谱的数据量约为 0.7~2.8k，主要存储内容为数字字符。此数据量也远远大于任何一种一维码能够承载的容量，因此中药化学指纹图谱无法用一维码进行编码。接下来通过对 14 种二维码类型（Data Matrix、Aztec Code、QR Code、Vericode、PDF417，PDF417 Truncated、Codablock F、Code One、Maxi Code、Code 49、Code 16K、Datastrip Code、DataGlyphs、CP Code）进行比较发现，能够记载中药化学指纹图谱的二维码类型有 Data Matrix、Aztec Code、QR Code、Vericode、PDF417，PDF417 Truncated、Codablock F、Code One 这 8 种类型，它们数字字符容量都超过 2k。

由于中药化学指纹图谱的存储数据基本上为数字字符，通过对 Data Matrix、Aztec Code、QR Code、Vericode、PDF 417，PDF417 Truncated、Codablock F、Code One 进一步分析比较发现，这 8 种二维码类型中最适合存储数字字符是以下三种：QR Code，Data Matrix 和 PDF 417，表 9-11 是这三种二维码的比较情况。从表中我们可以发现：QR Code 无论从数字字符的存储容量、读取速度、读取方向以及遵循的国际标准等方面都超过其他二维码类型，因此，决定选用 QR Code 作为中药化学指纹图谱的二维码类型。

表 9-11　QR Code，Data Matrix and PDF417 的比较

		QR Code	Data Matrix	PDF 417
Developer		DENSO（Japan）	RVSI Acuity CiMatrix（USA）	Symbol Technolgies Inc（USA）
Type		Matrix	Matrix	Stacked Bar Code
Data Capacity	Numeric	7089	3116	2710
	Alphanumeric	4296	2355	1850
	Binary	2953	1556	1018
	Kanji	1817	778	554
Error Correction Level		Max 30%	Max 25%	Max 50%
Identification Speed		30/s	2~3/s	3/s
Readable Direction		360°	360°	+/-10°
Main Features		Large Capacity Small Printout Size	Small Printout Size	Large Capacity

	QR Code	Data Matrix	PDF 417
Main Usages	All Categories	FA	OA
Standardization	AIM International JIS，ISO	AIM International ISO	AIM International ISO
Sample Picture			

2. 中药化学指纹图谱转换为二维码基本步骤

（1）处理步骤　一般中药化学指纹图谱通过仪器检测后的数据量非常大，因此需要进行数据的前期处理，一般需要以下几个步骤（图 9-4）。

①步骤 1：仪器检测后导出的数据文件，如 DIF、TXT、CSV 等，统一转换为以 XLS 结尾的 Excel 格式文件。

②步骤 2：读取数据文件内容，并进行降噪处理（去除各类不需要的数据，如时间和吸光度为负数的数据，对吸光度列取整）。

③步骤 3：寻找所有的特征点集合（指能够复现指纹图普的点集合）。

④步骤 4：对时间列保留 1 位小数点，以时间列为基准进行数据去重。

⑤步骤 5：获取处理后的最终特征点数据集。

⑥步骤 6：将最后的数据集转换为二维码。

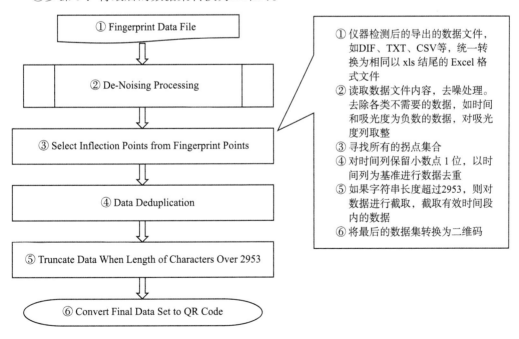

图 9-4　数据筛选流程

以下是数据在处理的过程中发生的变化表（表9-12）。

表9-12　数据筛选处理过程中数据串长度与点数变化表

样例数据	步骤1 字符串长度/点数	步骤2 字符串长度/点数	步骤3和4 字符串长度/点数	压缩率字符串 长度/点数（%）
Renshen_0303.xls	277 889/9001	60 832/8825	1439/218	0.51/2.42
Renshen_0308.xls	203 233/9001	56 770/8253	1224/187	0.6/2.07
Renshen_0322.xls	281 959/9001	59 652/8664	1460/220	0.51/2.44
Renshen_0303B.xls	278 115/9001	61 904/8994	1388/209	0.49/2.32
Renshen_0434.xls	276 285/9001	60 342/8767	1258/191	0.45/2.12
Renshen_0509.xls	282 282/9001	60 846/8823	1080/164	0.38/1.82
Renshen_0514.xls	274 868/9001	61 658/8960	1228/184	0.44/2.04
Renshen_0524.xls	285 301/9001	55 140/8019	1137/173	0.39/1.92
Renshen_0525.xls	277 508/9001	57 311/8320	1228/185	0.44/2.05
Renshen_0537.xls	280 415/9001	60 958/8812	1282/193	0.45/2.14

以上数据筛选过程使用 Ruby 语言编程，经过筛选后的数据字符串长度范围为713~2323，压缩后的字符串长度相比原始数据字符串长度压缩率为0.23%~0.64%，数据点范围为110~337，压缩后的数据点数量相比原始数据点数量压缩率为1.12%~2.99%。

（2）关键算法　数据处理过程中关键处理过程第3步，寻找化学指纹图谱拐点集合，特征点集合算法解释如下。

①步骤1：读取全部的指纹图谱数据转成二维数据 ps，初始化用于保存特征点集合的哈希表 $hash$，设置参数 i 等于0，二维数组 ps 总长度为 len。

②步骤2：开始循环读取每一个二维数组 ps 中的数据，以3个点为基本单位进行比较，判断当前的数据点是否到了最后一个处理点，如果不是，则继续处理，如果是，则退出。

③步骤3：如果当前数据点是合理处理点，则判断该点是否符合下面情况之一。

a. 该点的 y 值大于前一个点的 y 值同时也不小于后一个点的 y 值。

b. 该点的 y 值小于前一个点的 y 值同时也不小于后一个点的 y 值。

如果符合上面两个条件则被认为是一个特征点，而被记录到哈希表 $hash$ 中；

④步骤4：循环处理，一直到全部的二维数据 ps 处理完毕。

⑤步骤5：得到最终特征点哈希表数据集合。

计算机的算法说明如图9-5所示。通过该算法对化学指纹图谱数据集合进行处理，保留了原来中药化学指纹图谱的关键拐点数据集，大大缩小了数据量，为二维码的生成创造了条件。

（3）中药化学指纹图谱转换为二维码　当数据经过以上数据筛选工作后，筛选数据点转换为字符串，字符串最终转换为 QR Code。以下给出了2种不同中药材指纹图谱的筛选前、筛选后以及最后生成的中药化学指纹图谱二维码（表9-13）。

表 9-13　2 种样例数据的处理结果

样品名	化学指纹图谱（数据处理前与处理后）	生成的二维码
Renshen_0303		
Renshen_0303B		

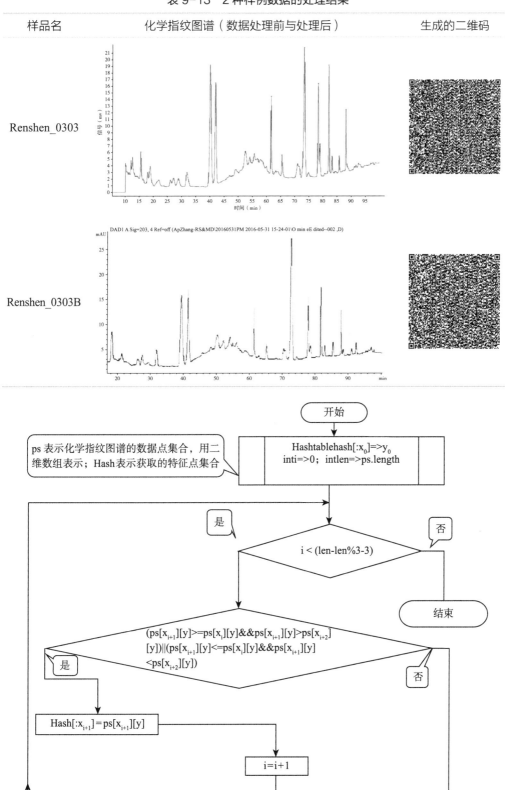

图 9-5　人参化学指纹图谱数字数据分析算法

由以上的实验结果可以看到，处理前的中药化学指纹图谱曲线与处理后的曲线吻合度非常高，图谱中主要的出峰数以及出峰延时基本一致，筛选后的数据可以顺利转换为二维码。

（二）人参移动智能质量追溯技术

尽管目前高效液相色谱技术在中药材质量评价中被广泛应用，但相应的设备昂贵并操作复杂，尤其重要的是检查结果不易在流通中共享。采用移动智能技术结合二维码扫描开展人参药材质量追溯并开发移动应用软件，可方便企业开展内控，供智能终端的消费者获得药材质量信息。

1. 软件开发

以人参为研究对象，系统软件开发基于安卓系统，环境参数如表 9-14 所示。智能手机应用软件 App 开发基于安卓开发平台，全过程如图 9-6 所示。化学指纹图谱的绘制基于 Plug-in AchartEngine，一种来自谷歌开源的曲线数据库。化学质量二维码可以连续多次扫描，不同的指纹图谱曲线要求可显示在同一坐标轴上，以不同的颜色作为区分，二维码的识别与曲线的转换程序如图 9-7，采用 LIACSA 算法开发了与化学指纹图谱相似度有关的功能，直接得出化学指纹图谱之间的相似度系数，比较局部细节的放大缩小功能，指纹图谱的相似度计算与定量分析算法如图 9-8 和图 9-9。

表 9-14　软件开发环境

JDK	JDK 1.7.0_45
Android SDK	Android 4.3
Charting Library for Android	Google Zxing 1.6
Charting Library for Android	AchartEngine 1.1.0
Android Developer Tools	ADT Build：v22.3.0-887826
Operation System	Window XP（Service Package 3）
Mobile Phone（OS）	Samsung Galaxy Mini with Android with OS Version 2.3

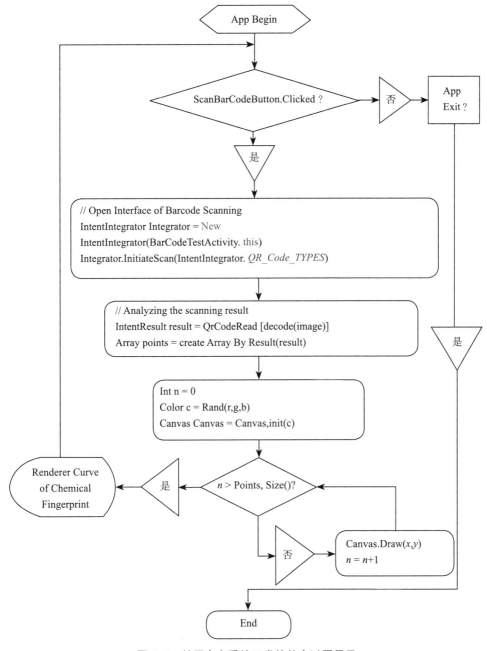

图 9-6 基于安卓系统开发软件全过程显示

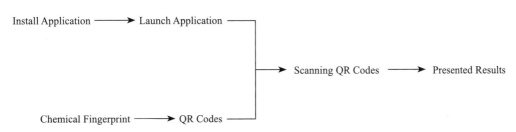

图 9-7 基于智能扫描技术获得化学指纹图谱流程

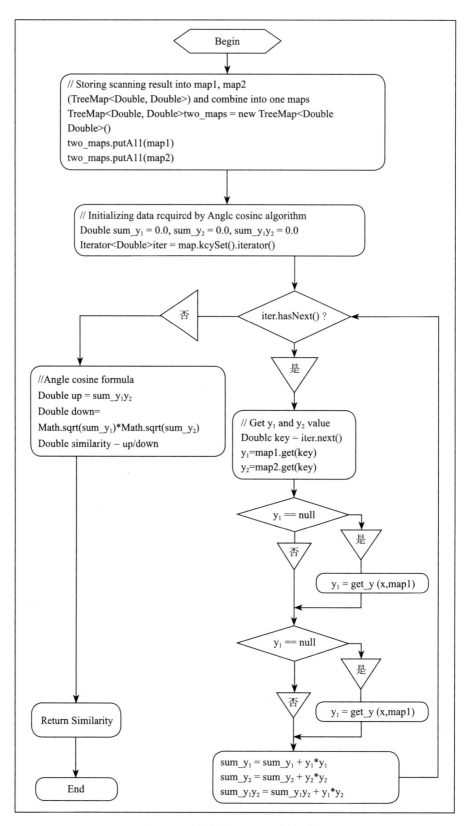

图 9-8　线性插值夹角余弦相似算法

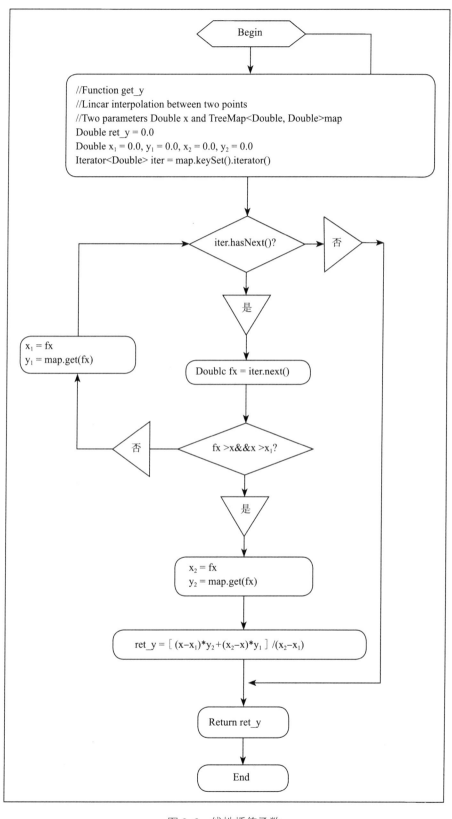

图 9-9　线性插值函数

2. 指纹图谱与二维码转换

采用高效液相色谱技术获得药材的指纹图谱，从色谱分析软件下载到点数据集后经过数据标准化转化为质量二维码，采用安卓系统手机扫描二维码经 App 软件可以再次获得药材化学指纹图谱，结果显示开发的手机 App 可以在二维码与指纹图谱之间顺利转换。

在同一坐标轴下可以显示连续扫描质量二维码转化的化学指纹图谱有助于企业开展品质内控，包括同一药材的不同批次和相近亲缘的不同物种质量评价，结果显示应用手机软件达到了设计目标（图 9-10）。

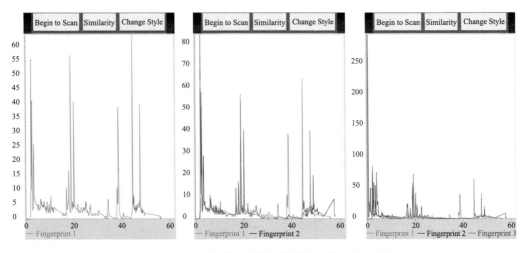

图 9-10　同一屏幕下连续扫描质量二维码显示结果

定性从图片曲线检查不同化学指纹图谱的差异可以快速做出初步结论，但不能获得定量结果，故进一步通过曲线插值算法增加 App 功能，结果显示该应用软件可以成功定量分析出不同化学指纹图谱的差异（图 9-11）。本软件亦可放大显示化学指纹图谱，方便查看每个具体峰图的差异，进而计算指标性成分含量差值。

基于安卓系统开发了人参药材追溯移动智能手机应用软件，该软件可解析扫描的化学质量二维码，定性和定量的分析人参药材化学指纹图谱差异，方便对人参质量开展评价。研究证实移动智能技术和二维码技术结合可用于开展人参快速质量追溯，为企业开展人参质量内控和消费者获取质量追溯信息提供保障。

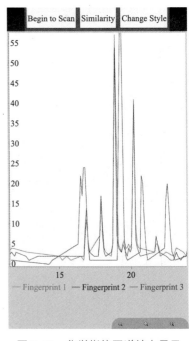

图 9-11　化学指纹图谱放大显示

三、人参综合质量追溯体系构建

随着人参产业的规模化快速发展，在产业链的上游遇到了发展的"瓶颈"，缺乏人参药材标准和全程质量追溯体系，制约着人参工业的发展和质量安全，建立人参药材和饮片的质量追溯技术体系有助于推动人参产业的健康发展和国际化进程。研究团队基于以往研究基础，把人参药材的真伪优劣和流通质量保障相结合，建立了"无公害人参质量追溯管理系统"。

（一）人参质量追溯二维码的生成流程

采用高效液相色谱技术获得人参化学指纹图谱，转化为标准化处理的点数据集；按照《中国药典》规定的 DNA 条形码技术流程获得人参 ITS 标准序列；真伪优劣信息转化为二维码（图 9-12）；化学指纹图谱原始数据从安捷伦分析软件输出（图 9-13）。原始点数据集约 5000 个，大小为 104k，超过了最大二维码的存储容量，因此，必须经过冗余数据处理和标准化。首先是去除坐标轴上的负值，然后去掉最大峰后的保留时间对应的数据，进而去除部分组成化学峰的部分点数据，原则是保留拐点数据，拐点数据的类型有 5 种（图 9-14）。经过标准化数据后，点数据集大小均可转化为二维码（表 9-15）。

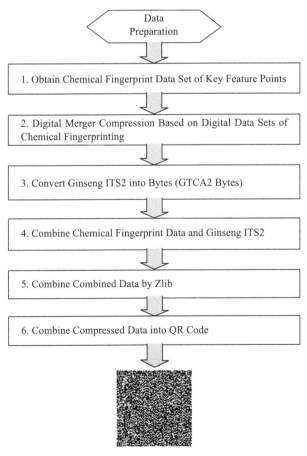

图 9-12 获得二维码的流程

File Path	Signal Parameter Information:
Chrom://iemsqc/YYX/RS.seq/724.smp/	Signal Info
CAD_1.Channel	
Channel CAD_1	Raw Data:
	Time(min) Step(s) Value(pA)
Injection Information:	0.000000 n.a. −0.015466
Data Vault YYX	0.003333 0.2 −0.014959
Injection RS-4-XU	0.006667 0.2 −0.015197
Injection Number 13	0.010000 0.2 −0.014005
Position GB3	0.013333 0.2 −0.013648
Comment	0.016667 0.2 −0.015078
Processing Method 11	0.020000 0.2 −0.017075
Instrument Method RS-S	0.023333 0.2 −0.018237
Type Unknown	0.026667 0.2 −0.018297
Status Finished	0.030000 0.2 −0.018505
Injection Date2015/9/9	0.033333 0.2 −0.017641
Injection Time 4:16:20	0.036667 0.2 −0.017403
Injection Volume(μl) 1.000	0.040000 0.2 −0.019340
Dilution Factor 1.0000	0.043333 0.2 −0.018565
Weight 1.0000	0.046667 0.2 −0.017492
	0.050000 0.2 −0.018207
Raw Data Information:	0.053333 0.2 −0.017969
Time Min.(min) 0.000000	0.056667 0.2 −0.017403
Time Max.(min) 15.002900	0.060000 0.2 −0.016807
Data Points 4499	0.063333 0.2 −0.015585
Detector CAD	0.066667 0.2 −0.015227
Generating Data System Chromeleon	0.070000 0.2 −0.017582
7.2.1.5833	0.073333 0.2 −0.017432
Exporting Data System Chromeleon 7.2.1.0	0.076667 0.2 −0.015883
Operator Instument Controller	0.080000 0.2 −0.013767
Signal Quantity Current	0.083333 0.2 −0.012545
Signal Unit pA	0.086667 0.2 −0.011831
Signal Min. −0.019340	0.090000 0.2 −0.011771
Signal Max. 64.224269	0.093333 0.2 −0.015466
Channel CAD_1	0.096667 0.2 −0.018327
Driver Name Corona.dll	0.100000 0.2 −0.017432
Channel Type Evalnation	0.103333 0.2 −0.015615
Min. Step(s) 0.197	……
Max. Step(s) 0.21	

图 9-13　人参化学指纹图谱部分原数据

（二）人参化学指纹图谱数字数据的标准化

人参化学指纹图谱原数字数据另存为以 XLS 结尾的文件格式，然后采用 Ruby 语言进行数据筛选处理，处理完毕将结果分别保存为 TXT 格式和 XLS 格式，其中 TXT 格式为用于二维码转换的字符串，XLS 格式为用于处理完毕后的中药化学指纹图谱格式文件，用于筛选后中药化学指纹图谱的转化。通过在 Ruby 语言环境（Netbeans IDE 6.5，Ruby 1.8.7，Gem Spreadsheet 0.9.5）下编写软件算法进行中药化学指纹图谱数据筛选，筛选过程中产生的中间数据以及筛选后的数据点、字符串压缩率均在程序模块中计算完成

（图 9-14，图 9-15，表 9-15）。

通过拐点数据的选择和过滤，相对于原始数字数据集，数据长度介于 1113~1667，压缩率 1.37%~2.08%，点数据量为 121~178，压缩率为 2.68%~3.95%。进行数据筛选工作使用 Ruby 语言，筛选后的结果数据是一份能够生成中药指纹图谱的拐点数据集合字符串，通过"人参药材质量追溯管理系统"在线软件转换为二维码，参数选择如下：ECC（Error Correcting Code）：L-smallest；Size：2。

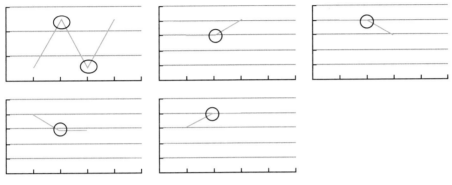

图 9-14　人参化学指纹图谱拐点数据的 5 种类型

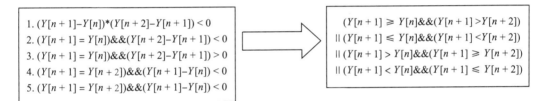

图 9-15　拐点数据选择算法

表 9-15　人参化学指纹图谱点数据标准化处理前后比较

Sample Data Set	Raw Source（Bytes/Points）	After Filter（Bytes/Points）	Compression Ratio [Bytes（%）/Points（%）]
Xu-2.xls	79 961/4498	1548/166	1.93/3.69
Zhu-2.xls	81 000/4498	1184/129	1.46/2.86
Xu-3.xls	79 719/4499	1449/156	1.81/3.46
Zhu-3.xls	80 839/4498	1191/130	1.47/2.89
Xu-4.xls	79 128/4499	1515/162	1.93/3.6
Zhu-4.xls	81 056/4499	1113/121	1.37/2.68
Xu-5.xls	79 797/4499	1667/178	2.08/3.95
Zhu-5.xls	80 274/4498	1303/142	1.62/3.15
Xu-6.xls	79 754/4498	1525/163	1.91/3.62
Zhu-6.xls	80 817/4499	1263/137	1.56/3.04

（三）人参化学指纹图谱数字数据的融合压缩

采用数字融合压缩（Digital Merger Compression，DMC）对人参化学图谱数据集进一步去冗余，为获得整数，时间和吸收数据分别放大100倍和10倍。按照数据大小，数字数据被整合成2字节、3字节或4字节的阵列，算法如图9-16。采用DMC算法后，完成前处理压缩过程，压缩率为30.23%~31.73%，相比较原数据的0.42%~0.65%（表9-16）。

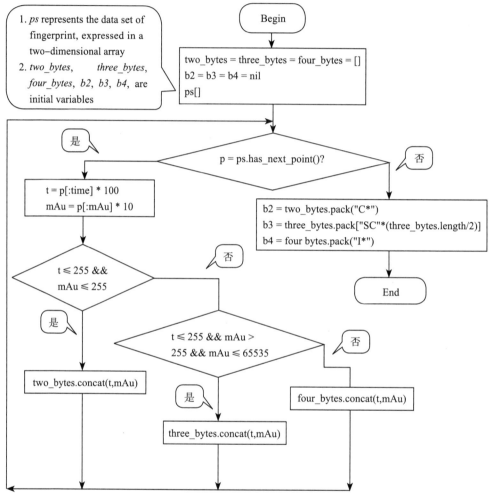

图9-16 基于DMC算法压缩人参质量数字数据

表9-16 DMC算法压缩后人参质量数字数据变化

Sample Data Set	Raw Source （Bytes）	After Filter （Bytes）	After DMC （Bytes）	Compression Ratio [Bytes（%）]
Xu-2.xls	79 961	1548	476	30.75
Zhu-2.xls	81 000	1184	364	30.74
Xu-3.xls	79 719	1449	448	30.92
Zhu-3.xls	80 839	1191	371	31.15

Sample Data Set	Raw Source (Bytes)	After Filter (Bytes)	After DMC (Bytes)	Compression Ratio [Bytes (%)]
Xu–4.xls	79 128	1515	458	30.23
Zhu–4.xls	81 056	1113	342	30.73
Xu–5.xls	79 797	1667	520	31.19
Zhu–5.xls	80 274	1303	407	31.24
Xu–6.xls	79 754	1525	462	30.3
Zhu–6.xls	80 817	1263	389	30.8

（四）人参真伪数据 ITS2 序列编码转化

人参 DNA 条形码 ITS2 序列长度介于 220~230bp，每行选择 70 个字符，4 个碱基 G\T\C\A 分别被 2 个位数代替为 00\01\10\11，转换后 ITS2 碱基序列运算变为字节算法（GTCA2Bytes），前两个字节可用来保存不超过 65 535 碱基的 ITS2 序列，算法如图 9–14 所示。通过转换和压缩，人参 ITS2 序列容量大小可被压缩掉 25%（图 9–17）。

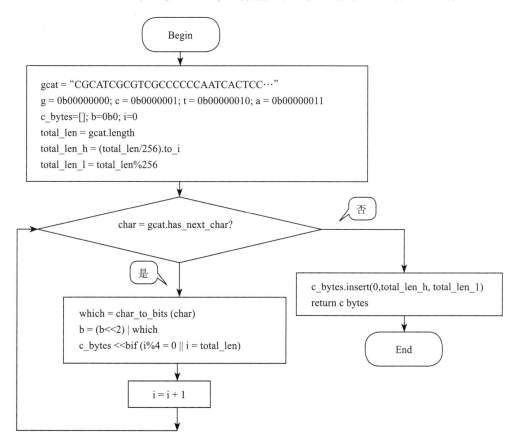

图 9–17　GTCA2Bytes 算法转换人参 ITS2 序列为字节并压缩

（五）人参物种真伪和品质数据的整合与压缩

为实现人参药材质量二维码数据的识别和再现，压缩数据阵列需要标准化，常用的格式包括 XML 和 JSON。但除了真伪（ITS2 序列）和质量数据外，还需要另外增加其他数据，因为二维码的容量有限，设定一个简单的整合原则将方便后期的数据识别。ITS2 序列和质量数据间采用"‖"作为间隔符，具体表现为 2 字节 ITS2 序列阵列"‖"，2 字节化学指纹图谱数字数据"‖"，3 字节化学指纹图谱数字数据"‖"，4 字节化学指纹图谱数字数据。

为了获得更多额外的信息空间，真伪和品质数据可进一步压缩，常用的压缩类型有两种类型：有损和无损压缩。目前，人参真伪和质量信息基本无冗余，采用无损压缩可保证追溯信息的完成。最常用的无损压缩算法为 Zlib（DEFLATE RFC 1951，Variation of the LZ77 Algorithm），因为 Zlib 算法高效、免费并且属于开源算法，我们采用该算法对人参的两种数据进行压缩，结果显示压缩率为 87.2%~94.85%，相当于原数据大小的 0.48%~0.64%（表 9-17）。

表 9-17　Zlib 算法压缩数据大小变化

Sample	Raw Source (Bytes)	Before Zlib (Bytes)	After Zlib (Bytes)	Zlib Compression Ratio [Bytes (%)]	Total Compression Ratio [Bytes (%)]
Xu-2	80 194	542	483	89.11	0.60
Zhu-2	81 233	430	395	91.86	0.49
Xu-3	79 952	514	471	91.63	0.59
Zhu-3	81 072	437	400	91.53	0.49
Xu-4	79 361	524	480	91.60	0.6
Zhu-4	81 289	408	387	94.85	0.48
Xu-5	80 030	586	511	87.20	0.64
Zhu-5	80 507	473	423	89.43	0.53
Xu-6	79 987	528	479	90.72	0.60
Zhu-6	81 050	455	416	91.43	0.51

（六）人参真伪和品质数据的二维码转化

通过"人参药材质量追溯管理系统"转换为二维码（图 9-18），参数选择为 ECC（Error Correcting Code）：L-smallest；Size：2。二维码编码类型中容量最大的是 QR，最大可容纳 2953 个字符，经过综合压缩后，人参的 ITS2 序列和化学指纹图谱数据数值整合压缩到只有 500 个字符左右，大大节省了空间，为流通信息的多参数增加奠定了基础。

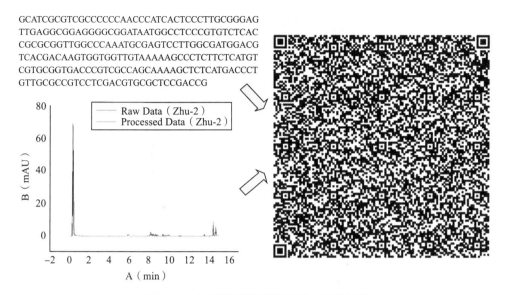

GCATCGCGTCGCCCCCCAACCCATCACTCCCTTGCGGGAG
TTGAGGCGGAGGGGCGGATAATGGCCTCCCGTGTCTCAC
CGCGCGGTTGGCCCAAATGCGAGTCCTTGGCGATGGACG
TCACGACAAGTGGTGGTTGTAAAAAGCCCTCTTCTCATGT
CGTGCGGTGACCCGTCGCCAGCAAAAGCTCTCATGACCCT
GTTGCGCCGTCCTCGACGTGCGCTCCGACCG

图 9-18　人参真伪和质量数据的二维码转换

（七）人参质量追溯二维码集成

把人参药材固有属性（真伪和优劣）与流通信息管理相结合，以追溯码为载体，推动人参药材全程追溯管理。因为流通信息涉及的范围比较广泛，二维码本身的容量是有限的，选择哪一些指标作为二维码直接收录信息将根据生产企业和用户的需求不同而不同，作为追溯载体，二维码直接扫描出来的信息是可以在不同环节动态添加的，更多的信息包括图片和动画等可以采用添加数据库在线获取（图 9-19）。尤其是移动智能设备和云计算的技术升级，可满足生产企业内控、管理部门监管和消费者监督的不同需求。

图 9-19　直接流通信息参数及在线数据库地址

通过在线数据库终端用户可以获得更多的追溯信息如质检报告、基地种植信息（图9-20）等，并且可以通过移动智能手机现场录入和获取全程信息，实现全程可追溯。

图 9-20 智能机录入或获取追溯信息

参考文献

[1] An YN, Lee SY, Choung MG, et al. Ginsenoside concentration and chemical component as affected by harvesting time off our-year ginsengroot [J]. Korean J Crop Sci, 2002, 47 (3): 216-220.

[2] Jeon BS, Lee CY. Shelf-Life extension of American fresh ginseng by controlled atmospheres to rageand modified atmosphere packaging [J]. J Food Sci, 1999, 64 (2): 328-331.

[3] Jinjing X, Xin X, Fan W, et al. Analysis of exposure to pesticide residues from traditional Chinese medicine consumption in China [J]. J Hazard Mater, 2018, 3 : 839.

[4] Kathryn F, Steven J, Maria D, et al. The RAND/UCLA Appropriateness Method User′s Manual [M]. United States : RAND, 2001.

[5] Lee CR, Whang WK, Shin CG, et al. Comparison of ginsenoside composition and contents in fresh ginsengroots cultivated in Korea, Japan, and China at various ages [J]. Korean J Food Sci Technol, 2004, 36 (5): 847-850.

[6] Li C, Lau DT, Dong TT, et al. Dual-index evaluation of character changes in *Panax ginseng* C. A. Mey. storedindifferentconditions [J]. J Agr Food Chem,

2013，61（26）：6568-6573.

［7］Shi W，Wang YT，Li J，et al. Investigation of ginsenosides in different part sand ages of *Panax ginseng*［J］. Food Chem，2007，102：664-668.

［8］Sponchiado G，Mônica A，Silva C D，et al. Quantitative genotoxicity assays for analysis of medicinal plants：A systematic review［J］. J ethnopharmacol，2015，178：289.

［9］WHO Guidelines on Good Agricultural and Collection Practices（GACP）for Medicinal Plants［M］. World Health Organization，Geneva，2003.

［10］WHO Traditional Medicine Strategy 2014-2023［M］. World Health Organization，2013.

［11］安江."一带一路"倡议背景下的我国中医药标准化发展研究［J］. 中国药事，2018，32（9）：1167

［12］陈士林，董林林，郭巧生，等. 中药材无公害精细栽培体系研究［J］. 中国中药杂志，2018，43（08）：1517-1528.

［13］陈士林. 无公害中药材栽培生产技术规范［M］. 中国医药科技出版社，2018.

［14］仇熙，贾晓斌，陈廉，等. 复方人参注射液核磁共振指纹图谱研究［J］. 中成药，2004，26（3）：173-174.

［15］董林林，苏丽丽，尉广飞，等. 无公害中药材生产技术规程研究［J］. 无公害中药材生产技术规程研究［J］. 中国中药杂志，2018，43（15）：3070.

［16］金红宇，王莹，孙磊，等. 中药中外源性有害残留物监控的现状与建议［J］. 中国药事，2009，23（7）：639-642.

［17］李翔国，全炳武，李虎林，等. 人参皂苷量变异的研究进展［J］. 中草药，2012，43（11）：2300.

［18］刘哲，王南，武晓林，等. 不同土壤环境下种植的人参皂苷含量的比较分析［J］. 安徽农业科学，2010，38（2）：737-739.

［19］王启祥，吕修梅，张晋秀. 人参皂苷含量变化研究概况［J］. 西北药学杂志，2002，（5）：233-235.

［20］阎正，王春云，苑若瑶，等. 长白山人参的毛细管电泳指纹图谱［J］. 河北大学学报：自然科学版，2009，29（1）：55-60.

［21］张志勇，王冬兰，余向阳，等. 我国农药残留限量标准制定最新进展与存在问题［J］. 江苏农业科学，2010（6）：480-481.

［22］王莹，王赵，马双成，等. 国产人参中农药残留风险评估［J］. 中国中药杂志，2019，44（07）：1327-1333.

［23］骆璐，董林林，陈士林，等. 基于药典算法的无公害中药材农残限量通用标准的 RAM 研究［J］. 中国中药杂志，2019，44（11）：2197-2207.

附　　录

附录一　无公害人参药材及饮片农药与重金属及有害元素的最大残留限量

（T/CATCM 001—2018）

中国中药协会团体标准

1 范围

本标准规定了无公害人参药材及饮片中艾氏剂、毒死蜱、氯丹、五氯硝基苯等 168 种农药残留、5 种重金属及有害元素的最大残留限量。

本标准适用于无公害人参药材及饮片的判定。

2 规范性引用文件

下列文件对于本文件的应用是必不可少的。凡是注日期的引用文件，仅注日期的版本适用于本文件。凡是不注日期的引用文件，其最新版本（包括所有的修改单）适用于本文件。

《中国药典》（2015 年版，一部）

《中国药典》（2015 年版，四部）

3 术语和定义

下列术语和定义适用于本文件。

3.1 无公害人参药材及饮片

按照《中药材种植质量管理规范》要求种植和标准化管理，生产出达到本标准规定的农药与重金属及有害元素的最大残留限量的人参药材及饮片。

3.2 人参药材

五加科人参属植物人参（*Panax ginseng* C. A. Mey.）的干燥根及根茎。

3.3 人参饮片

以人参药材为原料，经润透，切薄片，干燥而成的人参炮制品。

3.4 最大残留限量

中药材或饮片中法定允许的农药最大浓度，以每千克中药材或饮片中农药残留的毫克数（mg/kg）表示。

4 限量指标

4.1 必检农药限量指标

艾氏剂、毒死蜱、氯丹、五氯硝基苯等 42 种农药为必检项，其种类及最大残留限量见表 1。

表 1 无公害人参药材及饮片必检农药最大残留限量

编号	项目		最大残留量（mg/kg）
	英文名	中文名	
1	Aldrin	艾氏剂	不得检出
2	Azoxystrobin	嘧菌酯	0.50
3	BHC（Total α–BHC、β–BHC、γ–BHC、δ–BHC）	总六六六	不得检出
4	Carbendazim	多菌灵	0.10
5	Chlordane	氯丹（顺式氯丹、反式氯丹、氧化氯丹）	不得检出
6	Chlorfenapyr	溴虫腈	不得检出
7	Chlorobenzilate	乙酯杀螨醇	0.70
8	Chlorpyrifos	毒死蜱	0.50
9	Cyazofamid	氰霜唑	0.02
10	Cyfluthrin	氟氯氰菊酯	0.05
11	Cyhalothrin	三氟氯氰菊酯	0.05
12	Cypermethrin	氯氰菊酯	0.05
13	Cyprodinil	嘧菌环胺	0.80
14	Total p,p' –DDD、o,p' –DDD、p,p' –DDE、o,p' –DDE、p,p' –DDT、o,p' –DDT	总滴滴涕	不得检出
15	Difenoconazole	苯醚甲环唑	0.20
16	Dimethomorph	烯酰吗啉	0.05
17	Dinotefuran	呋虫胺	0.05
18	Fludioxonil	咯菌腈	0.70
19	Flutolanil	氟酰胺	0.05
20	Fonofos	地虫硫磷	不得检出
21	Heptachlor	七氯	不得检出
22	Hexachlorobenzene	六氯苯	0.05
23	Isofenphos–methyl	甲基异柳磷	0.02
24	Kresoxim–Methyl	醚菌酯	0.10
25	Metalaxyl	甲霜灵	0.05

编号	项目		最大残留量（mg/kg）
	英文名	中文名	
26	Methamidophos	甲胺磷	不得检出
27	Methoxyfenozide	甲氧虫酰肼	0.05
28	Monocrotophos	久效磷	不得检出
29	Myclobutanil	腈菌唑	0.05
30	Parathion-methyl	甲基对硫磷	不得检出
31	Pencycuron	戊菌隆	0.05
32	Pentachloroaniline（PCA）	五氯苯胺	0.02
33	Pentachlorothioanisole（PCTA）	甲基五氯苯硫醚	0.01
34	Phorate	甲拌磷	不得检出
35	Phoxim	辛硫磷	不得检出
36	Procymidone	腐霉利	0.20
37	Propiconazole	丙环唑	0.50
38	Pyraclostrobin	吡唑醚菌酯	0.50
39	Quintozene（PCNB）	五氯硝基苯	0.10
40	Tebuconazole	戊唑醇	0.50
41	Thiamethoxam	噻虫嗪	0.02
42	Triflumizole	氟菌唑	0.10

注：不得检出，即检测值低于本标准附录 A 中表 A.1、表 A.2 所示标准物质检出限。

4.2 推荐检测项农药限量指标

高灭磷、啶虫脒、甲草胺等 126 种农药为推检项，其种类及最大残留量见表 2。

表 2　无公害人参药材及饮片推荐检测农药残留限量指标

编号	项目		最大残留量（mg/kg）
	英文名	中文名	
1	Acephate	高灭磷	不得检出
2	Acetamiprid	啶虫脒	不得检出
3	Alachlor	甲草胺	不得检出
4	Avermectin B1a	阿维菌素 B1a	不得检出
5	Bentazone	灭草松	不得检出
6	β-Benzoepin	β- 硫丹	不得检出
7	α-BHC	α- 六六六	不得检出
8	β-BHC	β- 六六六	不得检出

编号	项目		最大残留量（mg/kg）
	英文名	中文名	
9	γ–BHC	γ– 六六六	不得检出
10	δ–BHC	δ– 六六六	不得检出
11	Bifenthrin	联苯菊酯	不得检出
12	Bromopropylate	溴螨酯	不得检出
13	Buprofezin	噻嗪酮	不得检出
14	Butachlor	丁草胺	不得检出
15	Carbaryl	甲萘威	不得检出
16	Carbofuran	克百威（虫螨威）	不得检出
17	Carbofuran–3–Hydroxy	3– 羟基呋喃丹	不得检出
18	Chlorobenzuron	灭幼脲	不得检出
19	cis–Chlordane	顺式氯丹	不得检出
20	trans–Chlordane	反式氯丹	不得检出
21	oxy–Chlordane	氧化氯丹	不得检出
22	Chlorpyrifos–Methyl	甲基毒死蜱	不得检出
23	Chromafenozide	环虫酰肼	不得检出
24	Clomeprop	氯甲酰草胺	不得检出
25	Clothianidin	噻虫胺	不得检出
26	Coumatetralyl	杀鼠迷	不得检出
27	Cyanophos	杀螟腈	不得检出
28	Cyfluthrin 1	氟氯氰菊酯 1	不得检出
29	Cyfluthrin 2	氟氯氰菊酯 2	不得检出
30	Cyfluthrin 3	氟氯氰菊酯 3	不得检出
31	Cypermethrin	氯氰菊酯	不得检出
32	p,p'–DDD	p,p'– 滴滴滴	不得检出
33	o,p'–DDE	o,p'– 滴滴伊	不得检出
34	p,p'–DDE	p,p'– 滴滴伊	不得检出
35	o,p'–DDT	o,p'– 滴滴涕	不得检出
36	p,p'–DDT	p,p'– 滴滴涕	不得检出
37	Deltamethrin	溴氰菊酯	不得检出
38	Diafenthiuron	丁醚脲	不得检出
39	Diazinon	二嗪磷	不得检出
40	Dichlorvos（DDVP）	敌敌畏	不得检出

编号	项目 英文名	项目 中文名	最大残留量（mg/kg）
41	Dicofol	三氯杀虫螨	不得检出
42	Diflufenican	吡氟酰草胺	不得检出
43	Dimethametryn	异戊腈	不得检出
44	Dimethoate	乐果	不得检出
45	Daimuron	杀草隆	不得检出
46	Edifenphos	克瘟散	不得检出
47	Endosulfan Sulfate	硫丹硫酸盐	不得检出
48	Endrin	异狄氏剂	0.02
49	EPN	苯硫磷	不得检出
50	Esprocarb	戊草丹	不得检出
51	Ethion	乙硫磷	不得检出
52	Ethiprole	乙虫腈	不得检出
53	Ethofenprox	醚菊酯	不得检出
54	Ethychlozate	促长抑唑	不得检出
55	Etoxazole	乙螨唑	不得检出
56	Fenbuconazole	氰苯唑	不得检出
57	Fenitrothion（MEP）	杀螟硫磷	不得检出
58	Fenpropathrin	甲氰菊酯	不得检出
59	Fenpyroximate	唑螨酯	不得检出
60	Fenthion	倍硫磷	不得检出
61	Fenvalerate 1	氰戊菊酯 1	不得检出
62	Fenvalerate 2	氰戊菊酯 2	不得检出
63	Flonicamid	氟啶虫酰胺	不得检出
64	Fluazifop–Butyl	吡氟禾草灵	不得检出
65	Fluazinam	氟啶胺	不得检出
66	Flufenoxuron	氟虫脲	不得检出
67	Furametpyr	福拉比	不得检出
68	Haloxyfop–Methyl	氟吡甲禾灵	不得检出
69	cis–Heptachlorepoxide	顺式环氧七氯	不得检出
70	Imazosulfuron	唑吡嘧磺隆	不得检出
71	Imibenconazoie	酰胺唑	不得检出
72	Imibenconazole	亚胺唑	不得检出

编号	项目		最大残留量（mg/kg）
	英文名	中文名	
73	Imibenconazole Metabolite	酰胺唑代谢物	不得检出
74	Indanofan	茚草酮	不得检出
75	Indoxacarb	茚虫威	不得检出
76	Ioxynil	碘苯腈	不得检出
77	Ipconazole	种菌唑	不得检出
78	Isocarbofos	水胺硫磷	不得检出
79	Isoxathion	噁唑啉	不得检出
80	Ketoconazole	酮康唑	不得检出
81	Linuron	利谷隆	不得检出
82	Lufenuron	虱螨脲	不得检出
83	Malathion	马拉硫磷	不得检出
84	MCPA	二甲四氯	不得检出
85	MCPA–Ethyl	二甲四氯乙酯	不得检出
86	MCPA–Thioethyl	二甲四氯硫代乙酯	不得检出
87	Mefenacet	苯噻酰草胺	不得检出
88	Methidathion	杀扑磷	不得检出
89	Methomyl	灭多威	不得检出
90	Metolachlor	异丙甲草胺	不得检出
91	Omethoate	氧化乐果	不得检出
92	Oxaziclomefone	噁嗪草酮	不得检出
93	Parathion	巴拉松	不得检出
94	Pendimethalin	二甲戊灵	0.01
95	Pentoxazone	环戊噁草酮	不得检出
96	cis–Permethrin	顺式氯菊酯	不得检出
97	trans–Permethrin	反式氯菊酯	不得检出
98	Phenthoate	稻丰散	不得检出
99	Phosalone	伏杀硫磷	不得检出
100	Phthalide	苯酞	不得检出
101	Piperonyl Butoxide	增效醚	不得检出
102	Pirimiphos–Methyl	甲基嘧啶磷	不得检出
103	Prochloraz	咪鲜胺	不得检出
104	Profenofos	丙溴磷	不得检出

编号	项目		最大残留量（mg/kg）
	英文名	中文名	
105	Prometryn	扑草净	不得检出
106	Propanil	敌稗	不得检出
107	Propargite	炔螨特	不得检出
108	Pyridaben	哒螨灵	不得检出
109	Pyrimidifen	嘧螨醚	不得检出
110	Pyriminobac–Methyl E	肟啶草 E	不得检出
111	Pyriminobac–Methyl Z	肟啶草 Z	不得检出
112	Pyroquilone	咯喹酮	不得检出
113	Silafluofen	氟硅菊酯	不得检出
114	Simeconazole	硅呋唑	不得检出
115	Tebufenozide	虫酰肼	不得检出
116	Tetradifon	三氯杀螨砜	不得检出
117	Thiacloprid	噻虫啉	不得检出
118	Thifensulfuron–Methyl	噻吩磺隆	不得检出
119	Thiobencarb	禾草丹	不得检出
120	Thiodicarb	硫双威	不得检出
121	Thiophanate	硫菌灵	不得检出
122	Tolclofos–Methyl	甲基立枯磷	不得检出
123	Tolfenpyrad	唑虫酰胺	不得检出
124	Triazophos	三唑磷	不得检出
125	Triflumizole Metabolite	氟菌唑代谢物	不得检出
126	Trifluralin	氟乐灵	不得检出

注：不得检出，即检测值低于表 A.1、表 A.2 所示标准物质检出限。

4.3 重金属及有害元素限量指标

铅、镉、汞、砷、铜均为必检项，其最大残留限量见表 3。

表 3　无公害人参药材及饮片中重金属及有害元素最大残留限量

编号	项目	最大残留限量（mg/kg）
1	铅（以 Pb 计）	0.50
2	镉（以 Cd 计）	0.50
3	汞（以 Hg 计）	0.10
4	砷（以 As 计）	1.00
5	铜（以 Cu 计）	20.00

5 检测方法

5.1 农药残留量检测

人参药材及饮片中 168 种农药残留量的测定采用气相色谱 – 串联质谱法和液相色谱 – 串联质谱法（见附录 A）。

5.2 重金属及有害元素含量检测

铅、镉、铜、砷、汞按照《中国药典》（2015 年版，四部）通则 2321 铅、镉、铜、砷、汞测定法规定的方法。

6 检验规则

6.1 批次

以同一产地、同一连续生产周期生产一定数量的相对均质的人参药材及饮片为一个批次。

6.2 抽样方法

试样的抽样方法按照《中国药典》（2015 年版，四部）通则 0211 药材和饮片取样法的规定执行。

6.3 检验项目

农药残留为 168 种，其中表 1 所列 42 项为必检项，表 2 所列 126 项为推荐项；表 3 所列重金属及有害元素为 5 项，均为必检项。

7 判定规则

无公害人参药材或饮片的判定，应符合《中国药典》（2015 年版，一部）人参项下农药残留的要求及表 1、表 3 中的限量指标。

附录 A
（规范性附录）
人参药材及饮片中农药残留量的测定　气相色谱 – 串联
质谱法和液相色谱 – 串联质谱法

A.1 标准溶液的配制

A.1.1 标准储备溶液的配制

精确量取 2ml 标准品溶液于 25ml 容量瓶中，根据标准物质的溶解性，选用丙酮或甲醇溶解并定容至刻度。–18 ± 4℃避光保存，有效期 12 个月。

A.1.2 混合标准品溶液的配制

精密量取丙酮溶液标准储备溶液 0.5ml 至 2ml 容量瓶中，用丙酮定容至刻度，即得 GC–MS/MS 测定法混合标准品溶液。–18 ± 4℃保存，有效期 3 个月。

精密量取甲醇溶液标准储备溶液 0.5ml 至 20ml 容量瓶中，用甲醇定容至刻度，即得

LC-MS/MS 测定法混合标准品溶液。–18±4℃保存，有效期 3 个月。

A.2 样品制备

将人参样品放入粉碎机中粉碎，过三号筛（50 目），即得人参样品粉末，保存于洁净样品瓶中，密封并标记。

A.3 分析步骤

A.3.1 提取

精密称取 2.0g（±5%）样品粉末于 50ml 具塞离心管中，加入 20ml 乙腈 – 水（4∶1）振荡提取 10 分钟（速率 200 次 /min），在 1000g 条件下离心 5 分钟，提取 2 次，合并提取液于 50ml 容量瓶中，乙腈 – 水（4∶1）稀释定容至刻度，得样品溶液。

A.3.2 净化

量取 25ml 样品溶液附于 Sep-Pak C18 固相萃取小柱上，20ml 乙腈进行洗脱并旋蒸浓缩至 5ml（旋蒸温度 ≤ 35℃），加入 5ml 乙腈，5ml 水，超声后，经 ChemElut（20ml）柱洗脱净化，洗脱溶剂为正己烷 100ml，收集净化后溶液并减压旋蒸浓缩至近干（旋蒸温度 ≤ 35℃），加入 1ml 正己烷溶解，并将所有溶液附于 Florisil（1g）柱上，采用 15ml 正己烷 – 乙酸乙酯（9∶1）洗脱再次净化并旋蒸近干，采用丙酮溶解，转移至 1ml 容量瓶中并定容至刻度，即得 GC-MS/MS 测定法净化供试品溶液。

DSC-18 柱（500mg）、PSA 柱（500mg）以 5ml 乙腈，5ml 乙腈 – 水（4∶1）依次预处理，精密量取 5ml 样液附于柱上，乙腈洗脱净化，收集流出液旋转蒸发至近干，甲醇溶解并转移至 2ml 容量瓶中并定容至刻度，即得 LC-MS/MS 测定法净化供试品溶液。

标准物质信息见表 A.1 和表 A.2。

表 A.1　GC-MS/MS 测定法标准物质信息

序号	英文名	中文名	溶液名称	溶剂	定量限（μg/ml）
1	Alachlor	甲草胺	除虫菊酯标准品溶液	丙酮	0.01
2	Aldrin	艾氏剂	有机氯标准品溶液	丙酮	0.01
3	*β*-Benzoepin	*β*- 硫丹	有机氯标准品溶液	丙酮	0.01
4	*α*-BHC	*α*- 六六六	有机氯标准品溶液	丙酮	0.01
5	*β*-BHC	*β*- 六六六	有机氯标准品溶液	丙酮	0.01
6	*γ*-BHC	*γ*- 六六六	有机氯标准品溶液	丙酮	0.01
7	*δ*-BHC	*δ*- 六六六	有机氯标准品溶液	丙酮	0.01
8	Bromopropylate	溴螨酯	除虫菊酯标准品溶液	丙酮	0.01
9	Butachlor	丁草胺	G1 标准品溶液	丙酮	0.01
10	*cis*-Chlordane	顺式氯丹	有机氯标准品溶液	丙酮	0.01

序号	英文名	中文名	溶液名称	溶剂	定量限（µg/ml）
11	*oxy*–Chlordane	氧化氯丹	有机氯标准品溶液	丙酮	0.01
12	*trans*–Chlordane	反式氯丹	有机氯标准品溶液	丙酮	0.01
13	Chlorfenapyr	溴虫腈	G2 标准品溶液	丙酮	0.01
14	Chlorobenzilate	乙酯杀螨醇	有机氯标准品溶液	丙酮	0.01
15	Chlorpyrifos	毒死蜱	有机磷对照品溶液	丙酮	0.01
16	Chlorpyrifos–Methyl	甲基毒死蜱	有机磷对照品溶液	丙酮	0.01
17	Cyanophos	杀螟腈	有机磷对照品溶液	丙酮	0.01
18	Cyfluthrin 1	氟氯氰菊酯 1	除虫菊酯标准品溶液	丙酮	0.01
19	Cyfluthrin 2	氟氯氰菊酯 2	除虫菊酯标准品溶液	丙酮	0.01
20	Cyfluthrin 3	氟氯氰菊酯 3	除虫菊酯标准品溶液	丙酮	0.01
21	Cyhalothrin 1	三氟氯氰菊酯 1	G2 标准品溶液	丙酮	0.01
22	Cyhalothrin 2	三氟氯氰菊酯 2	G2 标准品溶液	丙酮	0.01
23	Cypermethrin 1	氯氰菊酯 1	除虫菊酯标准品溶液	丙酮	0.01
24	Cypermethrin 2	氯氰菊酯 2	除虫菊酯标准品溶液	丙酮	0.01
25	Cypermethrin 3	氯氰菊酯 3	除虫菊酯标准品溶液	丙酮	0.01
26	Cypermethrin 4	氟氯菊酯 4	除虫菊酯标准品溶液	丙酮	0.01
27	*p,p'*–DDD	*p,p'*–滴滴滴	有机氯对照品溶液	丙酮	0.01
28	*o,p'*–DDE	*o,p'*–滴滴伊	有机氯对照品溶液	丙酮	0.01
29	*p,p'*–DDE	*p,p'*–滴滴伊	有机氯标准品溶液	丙酮	0.01
30	*o,p'*–DDT	*o,p'*–滴滴涕	有机氯标准品溶液	丙酮	0.01
31	*p,p'*–DDT	*p,p'*–滴滴涕	有机氯标准品溶液	丙酮	0.01
32	Deltamethrin	溴氰菊酯	除虫菊酯标准品溶液	丙酮	0.01
33	Diazinon	二嗪磷	有机磷对照品溶液	丙酮	0.01
34	Dicofol	三氯杀虫螨	有机氯对照品溶液	丙酮	0.01
35	Endosulfan Sulfate	硫丹硫酸盐	有机氯对照品溶液	丙酮	0.01
36	Endrin	异狄氏剂	有机氯对照品溶液	丙酮	0.01
37	EPN	苯硫磷	有机磷对照品溶液	丙酮	0.01
38	Ethion	乙硫磷	有机磷对照品溶液	丙酮	0.01
39	Fenitrothion（MEP）	杀螟硫磷	有机磷标准品溶液	丙酮	0.01
40	Fenthion	倍硫磷	有机磷标准品溶液	丙酮	0.01
41	Fenvalerate 1	氰戊菊酯 1	除虫菊酯标准品溶液	丙酮	0.01

序号	英文名	中文名	溶液名称	溶剂	定量限 （μg/ml）
42	Fenvalerate 2	氰戊菊酯 2	除虫菊酯标准品溶液	丙酮	0.01
43	Fonofos	地虫硫磷	有机磷对照品溶液	丙酮	0.01
44	Heptachlor	七氯	有机氯标准品溶液	丙酮	0.01
45	cis-Heptachlorepoxide	顺式环氧七氯	有机氯标准品溶液	丙酮	0.01
46	Hexachlorobenzene	六氯苯	有机氯标准品溶液	丙酮	0.01
47	Imibenconazole MET2	甲基 2 亚胺唑	G1 标准品溶液	丙酮	0.01
48	Isofenphos-Methyl	甲基异柳磷	G1 标准品溶液	丙酮	0.01
49	Malathion	马拉硫磷	有机磷对照品溶液	丙酮	0.01
50	MCPA-Ethyl	二甲四氯乙酯	G2 标准品溶液	丙酮	0.01
51	MCPA-Thioethyl	二甲四氯硫代乙酯	G2 标准品溶液	丙酮	0.01
52	Parathion	巴拉松	有机磷对照品溶液	丙酮	0.01
53	Parathion-Methyl	甲基对硫磷	有机磷对照品溶液	丙酮	0.01
54	PCA	五氯苯胺	有机氯标准品溶液	丙酮	0.01
55	PCNB	五氯硝基苯	有机氯标准品溶液	丙酮	0.01
56	PCTA	甲基五氯苯硫醚	有机氯标准品溶液	丙酮	0.01
57	Pendimethalin	二甲戊灵	除虫菊酯标准品溶液	丙酮	0.01
58	cis-Permethrin	顺式氯菊酯	除虫菊酯标准品溶液	丙酮	0.01
59	trans-Permethrin	反式氯菊酯	除虫菊酯标准品溶液	丙酮	0.01
60	Phenthoate	稻丰散	有机磷对照品溶液	丙酮	0.01
61	Phorate	甲拌磷	G1 标准品溶液	丙酮	0.01
62	Phosalone	伏杀硫磷	有机磷对照品溶液	丙酮	0.01
63	Phthalide	苯酞	G2 标准品溶液	丙酮	0.01
64	Pirimiphos-Methyl	甲基嘧啶磷	有机磷标准品溶液	丙酮	0.01
65	Procymidone	腐霉利	G2 标准品溶液	丙酮	0.01
66	Prometryn	扑草净	G1 标准品溶液	丙酮	0.01
67	Propargite	炔螨特	G2 标准品溶液	丙酮	0.01
68	Silafluofen	氟硅菊酯	G2 标准品溶液	丙酮	0.01
69	Tetradifon	三氯杀螨砜	G2 标准品溶液	丙酮	0.01
70	Tolclofos-Methyl	甲基立枯磷	G2 标准品溶液	丙酮	0.01
71	Trifluralin	氟乐灵	G2 标准品溶液	丙酮	0.01

序号	标准物质		溶液名称	溶剂	定量限 μg/ml
	英文名	中文名			
1	Acephate	高灭磷	L7 标准品溶液	甲醇	0.01
2	Acetamiprid	啶虫脒	L5 标准品溶液	甲醇	0.01
3	Avermectin B1a	阿维菌素 B1a	L6 标准品溶液	甲醇	0.01
4	Azoxystrobin	嘧菌酯	L4 标准品溶液	甲醇	0.01
5	Bentazone	灭草松	L3 标准品溶液	甲醇	0.01
6	Bifenthrin	联苯菊酯	L6 标准品溶液	甲醇	0.01
7	Buprofezin	噻嗪酮	L5 标准品溶液	甲醇	0.01
8	Carbaryl（NAC）	甲萘威	L7 标准品溶液	甲醇	0.01
9	Carbendazim	多菌灵	标准储备溶液 D	甲醇	0.01
10	Carbofuran	克百威（虫螨威）	L3 标准品溶液	甲醇	0.01
11	Carbofuran–3–Hydroxy	3– 羟基 – 呋喃丹	L3 标准品溶液	甲醇	0.01
12	Chlorobenzuron	灭幼脲	L7 标准品溶液	甲醇	0.01
13	Chromafenozide	环虫酰肼	L5 标准品溶液	甲醇	0.01
14	Clomeprop	氯甲酰草胺	L1 标准品溶液	甲醇	0.01
15	Clothianidin	噻虫胺	L4 标准品溶液	甲醇	0.01
16	Coumatetralyl	杀鼠醚	L1 标准品溶液	甲醇	0.01
17	Cyazofamid	氰霜唑	L3 标准品溶液	甲醇	0.01
18	Cyprodinil	嘧菌环胺	L4 标准品溶液	甲醇	0.01
19	Daimuron	杀草隆	L1 标准品溶液	甲醇	0.01
20	Diafenthiuron	丁醚脲	L2 标准品溶液	甲醇	0.01
21	Dichlorvos（DDVP）	敌敌畏	L7 标准品溶液	甲醇	0.01
22	Difenoconazole	苯醚甲环唑	L5 标准品溶液	甲醇	0.01
23	Diflufenican	吡氟酰草胺	L6 标准品溶液	甲醇	0.01
24	Dimethametryn	异戊腈	L1 标准品溶液	甲醇	0.01
25	Dimethoate	乐果	L7 标准品溶液	甲醇	0.01
26	Dimethomorph 1	烯酰吗啉 1	L4 标准品溶液	甲醇	0.01
27	Dimethomorph 2	烯酰吗啉 2	L4 标准品溶液	甲醇	0.01
28	Dinotefuran	呋虫胺	L5 标准品溶液	甲醇	0.01
29	Edifenphos	克瘟散	L2 标准品溶液	甲醇	0.01
30	Esprocarb	戊草丹	L1 标准品溶液	甲醇	0.01
31	Ethiprole	乙虫腈	L4 标准品溶液	甲醇	0.01
32	Ethofenprox	醚菊酯	L5 标准品溶液	甲醇	0.01
33	Ethychlozate	促长抑唑	L5 标准品溶液	甲醇	0.01

序号	标准物质		溶液名称	溶剂	定量限 μg/ml
	英文名	中文名			
34	Etoxazole	乙螨唑	L4 标准品溶液	甲醇	0.01
35	Fenbuconazole	氰苯唑	L4 标准品溶液	甲醇	0.01
36	Fenpropathrin	甲氰菊酯	L5 标准品溶液	甲醇	0.01
37	Fenpyroximate	唑螨酯	L5 标准品溶液	甲醇	0.01
38	Flonicamid	氟啶虫酰胺	L6 标准品溶液	甲醇	0.01
39	Fluazifop–Butyl	吡氟禾草灵	L3 标准品溶液	甲醇	0.01
40	Fluazinam	氟啶胺	L5 标准品溶液	甲醇	0.01
41	Fludioxonil	咯菌腈	L6 标准品溶液	甲醇	0.01
42	Flufenoxuron	氟虫脲	L3 标准品溶液	甲醇	0.01
43	Flutolanil	氟酰胺	L4 标准品溶液	甲醇	0.01
44	Furametpyr	福拉比	L1 标准品溶液	甲醇	0.01
45	Haloxyfop–Methyl	氟吡甲禾灵	L1 标准品溶液	甲醇	0.01
46	Imazosulfuron	唑吡嘧磺隆	L1 标准品溶液	甲醇	0.01
47	Imibenconazole	亚胺唑	L5 标准品溶液	甲醇	0.01
48	Imibenconazole MET	甲基 1 亚胺唑	L5 标准品溶液	甲醇	0.01
49	Indanofan	茚草酮	L1 标准品溶液	甲醇	0.01
50	Indoxacarb	茚虫威	L4 标准品溶液	甲醇	0.01
51	Ioxynil	碘苯腈	L1 标准品溶液	甲醇	0.01
52	Ipconazole	种菌唑	L3 标准品溶液	甲醇	0.01
53	Isocarbofos	水胺硫磷	L3 标准品溶液	甲醇	0.01
54	Isoxathion	异噁唑啉	L2 标准品溶液	甲醇	0.01
55	Ketoconazole	酮康唑	L4 标准品溶液	甲醇	0.01
56	Kresoxim–Methyl	醚菌酯	L4 标准品溶液	甲醇	0.01
57	Linuron	利谷隆	L3 标准品溶液	甲醇	0.01
58	Lufenuron	虱螨脲	L2 标准品溶液	甲醇	0.01
59	MCPA	二甲四氯	L4 标准品溶液	甲醇	0.01
60	Mefenacet	苯噻酰草胺	L1 标准品溶液	甲醇	0.01
61	Metalaxyl	甲霜灵	L5 标准品溶液	甲醇	0.01
62	Methamidophos	甲胺磷	L7 标准品溶液	甲醇	0.01
63	Methidathion	杀扑磷	L7 标准品溶液	甲醇	0.01
64	Methomyl	灭多威	L3 标准品溶液	甲醇	0.01
65	Methoxyfenozide	甲氧虫酰肼	L4 标准品溶液	甲醇	0.01

序号	标准物质		溶液名称	溶剂	定量限 μg/ml
	英文名	中文名			
66	Metolachlor	异丙甲草胺	L2 标准品溶液	甲醇	0.01
67	Monocrotophos	久效磷	L7 标准品溶液	甲醇	0.01
68	Myclobutanil	腈菌唑	L4 标准品溶液	甲醇	0.01
69	Omethoate	氧化乐果	L7 标准品溶液	甲醇	0.01
70	Oxaziclomefone	噁嗪草酮	L3 标准品溶液	甲醇	0.01
71	Pencycuron	戊菌隆	L4 标准品溶液	甲醇	0.01
72	Pentoxazone	戊基噁唑酮	L6 标准品溶液	甲醇	0.01
73	Phoxim	辛硫磷	L3 标准品溶液	甲醇	0.01
74	Piperonyl Butoxide	增效醚	L7 标准品溶液	甲醇	0.01
75	Prochloraz	咪鲜胺	L3 标准品溶液	甲醇	0.01
76	Profenofos	丙溴磷	L1 标准品溶液	甲醇	0.01
77	Propanil	敌稗	L1 标准品溶液	甲醇	0.01
78	Propiconazole	丙环唑	L1 标准品溶液	甲醇	0.01
79	Pyraclostrobin	吡唑醚菌酯	L3 标准品溶液	甲醇	0.01
80	Pyridaben	哒螨灵	L4 标准品溶液	甲醇	0.01
81	Pyrimidifen	嘧螨醚	L2 标准品溶液	甲醇	0.01
82	Pyriminobac-Methyl E	肟啶草 E	L1 标准品溶液	甲醇	0.01
83	Pyriminobac-Methyl Z	肟啶草 Z	L1 标准品溶液	甲醇	0.01
84	Pyroquilone	咯喹酮	L2 标准品溶液	甲醇	0.01
85	Simeconazole	硅氟唑	L2 标准品溶液	甲醇	0.01
86	Tebuconazole	戊唑醇	L3 标准品溶液	甲醇	0.01
87	Tebufenozide	虫酰肼	L3 标准品溶液	甲醇	0.01
88	Thiacloprid	噻虫啉	L5 标准品溶液	甲醇	0.01
89	Thiamethoxam	噻虫嗪	L5 标准品溶液	甲醇	0.01
90	Thifensulfuron-Methyl	噻吩磺隆	L1 标准品溶液	甲醇	0.01
91	Thiobencarb	禾草丹	L2 标准品溶液	甲醇	0.01
92	Thiodicarb	硫双威	L3 标准品溶液	甲醇	0.01
93	Thiophanate	硫菌灵	L4 标准品溶液	甲醇	0.01
94	Tolfenpyrad	唑虫酰胺	L6 标准品溶液	甲醇	0.01
95	Triazophos	三唑磷	L1 标准品溶液	甲醇	0.01
96	Triflumizole	氟菌唑	L4 标准品溶液	甲醇	0.01
97	Triflumizole MET	甲基氟菌唑	L4 标准品溶液	甲醇	0.01

A.4 仪器参数

A.4.1 GC-MS/MS 色谱条件

见表 A.3。

表 A.3　GC-MS/MS 参数

仪器	气相色谱 - 串联质谱
色谱柱	石英毛细管柱，30m×0.25mm×0.25μm
进样体积	2μl
进样方式	不分流
进样口温度	250℃
载气	氦气（He）
升温程序	初始温度 80℃，保持 2 分钟
	每分钟上升 20℃，升温到 200℃，保持 0 分钟
	每分钟上升 10℃，升温到 300℃，保持 27 分钟
检测器	三重四级杆

A.4.2 LC-MS/MS 色谱条件

A.4.2.1 高效液相色谱参数

见表 A.4。

表 A.4　高效液相色谱参数

分析色谱柱	C18 柱，2.1mm×100mm×1.8μm			
保护柱	C18 柱，2.1mm×5mm×1.8μm			
柱温	40℃			
进样量	2μl			
流动相及 洗脱梯度	时间（分钟）	流速（ml/min）	0.5% 醋酸铵水溶液 （体积分数）（%）	0.5% 醋酸铵甲醇溶液 （体积分数）（%）
	0.0	0.2	95	5
	5	0.2	40	60
	20	0.2	30	70
	25	0.2	10	90
	27	0.2	5	95
	37	0.2	5	95
	38	0.2	95	5

A.4.2.2 质谱参数

见表 A.5。

表 A.5 质谱参数

仪器	三重四极杆液质联用仪
电离方式	正离子扫描模式，负离子扫描模式，多反应离子监测
干燥气温度	350℃
干燥气流速	10ml/min
雾化气压力	344.75kPa（50psi）
毛细管电压	2500V
电子倍增管外加电压	200V

A.5 样品检测

A.5.1 定性分析

符合如下两条，则初步判定样品中存在该被测物：

a）样品中所选择两对离子对（母离子大于子离子）在同一保留时间都存在；

b）样品中分析物的定性离子的相对丰度与浓度相当的标准溶液中的定性离子的相对丰度的偏差不超过 ±40%。

A.5.2 定量分析

经定性分析确认为阳性的农药，再通过外标法进行定量分析。

计算公式见式（A.1）：

$$C = \frac{A \times V \times DF}{1000 \times m} \qquad (A.1)$$

式中：C——样品中所测农药的残留量，单位为毫克每千克（mg/kg）；A——样品中所测组分根据标准曲线计算出的浓度，单位为毫克每升（μg/L）；V——定容体积，单位为毫升（ml）；DF——稀释倍数；m——样品称样量，单位为克（g）。

附录二　生物有机肥

（NY 884—2012）

中国人民共和国农业行业标准

1 范围

本标准规定了生物有机肥的要求、检验方法、检验规则、包装、标识、运输和贮存。本标准适用于生物有机肥。

2 规范性引用文件

下列文件对于本文件的应用是必不可少的。凡是注日期的引用文件，仅注日期的版本适用于本文件。凡是不注日期的引用文件，其最新版本（包括所有的修改单）适用于本文件。

GB/T 8170—2008　数值修约规则与极限数值的表示和判定

GB/T 19524.1—2004　肥料中粪大肠菌群的测定

GB/T 19524.2—2004　肥料中蛔虫卵死亡率的测定

NY/T 1978—2010　肥料　汞、砷、镉、铅、铬含量的测定

NY 525—2012　有机肥料

NY/T 798—2004　复合微生物肥料

NY 1109—2006　微生物肥料生物安全通用技术准则

HG/T 2843—1997　化肥产品化学分析常用标准滴定溶液、试剂溶液和指示剂溶液

3 术语和定义

生物有机肥（Microbial Organic Fertilizers）指特定功能微生物与主要以动植物残体（如畜禽粪便、农作物秸秆等）为来源并经无害化处理、腐熟的有机物料复合而成的一类兼具微生物肥料和有机肥效应的肥料。

4 要求

4.1 菌种

使用的微生物菌种应安全、有效，有明确来源和种名。菌株安全性应符合 NY 1109—2006 的规定。

4.2 外观（感官）

粉剂产品应松散、无恶臭味；颗粒产品应无明显机械杂质、大小均匀、无腐败味。

4.3 技术指标

生物有机肥产品的各项技术指标应符合表 1 的要求，产品剂型包括粉剂和颗粒两种。

表1　生物有机肥产品技术指标要求

项目	技术指标
有效活菌数（CFU）（亿/g）	≥ 0.20
有机质（以干基计）（%）	≥ 40.0
水分（%）	≤ 30.0
pH 值	5.5~8.5
粪大肠菌群数（个/g）	≤ 100
蛔虫卵死亡率（%）	≥ 95
有效期（月）	≥ 6

4.4 生物有机肥产品中5种重金属限量指标应符合表2的要求。

表2　生物有机肥产品5种重金属限量技术要求

项目	限量指标（mg/kg）
总砷（As）（以干基计）	≤ 15
总镉（Cd）（以干基计）	≤ 3
总铅（Pb）（以干基计）	≤ 50
总铬（Cr）（以干基计）	≤ 150
总汞（Hg）（以干基计）	≤ 2

5 抽样方法

对每批产品进行抽样检验，抽样过程应避免杂菌污染。

5.1 抽样工具

抽样前预先备好无菌塑料袋（瓶）、金属勺、剪刀、抽样器、封样袋、封条等工具。

5.2 抽样方法和数量

在产品库中抽样，采用随机法抽取。

抽样以袋为单位，随机抽取5~10袋。在无菌条件下，从每袋中取样300~500g，然后将所有样品混匀，按四分法分装3份，每份不少于500g。

6 试验方法

本标准所用试剂、水和溶液的配制，在未注明规格和配制方法时，均应按HG/T 2843—1997的规定。

6.1 外观

用目测法测定：取少量样品放在白色搪瓷盘（或白色塑料调色板）中，仔细观察样品的颜色、形状和质地，辨别气味，应符合 4.2 的规定。

6.2 有效活菌数测定

应符合 NY/T 798—2004 中 5.3.2 的规定。

6.3 有机质的测定

应符合 NY 525—2012 中 5.2 的规定。

6.4 水分测定

应符合 NY/T 798—2004 中 5.3.5 的规定。

6.5 pH 值测定

应符合 NY/T 798—2004 中 5.3.7 的规定。

6.6 粪大肠菌群数的测定

应符合 GB/T 19524.1 —2004 的规定。

6.7 蛔虫卵死亡率的测定

应符合 GB/T 19524.2 —2004 的规定。

6.8 As、Cd、Pb、Cr、Hg 的测定

应符合 NY/T 1978–2010 中的规定。

7 检验规则

7.1 检验分类

7.1.1 出厂检验（交收检验）

产品出厂时，应由生产厂的质量检验部门按表 1 进行检验，检验合格并签发质量合格证的产品方可出厂。出厂检验时不检有效期。

7.1.2 型式检验（例行检验）

一般情况下，一个季度进行一次。有下列情况之一者，应进行型式检验。

a）新产品鉴定；

b）产品的工艺、材料等有较大更改与变化；

c）出厂检验结果与上次型式检验有较大差异时；

d）国家质量监督机构进行抽查。

7.2 判定规则

本标准中质量指标合格判断，采用 GB/T 8170—2008 的规定。

7.2.1 具下列任何一条款者，均为合格产品

a）产品全部技术指标都符合标准要求；

b）在产品的外观、pH 值、水分检测项目中，有 1 项不符合标准要求，而产品其他各项指标符合标准要求。

7.2.2 具下列任何一条款者，均为不合格产品

a）产品中有效活菌数不符合标准要求；

b）有机质含量不符合标准要求；

c）粪大肠菌群数不符合标准要求；

d）蛔虫卵死亡率不符合标准要求；

e）As、Cd、Pb、Cr、Hg中任一含量不符合标准要求；

f）产品的外观、pH值、水分检测项目中，有2项以上不符合标准要求。

8 包装、标识、运输和贮存

生物有机肥的包装、标识、运输和贮存应符合 NY/T 798 —2004 中第 7 章的规定。

附录三 复合微生物肥料

（NY/T 798—2004）
中国人民共和国农业行业标准

1 范围

本标准规定了复合微生物肥料的定义、要求、试验方法、检验规则、标志、包装运输及贮存。

本标准适用于复合微生物肥料。

2 规范性引用文件

下列文件中的条款通过本标准的引用而成为本标准的条款。凡是注日期的引用文件，其随后所有的修改单（不包括勘误的内容）或修订版均不适用于本标准，然而，鼓励根据本标准达成协议的各方研究是否可使用这些文件的最新版本。凡是不注日期的引用文件，其最新版本适用于本标准。

GB 8170　数值修约规则

GB 18877—2002　有机 – 无机复混肥料

GB/T 1250　极限数值的表示方法和判定方法

GB/T 19524.1—2004　肥料中粪大肠菌群的测定

GB/T 19524.2—2004　肥料中蛔虫卵死亡率的测定

NY 525—2002　有机肥料

3 术语和定义

复合微生物肥料是指特定微生物与营养物质复合而成，能提供、保持或改善植物营养，提高农产品产量或改善农产品品质的活体微生物制品。

4 要求

4.1 菌种

使用的微生物应安全、有效。生产者须提供菌种的分类鉴定报告，包括属及种的学名、形态、生理生化特性及鉴定依据等完整资料，以及菌种安全性评价资料。采用生物工程菌，应具有获准允许大面积释放的生物安全性有关批文。

4.2 成品技术指标

4.2.1 外观（感官）

产品按剂型分为液体、粉剂和颗粒型。粉剂产品应松散；颗粒产品应无明显机械杂质、大小均匀，具有吸水性。

4.2.2 复合微生物肥料产品技术指标见表1。

表 1   复合微生物肥料产品技术指标

项目	剂型		
	液体	粉剂	颗粒
有效活菌数（CFU）[a]，亿/g（ml）	≥ 0.50	≥ 0.20	≥ 0.20
总养分（$N+P_2O_5+K_2O$），%	≥ 4.0	≥ 6.0	≥ 6.0
杂菌率，%	≤ 15.0	≤ 30.0	≤ 30.0
水分，%	—	≤ 35.0	≤ 20.0
pH	3.0~8.0	5.0~8.0	5.0~8.0
细度，%	—	≥ 80.0	≥ 80.0
有效期[b]，月	≥ 3	≥ 6	≥ 6

注：[a] 含两种以上微生物的复合微生物肥料，每一种有效菌的数量不得少于 0.01 亿 /g（ml）；
[b] 此项仅在监督部门或仲裁双方认为有必要时才检测。

4.2.3 复合微生物肥料产品中无害化指标见表 2。

表 2   复合微生物肥料产品无害化指标

参数	标准极限
粪大肠菌群数，个/g（ml）	≤ 100
蛔虫卵死亡率，%	≥ 95
砷及其化合物（以 As 计），mg/kg	≤ 75
镉及其化合物（以 Cd 计），mg/kg	≤ 10
铅及其化合物（以 Pb 计），mg/kg	≤ 100
铬及其化合物（以 Cr 计），mg/kg	≤ 150
汞及其化合物（以 Hg 计），mg/kg	≤ 5

5 试验方法

5.1 仪器设备

5.1.1 生物显微镜；

5.1.2 恒温培养箱；

5.1.3 恒温干燥箱；

5.1.4 超净工作台或洁净室；

5.1.5 电子天平（或精密天平，下同）；

5.1.6 摇床；

5.1.7 蒸汽灭菌锅；

5.1.8 试验筛；

5.1.9 酸度计。

5.2 试剂

方法中所用的试剂，在未注明其他规格时，均指分析纯（A.R.）。

5.2.1 无离子水、无菌水（或生理盐水，下同）、蒸馏水。

5.2.2 检测用培养基：根据所测微生物的种类选用适宜的培养基。

5.3 产品参数的检测

5.3.1 外观（感官）的测定

取少量样品放到白色搪瓷盘（或白色塑料调色板）中，仔细观察样品的颜色、形状、质地。

5.3.2 有效活菌数的测定

5.3.2.1 系列稀释

称取固体样品10g（精确到0.01g），加入带玻璃珠的100ml的无菌水中（液体样品用无菌吸管取10.0ml加入90ml的无菌水中），静置20分钟，在旋转式摇床上200r/min充分振荡30分钟，即成母液菌悬液（基础液）。用5ml无菌移液管分别吸取5.0ml上述母液菌悬液加入45ml无菌水中，按$1:10$进行系列稀释，分别得到$1:1 \times 10^{1}$，$1:1 \times 10^{2}$，$1:1 \times 10^{3}$，$1:1 \times 10^{4}$……稀释的菌悬液（每个稀释度应更换无菌移液管）。

5.3.2.2 加样及培养

每个样品取3个连续适宜的稀释度，用0.5ml无菌移液管分别吸取不同稀释度菌悬液0.1ml，加至预先制备好的固体培养基平板上，分别用无菌玻璃刮刀将不同稀释度的菌悬液均匀地涂于琼脂表面。每一稀释度重复3次，同时以无菌水作空白对照，于适宜的条件下培养。

5.3.2.3 菌落识别

根据所检测菌种的技术资料，每个稀释度取不同类型的代表菌落通过涂片、染色、镜检等技术手段确认有效菌。当空白对照培养皿出现菌落数时，检测结果无效，应重做。

5.3.2.4 菌落计数

以出现20~300个菌落数的稀释度的平板为计数标准（丝状真菌为10~150个菌落数），分别统计有效活菌数目和杂菌数目。当只有一个稀释度，其有效菌平均菌落数在20~300个之间时，则以该菌落数计算。若有两个稀释度，其有效菌平均菌落数均在20~300个之间时，应按两者菌落总数之比值（稀释度大的菌落总数 ×10与稀释度小的菌落总数之比）决定，若其比值小于等于2应计算两者的平均数；若大于2则以稀释度小的菌落平均数计算。有效活菌数按式（1）计算，同时计算杂菌数。

$$n_m = \frac{\bar{x} \cdot k \cdot v_1}{m_0 \cdot v_2} \times 10^{-8} \quad \text{或} \quad n_v = \frac{\bar{x} \cdot k \cdot v_1}{v_0 \cdot v_2} \times 10^{-8} \qquad （1）$$

式中：n_m——质量有效活菌数，单位为亿/g；n_v——体积有效活菌数，单位为亿/ml；$\bar{x}$——有效菌落平均数，单位为个；k——稀释倍数；v_1——基础液体积，单位为ml；

v_2——菌悬液加入量，单位为 ml；v_0——样品量，单位为 ml；m_0——样品量，单位为 g。

5.3.3 霉菌杂菌数的测定

采用马丁培养基，测定方法同 5.3.2。

5.3.4 杂菌率的计算

除样品有效菌外，其他的菌均为杂菌（包括霉菌杂菌）。样品中杂菌率按式（2）计算。

$$m = \frac{n_1}{(n_1+n)} \times 100 \qquad （2）$$

式中：m——样品杂菌率，单位为 %；n_1——杂菌数，单位为亿/g（ml）；n——有效活菌数，单位为亿/g（ml）。

5.3.5 水分的测定

将空铝盒置于干燥箱中 $105 \pm 2℃$ 烘干 0.5 小时，冷却后称量记录空铝盒的质量。然后称取 2 份平行样品，每份 20g（精确到 0.01g），分别加入铝盒中并记录质量。将装好样品的铝盒置于干燥箱中 $105 \pm 2℃$ 下烘干 4~6 小时。取出置于干燥器中冷却 20 分钟后进行称量。水分含量按式（3）计算（结果为两次测定的平均值）。

$$w = \frac{(m_1-m_2)}{(m_1-m_0)} \times 100 \qquad （3）$$

式中：w——样品水分含量，单位为 %；m_0——空铝盒的质量，单位为 g；m_1——样品和铝盒的质量，单位为 g；m_2——烘干后样品和铝盒的质量，单位为 g。

5.3.6 细度的测定

5.3.6.1 粉剂样品

称取样品 50g（精确到 0.1g），放入 300ml 烧杯中，加 200ml 水浸泡 10~30 分钟后倒入孔径 2.0mm 的试验筛中，然后用水冲洗，并用刷子轻轻地刷筛面上的样品，直至筛下流出清水为止。将试验筛连同筛上样品放入干燥箱中，在 $105 \pm 2℃$ 烘干 4~6 小时。冷却后称量筛上样品质量。样品细度按式（4）计算。

$$s = \left[1 - \frac{m_1}{m_0 \times (1-w)} \right] \times 100 \qquad （4）$$

式中：s——筛下样品质量分数，单位为 %；m_0——样品质量，单位为 g；w——样品含水量，单位为 %；m_1——筛上干样品质量，单位为 g。

5.3.6.2 颗粒样品

称取样品 50g（精确到 0.1g），将两个不同孔径的试验筛（1.0mm 和 4.75mm）摞在一起放在底盘上（大孔径试验筛放在上面）。样品倒入大孔径试验筛内，筛样品。然后称小孔径试验筛上的样品质量，颗粒细度按式（5）计算。

$$g = \frac{m_1}{m_0} \times 100 \qquad （5）$$

式中：g——样品质量分数，单位为 %；m_1——小孔径试验筛上样品质量，单位为 g；m_0——样品质量，单位为 g。

5.3.7 pH 值的测定

打开酸度计电源预热 30 分钟，用标准溶液校准。pH 值的测定，每个样品重复 3 次，计算 3 次的平均值。

5.3.7.1 液体样品

用量筒取 40ml 样品放入 50ml 的烧杯中，直接用酸度计测定，仪器读数稳定后记录。

5.3.7.2 粉剂样品

称取样品 15g，放入 50ml 烧杯中，按 1∶2（样品∶无离子水）的比例将无离子水加到烧杯中（如果样品含水量低，可根据基质类型按 1∶3~5 的比例加无离子水），搅拌均匀。然后静置 30 分钟，测样品悬液的 pH 值，仪器读数稳定后记录。

5.3.7.3 颗粒样品

样品先研碎过 1.0mm 试验筛，按照 5.3.7.2 的方法测定。

5.4 N+P₂O₅+K₂O 含量的测定

应符合 NY 525—2002 中 5.3~5.5 的规定。

5.5 粪大肠菌群数的测定

应符合 GB/T 19524.1—2004 中的规定。

5.6 蛔虫卵死亡率的测定

应符合 GB/T 19524.2—2004 中的规定。

5.7 As、Cd、Pb、Cr、Hg 的测定

应符合 GB 18877—2002 中 5.12~5.17 的规定。

6 检验规则

本标准中产品技术指标的数字修约应符合 GB 8170 的规定；产品质量指标合格判定应符合 GB/T 1250 中修约值比较法的规定。

6.1 抽样

按每一发酵罐菌液（或每批固体发酵）加工成的产品为一批，进行抽样检验，抽样过程严格避免杂菌污染。

6.1.1 抽样工具

无菌塑料袋（瓶），金属勺、抽样器、量筒、牛皮纸袋、胶水、抽样封条及抽样单等。

6.1.2 抽样方法和数量

一般在成品库中抽样，采用随机法抽取。随机抽取 5~10 袋（桶），在无菌条件下，每袋（桶）取样 500g（ml），然后将抽取样品混匀，按四分法分装 3 袋（瓶），每袋（瓶）不少于 500g（ml）。

6.2 判定规则

6.2.1 具下列任何一条款者，均为合格产品。

a. 检验结果各项技术指标均符合标准要求的产品；

b. 在 pH 值、水分、细度、外观等检测项目中，有一项不符合技术指标，而其他各

项符合指标要求的产品。

6.2.2 具下列任何一条款者，均为不合格产品。

a. 有效活菌数不符合技术指标；

b. 杂菌率不符合技术指标；

c. 在 pH 值、水分、细度、外观等检测项目中，有二项以上（含）不符合技术指标；

d. 有效养分含量不符合技术指标；

e. 粪大肠菌群值不符合技术指标；

f. 蛔虫卵死亡率不符合技术指标；

g. As、Cd、Pb、Cr、Hg 中任一含量不符合技术指标。

7 包装、标识、运输和贮存

7.1 包装

根据不同产品剂型选择适当的包装材料、容器、形式和方法，以满足产品包装的基本要求。产品包装中应有产品合格证和使用说明书，在使用说明书中标明使用范围、方法、用量及注意事项等内容。

7.2 标识

标识所标注的内容，应符合国家法律、法规的规定。

7.2.1 产品名称及商标

应标明国家标准、行业标准已规定的产品通用名称、商品名称或者有特殊用途的产品名称，可在产品通用名下以小一号字体予以标注。国家标准、行业标准对产品通用名称没有规定的，应使用不会引起用户、消费者误解和混淆的商品名称。企业可以标注经注册登记的商标。

7.2.2 产品规格

应标明产品在每一个包装物中的净重，并使用国家法定计量单位。标注净重的误差范围不得超过其明示量的 ±5%。

7.2.3 产品执行标准

应标明产品所执行的标准编号。

7.2.4 产品登记证号

应标明有效的产品登记证号。

7.2.5 生产者名称，地址。

应标明经依法登记注册并能承担产品质量责任的生产者名称、地址、邮政编码和联系电话。进口产品可以不标生产者的名称、地址，但应当标明该产品的原产地（国家/地区），以及代理商、进口商或销售商在中国依法登记注册的名称和地址。

7.2.6 生产日期或生产批号

应在生产合格证或产品包装上标明产品的生产日期或生产批号。

7.2.7 保质期

用"保质期＿＿＿个月（或年）"表示。

7.3 运输

运输过程中有遮盖物，防止雨淋、日晒及高温。气温低于0℃时采取适当措施，以保证产品质量。轻装轻卸，避免包装破损。严禁与对微生物肥料有毒、有害的其他物品混装、混运。

7.4 贮存

产品应贮存在阴凉、干燥、通风的库房内，不得露天堆放，以防日晒雨淋，避免不良条件的影响。

附录四　无公害中药材生产技术规程

无公害中药材即产地环境、生产过程和产品质量符合国家有关标准和规范要求，药材中有害物质（如农药残留、重金属等）的含量控制在相关规定允许范围内的安全、优质中药材。种植产地环境应符合国家空气、土壤、灌溉水质量标准的相关规定、生产过程符合无公害中药材生产技术规范、产品质量达到无公害中药材质量标准。我国中药材生产过程中农药残留普遍，化肥偏施及滥施，甚至使用植物生长调节剂，导致药材品质下降，土地生产力也逐渐下降。中药材无序生产及不规范使用农药导致农残超标，严重影响中药疗效及安全。无公害中药材生产，建立标准化及规范化的生产体系，是中药材生产发展和促进中药产业健康发展的必然方向。

针对中药材无序生产，农残、重金属超标等问题，建立了中药材无公害精细栽培技术体系，该体系包括药用植物精准选址、新品种选育、土壤复合改良、及以合理施肥和病虫害综合防治为主的田间管理，该体系应用减少化学农药用量，有助于生态环境和谐，保障中药材安全，助力其产业升级。其中，无公害中药材生产技术规程是精细栽培体系的具体操作规范，该技术规程是以生产无公害中药材为目的，即采用合理的生产技术措施，对影响药材安全质量的生产环节：种植生产场地生态环境、土壤环境、灌溉水、人工投入品肥料、农药、产品的运输及加工过程等进行质量控制的中药材生产过程。

1 无公害中药材产地环境

无公害中药材产地环境的区域生态因子（年生长均温、最冷季均温、最热季均温、年均相对湿度、年均降水量等）、空气环境质量、土壤环境质量、灌溉水的水质应达到相应规定（图1）。

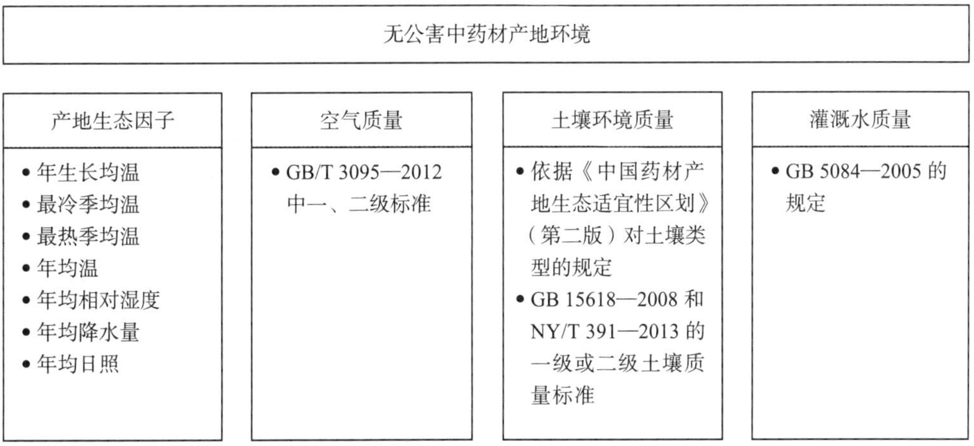

图 1　无公害中药材产地环境

1.1 无公害中药材生产产地生态环境

无公害中药材生产要根据每种中药材生物学的特性，依据《中国药材产地生态适宜性区划》（第二版）进行产地的选择。产地区域生态因子值范围包括：年生长均温、最冷季均温、最热季均温、年均温、年均相对湿度、年均降水量、年均日照。无公害中药材生产选择在生态环境条件良好的地区，产地区域和灌溉上游无或不直接受工业"三废"、城镇生活、医疗废弃物等污染，避开公路主干线、土壤重金属含量高的地区，不能选择冶炼工业（工厂）下风向 3km 内。空气环境质量应符合 GB/T 3095—2012 中一、二级标准值要求。

1.2 无公害中药材生产的土壤环境质量

无公害中药材种植土壤环境的选择，针对具体中药材类型依据《中国药材产地生态适宜性区划》（第二版）对土壤类型的规定进行选址，种植地土壤必须符合 GB 15618—2008 和 NY/T 391—2013 的一级或二级土壤质量标准要求。

1.3 灌溉水的水质管理

无公害中药材种植生产，需要进行田间灌溉时，应根据不同中药材类型需水规律及土壤墒情进行合理灌溉，灌溉水的水源质量必须符合 GB 5084—2005 的规定要求。水中总汞、总镉、总砷、六价铬、总铅、氟化物、氰化物、全盐量、总铜含量的限量、粪大肠埃希菌群数含量限量参照标准规定。

2 无公害中药材合理施肥

合理施肥是无公害中药材生产技术规程的重要环节。无公害中药材生产过程中遵循肥料使用原则及要求，依据药用植物的需肥规律结合土壤供肥能力及肥料利用率等，选择合理施肥类型、方法及时期，既满足药用植物生长需求，同时避免环境污染（图 2）。

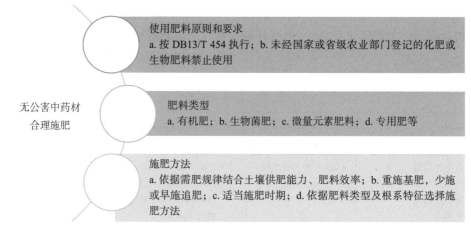

图 2　无公害中药材合理施肥

2.1 无公害中药材施肥原则

在无公害中药材生产过程中遵循以下几个原则：a. 有机肥为主，辅以其他肥料使用的原则；b. 以多元复合肥为主，单元素肥料为辅的原则；c. 大、中微量元素配合使用，平衡施肥原则；d.养分最大效率原则；e.未经国家或省级农业部门登记的化肥或生物肥料禁止使用；f.看土质、中药材种类及肥料性质施肥原则。使用肥料的原则和要求、允许使用和禁止使用肥料的种类等按DB13/T 454执行。

2.2 无公害中药材肥料类型

允许使用的肥料类型和种类主要包括：有机肥、生物菌肥、微生物菌肥、微量元素肥料。有机肥包括堆肥、厩肥、沼肥、绿肥、作物秸秆、泥肥、饼肥等，应经过高温腐熟处理，杀死其中病原菌、虫、卵等，防止病原菌传播及扩繁，污染药材危害人体健康。有机肥中控制指标必须符合DB13/T 454中的要求。有机肥不但能补充中药材生长所需要的微量元素、增加土壤有机质和改良土壤外，在持续增加中药材产量和改善其品质方面更具有特殊作用。生物菌肥包括腐殖酸类肥料、根瘤菌肥料、磷细菌肥料、复合微生物肥料等。微生物菌肥具备无毒、无害的特点，可通过减少病原菌数量来控制病害发生与发展、活化土壤进而增加肥效、促进植物抗逆性，还能提高中药材的产量及品质。微量元素肥料即以铜、铁、硼、锌、锰、钼等微量元素及有益元素为主配制的肥料，可满足药用植物对必须元素的需求，保障其生长发育及产量。针对性施用微肥，提倡施用专用肥、生物肥和复合肥。

2.3 无公害中药材施肥方法

无公害中药材的合理施肥技术依据药用植物整个生育期的需肥规律，结合土壤供肥能力和肥料效率等信息数据，在以有机肥为基础的条件下，按照药用植物大量元素和微量元素的配比方案进行施肥。针对根系浅的中药材和不易挥发的肥料宜适当浅施；根系深和易挥发的肥料宜适当深施。化肥深施，既可减少肥料与空气接触，防止氮素的挥发，又可减少氨离子被氧化成硝酸根离子，降低对中药材的污染。此外，应掌握适当的施肥时间，在中药材采收前不能施用各种肥料，防止化肥和微生物污染，同时重施基肥，少施、早施追肥。合理施肥技术及时期可实现各种养分平衡供应，满足药用植物生长需要，通过提高肥料利用率进而减少肥料的用量，保障中药材无公害种植。

3 无公害中药材优良种子及种苗生产

3.1 品种培育

针对中药材生产情况，选择适宜当地抗病、优质、高产、商品性好的品种，尤其是对病虫害有较强抵抗能力的品种。病虫害一方面造成产量和品质的降低；另一方面使用化学农药来防治病虫害，不仅增加成本且污染环境，还会通过食物链使产品中残留的农药进入人体而产生毒害，危及到人体健康。选育优质高产抗病虫的新品种是无公害中药材生产的一个首要措施。

传统选育是药用植物主要的选育手段之一，该选育方法利用外在表型结合经济性状通过多代纯化筛选，实现增产或高抗的目的。药用植物种类繁多，育种起步晚，有很多多年生的类型，传统选育周期长，效率低。采用现代生物分子技术中选育优质高产抗病虫的中药材新品种，可以有效的缩短选育时间，加快选育的效率，进而保障无公害中药材生产。利用现代组学技术，通过药用植物转录组、基因组测序，可获取大量的SSR、

SNPs 等标记，筛选与高产、优质、抗逆等表型相联的 DNA 片段作为标记，进而辅助新品种的选育。通过目的连锁基因数据挖掘与药用植物表型相结合进行品种选育的方法，获得"苗乡抗七 1 号""中研油苏 1 号"等新品种或良种证书，病虫害发生率的降低可高达 62.9%。抗根腐病、锈腐病等病害的抗病新品种，有效减少农药的使用，促进中药材产业可持续发展。此外利用基因组测序技术对群体进行高通量测序，通过关联分析等途径定位到控制某个或某些性状的关键基因，对后代基因型进行筛选，可加快选育新的品种。通过基因组序列信息构建高密度遗传图谱和物理图谱，通过分子标记与优良性状之间的连锁研究，在 QTL 及染色体范围内研究自然群体基因渐渗。有文献报道，依据青蒿的农艺表型，通过构建遗传图谱识别影响青蒿产量的位点，确定了协同 LG1 和 LG9 上的位点影响青蒿产率，这些候选基因可作为分子标记育种的分子基础，辅助青蒿新品种的选育。

3.2 优良种苗的培育

选取健康及优质的种子或种苗：针对无性繁殖的中药材，选取无病原体、健康的繁殖体作为材料进行处理。针对种子繁殖的中药材，从无病株留种、调种，剔除病籽、虫籽、瘪籽，种子质量应符合相应中药材种子二级以上指标要求。

采用包衣、消毒的处理措施降低发病率，种子可通过包衣、消毒、催芽等措施进行处理，用于后续种植。消毒方法主要包括温汤浸种、干热消毒、杀菌剂拌种、菌液浸种等。温汤浸种是一种物理消毒的方法，水的温度和浸泡时间因药用植物品种而定，一边要不停搅拌，等到水凉停止搅拌，转入常规浸种催芽。干热消毒是把种子放到恒温箱里消毒一段时间，这种方法几乎可以杀死所有病菌，使病毒失活，消毒时间及温度依据种子类型而定。杀菌剂拌种多采用高锰酸钾、多菌灵等进行种子消毒，消毒时间及剂量根据药用植物种子类型确定。菌液浸种，多采用生防菌剂的溶液进行种子处理，起到杀菌壮苗的效果。

针对有育苗需要的中药材，应提高育苗水平，培育壮苗，可通过营养土块、营养基、营养钵或穴盘等方式进行育苗。在育苗阶段，对床土进行消毒防止土壤传播病害。育苗前可利用高温覆膜的物理方法，采用喷洒波尔多液进行化学消毒，或将生防菌剂或促生菌剂通过喷洒或拌土进行苗床的消毒处理。配好的床土应具有以下特性：一是要疏松、通气、保水、透水、保温，具有良好的物理性状；二是要营养成分均衡，富含可供态养分且不过剩，酸碱度适宜，具有良好的化学性状；三是生态性良好，无病菌、虫卵及杂草种子。

通过促根、炼苗等技术，加强苗期管理，促使苗壮，防止徒长，增强对低温、弱光适应性，提高抗逆能力。对于需要间苗、匀苗的中药材，其原则为去小留大，去歪留正，去杂留纯，去劣留优，去弱留强。育苗期内要控制好温度、湿度，精心管理，使秧苗达到壮苗标准。定植前再对秧苗进行严格的筛选，可以极大减轻或推迟病害发生。

4 无公害中药材病虫害综合防治

无公害中药材病虫害防治按照"预防为主，综合防治"的原则，以改善生态环境，加强栽培管理为基础，优先选用农业措施、生物防治和物理防治的方法，最大限度地减少化学农药的用量，减少污染和残留。生产过程遵循有害生物防控物质的选用原则、农药使用规范要求，建立以农业措施、物理防治、安全低毒化学防治、生物防治相结合的综合防治体系（图3）。发展无公害中药材生产，本着经济、安全、有效、简便的原则，优化协调运用农业、生物、化学和物理的配套措施，达到高产、优质、低耗、无害的目的。相应准则参照《绿色食品农药使用准则》（NY/T 393—2013）、《农药贮运、销售和使用的防毒规程》（GB 12475—2006）、《农药登记管理术语》（NY/T 1667.1~1667.8—2008）。

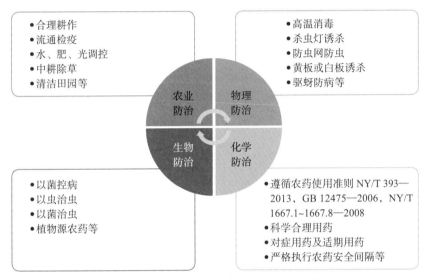

图3　无公害中药材病虫害综合防治体系

4.1 病虫害农业综合防治措施

综合农艺措施包含选用合理耕作措施、种子及种苗流通途径的检验及检疫、田间管理（依据药用植物的类型进行水、肥、光调控，中耕除草松土，清洁田园等）等措施。因地制宜地选用抗病品种，实行轮作、间作、套作、翻耕等耕作措施。轮种作物应选择不同类型、非同科同属的作物，避免有相同的病虫害。翻耕可促使病株残体在地下腐烂，同时也可把地下病菌、害虫翻到地表，结合晒垄进行土壤消毒。深翻还可使土层疏松，有利于根系发育。适时播种、避开病虫危害高峰期，从而减少病虫害。

加强种子及种苗流通环节检验及检疫，避免病虫害长距离传播及扩散，目的在于防止植物病原体、害虫等有害生物传入或传出一个地区，保障一个地区农林生产的安全。对进出口（或过境）以及在国内运输的种子及种苗进行检疫，发现携带病原的种子及种苗禁止进行流通。病虫害可通过病土、人为操作等近距离的传播，药用植物栽培管理中应防止交叉感染是降低病虫害的有效措施之一，对农具及交通工具进行消毒处理，防治病原的传播；清洁田园应及时拔除、严格淘汰病株，摘除病叶、病果并移田间销毁，避免病害以残叶、废弃物作为寄主进行繁殖传播病原。

水、肥、光协调促控等栽培技术或措施促进中药材健壮生长，最大限度减少中药材病虫害的发生与蔓延，减少农药用量。水分排放或供应不及时则会导致中药材病害、死亡等问题，排灌环节需要处理的问题包括：灌溉水的质量要满足标准要求；所选用的排灌方法要保证良好的水分利用率、田间湿度等，并且控制好灌溉的数量；灌水的时间应根据种植区域的具体情况而定，如水分临界期、最大需水期等。腐熟有机肥可改善土壤结构，避免沤根，增强根际有益微生物的活动，减少病害发生。所用的肥料必须要达到中药材生长的实际需要，保证足够数量的有机物质返回土壤，控制好每次施肥的比例大小，从而维持良好的生长质量。光对中药材生长发育起到重要作用，根据中药材具体类型采取遮荫或补光等调控措施，使其光合作用达到最佳利用状态，进而有利于达到优质、高产、高效的栽培目标。种植密度的规划是为了让中药材有足够的生长空间，同时生长期间有足够的营养吸收，确保农作物稳定健康地生长，应合理配置株行距，优化群体结构。一般情况下，需要参照中药材的种类、品种、株型、最适叶面积系数、种植季节、水肥状况等因素，对种植密度、种植规格等详细分析，然后构建一个由苗期到成熟期的合理群体结构，让中药材植株之间能够维持良好的透光状态，特别是植株下部的光照条件，提高植株抗性，消除发病的局部小气候条件，为植物营造更加优越的生长环境，有效抵制种植病害的发生。中药材生长期间要采取中耕、松土、除草等措施，可以有效防止田间病、虫、草害，消灭病、虫寄主，有助于降低虫害的发生率。

4.2 病虫害物理防治

根据病害对物理因素的反应规律，对病虫害进行防治，安全环保：例如通过覆膜方式利用太阳能提高土层温度，进而抑制病害。使用黑光灯、高压汞灯、双波灯、频震式杀虫灯等诱杀害虫，使用防虫网防虫等。利用趋避性亦可进行病害防治：如使用黄板或白板诱杀害虫，铺挂银灰膜驱蚜防病，糖醋液诱集夜蛾科害虫等。

4.3 病虫害生物防治

利用生物天敌、杀虫微生物、农用抗生素及其他生防制剂（表1）等方法对中药材病虫害进行生物防治，可以减少化学农药的污染和残毒。

生物防治方法主要包括：a. 以菌控病（包括抗生素）：以中药材抗病诱导剂、多抗霉素、农用链霉素及新植霉素等抗生素防治中药材病害。如可用1.5%多抗霉素150倍液防治三七黑斑病。b. 以虫治虫：利用瓢虫、草蛉等捕食性天敌或赤眼蜂等寄生性天敌防治害虫。如利用管氏肿腿蜂防治星天牛、利用瓢虫控制烟蚜。有文献报道，研究阐明了枸杞园优势天敌多异瓢虫、中华草蛉等及甘草地优势天敌七星瓢虫对枸杞和甘草蚜虫具有自然控制作用。c. 以菌治虫：利用苏云金杆菌（Bt）等细菌，白僵菌、绿僵菌、蚜虫霉等真菌，阿维菌素、浏阳霉素等抗生素防治病虫害。例如木霉菌制、枯草芽孢杆菌（*Bacillus subtilis*）、苏云金芽孢杆菌是应用较为广泛的生防菌株。枯草芽孢杆菌50-1对人参根腐病具有显著的防治效果。生防菌株可通过产生次生代谢物（醌类、萜类、肽类、吡喃类、呋喃类、生物碱类、脂肪酸类、萘类等）对病原菌或病虫进行防治。d. 植物源农药：利用印楝油、苦楝、苦皮藤、烟碱等植物源农药防治多种病虫害。例如菊科植物的提取物对根结线虫，紫苏提取物对根腐病致病菌具有抑制效果。活性菌有机肥（EM

菌剂、酵素菌等）作基肥或叶面肥既增肥又防病。三七、桔梗、丹参等无公害病虫害防治体系中，阿维菌素、克白僵菌 DP、印楝枯、枯草芽孢杆菌、木霉菌、哈茨木霉菌等广泛使用，化学农药用量减少 20%~80%。

表 1 无公害中药材种植中优先使用的生物药剂

种类	组分名称	防治对象	使用方法
植物和动物来源	楝素（苦楝、印楝素）	半翅目、鳞翅目、鞘翅目	
	苦参碱	黏虫、菜青虫、蚜虫、红蜘蛛	
	乙蒜素	半知菌引起植物病害	
	氨基寡糖素	病毒病	
	桐油枯	地下害虫	
	印楝枯	地下害虫、线虫	
微生物来源	球孢白僵菌	夜蛾科、蛴螬、棉铃虫	
	哈茨木霉、木霉菌	立枯病、灰霉病、猝倒病	
	淡紫拟青霉	线虫	
	苏云金杆菌	直翅目、鞘翅目、双翅目、膜翅目和鳞翅目	
	枯草芽孢杆菌	白粉病、灰霉病	皆根据中药材类型，确定使用时间、剂量
	蜡质芽孢杆菌	细菌性病害	
	甘蓝核型多角体病毒	夜蛾科幼虫	
	斜纹夜蛾核型多角体病毒	斜纹夜蛾	
	小菜蛾颗粒体病毒	蛾类	
	多杀霉素蝶	蛾类幼虫	
	乙基多杀菌素	蝶、蛾类幼虫、蓟马	
	春雷霉素	半知菌、细菌	
	多抗霉素	链格孢、葡萄孢和圆斑病	
	多抗霉素 B	链格孢	
	宁南霉素	白粉病	
	中生菌素	细菌	
	硫酸链霉素	细菌	
生化产物	香菇多糖	病毒病	
	几丁聚糖	疫霉病	

4.4 病虫害化学防治

针对病虫种类科学合理应用化学防治技术，采用高效、低毒、低残留的农药，对症适时施药，降低用药次数，选择关键时期进行防治。在无公害中药材种植过程中禁止使用高毒、高残留农药及其混配剂（包括拌种及杀地下害虫等）（表2）。不允许使用的高毒高残留农药如：杀虫脒、氰化物、磷化铅、六氯环己烷（六六六）、双对氯苯基三氯乙烷（滴滴涕）、氯丹、甲胺磷、甲拌磷、对硫磷、甲基对硫磷、内吸磷、杀螟磷、磷胺、异丙磷、三硫磷、氧化乐果、磷化锌、克百威、水胺硫磷、久效磷、三氯杀螨醇、涕灭威等。2019年1月1日起，欧盟将正式禁止含有化学活性物质的320种农药在境内销售，其中涉及我国正在生产、使用及销售的62个品种，使用这些农产品出口欧盟时，可能被退货或销毁，经分析欧盟禁止的农药多数存在高毒性或高残留等问题，包含在无公害中药材种植中禁止使用的化学农药名录中。

表2　无公害中药材种植中禁止使用的化学农药

种类	农药种类	禁用原因
有机氯杀虫剂	滴滴涕（DDT）、六六六、林丹、甲氧高残毒DDT、硫丹、艾氏剂、狄氏剂、毒杀芬、赛丹、八氯二丙醚、杀螟丹、定虫隆	高残留、致癌
有机氯杀螨剂	三氯杀螨醇、三氯杀螨砜	含一定数量滴滴涕；含持久性的有机污染物
有机磷杀虫剂	甲拌磷、乙拌磷、久效磷、对硫磷、甲基对硫磷、甲胺磷、甲基异柳磷、治螟磷、氧化乐果、磷胺、地虫硫磷、灭克磷（益收宝）、水胺硫磷、氯唑磷、硫线磷、杀扑磷、特丁硫磷、克线丹、苯线磷、甲基硫环磷、硫环磷、灭线磷、内吸磷、蝇毒磷、乙酰甲胺磷、乐果、磷化钙、磷化镁、磷化锌、磷化铝、三唑磷、毒死蜱、氟虫腈、乙硫磷、喹硫磷、嘧啶磷、丙溴磷、双硫磷	剧毒、高毒
氨基甲酸酯杀虫剂	涕灭威、克百威、灭多威、丁硫克百威、丙硫克百威、残杀威、苯螨特	高毒、剧毒或代谢物高毒
二甲基甲脒类杀虫剂	杀虫脒、杀虫环	慢性毒性、致癌
卤代烷类熏蒸杀虫剂	二溴甲烷、环氧乙烷、二溴氯丙烷、溴甲烷、氯化苦、二溴乙烷、丁醚脲	致癌、致畸、高毒
有机砷杀菌剂	砷类、甲基砷酸锌（稻脚青）、甲基砷酸钙（稻宁）、甲基砷酸铁铵（田安）、福美甲砷、福美砷、退菌特	高残留、杂质致癌
有机锡杀菌剂	三苯基醋酸锡（薯瘟锡）、三苯基氯化锡、三苯基羟基锡（毒菌锡）	高残留、慢性毒性
有机汞杀菌剂	汞制剂、氯化乙基汞（西力生）、醋酸苯汞（赛力散）	剧毒、高残留
取代苯类杀菌剂	五氯硝基苯、稻瘟醇（五氯苯甲醇）、稻丰散、托布津、稻瘟灵、敌菌灵	致癌、高残留、二次药害

种类	农药种类	禁用原因
人工合成杀菌剂	敌枯双	残留长
2,4-D 类化合物	除草剂或植物生长调节剂、氟节胺、抑芽唑、2,4,5- 涕	杂质致癌、飘移药害
拟除虫菊酯类	氰戊菊酯、甲氰菊酯、溴螨酯、胺菊酯、丙烯菊酯、四溴菊酯、氟氰戊菊酯	使用不当，残留超标
有机化合物	甘氟、氟乙酰胺、氟乙酸钠、毒鼠强、灭锈胺、敌磺钠、有效霉素、双胍辛胺、恶霜灵	剧毒、高毒
植物生长调节剂	有机合成的植物生长调节剂如丁酰肼（比九、B9）	致畸形
除草剂	各类除草剂如除草醚、氯磺隆、甲磺隆、2,4- 滴丁酯、百草枯水剂、草甘膦混配水剂、胺苯磺隆、苯噻草胺、异丙甲草胺、扑草净、丁草胺、稀禾定、吡氟禾草灵、吡氟氯禾灵、噁唑禾草灵、喹禾灵、氟磺胺草醚、三氟羧草醚、氯炔草灵、灭草蜢、哌草丹、野草枯、氰草津、莠灭净、环嗪酮、乙羧氟草醚、草除灵	残留导致药害

依据农药使用规范要求，参照中药材、蔬菜、果树、烟草等已登记的农药名目，推荐无公害中药材种植可使用的安全、低残留的化学农药进行病虫害防治（表3）。虫害可采用吡虫啉、抗蚜威、阿维菌素、噻虫嗪等化学农药；白粉病、黑斑病、圆斑病等可采用戊唑醇、嘧菌酯、异菌脲、甲基硫菌灵等农药进行防治；疫霉病、猝倒病等可采用霜脲·锰锌、嘧霉胺、烯酰·锰锌等农药进行防治。化学药剂可单用、混用，并注意交替使用，以减少病虫抗药性的产生，同时注意施药的安全间隔期。

表3　无公害中药材种植中可使用的化学农药

种类	农药名称	防治对象	允许使用的物种
杀虫剂	高效氯氟氰菊酯（Lambda–Cyhalothrin）	菜青虫、地老虎等	枸杞、金银花、丹参等
	吡虫啉（Imidacloprid）	蚜虫、蓟马、白粉虱等	枸杞、杭白菊、金银花、丹参等
	吡蚜酮（Pymetrozine）	蚜虫、蓟马、白粉虱等	菊花、小麦、水稻等
	抗蚜威（Pirimicarb）	蚜虫、蓟马、白粉虱等	黄瓜、小麦、烟草等
	阿维菌素（Abamectin）	蚜虫、线虫、菜青虫等	延胡索、地黄、黄瓜等
	炔螨特（Propargite）	红蜘蛛	柑桔树、苹果树等
	噻虫嗪（Thiamethoxam）	红蜘蛛、蚜虫、介壳虫	人参、糙米、金银花、杭白菊等
杀菌剂	氟硅唑（Flusilazole）	白粉病、黑斑病、圆斑病	人参、三七、贝母、果蔬类等

种类	农药名称	防治对象	允许使用的物种
杀菌剂	腈菌唑（Myclobutanil）	白粉病、黑斑病、圆斑病	人参、铁皮石斛、黄瓜、香蕉等
	戊唑醇（Tebuconazole）	白粉病、黑斑病、圆斑病	人参、三七、铁皮石斛等
	苯醚甲环唑（Difenoconazole）	白粉病、黑斑病	三七、人参、枸杞、贝母等
	甲基硫菌灵（Hiophanate-Methyl）	黑斑病、圆斑病、灰霉病	三七、丹参、黄瓜、番茄等
	嘧菌酯（Azoxystrobin）	黑斑病、圆斑病、灰霉病等	人参、三七、贝母、黄瓜等
	腐霉利（Procymidone）	灰霉病、黑斑病、圆斑病	人参、三七、果菜类蔬菜等
	异菌脲（Iprodione）	灰霉病、黑斑病	人参、三七、西洋参、番茄
	嘧霉胺（Pyrimethanil）	灰霉病	人参、三七、黄瓜
	霜脲·锰锌（Cymoxanil + Mancozeb）	疫霉病、猝倒病	人参、元胡、黄瓜等
	三乙膦酸铝（Fosetyl-Aluminium）	疫霉病、猝倒病	胡椒、橡胶、水稻、棉花等
	噁霜·锰锌（Oxadixyl + Mancozeb）	疫霉病、猝倒病	白术、黄瓜、马铃薯等
	烯酰·锰锌（Dimethomorph + Mancozeb）	疫霉病、猝倒病	红豆杉、黄瓜、马铃薯等
	丙森锌（Propineb）	多种病原保护、疫病	人参、地黄、黄瓜、番茄等
	叶枯唑（Bismerthiazol）	细菌性病害	人参、水稻、大白菜、花卉

无公害中药材病害化学防治中应科学合理施用农药，首先要对症下药及适期用药，在充分了解农药性能和使用方法的基础上，根据病虫害的发生规律，病虫害防治种类，选用合适的农药类型或剂型。在发病初期进行防治，控制其发病中心，防止其蔓延发展，一旦病害大量发生和蔓延就很难防治；对虫害则要求做到"治早、治小、治了"，虫害达到高龄期防治效果就差。其次为科学用药，要注意交替轮换使用不同作用机制的农药，不能长期单一化，防止病原菌或害虫产生抗药性，利于保持药剂的防治效果和使用年限。农药混配要以保持原有效成分或有增效作用，不增加对人畜的毒性并具有良好的物理性状为前提。一般各中性农药之间可以混用；中性农药与酸性农药可以混用；酸性农药之间可以混用；碱性农药不能随便与其他农药混用；微生物杀虫剂（如 Bt），不能同杀菌剂及内吸性强的农药混用；混合农药应随配随用。选择正确喷药点或部位，施药时根据不同时期不同病虫害的发生特点确定植株不同部位为靶标，进行针对性施药。例如霜霉病的发生是由下边叶开始向上发展的，早期防治霜霉病的重点在下部叶片，可

以减轻上部叶片染病。蚜虫、白粉虱等害虫栖息在幼嫩叶子的背面,因此喷药时必须均匀,喷头向上,重点喷叶背面。要严格按照期限执行农药安全间隔,为了避免农药过量残留而引起对人、畜的不良影响,就必须严格遵循国家制定农药安全间隔期,才能使农药在作物体内残留量不超允许值。

5 无公害中药材质量标准

无公害中药材的采收期依据每种药材的类型选择适宜的采收期。无公害中药材原料的包装、运输等环节避免2次污染,需要清洗的原料,清洗水的质量要求必须符合《地表水环境质量标准》(GB 3838—2002)的Ⅰ～Ⅲ类水指标。需要干燥的无公害中药材原料,需依据每种药材类型及要求,采用专用烘烤设备或专用太阳能干燥棚等进行干燥。无公害中药材质量标准包括药材的真伪、农药残留和重金属及有害元素限量、及总灰分、浸出物、含量等质量指标。中药材真伪可通过形态、显微、化学及基因层面进行判别,《中国药典》2015年版对药材进行了详细的描述。杂质、水分、总灰分、浸出物、含量等质量指标参照《中国药典》2015年版检验方法及规定。

无公害中药材农药残留和重金属及有害元素限量应符合相关药材的国家标准、团体标准、地方标准以及ISO等相关规定。项目团队配合相关企业公司历尽多年对大量出口药材的无公害药材出口标准进行了系统研究,如收集人参样品196批次,覆盖吉林省、辽宁省、黑龙江省主要产区25县检测项目,包括168项农药残留和5项重金属及有害元素,获得超过3.0万项数据和检测结果。2007~2017年以来从主产区、药材市场采购等收集了187个批次三七药材,检测206种农药5种重金属及有害元素,分析了近4万项数据及检测结果。并参考《中国药典》、美国、欧盟、日本及韩国对中药材的相关标准以及《Traditional Chinese Medicine–Determination of heavy metals inherbal medicines used in Traditional Chinese Medicine》(ISO 18664:2015)、《食品安全国家标准食品中污染物限量》(GB 2762—2017)、《食品安全国家标准食品中农药最大残留限量》(GB 2763—2016)等现行规定,制定了无公害中药材农药残留限量通用标准规定(表4)。该标准规定了艾氏剂、毒死蜱、氯丹、五氯硝基苯等42项高毒性、高检出率的农药残留限量,与欧盟(花草茶的根类)、日本(中草药)、韩国(特殊商品)等标准相比,多项农残限量达到或低于欧盟、日本或韩国的现有标准,该通用标准的制定为高品质中药材提供保障。同时对重金属具有吸附等特性或已制定相关无公害质量标准的中药材,根据实际情况可另作参考。如 T/CATCM 001-2018《无公害人参药材及饮片农药与重金属及有害元素的最大残留限量》规定。

表4　无公害中药材农药残留限量与国外已有标准限量比较

序号	项目	国内最大残留量	韩国最大残留量	欧盟最大残留量	日本最大残留量
1	艾氏剂(Aldrin)	0.05	—	—	—
2	毒死蜱(Chlorpyrifos)	0.50	—	0.50	0.50

序号	项目	国内最大残留量	韩国最大残留量	欧盟最大残留量	日本最大残留量
3	氯丹（顺式氯丹、反式氯丹、氧化氯丹之和）（Chlordane）	0.10	—	0.02	0.02
4	总滴滴涕（p,p'–DDD，o,p'–DDD，p,p'–DDE,o,p'–DDE,p,p'–DDT,o,p'–DDT之和）	0.20	0.05	0.50	0.50
5	六六六（BHC）	不得检出	0.05	0.02	—
6	七氯（Heptachlor）	0.05	—	0.02	0.10
7	五氯硝基苯（Quintozene，PCNB）	0.10	0.05	0.10	0.02
8	六氯苯（Hexachlorobenzene）	0.02	—	0.02	0.01
9	丙环唑（Propiconazole）	0.05		0.10	0.05
10	腐霉利（Procymidone）	0.50		0.10	0.50
11	五氯苯胺（Pentachloroaniline，PCA）	0.02	—	—	—
12	嘧菌酯（Azoxystrobin）	0.50	0.50	0.50	0.50
13	多菌灵（Carbendazim）	0.50	0.50	0.10	3.00
14	氟氯氰菊酯（Cyhalothrin）	0.70	0.70	0.10	0.10
15	氯氰菊酯（Cypermethrin）	0.10	0.10	0.10	0.05
16	戊唑醇（Tebuconazole）	1.00	1.00	0.50	0.60
17	溴虫腈（Chlorfenapyr）	不得检出	0.10	0.10	—
18	嘧菌环胺（Cyprodinil）	1.00	2.00	1.00	0.80
19	苯醚甲环唑（Difenoconazole）	0.50	0.50	0.50	0.20
20	烯酰吗啉（Dimethomorph）	1.00	1.50	0.05	—
21	咯菌腈（Fludioxonil）	0.70	1.00	1.00	0.70
22	醚菌酯（Kresoxim–Methyl）	0.30	1.00	0.10	0.30
23	氟菌唑（Triflumizole）	1.00	0.10	0.10	1.00
24	甲霜灵（Metalaxyl）	0.05	0.50	0.10	0.05
25	辛硫磷（Phoxim）	不得检出	—	0.10	0.02
26	吡唑醚菌酯（Pyraclostrobin）	0.50	2.00	0.05	0.50
27	噻虫嗪（Thiamethoxam）	0.02	0.10	0.10	0.02
28	甲胺磷（Methamidoph）	不得检出	—	—	—
29	甲基对硫磷（Parathion–Methyl）	不得检出	—	—	—
30	久效磷（Monocrotophos）	不得检出	—	—	—

序号	项目	国内最大残留量	韩国最大残留量	欧盟最大残留量	日本最大残留量
31	地虫硫磷（Fonofos）	不得检出	—	—	—
32	氧化乐果（Omethoate）	不得检出	—	—	—
33	对硫磷（Thiophos）	不得检出	—	—	—
34	灭线磷（Mocap）	不得检出	—	0.02	—
35	七氟菊酯（Tefluthrin）	0.10	0.10	0.05	0.10
36	百菌清（Chlorothalonil）	0.10	0.10	0.10	1.00
37	克百威（Carbofuran）	不得检出	—	—	—
38	噁霜灵（Oxadixyl）	1.00	—	0.02	5.00
39	联苯菊酯（Bifenthrin）	0.50	—	—	—
40	高效氯氟氰菊酯（Lambda-Cyhalothrin）	1.00	—	—	—
41	己唑醇（Hexaconazole）	0.50	0.50	0.05	0.10

依据中药材重金属及有害元素的检测，结合目前世界不同国家或组织对重金属及有害元素的控制来看，主要检测内容为砷、铅、汞、镉、铜 5 项，铬（Cr）仅加拿大有检测要求，因此无公害中药材中砷、铅、汞、镉、铜 5 项指标需要进行控制。通过对多种药材的多年检测，无公害中药材铅、镉、汞、砷、铜重金属及有害元素限量，参照《中国药典》2015 年版对药材进行规定。

小结

无公害中药材生产技术规程涵盖了从源头到生产的全过程质量控制，包括产地环境、生产过程、产品质量等控制中药材质量每个环节。无公害中药材产地生态环境应依表 4 无公害中药材农药残留限量与国外已有标准限量比较。据《中国药材产地生态适宜性区划》（第二版）规定的生态因子进行产地的选择，空气环境质量应达到 GB/T 3095—2012 一、二级标准值要求，种植地土壤必须符合 GB 15618—2008 和 NY/T 391—2013 的一级或二级土壤质量标准要求，灌溉水的水源质量必须符合 GB 5084—2005 的规定要求。无公害中药材种植环节应选择适宜当地抗病、优质等品种，加强抗逆优良种子及种苗的培育；合理施肥的原则和要求、允许使用和禁止使用肥料的种类等按 DB13/T 454 执行；遵循"预防为主，综合防治"的原则，优先选用农业措施、生物防治和物理防治的方法，禁止使用高毒、高残留农药及其混配剂，以减少污染和残留。农药、重金属及有害元素限量应达到无公害中药材限量通用标准。

附录五　无公害人参农田栽培用地选择规程（草案）

1 范围

本标准规定了农田栽参用地选择领域的词语描述及其分级标准。

本标准适用于农田栽参用地选择标准的制定，适用于参业生产、科研和经营中的栽培用地选择和分级判定。

2 规范性引用文件

下列文件通过本标准引用而成为本标准的条款，凡是注日期的引用文件，其随后所有的修改单（不包括勘误内容）或修订版均不适用于本标准，然而，鼓励根据本标准达成协议的各方使用这些文件的最新版本。凡是不注日期的引用文件，其最新版本适用于本标准。

  a.《中国药典》2015 年版一部

  b.《中药材生产质量管理规范（试行）》（GAP）

  c. "药用植物全球产地生态适宜性区划信息系统"（GMPGIS-Ⅱ）

  d.《环境空气质量标准》（GB 3095—2012）

  e.《土壤环境质量标准（修订）》（GB 15618—2008）

  f.《农田灌溉水质标准》（GB 5084—2005）

  g.《绿色食品　农药安全使用标准》（NY/T 393—2013）

  h.《无公害人参药材及饮片农药与重金属及有害元素的最大残留限量》（T/CATCM 001—2018）

3 无公害人参农田栽培用地选择标准分级标准

目前，除伐林栽参栽培模式外，还存在农田栽参及"老参地栽参"等非林地栽参种植模式。面对众多的人参栽培模式，各地区选择适宜的栽培用地，是人参种植产业发展的基础。在人参栽培选地空气环境应符合《环境空气质量标准》二级标准，灌溉水质应符合《农田灌溉水质标准》，土壤环境应符合《土壤环境质量标准》二级标准，农药应在符合《绿色食品　农药安全使用标准》的基础上，基于"药用植物全球产地生态适宜性区划信息系统"（GMPGIS-Ⅱ）、《无公害人参药材及饮片农药与重金属及有害元素的最大残留限量》和已有的适宜人参栽培的全球生态因子数据，结合前人研究进展和大田调研实践，经过系统整理，得到适宜农田栽参用地选地的分级标准。

3.1 无公害农田栽参用地土壤环境因子分级标准

3.1.1 地形

在 GMPGIS-Ⅱ系统的基础上，依据吉林、辽宁、黑龙江和山西 4 省 40 个人参栽培产地相关信息，参考相关文献报道，结合基地田间调研实践得到适宜农田栽参用地的地形见表 1。河床地、沙丘地和山岳地因土壤过黏或疏松以及难以进行种植等问题不推荐进行选地。

3.1.2 土壤排水等级

在 GMPGIS-Ⅱ 系统的基础上，依据吉林、辽宁、黑龙江和山西 4 省 40 个人参栽培产地的相关信息，参考相关文献报道，结合基地田间调研实践得到适宜农田栽参用地的土壤排水等级状况见表 1。土壤排水等级主要根据土壤理化性质、通气性、透水性、内部排水能力等因素判定，现场判断土壤排水等级主要依据地形、土壤色泽及水位痕迹等因素。人参在栽培选地时避免选择低洼及排水不良的参地。

3.1.3 土壤类型

在 GMPGIS-Ⅱ 系统的基础上，依据吉林、辽宁、黑龙江和山西 4 省 40 个人参栽培产地相关信息，参考文献报道，结合基地田间调研实践得到适宜农田栽参用地的土壤类型见表 1。

3.1.4 倾斜度

在 GMPGIS-Ⅱ 系统的基础上，依据吉林、辽宁、黑龙江和山西 4 省 40 个人参栽培产地的相关信息，参考相关文献报道，结合基地田间调研实践得到适宜农田栽参用地的倾斜度范围见表 1。

3.1.5 倾斜方向

在 GMPGIS-Ⅱ 系统的基础上，依据吉林、辽宁、黑龙江和山西 4 省 40 个人参栽培产地的相关信息，参考相关文献报道，结合基地田间调研实践得到适宜农田栽参用地的地块倾斜方向见表 1。倾斜方向对人参生长有直接影响，尽可能选择正北、东北、西北方向或东南参地朝向，可以保证人参能够充分吸收早晨的阳光，而避免下午强光直射。正南、西南或正西方向由于吸收早晨的阳光较少，而吸收下午的阳光较多，易导致人参发生日灼病等。

3.1.6 有效土深

在 GMPGIS-Ⅱ 系统的基础上，依据吉林、辽宁、黑龙江和山西 4 省 40 个人参栽培产地的相关信息，参考相关文献报道，结合基地田间调研实践得到适宜农田栽参用地的有效土深范围见表 1。

3.1.7 碎石比例

在 GMPGIS-Ⅱ 系统的基础上，依据吉林、辽宁、黑龙江和山西 4 省 40 个人参栽培产地的相关信息，参考相关文献报道，结合基地田间调研实践得到适宜农田栽参用地选地的碎石比例范围见表 1。土地表面有碎石，不利于机械化操作，如果其含量超过 35%，使土壤保水、保肥能力显著降低，严重影响人参生长。

3.1.8 参床高度

在 GMPGIS-Ⅱ 系统的基础上，依据吉林、辽宁、黑龙江和山西 4 省 40 个人参栽培产地的相关信息，参考相关文献报道，结合基地田间调研实践得到适宜人参种植的参床高度见表 1。栽培参地参床高度在 25~35cm 时，畦面表土比较疏松，透气性较好，有利于人参生长，易提高产量。

表 1　农田栽参用地土壤环境因子分级标准

名称	不足	许可范围	适合	最适合
地形	河床地、沙丘地、山岳地	河床平坦地、丘陵地、山麓倾斜地	低丘陵地	山麓倾斜地
土壤排水等级	不良	≥微良好	良好	非常良好
土壤特性	沙土、沙土和壤土混合物	黏土、微砂质壤土和砂壤土	微砂质壤土、砂壤土	壤土
倾斜度（°）	≥25	1~25	2~15	2~7
倾斜方向	正西、正南及西南方向	正东、正北、东北及西北方向	正东及西北方向	正北及东北方向
有效土深（cm）	≤20	≥20	50~100	≥100
碎石比例（%）	≥35	0~35	10~20	≤10
参床高度（cm）	≤15	15~35	25~30	30~35
板结层（cm）	≥120	0~120	30~80	≤30

3.1.9 板结层

在 GMPGIS-Ⅱ系统的基础上，依据吉林、辽宁、黑龙江和山西 4 省 40 个人参栽培产地的相关信息，参考相关文献报道，结合基地田间调研实践得到适宜农田栽参用地选地的板结层深度范围见表 1。土壤板结易导致土壤透气性及透水性差，易导致人参患锈腐病等。

3.2 无公害农田栽参用地土壤理化性状分级标准

3.2.1 农田栽参用地表层土壤理化性状分级标准（0~30cm）

3.2.1.1 土壤中黏土比例

土壤中黏土比例是指黏土容积占土壤总容积的比值，本条目选取吉林、辽宁、黑龙江和山西 4 省 18 个县（市）的 201 个人参栽培产地的相关数据，根据 GMPGIS-Ⅱ空间分析法得到适宜农田栽参用地的土壤黏土比例见表 2。

3.2.1.2 土壤中泥沙比例

本条目选取吉林、辽宁、黑龙江和山西 4 省 18 县（市）201 个人参栽培产地相关数据，根据 GMPGIS-Ⅱ法得到适宜农田栽参用地的土壤泥沙比例范围见表 2。

3.2.1.3 土壤中沙子比例

本条目选取吉林、辽宁、黑龙江和山西 4 省 18 个县（市）的 201 个人参栽培产地的相关数据，根据 GMPGIS-Ⅱ空间分析法得到适宜农田栽参用地的土壤中沙子比例见表 2。土壤中沙子比例指沙子容积占土壤总容积的比值，沙子是指直径在 0.05~2mm 的颗粒。

3.2.1.4 土壤中砂砾比例

本条目选取吉林、辽宁、黑龙江和山西 4 省 18 个县（市）的 201 个人参栽培产地的相关数据，根据 GMPGIS-Ⅱ空间分析法得到适宜农田栽参用地的砂砾比例范围见表 2。

3.2.1.5 土壤中有机碳比例

本条目选取吉林、辽宁、黑龙江和山西4省18个县（市）的201个人参栽培产地的相关数据，根据 GMPGIS–Ⅱ 空间分析法得到适宜农田栽参用地的土壤有机碳比例表2。

3.2.1.6 土壤体积密度

本条目选取吉林、辽宁、黑龙江和山西4省18个县（市）的201个人参栽培产地的相关数据，根据 GMPGIS–Ⅱ 空间分析法得到适宜农田栽参用地的土壤体积密度见表2。

3.2.1.7 土壤容积密度

本条目选取吉林、辽宁、黑龙江和山西4省18个县（市）201个人参栽培产地的相关数据，根据 GMPGIS–Ⅱ 空间分析法得到适宜农田栽参用地的土壤容积密度见表2。

3.2.1.8 土壤可交换阳离子总和

本条目选取吉林、辽宁、黑龙江和山西4省18个县（市）的201个人参栽培产地的相关数据，根据 GMPGIS–Ⅱ 空间分析法得到适宜农田栽参用地的土壤可交换阳离子总和范围见表2。

3.2.1.9 土壤的阳离子交换能力

本条目选取吉林、辽宁、黑龙江和山西4省18个县（市）的201个人参栽培产地的相关数据，根据 GMPGIS–Ⅱ 空间分析法得到适宜农田栽参用地的阳离子交换量范围见表2。

3.2.1.10 土壤中黏粒组的阳离子交换能力

本条目选取吉林、辽宁、黑龙江和山西4省18个县（市）的201个人参栽培产地的相关数据，根据 GMPGIS–Ⅱ 空间分析法得到适宜农田栽参用地的土壤中黏粒组的阳离子交换能力见表2。

3.2.1.11 土壤中可交换的钠离子

本条目选取吉林、辽宁、黑龙江和山西4省18个县（市）的201个人参栽培产地的相关数据，根据 GMPGIS–Ⅱ 空间分析法得到适宜农田栽参用地的土壤可交换的钠离子见表2。

3.2.1.12 土壤盐基饱和度

本条目选取吉林、辽宁、黑龙江和山西4省18个县（市）201个人参栽培产地的相关数据，根据 GMPGIS–Ⅱ 空间分析法得到适宜农田栽参用地选地土壤盐基饱和度见表2。

表2　农田栽参用地表层土壤理化性状分级标准（0~30cm）

名称	不足	许可范围	适合	过高
土壤中黏土比例（%）	≤ 18.00	18.00~24.00	20.43~21.93	≥ 24.00
土壤中泥沙比例（%）	≤ 29.00	29.00~45.00	37.51~40.56	≥ 45.00
土壤中沙子比例（%）	≤ 37.00	37.00~47.00	38.89~40.67	≥ 47.00
土壤中砂砾比例（%）	≤ 1.00	1.00~32.00	12.66~24.77	≥ 32.00

名称	不足	许可范围	适合	过高
土壤中有机碳比例（%）	≤ 0.74	0.74~1.95	0.80~1.13	≥ 1.95
土壤体积密度（g/cm³）	≤ 1.38	1.38~1.42	1.40~1.41	≥ 1.42
土壤容积密度（g/cm³）	≤ 1.28	1.28~1.54	1.37~1.42	≥ 1.54
土壤可交换阳离子总和［cmol（+）/kg］	≤ 9.80	9.80~14.90	11.08~11.89	≥ 14.90
土壤中阳离子交换能力［cmol（+）/kg］	≤ 13.00	13.00~20.00	13.33~15.17	≥ 20.00
土壤黏粒组阳离子交换能力［cmol（+）/kg］	≤ 45.00	45.00~55.00	48.07~50.85	≥ 55.00
土壤中可交换的钠离子［cmol（+）/kg］	≤ 0.00	0~2.00	0.65~1.14	≥ 2.00
土壤盐基饱和度（%）	≤ 75.00	75.00~93.00	83.74~89.11	≥ 93.00

3.2.2 农田栽参用地下层土壤物理性状分级标准（30~90cm）

3.2.2.1 土壤中黏土比例

土壤中黏土比例是指单位体积土样中黏土容积占土壤总容积的比值。本条目选取吉林、辽宁、黑龙江和山西4省18个县（市）的201个人参栽培产地的相关数据，根据GMPGIS-Ⅱ空间分析法得到适宜农田栽参用地选地的土壤黏土比例见表3。

3.2.2.2 土壤中泥沙比例

本条目选取吉林、辽宁、黑龙江和山西4省18县（市）201个人参栽培产地相关数据，根据GMPGIS-Ⅱ空间分析法得到适宜农田栽参用地选地的土壤中泥沙比例范围见表3。

3.2.2.3 土壤中沙子比例

土壤中沙子比例指沙子容积占土壤总容积比值，沙子是指直径在0.05~2mm的岩石颗粒。本条目选取吉林、辽宁、黑龙江和山西4省18个县（市）的201个人参栽培产地的相关数据，根据GMPGIS-Ⅱ空间分析法得到适宜农田栽参用地的土壤中沙子比例见表3。

3.2.2.4 土壤中砂砾比例

本条目选取吉林、辽宁、黑龙江和山西4省18个县（市）的201个人参栽培产地的相关数据，根据GMPGIS-Ⅱ空间分析法得到适宜农田栽参用地选地的砂砾比例范围见表3。

3.2.2.5 土壤中有机碳比例

本条目选取吉林、辽宁、黑龙江和山西4省18个县（市）的201个人参栽培产地的相关数据，根据GMPGIS-Ⅱ空间分析法得到适宜农田栽参用地选地的土壤中有机碳比例见表3。

3.2.2.6 土壤体积密度

本条目选取吉林、辽宁、黑龙江和山西4省18个县（市）的201个人参栽培产地的相关数据，根据GMPGIS-Ⅱ空间分析法得到适宜农田栽参用地选地的土壤体积密度见表3。

3.2.2.7 土壤容积密度

本条目选取吉林、辽宁、黑龙江和山西4省18个县（市）201个人参栽培产地相关数据，根据GMPGIS-Ⅱ空间分析法得到适宜农田栽参用地选地的土壤容积密度见表3。

3.2.2.8 土壤可交换阳离子总和

本条目选取吉林、辽宁、黑龙江和山西4省18个县（市）的201个人参栽培产地的相关数据，根据GMPGIS-Ⅱ空间分析法得到适宜农田栽参用地选地的土壤可交换阳离子总和范围见表3。

3.2.2.9 土壤的阳离子交换能力

本条目选取吉林、辽宁、黑龙江和山西4省18个县（市）的201个人参栽培产地的相关数据，根据GMPGIS-Ⅱ空间分析法得到适宜农田栽参用地选地的阳离子交换量（CEC）范围见表3。

3.2.2.10 土壤中黏粒组的阳离子交换能力

本条目选取吉林、辽宁、黑龙江和山西4省18个县（市）的201个人参栽培产地的相关数据，根据GMPGIS-Ⅱ空间分析法得到适宜农田栽参用地选地的土壤中黏粒组的阳离子交换能力见表3。

3.2.2.11 土壤中可交换的钠离子

本条目选取吉林、辽宁、黑龙江和山西4省18个县（市）的201个人参栽培产地的相关数据，根据GMPGIS-Ⅱ空间分析法得到适宜农田栽参用地选地的土壤中可交换的钠离子见表3。

3.2.2.12 土壤盐基饱和度

本条目选取吉林、辽宁、黑龙江和山西4省18个县（市）的201个人参栽培产地的相关数据，根据GMPGIS-Ⅱ空间分析法得到适宜农田栽参用地选地的土壤盐基饱和度见表3。

表3　农田栽参用地下层土壤理化性状分级标准（30~90cm）

名称	不足	许可范围	适合	过高
土壤中黏土比例（%）	≤23.00	23.00~34.00	27.98~30.16	≥34.00
土壤中泥沙比例（%）	≤27.00	27.00~37.00	33.72~35.06	≥37.00
土壤中沙子比例（%）	≤33.00	33.00~41.00	35.61~37.46	≥41.00
土壤中砂砾比例（%）	≤1.00	3.00~19.00	5.00~15.00	≥19.00
土壤中有机碳比例（%）	≤0.28	0.28~0.69	0.37~0.47	≥0.69
土壤体积密度（g/cm³）	≤1.32	1.32~1.39	1.34~1.36	≥1.39
土壤容积密度（g/cm³）	≤1.35	1.35~1.65	1.47~1.53	≥1.65
土壤中可交换阳离子总和［cmol（+）/kg］	≤10.7	10.7~19.5	13.64~15.91	≥19.5
土壤的阳离子交换能力［cmol（+）/kg］	≤14.00	14.00~21.00	15.11~17.39	≥21.00
土壤黏粒组的阳离子交换能力［（cmol（+）/kg］	≤44.00	44.00~64.00	50.03~54.03	≥64.00

名称	不足	许可范围	适合	过高
土壤中可交换的钠离子 [（cmol（＋）/kg]	≤ 1.00	1.00~2.00	0.97~1.17	≥ 2.00
土壤盐基饱和度（%）	≤ 84.00	84.00~99.00	89.10~92.50	≥ 99.00

3.3 无公害农田栽参用地气候因子分级标准

3.3.1 年降水量

本条目选取吉林省、辽宁、黑龙江、山西4省18个县（市）30个乡镇的201个样点的相关数据，根据 GMPGIS–Ⅱ人参产区结果及适宜人参栽培的全球生态因子数据得到适宜农田栽参用地选地的年降水量范围见表4。

3.3.2 年均温

本条目选取吉林、辽宁、黑龙江和山西4省18个县（市）201个人参栽培产地相关数据，根据 GMPGIS–Ⅱ人参产区结果及适宜人参栽培的全球生态因子数据得到适宜农田栽参用地选地的年均温度范围见表4。

3.3.3 1月平均温度

本条目选取吉林、辽宁、黑龙江和山西4省18个县（市）201个人参栽培产地的相关数据，根据 GMPGIS–Ⅱ人参产区结果及适宜人参栽培的全球生态因子数据得到农田栽参用地的1月平均温度范围见表4。

3.3.4 7月平均温度

本条目选取吉林、辽宁、黑龙江和山西4省18个县（市）201个人参栽培产地的相关数据，根据 GMPGIS–Ⅱ人参产区结果及适宜人参栽培的全球生态因子数据得到农田栽参用地选地的7月平均温度范围见表4。

3.3.5 1月最低温度

本条目选取吉林、辽宁、黑龙江和山西4省18个县（市）的201个人参栽培产地的相关数据，根据 GMPGIS–Ⅱ人参产区结果及适宜人参栽培的全球生态因子得到农田栽参用地选地1月最低温度范围见表4。

3.3.6 7月最高温度

本条目选取吉林、辽宁、黑龙江和山西4省18个县（市）的201个人参栽培产地的相关数据，根据 GMPGIS–Ⅱ人参产区结果及适宜人参栽培的全球生态因子数据得到农田栽参用地选地的7月最高温度范围见表4。

3.3.7 日照时数

本条目选取吉林、辽宁、黑龙江和山西4省18个县（市）201个人参栽培产地相关数据，根据 GMPGIS–Ⅱ人参产区结果及适宜人参栽培的全球生态因子数据得到农田栽参用地的日照时数范围见表4。

3.3.8 活动积温

本条目选取吉林、辽宁、黑龙江和山西4省18个县（市）的201个人参栽培产地的相关数据，根据 GMPGIS–Ⅱ 人参产区结果及适宜人参栽培的全球生态因子数据得到农田栽参用地选地的活动积温范围见表 4。

3.3.9 相对湿度

本条目选取吉林、辽宁、黑龙江和山西 4 省 18 个县（市）201 个人参栽培产地的数据，根据 GMPGIS–Ⅱ 人参产区结果及适宜人参栽培的全球生态因子数据得到人参栽培选地的空气湿度范围见表 4。

表 4　农田栽参用地气候因子分级标准

名称	不足	许可范围	适合	过高
年均温（℃）	≤ 0.70	0.70~15.10	8.16~9.40	≥ 15.10
1 月平均温度（℃）	≤ −20.00	−20.00~−6.00	−11.23~−8.83	≥ −6.00
7 月平均温度（℃）	≤ 10.50	15.53~19.59	10.50~20.60	≥ 20.60
1 月最低温度（℃）	≤ −30.90	−30.90~−22.30	−26.82~−24.80	≥ −22.30
7 月最高温度（℃）	≤ 16.40	16.40~25.10	20.76~23.57	≥ 25.10
相对湿度（%）	≤ 58.50	62.02~68.35	58.50~71.80	≥ 71.80
活动积温（℃）	≤ 15 558.00	15 558.00~27 261.00	22 057.67~24 375.69	≥ 27 261.00
日照时数（小时）	≤ 2245.00	2245.00~2666.00	2403.40~2503.52	≥ 2666.00
年降水量（mm）	≤ 548.00	548.00~1996.00	625.38~824.54	≥ 1996.00

3.4 无公害农田栽参用地灌溉水分级标准

人参适宜生长在湿润的阴生环境中，因此，人参在栽培选地过程中，需要选择地下水位较低，降雨量丰富及灌溉方便的参地，同时需要对所选参地土壤水质量、地下水质量及周边河水质量进行分析，使其理化指标、重金属含量及微生物数量应达到国家农田灌溉水质标准。具体测定指标需满足表 5 要求。

表 5　农田灌溉用水水质基本控制项目标准值

序号	项目类别	所选地块	
		水田地	旱作地
1	5 日生化需氧量（mg/L）	≤ 60	≤ 100
2	化学需氧量（mg/L）	≤ 150	≤ 200
3	悬浮物（mg/L）	≤ 80	≤ 100
4	阴离子表面活性剂（mg/L）	≤ 5	≤ 8
5	水温（℃）	≤ 35	≤ 35
6	pH	5.5~8.5	5.5~8.5
7	全盐量（mg/L）	≤ 1000（非盐碱区），≤ 2000（盐碱区）	

序号	项目类别	所选地块	
		水田地	旱作地
8	氯化物（mg/L）	≤ 350	≤ 350
9	硫化物（mg/L）	≤ 1	≤ 1
10	总汞（mg/L）	≤ 0.001	≤ 0.001
11	镉（mg/L）	≤ 0.01	≤ 0.001
12	总砷（mg/L）	≤ 0.05	≤ 0.1
13	铬（六价）（mg/L）	≤ 0.1	≤ 0.1
14	铅（mg/L）	≤ 0.2	≤ 0.2
15	大肠埃希菌数（个/100ml）	≤ 4000	≤ 4000
16	蛔虫卵数（个/L）	≤ 2	≤ 2
17	铜（mg/L）	≤ 0.5	≤ 1
18	锌（mg/L）	≤ 2	≤ 2
19	硒（mg/L）	≤ 0.02	≤ 0.02
20	氟化物（mg/L）	≤ 2（正常区），≤ 3（高氟区）	
21	氰化物（mg/L）	≤ 0.5	≤ 0.5
22	石油类（mg/L）	≤ 5	≤ 10
23	挥发酚（mg/L）	≤ 1	≤ 1
24	苯（mg/L）	≤ 2.5	≤ 2.5
25	三氯乙醛（mg/L）	≤ 1	≤ 0.5
26	丙烯醛（mg/L）	≤ 0.5	≤ 0.5

3.5 无公害农田栽参用地土壤营养元素分级标准

3.5.1 pH 值

依据吉林、辽宁、黑龙江和山西 4 省 40 个人参栽培产地的相关信息，参考相关文献报道，结合基地田间调研实践得到适宜农田栽参用地的 pH 值范围见表 6。人参适宜生长在微酸性的环境中，pH 值偏大或偏小均对人参生长影响较大。

3.5.2 有机质

依据吉林、辽宁、黑龙江和山西 4 省 40 个人参栽培产地的相关信息，参考相关文献报道，结合基地田间调研实践得到适宜农田栽参用地的有机质含量范围见表 6。有机质是土壤养分的主要来源，对于土壤供肥与保水性能影响巨大。此外，有机质可提高土壤微生物活力，从而促进农作物吸收养分。

3.5.3 碱解氮

依据吉林、辽宁、黑龙江和山西4省40个人参栽培产地的相关信息，参考相关文献报道，结合基地田间调研实践得到适宜农田栽参用地的碱解氮含量范围见表6。人参属于耐肥性较弱的植物。土壤中碱解氮含量过高易导致人参产生生理伤害，所以，在选择人参栽培土地时，应考虑土壤碱解氮含量的水平，在土壤改良及生产中，尽可能使用含氮量较低的有机质。

3.5.4 速效磷

依据吉林、辽宁、黑龙江和山西4省40个人参栽培产地的相关信息，参考相关文献报道，结合基地田间调研实践得到适宜农田栽参用地选地的速效磷含量范围见表6。磷是人参生长必不可少的元素，如果其含量过低，则会导致人参根细小，支根及须根数量减少，开花结果时间延后，从而降低人参产量及质量。如果速效磷含量过高，也会带来相似结果。

3.5.5 速效钾

依据吉林、辽宁、黑龙江和山西4省40个人参栽培产地的相关信息，参考相关文献报道，结合基地田间调研实践得到适宜农田栽参用地选地的速效钾含量范围见表6。钾元素在植物体内具有生成淀粉、糖，增加水分，促进根部发育、开花、结果等作用。如果其含量过低，则会导致人参细小、内缩、叶片基部干枯。速效钾含量过高则会抑制人参对镁和钙的吸收，易导致人参产生各种生理病害。

3.5.6 钙含量

依据吉林、辽宁、黑龙江和山西4省40个人参栽培产地的相关信息，参考相关文献报道，结合基地田间调研实践得到适宜农田栽参用地的钙离子含量范围见表6。钙是人参生长必需的四大元素之一，具有形成并移动叶绿素及碳水化合物的功效，可以促进根部发育，强化生物体组织，从而提高人参抗病能力，促进单个土壤个体的组织化等作用。如果其含量过高，则易导致人参产生黄色斑点病。

3.5.7 镁含量

镁是形成叶绿素必备元素，可促使人参生长，依据吉林、辽宁、黑龙江和山西4省40个人参栽培产地相关信息及相关文献报道，结合基地田间调研实践得到适宜农田栽参用地的镁离子含量范围见表6。

表6　农田栽参用地土壤营养元素分级标准

名称	不足	许可范围	适合	过高
pH 值	≤ 5.0	5.0~7.0	5.5 ~6.5	≥ 7.0
有机质（g/kg）	≤ 15.00	15.00~150.00	50.00~100.00	≥ 150.00
碱解氮（mg/kg）	≤ 50	50.00~150.00	50.00~100.00	≥ 150.00
速效磷（mg/kg）	≤ 15.00	15.00~100.00	20.00~80.00	≥ 100.00
速效钾（mg/kg）	≤ 40.00	40.00~300.00	100.00~200.00	≥ 300.00

名称	不足	许可范围	适合	过高
钙离子含量（mg/kg）	≤ 400.00	400.00~1000.00	400.00~900.00	≥ 1000.00
镁离子含量（mg/kg）	≤ 150.00	150.00~800.00	200.00~400.00	≥ 800.00

总之，人参栽培选地适宜地区为山麓倾斜地、低山丘陵地等，倾斜度为 2°~15°，排水良好、富含有机质，保水、保肥性能较好的中性或微酸性砂壤土或壤土地区。参地以正东、正北、西北和东北方向坡地较好。上层土壤（0~30cm）富含有机质，宜疏松、肥沃、透气；下层土壤（30~90cm）宜致密、紧而不坚、保水性能较好。参床高度为15~35cm，碎石比例（粒径 ≥ 4.75mm）占土壤总体积的比例范围 ≤ 20%，板结层没有或者从地表到 80cm 内没有为宜。前茬作物以大豆、玉米、苏子及苜蓿等作物较好。

人参栽培选地适宜气候环境因子为：年平均气温 8.16~9.40℃；1 月平均气温 -11.23~-8.83℃；7 月平均气温 10.50~20.60℃；1 月最低气温 -26.82~-24.80℃；7 月最高气温20.76~23.57℃；年平均相对湿度 58.50%~71.80%；年平均日照时数 2403.40~2503.52 小时；年平均降水量 625.38~824.54mm。

人参栽培选地适宜人参生长的土壤营养条件为：pH 值范围为 5.5~6.5，有机质含量为 50~100g/kg，碱解氮含量 50~100g/kg，速效磷含量范围为 20~80mg/kg，速效钾含量范围为 100~200mg/kg，钙离子含量范围为 400~900mg/kg，镁离子含量范围为 200~400mg/kg。

附录六　无公害人参农田栽培 SOP 标准操作规程（草案）

1 内容与适用范围

本规程按照我国中药材 GAP 规范化生产综合技术要求，制定了人参无公害农田栽培选地、整地、土壤改良、播种和移栽、田间管理和病虫害防治等环节的操作规程。本规程适用于我国传统人参生产产区，其他适宜产地也可参考执行。

2 引用标准

a.《中药材生产质量管理规范（试行）》（GAP）

b.《环境空气质量标准》GB 3095—2012

c.《土壤环境质量标准》GB 15618—2008

d.《农田灌溉水质标准》GB 5084—2005

e.《国家地面水环境质量标准》GB 3838—2002

f.《绿色食品　农药安全使用标准》NY/T 393—2013

g.《中国药典》2015 年版一部

h.《无公害人参药材及饮片农药与重金属及有害元素的最大残留限量》（TCATCM 001—2018）

3 术语和定义

人参种类：本规程无公害规范化种植的人参系指五加科人参属多年生宿根性草本植物人参（*Panax ginseng* C. A. Mey.）。

4 规范化生产标准操作规程

4.1 人参无公害农田栽培对生态环境要求

选择适宜的种植地区是生产优质无公害中药材的前提条件。中药材种植基地的选择需要遵循物种分布生态相似性原理和地域性原则，根据物种生物学特征，选择适合其生长、安全无污染、便于运输的种植产区为宜。

4.1.1 生境条件

土壤、空气和灌溉水是影响无公害农田栽参的重要因素。进行无公害栽培的前提条件是种植用地需要达到无公害生产标准。栽培选地尽量选择背风向阳，交通方便，靠近水源，便于机械化、集约化和规范化生产的地块。预选地块倾斜角度以 2°~15°，以东、南、北三个坡向为宜。按照《中药材生产质量管理规范（试行）》及无公害农产品种植要求，人参种植基地环境应符合 NYT 5295—2015，空气指标应达到 GB 3095—2012 二

343

级标准，土壤应符合 GB 15618—2008 二级标准，灌溉水质应符合 GB 5084—2005 二级标准。种植基地应定期对周边环境的水质、大气、土壤进行检测和安全评价。低洼积水、盐碱大、土壤黏重、霜道、岗顶风口等易遭受水灾、旱灾、冻害及风灾等的地块不宜选用。

4.1.2 适宜产区

基于农田栽参在我国的发展现状，依据（GMPGIS-Ⅱ）进行人参产地生态适宜性分析，得出农田栽参在我国的最大生态适宜区域主要包括吉林、辽宁、黑龙江等省（区）。其中面积较大的吉林省适宜产区包括抚松、通化、集安、靖宇等县；辽宁省适宜产区包括桓仁、新宾、宽甸等县；黑龙江省适宜产区包括铁力、嘉荫等县；山西省长治市等地区也具有发展农田栽参的潜力。农田栽参适宜区域气候条件为年均温 –2.10~14.00℃、最冷季均温 –23.20~3.50℃、最热季均温 12.30~24.60℃、年均相对湿度 54.39%~71.53%、年均降雨量 520~1999mm、年均日照 113.21~158.55（W/m²）等因子。

4.1.3 土壤条件

参考《无公害农产品产地环境评价准则》，所选地区土壤以土层 ≥ 25cm、具有良好的团粒结构、土质疏松肥沃、保水保肥性能较好的壤土或砂壤土为宜；改良后土壤有机质含量 ≥ 3%，氮、磷、钾含量较高，微量元素较丰富，土壤固、液、气三项比例约为 1∶1∶2，pH 值 5.5~6.5。土壤中五氯硝基苯、六六六（BHC）和滴滴涕（DDT）含量不得超过 0.3mg/kg，其他指标含量均应符合国家相关标准。宜选用未使用过除草剂的地块，大量含有过莠去津除草剂的地块不宜选用。土壤中铅（Pb）、镉（Cd）、汞（Hg）、砷（As）、铬（Cr）等重金属含量应符合《无公害农产品产地环境评价准则》。前茬作物以玉米、大豆和紫苏等农田为宜，种植过蔬菜、烟草、马铃薯、西瓜等地块不宜选用。选地过程中，如部分指标不适宜时，可以通过土壤改良等方法进行调整。

4.2 种植方法

人参无公害种植技术包括土壤修复、播种和移栽技术。其中土壤修复中土壤改良和消毒是关键。土壤改良施肥原则为有机肥为主，辅以其他无机肥料；基肥为主，追肥为辅；多元复合肥为主，单种肥料为辅。

4.2.1 整地

当年 4 月末至 5 月初，开展第一次土壤翻耕，翻耕时保证翻耕地块全面覆盖且均匀，翻耕深度为 25~35cm，但不要把非耕作土层翻出；7 月中旬绿肥回田后，每隔约 15 天翻耕一次土壤，雨后或地涝时不宜翻耕，起垄做畦前共进行 8~10 次翻耕；做畦时将土中残留石块及残枝落叶等杂物拣出，保证土壤颗粒均匀，无明显结块。平地畦向一般选南北走向，坡地可以顺坡做畦，畦长 ≤ 50m。人参育苗地及移栽地做畦规格如表 1 所示。

表 1　不同农田栽参产地做畦规格比较

参地种类	畦高（cm）	畦宽（cm）	作业道宽度（cm）
育苗地	18~30	120~160	50~80
移栽平地	25~35	120~160	50~80

参地种类	畦高（cm）	畦宽（cm）	作业道宽度（cm）
移栽坡地	20~30	120~160	50~80
移栽洼地	30~40	120~160	50~80

4.2.2 土壤改良

4.2.2.1 休闲改良

土壤休闲改良如表 2 所示。根据气候变化，分别进行绿肥种植、绿肥回田、增施有机肥及菌剂、调节土壤物理结构及 pH 值等。施肥以有机肥为主，少量搭配化肥和微量元素肥料，肥料必须严格按照《绿色食品　肥料使用准则》（NY/T 394–2013）执行，严禁使用城市生活垃圾、工业垃圾及医院垃圾等，使改良后的土壤达到《无公害农产品产地环境评价准则》要求。

表 2　农田栽参土壤改良流程

时间	土壤改良内容
4 月	进行第 1 次土壤翻耕和晾晒
5 月	种植玉米（4.5~7.5g/m²）或紫苏（1.5~3g/m²）等作物
6 月	进行田间管理
7 月	中旬使用割灌机将绿肥进行收割、切碎，切割成 3~5cm 的小段，进行第 2 次土壤翻耕；同时进行土壤消毒处理，依据消毒试剂种类，密封发酵 10~30 天
8 月	中旬进行第 3 次土壤翻耕；对土壤进行检测，依据农田栽参选地标准，补施腐熟的猪粪、鸡粪或羊粪等（1.5~3.0kg/m²）。结合菌群种类多样性，选择 2g/m² 芽孢杆菌、5g/m² 的哈茨木霉菌、100g/m² 地恩地（DND）及复合 EM 菌肥的一种或二种施入，之后进行第 4 次土壤翻耕
9 月	上旬进行第 5 次土壤翻耕，如土壤黏重，按照沙子占土壤体积 1/4 的比例进行掺沙改良；过于疏松的轻质壤土及黑土，可以掺拌 1/3 黄土，利于其保水保肥；土壤偏碱用过磷酸钙降低 pH 值，偏酸性采用生石灰提高 pH 值，最终使土壤 pH 值达到 5.5~6.5；之后进行第 6 次翻耕
10 月	上旬进行第 7 次土壤翻耕，起垄做畦前进行第 8 次翻耕

4.2.2.2 土壤消毒

土壤消毒主要以化学农药消毒为主，日光和生防菌剂（木霉菌、哈茨木霉菌等）消毒为辅。当气温稳定在 10℃ 以上，土壤相对湿度约为 50%~80% 时，适宜开展化学药剂消毒。农田栽参土壤消毒时间为 7 月中旬绿肥回田后，将消毒剂施入农田进行密封发酵。药剂消毒可选用联合国环境组织推荐的棉隆及目前常用的威百亩、氰氨化钙等土壤消毒剂。各农药消毒处理方法依据国家相关标准等规定进行（表 3）。消毒完成后立即进行土壤翻耕，排空土壤中残留有毒气体后种植。

表3 不同土壤消毒剂作用机制及使用方法比较

处理	棉隆	威百亩	氰氨化钙
消毒机制	抑制细胞分裂,破坏生理机能	抑制细胞分裂,DNA、RNA合成	遇水形成氰氨,释放有毒物质
消毒方法	固体药剂,撒入2小时内立即覆盖熏蒸	液体药剂,扎桶放气后进行密封熏蒸	固体药剂,撒入混匀后立即覆盖
药剂用量	80~100g/m^2	70~90ml/m^2	70~100g/m^2
消毒时间	12~20℃,15~20天	10~20℃,20天	15~30℃,10~15天
施药深度	20~40cm	20~40cm	20~30cm
土壤相对湿度	60%~80%	50%~80%	70%

4.2.3 播种和移栽

直播法即从播种直到收获,不进行移栽的人参生产法。直播可分为催芽和直播作货两个过程。采用直播法生产人参,要求农田参地土壤疏松,水肥条件适宜,选用种胚发育完好的裂口种子进行播种。移栽法是我国参业主要采用的栽培方法。该方法主要分为育苗和移栽两大环节,根据育苗年限、移栽年限和移栽次数的不同,可分为一次移植、两次移栽和多次移栽。农田栽参采收年限通常为4~5年,其移栽方式通常为一次移栽种植模式。

4.2.3.1 催芽

种子处理:选择果实大、籽粒饱满、色泽鲜艳、无杂质的人参种子,洗去果肉,晾干表皮后进行催芽处理。先将种子在冷水中浸泡24小时,按照沙子和种子3:1的体积比例混匀,控制沙子湿度在25%~30%,保持沙藏温度在18~22℃,每隔15天翻动一次,保证种子湿度均匀,催芽35~45天;然后将温度降低至12~15℃,保持30~45天,当人参种子裂口率≥95%,且90%的种子胚长达到胚乳长的80%以上时,可进行秋季播种。如果春季播种,需要将催芽的种子放于0~4℃、相对湿度为10%~15%的条件下,60天后完成生理后熟,并进行低温冷藏处理,第二年4月中旬进行播种。播种前用50%多菌灵500倍溶液浸泡裂口种子10分钟,除去瘪籽后,将种子捞出,阴干表皮水分后即可播种;也可用2.5%咯菌腈进行包衣拌种(100ml咯菌腈兑水500ml,可拌25kg种子),阴干即可使用。

4.2.3.2 育苗

育苗地选择是无公害农田栽参育苗重要环节,所选土地应符合中药材无公害栽培生产技术规范要求。根据育苗时间可分为春播和秋播2个时期。春播在4月中下旬土壤解冻后开始,秋播在10月中旬至封冻前进行。育苗地播种可采用点播、条播或散播方式。一般采用4cm×5cm方式点播或撒播。播种时间以秋播为好,每帘用种0.4~0.5kg。覆土厚度2~3cm。人参育苗时间通常为1~3年,加强育苗期无公害农业管理可有效提高人参种苗质量。苗期管理主要包括松土拔草、喷药、调阳、调水及防寒等环节。因农田地土壤板结，不能深播。消毒及覆盖：对复土后的池床及马道，选用预防土传及种传病害效果显著的无公害农药进行土壤消毒处理。参床消毒后利用松针、玉米秸秆、稻草等覆盖，覆盖厚度为1~5cm。

4.2.3.3 直播

按照直播时间，可分为春季直播和秋季直播。按照直播方法，可分为点播、条播及撒播种植模式。点播或条播时，株行距可采用4cm×5cm的标准，以干种子重量计算，点播用种量为15~20g/m²，条播用种量为20~25g/m²，撒播用种量为25~30g/m²。加强点播过程无公害农业防治，是促进农田栽参种苗健康生长、降低病害发生的有效措施。人参播种密度要合理，一般播种田多采用行距10cm，播幅宽5cm的种植规格；部分参地也有采用行距和播幅宽均为5cm或单行条播的种植规格。为减少病虫危害，直播参地需要进行多次翻耕、日光照射及消毒，畦土在翻耕过程中还需要倒细，拣出杂物，降低种子出苗时阻力；直播所用种子要符合无公害农田栽参种子种苗标准。春季播种覆土厚度为3~4cm，秋季播种覆土厚度4~5cm，播种后将畦面搂平，用木板稍微压紧，播种完成后使用轧碎的玉米秸秆或稻草进行覆盖，厚度为2~3cm。直播4~5年后即可采收。

4.2.3.4 移栽

移栽模式：移栽时间通常为秋季或春季。采用2+2、2+3或2+4制（2+2制是指将2年生人参种苗移栽，2年后进行采收制式）。移栽人参时，起参苗与选参苗应同时进行，选择生长健壮、芦头完整、芽孢肥大及无病虫害的优质参苗进行移栽。春栽在4月中旬土壤解冻且不黏时进行，时间集中在越冬芽萌动前的7天内为宜；秋栽在10月中下旬人参地上部分枯萎后进行，栽参时不要伤到芽孢和参根。移栽种植前消毒为50%多菌灵粉剂拌根消毒或500倍多菌灵溶液浸根5~10分钟。移栽时做到随挖随栽，当天采挖的参苗应尽快完成移栽，先栽小苗后栽大苗，按照参根与畦面呈30°~45°角摆放在栽培沟中。多年生人参起苗时按照一等、二等和三等苗分类后进行移栽，移栽时株行距如表1所示。移栽完成后，将畦面搂平，覆土5~8cm，覆土后在其表面用平板轻轻拍打，使其接触土壤。播完用稻草或轧碎的玉米秸秆进行覆盖，厚度为2~3cm，参龄达到4~5年时即可采收。

表4　多年生人参移栽株行距比较

等级	一等苗（cm）		二等苗（cm）		三等苗（cm）	
	株距	行距	株距	行距	株距	行距
1年生	8	20	7	20	6	20
2年生	10	20	9	20	8	20
3年生	12	20	11	20	10	20

4.3 田间管理

无公害人参田间管理贯穿栽培到收获的整个生长期。依据人参生长发育特点，因时因地采用促进和控制相结合的调控措施，以满足其生长发育所需要的环境条件，从而达到收获优质药材、提高产量的目的。

4.3.1 早春防寒及畦面消毒

早春气温变化较大时，注意防寒，当低于4℃寒潮来临时，及时做好防冻准备。4月下旬气温＞8℃，参畦土壤全部化透时，撤除防寒物，并将防寒物移到地外，使用1%硫酸铜100倍溶液对畦面和作业道进行消毒（用药量以渗入床面1~2cm为宜），使人参顶药出土。

4.3.2 覆膜和调光

依据各地区风力大小，人参覆膜和遮阳可采用拱棚模式和复式棚模式。拱棚模式为遮阳网叠加覆盖在参膜上面；复式棚模式为上层大棚（立柱高1.8~2.0m）覆网，下层为拱棚（1.2m高）覆膜的模式。4月下旬到5月初，当人参露土时集中扣参膜，不得拖延，以免造成霜冻或床面汇集过量雨水。当人参完全展叶后，白天气温升到25℃以上时，及时覆盖遮阳网。参膜以蓝色和黄色参膜为主，春秋两季适宜增大光照，夏季适宜减少光照。多年生人参适宜光照范围如表5所示，通过光度计测试，不同季节光照可采用遮阳网、喷施黄泥和在畦边添加防护网等方法进行调节。参棚如有破损应及时修补，雨季注意防止参膜破损漏雨。冬季不下帘的参棚，当棚上积雪厚度超过10cm，需要及时除雪，防止参棚坍塌。

表5　不同参龄人参适宜透光率

时间	1年生人参	2~3年生人参	4年生人参
5月	30%	35%	35%
6月	10%~15%	15%~20%	25%~30%
7月	10%~15%	15%~20%	25%~30%
8月	20%	25%	30%
9月	20%~25%	25%~30%	30%~35%

4.3.3 除草松土

人参栽培过程中，根据土质板结程度，全年可手工松土3~5次，覆盖稻草或落叶的地块可以减少松土次数。第1次松土在参苗出土前，松土深度达到参根为宜；在展叶后期可以进行第2次松土，松土深度2cm为宜，松土完成后可以将落叶及稻草铺在畦面上，厚度3~5cm；后续松土时间根据土壤板结程度及参棚潮湿情况进行。松土时进行人工除草，不允许使用除草剂除草，后续管理中做到畦面无杂草。为减轻田间工作量，作业道杂草可用锄头进行铲除，将拔除的杂草集中收集后移到参地外。

4.3.4 扶苗培土

人参长出棚外易产生日灼病，在第2次松土时进行扶苗培土。扶苗方法为先把每行外第3株参苗内侧参土挖开，轻轻把参苗向内推，使之向内倾斜约10°，接着把第1株和第 2 株参苗按照以上方法进行扶正，最后整平畦面。

4.3.5 灌溉及排水

灌溉可采用微喷灌溉、滴灌或沟灌等方式。选择在一天中的 9：00 前及 15：00 后进行，采用符合无公害种植标准的河水或深井水进行灌溉。不同土质条件下土壤最适含水量不同，腐殖土适宜含水量为 40%~50%，砂质壤土为 20% 左右，棕壤土为 20%~30%。4 月底至 5 月初，出现干旱天气时，可以先覆盖遮阳网，待收集一定量雨水后再盖参膜；5~6 月份参畦表层 0~30cm 土壤湿度低于各土质适宜条件时，应及时灌水，水量以渗透到根系土层为宜；6~8 月份应做好排水，保持垄间地头排水通畅，雨后作业道 2 小时内应无积水，以免雨水漫灌到畦内；9~10 月份可撤下参膜，收集自然降水，促进参根生长和根部物质积累。

4.3.6 追肥

无公害人参种植施肥的原则为有机肥为主、化肥为辅。1~2 年生人参通常不需要追肥，3 年生以上人参 5~8 月份生长期可适当追肥。追肥宜在 5 月份追施腐熟圈肥、豆饼及草木灰等混合肥料，也可追施化学肥料。缺氮时，人参植株矮小瘦弱，叶色淡绿，严重时呈现淡黄色，可以开沟施入尿素或喷施浓度为 2% 的尿素溶液；缺磷时，茎叶柔嫩，出现徒长，可以开沟施入或叶面喷施浓度为 2% 的过磷酸钙溶液或稀释 800~1000 倍磷酸二氢钾溶液；缺钾时，植株生长迟缓，叶尖或叶缘黄褐色，根易腐烂，可开沟施入硫酸钾肥料，也可喷施稀释 1000 倍的磷酸二氢钾溶液。追肥喷施时要求叶正面及背面喷施均匀，喷施量以叶面湿润为宜。人参缺少硼、锌等微量元素时，可喷施少量微量元素肥料。

4.3.7 摘蕾、疏花和疏果

5 月下旬至 6 月初，当人参花梗长度为 5cm 时，从花梗上 1/3 处将整个花序剪掉，注意切勿拉伤植株。为收获优质种子，在人参开花前剪掉外围边缘耳蕾，并及时除去花序中心 1/2 花蕾，留外缘长势优良的花蕾。当人参花序长出小青果时，把花序中心小而弱的青果摘除，1 株人参保留约 25~30 粒种子，采收留种。

4.3.8 秋季覆盖及防寒

农田栽参土壤通透性好，昼夜温差较大，易产生冻害，春秋季应做好防寒准备。10 月中下旬至土壤封冻前，覆盖参膜、草帘子及其他防寒物，待次年 4 月中旬开始逐层将防寒物撤掉。

4.4 病虫害防治

无公害中药材病虫害以"预防为主，综合防治"为防治原则，在生产过程中应采用农业、生物和物理的防治措施提高栽培管理水平，调节药用植物体内营养，增强其抗病能力，减少化学农药使用次数和用量。

4.4.1 人参用药原则及常用农药种类

人参病虫害高发期，可以选择高效、低毒、低残留的化学农药进行防治。化学防治所使用的农药种类应按照《绿色食品　农药使用准则》（NY/T 393–2013）以及《农药合理使用准则（一）》（GB/T 8321.1—2000）至《农药合理使用准则（五）》（GB/T

8321.5—2006）执行，国家禁止销售和使用的剧毒、高毒、高残留农药严禁在人参病虫害防治中使用。人参无公害种植过程中推荐及禁止使用的农药种类如表6所示。

表6　人参无公害种植禁用及可用农药种类

类别	农药种类
人参登记农药	噁霉灵、代森锰锌、嘧菌酯、丙环唑、异菌脲、苯醚甲环唑、嘧菌酯、王铜、多抗霉素、嘧菌环胺、乙霉多菌灵、噻虫嗪、咯菌腈、霜脲·锰锌
常见可用农药	代森铵、甲霜灵、天达参宝、噻菌酮、菌核净、黑灰净、阿米西达、斑绝、米达乐、叶枯唑、硫酸铜、辛硫磷等
禁止使用农药	六六六、滴滴涕、毒杀芬、二溴氯丙烷、杀虫脒、二溴乙烷、除草醚、艾氏剂、狄氏剂、汞制剂、砷类、铅类、敌枯双、氟乙酰胺、甘氟、毒鼠强、氟乙酸钠、毒鼠硅、甲胺磷、甲基对硫磷、对硫磷、久效磷、磷胺、苯线磷、地虫硫磷、甲基硫环磷、磷化钙、磷化镁、磷化锌、硫线磷、蝇毒磷、治螟磷、特丁硫磷、氯磺隆、福美胂、福美甲胂、胺苯磺隆单剂、甲磺隆单剂、甲拌磷、甲基异柳磷、内吸磷、克百威、涕灭威、灭线磷、硫环磷、氯唑磷等

4.4.2 病害种类及防治

4.4.2.1 农业防治

为减少农田栽参基地病虫害发生，生产过程中可以采取翻耕、晾晒、松土、除草、适时播种等措施，减少病虫害的发生率，同时合理密植，优化群体结构，促进人参健康生长，减少病虫害发生的不良环境产生。农田面积广阔，为促进人参健康生长，可根据人参植株水分临界期、最大需水期及病虫害发生情况进行合理灌溉。另外，根据人参参龄及种植密度，可采取遮荫或补光等措施进行光照强度调控，使人参长势健壮，有效抵抗病虫害的发生。

4.4.2.2 物理防治

人参常见虫害主要有地老虎、金针虫等，利用害虫成虫具有趋光性特点，可采用黑光灯或频振式杀虫灯对人参虫害进行防治。如依据地老虎羽化时间，在其羽化期安放黑光灯、糖醋液进行诱杀。利用飞蛾、金龟子、蚊蝇等害虫对特殊光谱具有吸引特点，可采用黄板、蓝板等方法进行趋避和诱杀。在土壤休闲改良过程中，利用夏季高温天气，通过覆盖地膜及翻晒方法消除土壤中的病源和虫源。

4.4.2.3 生物防治

生物防治方法主要是利用有益生物或者植物代谢产物等对中药材病虫害进行防治的技术。常见防治方法包括以菌治病、以菌治虫、以害虫天敌治虫、植物源农药、农用抗生素及其他生防制剂方法。人参根腐病可采用种植紫苏绿肥及使用其提取物进行防治，该方法可有效控制人参根腐病发生。另外，植物源农药具有安全、环保等特点，有利于中药材无公害生产和质量提高，是农田栽参病虫害防治的重点发展方向，今后应加大人参专用生物农药的开发力度。

4.4.2.4 化学防治

化学农药是人参病虫害防治的主要方法。农药使用过程中应该做到科学用药，对症用药及适时用药原则，严格按照用药说明及安全间隔期进行农药使用。建议采用国家推荐使用的高效、低毒、低残留农药，以降低农药残留及重金属污染等，严禁使用国家规定的剧毒、高毒、高残留农药种类。

施药期间注意合理配施农药及轮换交替用药，以达到杀灭害虫，降低药材农药残量、保护天敌的目的，同时做好施药人员的安全防护工作，确保生产的人参符合无公害人参农残及重金属限量国家团体标准要求。人参病虫害种类较多，常见病虫害种类接近 30 种，根据田间病虫害防治方法总结，农田栽参常见病害种类、发病时间、危害部位及无公害防治方法如表 7 所示。

表 7 农田栽参病害种类及无公害防治方法

种类	发病时间	危害部位	综合防治方法	化学防治方法
立枯病	6~7 月	茎杆基部	及时松土除草，提高地温，避免土壤过湿	噁霉灵、多菌灵、咯菌腈、天达参宝、米达乐喷施
黑斑病	5~8 月	叶、茎、果实和花柄	注意排水，做好防冻下防寒物，田间消毒	多氧清、黑灰净、斑绝、代森锰锌及天达参宝等药剂喷施
灰霉病	6~8 月	叶片及果实等	及时排水及撤下防寒物，做好田间消毒	嘧菌环胺、乙霉多菌灵、黑灰净、斑绝及天达参宝等
锈腐病	5~9 月	参根	使用哈茨木霉或绿色木霉进行防治	多抗霉素蘸根移栽，发病时用 99% 噁霉灵或米达乐喷施
根腐病	7~8 月	根部、根茎部	做好排水，加强通风，发现病株及时挖出	使用噁霉灵、代森锌喷施
疫病	7~8 月	茎、叶及根部	加强畦内通风、排涝防雨，及时拔除病株	甲霜灵、噁霉灵、米达乐、霜脲·锰锌及天达参宝喷施
菌核病	4~5 月	参根、茎基及芦头	及时排水，增加透气，发现病株及时拔出	发病时用 5% 石灰乳消毒或噁霉灵、黑灰净喷施
白粉病	6~8 月	叶片、果梗、果实	注意消毒、及时通风、防治参棚内过湿	粉锈宁、倍保、斑绝和粉星防治
红皮病	5~9 月	根部	科学选地、整地，疏松土壤、调节土壤水分	减少及交替使用代森锰锌、使用参威及沃土安药剂处理

人参虫害对人参产量及质量会产生较大影响。人参虫害防治需在了解害虫发生规律前提下，以农业、生物等综合防治为主，尽量减少化学农药使用量。春秋季节及时检查虫情指数和种类，有针对性地使用生物除虫药剂进行诱杀；晚秋季节及时清除人参茎叶和杂草，消灭害虫寄生源。农田栽参虫害种类、危害部位及无公害防治方法如表 8 所示。

表 8 农田栽参虫害种类及无公害防治方法

种类	发病时间	危害部位	综合防治方法	化学防治方法
金针虫	5~7 月	根茎和幼茎	耕地深翻、灯光诱捕、印楝素、阿维菌素毒杀	米乐尔颗粒毒杀

种类	发病时间	危害部位	综合防治方法	化学防治方法
蛴螬	4~9月	参根、嫩茎及叶片	深翻整地、灯光诱捕成虫、狼毒植株撒施	采用地亚农颗粒毒杀
地老虎	4~5月	参根、嫩茎及参根	翻耕晾晒、清除杂草、采用糖、醋等诱饵诱杀	使用阿维菌素、多抗霉素、代森锌等毒杀
蝼蛄	5~9月	种子、嫩茎、参根	施用堆肥、诱虫灯及鲜草诱杀	采用乐斯本或对硫磷乳油进行毒杀
土蝗	5~7月	叶片和茎	松土除草、清洁田园、利用土蝗喜食鲜草诱杀	5%氟虫脲、45%马拉硫磷乳油等毒杀

4.5 采收与质量控制

4.5.1 采收与处理

人参通常生长 5~6 年采收，一般 9 月份采挖，具体采收时间根据各地降水、气候变化及销售价格确定。人参收获期确定后，需要提前半个月拆除参棚，以便透阳接雨。根据参地面积、位置及交通便利情况，使用人工或机械采收。收获人参时注意不要伤到参根，尽量边起边选，防止其在日光下长时间暴晒或雨淋。鲜储人参最好 10 天内进行加工；园参加工时，可以用清洗机清洗；林下参及野山参的清洗则以人工为主。人参清洗时水温不宜超过 35℃，清洗后的人参根据产品需求，分别加工成生晒参、红参、大力参及活性参等。

4.5.2 质量控制

4.5.2.1 农药重金属及有害元素残留限量

无公害农田栽参农药残留和重金属及有害元素限量应达到国家相关标准规定。在合作单位多年人参出口药材检测结果基础上，参考《中国药典》2015 年版、《药用植物及制剂进出口绿色行业标准》以及美国、欧盟、日本、韩国等国家的人参质量标准，制定了《无公害人参药材及饮片农药与重金属及有害元素的最大残留限量》（T/CATCM 001—2018）标准。

本标准规定了无公害人参药材及饮片中艾氏剂、毒死蜱、氯丹、五氯硝基苯等 168 种农药残留、5 种重金属及有害元素的最大残留限量。其中艾氏剂、毒死蜱、氯丹、五氯硝基苯等 42 种农药为必检项，其种类及最大残留限量如表 9 所示。重金属及有害元素限量指标铅、镉、汞、砷、铜均为必检项，其含量标准如表 10 所示。高灭磷、啶虫脒、甲草胺等 126 种农药为推荐检测项，其最大残留限量见《无公害人参药材及饮片农药与重金属及有害元素的最大残留限量》团体标准。

表9　无公害人参药材及饮片必检农药最大残留限量

编号	项目		最大残留量（mg/kg）
	英文名	中文名	
1	Aldrin	艾氏剂	不得检出
2	Azoxystrobin	嘧菌酯	0.50

编号	项目		最大残留量（mg/kg）
	英文名	中文名	
3	（α–BHC、β–BHC、γ–BHC、δ–BHC Total） BHC	总六六六	不得检出
4	Carbendazim	多菌灵	0.10
5	Chlordane	氯丹（顺式氯丹、反式氯丹、氧化氯丹）	不得检出
6	Chlorfenapyr	溴虫腈	不得检出
7	Chlorobenzilate	乙酯杀螨醇	0.70
8	Chlorpyrifos	毒死蜱	0.50
9	Cyazofamid	氰霜唑	0.02
10	Cyfluthrin	氟氯氰菊酯	0.05
11	Cyhalothrin	三氟氯氰菊酯	0.05
12	Cypermethrin	氯氰菊酯	0.05
13	Cyprodinil	嘧菌环胺	0.80
14	Total　p,p'–DDD、o,p'–DDD、p,p'–DDE、o,p'–DDE、p,p'–DDT、o,p'–DDT	总滴滴涕	不得检出
15	Difenoconazole	苯醚甲环唑	0.20
16	Dimethomorph	烯酰吗啉	0.05
17	Dinotefuran	呋虫胺	0.05
18	Fludioxonil	咯菌腈	0.70
19	Flutolanil	氟酰胺	0.05
20	Fonofos	地虫硫磷	不得检出
21	Heptachlor	七氯	不得检出
22	Hexachlorobenzene	六氯苯	0.05
23	Isofenphos-Methyl	甲基异柳磷	0.02
24	Kresoxim-Methyl	醚菌酯	0.10
25	Metalaxyl	甲霜灵	0.05
26	Methamidophos	甲胺磷	不得检出
27	Methoxyfenozide	甲氧虫酰肼	0.05
28	Monocrotophos	久效磷	不得检出
29	Triflumizole	氟菌唑	0.05
30	Parathion-Methyl	甲基对硫磷	不得检出
31	Pencycuron	戊菌隆	0.05
32	Pentachloroaniline（PCA）	五氯苯胺	0.02

编号	项目		最大残留量
	英文名	中文名	（mg/kg）
33	Pentachlorothioanisole（PCTA）	五氯硫代苯甲醚	0.01
34	Phorate	甲拌磷	不得检出
35	Phoxim	辛硫磷	不得检出
36	Procymidone	腐霉利	0.20
37	Propiconazole	丙环唑	0.50
38	Pyraclostrobin	吡唑醚菌酯	0.50
39	Quintozene（PCNB）	五氯硝基苯	0.10
40	Tebuconazole	戊唑醇	0.50
41	Thiamethoxam	噻虫嗪	0.02
42	Myclobutanil	腈菌唑	0.10

表 10 无公害人参药材及饮片中重金属及有害元素最大残留限量

编号	项目	最大残留限量（mg/kg）
1	铅（以 Pb 计）	0.50
2	镉（以 Cd 计）	0.50
3	汞（以 Hg 计）	0.10
4	砷（以 As 计）	1.00
5	铜（以 Cu 计）	20.00

4.5.2.2 杂质及含量测定

参照《中国药典》2015 年版通则 201 测定。人参药材安全含水量不得超过 12.0%，总灰分不得超过 5.0%。人参皂苷含量测试以《中国药典》2015 年版通则 0521 测试方法进行，按干燥品计算，人参药材中人参皂苷 Rg_1（$C_{42}H_{72}O_{14}$）和人参皂苷 Re（$C_{48}H_{82}O_{18}$）总量不得少于 0.30%，人参皂苷 Rb_1（$C_{54}H_{92}O_{23}$）的含量不得少于 0.20%。

核心文献

［1］Chen SL，Luo HM，Li Y，et al．454 EST analysis detects gene sputatively involved in ginsenoside biosynthesis in *Panax ginseng*［J］．Plant Cell Rep 2011，30（9）：1593-1601．

［2］Xu J，Chu Y，Liao BS，et al．*Panax ginseng* genome examination for ginsenoside biosynthesis［J］．Gigascience，2017，6（11）：1-15．

［3］Cai Y，Hu H，Li XW，et al．Quality traceability system of traditional Chinese medicine based on two dimensional barcode using mobile intelligent technology［J］．PloS one，2016，11（10）：e0165263．

［4］Chen XC，Liao BS，Song JY，et al．A fast SNP identification and analysis of intraspecific variation in the medicinal Panax species based on DNA barcoding［J］．Gene，2013，530：39-43．

［5］Dong LL，Xu J，Li Y，et al．Manipulation of microbial community in the rhizosphere alleviates the replanting issues in Panax ginseng［J］．Soil Biology and Biochemistry，2018，125：64-74．

［6］Dong LL，Xu J，Zhang L，et al．Rhizospheric microbial communities are driven by *Panax ginseng* at different growth stages and biocontrol bacteria alleviates replanting mortality［J］．Acta pharmaceutica sinica B，2018，8（2）：272-282．

［7］Zhang HM，Li SL，Zhang H，et al．Holistic quality evaluation of commercial white and red ginseng using a UPLC-QTOF-MS/MS-based metabolomics approach［J］．Journal of Pharmaceutical and Biomedical Analysis，2012，62：258-273．

［8］Li CF，Zhu YJ，Guo X，et al．Transcriptome analysis reveals ginsenosides biosynthetic genes，microRNAs and simple sequence repeats in *Panax ginseng* C．A．Meyer［J］．BMC Genomics，2013，14：245．

［9］Sun C，Li Y，Wu Q，et al．*De novo* sequencing and analysis of the American ginseng root transcriptome using a GS FLK Titanittm platform to discover putative genes involved in ginsenoside biosynthesis［J］．BMC Genomics，2010，11（1）：262．

［10］Zhang JJ，Su H，Zhang L，et al．Comprehensive Characterization for Ginsenosides Biosynthesis in Ginseng Root by Integration Analysis of Chemical and Transcriptome［J］．Molecules，2017，22：889．

［11］Kim NH，Jayakodi M，Lee SC，et al．Genome and evolution of the shade-requiring medicinal herb Panax ginseng［J］．Plant biotechnology journal，2018，16（11）：1904-1917．

［12］陈士林．本草基因组学［M］．北京：科学出版社，2017．

［13］陈士林.中国药材产地生态适宜性区划（第二版）［M］.北京：科学出版社，2017.

［14］陈士林.无公害中药材栽培生产技术规范［M］.北京：中国医药科技出版社，2018.

［15］么厉，程惠珍，杨智，等.中药材规范化种植（养殖）技术指南［M］.北京：中国农业出版社，2006.

［16］王铁生.中国人参［M］.沈阳：辽宁科学技术出版社，2001.

［17］陈士林，董林林，郭巧生，等.无公害中药材精细栽培体系研究［J］.中国中药杂志，2018，43（8）：1517-1528.

［18］陈士林，张本刚，张金胜，等.人参资源储藏量调查中的遥感技术方法研究［J］.世界科学技术－中医药现代化，2005，7（4）：36-43，86.

［19］陈士林，朱孝轩，陈晓辰，等.现代生物技术在人参属药用植物研究中的应用［J］.中国中药杂志，2013，38（5）：633-639.

［20］董林林，牛玮浩，王瑞，等.人参根际真菌群落多样性及组成的变化［J］.中国中药杂志，2017，42（3）：443-449.

［21］贾光林，黄林芳，索风梅，等.人参药材中人参皂苷与生态因子的相关性及人参生态区划［J］.植物生态学报，2012，36（4）：302-312.

［22］罗红梅，宋经元，李雪莹，等.人参皂苷合成生物学关键元件HMGR基因克隆与表达分析［J］.药学学报，2013，48（2）：219-227.

［23］牛玮浩，徐江，董林林，等.农田栽参的研究进展及优势分析［J］.世界科学技术－中医药现代化，2016，18（11）：1981-1987.

［24］牛云云，罗红梅，黄林芳，等.细胞色素P450在人参皂苷生物合成途径中的研究进展［J］.世界科学技术（中医药现代化），2012，14（1）：1177-1183.

［25］任跃英，张益胜，李国君，等.非林地人参种植基地建设的优势分析［J］.人参研究，2011，23（2）：34-37.

［26］沈亮，李西文，徐江，等.人参无公害农田栽培技术体系及发展策略［J］.中国中药杂志，2017，42（17）：3267-3274.

［27］沈亮，吴杰，李西文，等.人参全球产地生态适宜性分析及农田栽培选地规范［J］.中国中药杂志，2016，41（18）：3314-3322.

［28］沈亮，徐江，陈士林，等.人参属药用植物无公害种植技术探讨［J］.中国实验方剂学杂志，2018，24（23）：8-17.

［29］沈亮，徐江，董林林，等.基于GMPGIS全球变暖情景下人参未来生态适宜产区变化［J］.世界中药，2017，12（5）：974-978.

［30］沈亮，徐江，董林林，等.人参栽培种植体系及研究策略［J］.中国中药杂志，2015，40（17）：3367-3373.

［31］王瑞，董林林，徐江，等.基于病虫害综合防治的人参连作障碍消减策略［J］.中国中药杂志，2016，41（21）：3890-3896.

［32］王瑞，董林林，徐江，等.农田栽参模式中人参根腐病原菌鉴定与防治［J］.中国中药杂志，2016，41（10）：1787-1791.

［33］王瑀，魏建和，陈士林，等．应用 TCMGIS-I 分析人参的适宜产地［J］．亚太传统中医药，2006，2（6）：73-78．

［34］王瑀，谢彩香，陈士林，等．石柱参（人参）产地适宜性研究［J］．世界科学技术－中医药现代化，2008，10（4）：77-82．

［35］吴琼，周应群，孙超，等．人参皂苷生物合成和次生代谢工程［J］．中国生物工程杂志，2009，29（10）：102-108．

［36］谢彩香，索风梅，贾光林，等．人参皂苷与生态因子的相关性［J］．生态学报，2011，31（24）：7551-7563．

［37］徐江，董林林，王瑞，等．综合改良对农田栽参土壤微生态环境的改善研究［J］．中国中药杂志，2017，42（5）：875-881．

［38］徐江，沈亮，陈士林，等．无公害人参农田栽培技术规范及标准［J］．世界科学技术－中医药现代化，2018，20（7）：1138-1147．

［39］张翠英，陈士林，董梁．超高效液相色谱法结合化学计量学分析评价 4 种商品人参的质量（英文）［J］．色谱，2015，33（5）：514-521．

［40］张翠英，董梁，陈士林，等．人参药材皂苷类成分 UPLC 特征图谱的质量评价方法［J］．药学学报，2010，45（10）：1296-1300．

［41］张鹏，邬兰，李西文，等．人参饮片标准汤剂的评价及应用探讨［J］．中国实验方剂学杂志，2017，23（7）：2-11．

［42］冯春生，高金方，王化民，等．应用 14C 示踪法测定人参的光合速率［J］．核农学报，1988，2（4）：226-230．

［43］侯志芳，雷秀娟，张艳敬，等．分子标记技术在人参种质资源研究中的应用与展望［J］．特产研究，2016，38（04）：64-67．

［44］贾璐璐，李琼，王慧斌，等．不同基质对低温保鲜人参的影响［J］．中国中药杂志，2017，42（13）：2449-2452．

［45］李晨曦，何章，夏冬冬，等．农田人参叶片净光合速率日变化及其与环境因子的关系［J］．西北农林科技大学学报（自然科学版），2017，45（6）：199-205．

［46］李晨曦，何章，许永华，等．不同遮荫棚下农田人参叶片光合特性的生育期变化［J］．吉林农业大学学报，2017，39（1）：32-37，48．

［47］李哲，张燕娣，许永华，等．人参光合特性研究进展［J］．中国农学通报，2012，28（13）：143-146．

［48］任跃英．人参育种的种质资源及生物学基础的研究［J］．人参研究，2012，24（01）：24-29．

［49］王铁生，王化民，洪佳华，等．光强、光质对人参光合的影响［J］．中国农业气象，1995，16（1）：19-22．

［50］徐克章，张治安，陈星，等．人参叶片比叶重特性的初步研究［J］．吉林农业大学学报，1994，16（4）：39-42．

［51］徐克章，张治安，王英典，等．西洋参与吉林人参叶片光合作用的比较研究［J］．

吉林农业大学学报，1994，16（Suppl）：59–61．

[52] 杨世海，尹春梅．人参光生理研究进展［J］．人参研究，1994，1：2–5．

[53] 郭杰，张琴，孙成忠，等．人参药材中人参皂苷的空间变异性及影响因子［J］．植物生态学报，2017，41（9）：995–1002．

[54] 谢彩香，索风梅，贾光林，等．人参皂苷与生态因子的相关性［J］．生态学报，2011，31（24）：7551–7563．

[55] 贾光林，黄林芳，索风梅，等．人参药材中人参皂苷与生态因子的相关性及人参生态区划［J］．植物生态学报，2012，36（4）：302–312．

[56] 李慧，许亮，温美佳，等．不同产地人参皂苷成分含量UPLC法测定及质量评价［J］．中华中医药杂志，2015，30（06）：1963–1968．

[57] 李勇，杨小芳，张晓云，等．人参黑斑病低毒化学杀菌剂的室内筛选［J］．中国现代中药，2019，21（1）：82–84，98．

[58] 李勇，刘时轮，黄小芳，等．人参（*Panax ginseng*）根系分泌物成分对人参致病菌的化感效应［J］．生态学报，2009，29（01）：161–168．

[59] 李勇，赵东岳，丁万隆，等．人参内生细菌的分离及拮抗菌株的筛选［J］．中国中药杂志，2012，37（11）：1532–1535．

[60] 赵东岳，李勇，丁万隆．人参自毒物质降解细菌的筛选及其降解特性研究［D］．中国中药杂志，2013，38（11）：1703–1706．

[61] 李勇，黄小芳，丁万隆．营养元素亏缺对人参根分泌物主成分的影响［J］．应用生态学报，2008，19（8）：1688–1693．

[62] 黄小芳，李勇，易茜茜，等．五种化感物质对人参根系酶活性的影响［J］．中草药，2010，41（1）：117．

[63] 郭丽丽，郭帅，董林林，等．无公害人参氮肥精细化栽培关键技术研究［J］．中国中药杂志，2018，（7）：1427–1433．

[64] 张连学，陈长宝，王英平，等．人参忌连作研究及其解决途径［J］．吉林农业大学学报，2008，30(4)：481–485，491．

[65] 杨元超，王英平，闫梅霞，等．人参皂苷compound K转化菌株的筛选［J］．中国中药杂志，2011，36（12）：1596–1598．

[66] 王铁生，王英平．韩国人参栽培新品种及轮作制［J］，人参研究，2003，3：13–14．

[67] 张舒娜，郭靖，刘继勇，等．人参种质资源现状及建立种质资源圃的必要性［J］．特产研究，2012，4：73–75．

[68] 逄世峰，李亚丽，许世泉，等．人参不同部位人参皂苷类成分研究［J］．人参研究，2015，1：5–8．

[69] Wang HP, Zhang YB, Yang XW, et al. Rapid characterization of ginsenosides in the roots and rhizomes of *Panax ginseng* by UPLC-DAD-QTOF-MS/MS and simultaneous determination of 19 ginsenosides by HPLC-ESI-MS［J］. Journal of Ginseng Research，40（4）：382–394．

附录七 名词解释

大马牙

"大马牙"为园参的一个品种，其越冬芽（芽胞）大，主根粗而短，根茎短且粗，芦碗大，须根多，产量高。

二马牙

"二马牙"为园参的一个品种，与"大马牙"相比，其越冬芽稍小，主根比较长，根茎较稍长且细，芦碗较小，支根、须根较少，产量较"大马牙"低。

长脖

"长脖"为园参的一个品种，主根长，芦头细而长，芦碗小，支根、须根少而长，体形优。

圆膀圆芦

"圆膀圆芦"为园参的一个品种，与"二马牙"相比，根茎稍长，肩头圆形，根形体长，体形较丰满，生长速度慢，主根形态大小介于"二马牙"与"长脖"间。

RFLP

限制性内切酶片段长度多态性，是指基因型之间限制性片段长度的差异，这种差异是由限制性酶切位点上碱基的插入、缺失、重排或点突变所引起的。

RAPD

随机扩增多态性 DNA 标记，是建立在 PCR 基础之上的一种可对整个未知序列的基因组进行多态性分析的分子技术。

AFLP

扩增片段长度多态性，是基于 PCR 技术扩增基因组 DNA 限制性片段，基因组 DNA 先用限制性内切酶切割，然后将双链接头连接到 DNA 片段的末端，接头序列和相邻的限制性位点序列，作为引物结合位点。

SSR

简单重复序列，是可变数目串联序列的一种，其重复单位长度小于 10bp，串联重复 10~100 次，在染色体 DNA 中散在分布，是第二代遗传标记。

SNP

单核苷酸多态性，指在基因组水平上由单个核苷酸的变异所引起的 DNA 序列多态性。

EST

表达序列标签，指从一个随机选择的 cDNA 克隆，进行 5′ 端和 3′ 端单一次测序挑选出来获得的短的 cDNA 部分序列。

基因图谱

基因图谱（Gene Map）指综合各种方法绘制成的基因在染色体上的线性排列图。

基因组重复序列

基因组重复序列（Repeated Sequence）又称为基因序列的多拷贝，根据其重复的频度可分为三类。一是基因组只有一个复制顺序的单一 DNA，二为高度重复顺序，由较短的顺序 105~107 次直线连结而成，其中含随体 DNA 等。三为中等程度的重复顺序，为有 300~500 个核苷对的大致相同的顺序。

基因家族

基因家族（Gene Family）是指在真核细胞中，许多相关的基因常按功能成套组合，是来源于同一个祖先，由一个基因通过基因重复而产生两个或更多的拷贝而构成的一组基因，它们在结构和功能上具有明显的相似性，编码相似的蛋白质产物，同一家族基因可以紧密排列在一起，形成一个基因簇，但多数时候，它们是分散在同一染色体的不同位置，或者存在于不同的染色体上的，各自具有不同的表达调控模式。

叶绿体基因组

叶绿体基因组（Chloroplast DNA）是指存在于叶绿体内的 DNA。高等植物叶绿体的 DNA 为双链共价闭合环状分子，其长度随生物种类而不同，其大小在 120~217kb 之间，叶绿体基因组大小虽不相同，但基因组成是相似的，且所有基因的数目几乎是相同的；叶绿体基因组结构保守，一共由 4 部分组成，包括 2 个反向重复序列（IR）、1 个短单拷贝序列（SSC）及 1 个长单拷贝序列（LSC）。

后熟

后熟（After Ripening）是指果实离开植株后的成熟现象。种子成熟应该包括种子形态上的成熟和生理上的成熟，只具备其中一个条件时，都不能称为种子真正的成熟。种子形态成熟后被收获，并与母株脱离，但种子内部的生理生化过程仍然继续进行，直到生理成熟。这段时期的变化实质上是成熟过程的延续，又是在收获后进行的，所以称为后熟。

选择育种

选择育种（Selection Breeding）是指在植物在种植过程中，会产生很多性状变异，人为地对这些自然变异或人工授粉变异进行选择和繁殖，从而培育出新品系的过程。

杂交育种

杂交育种（Hybridization）是将两个或多个品种的优良性状通过交配集中在一起，

再经过选择和培育，获得新品种的方法。杂交可以使双亲的基因重新组合，形成各种不同的类型，为选择提供丰富的材料。

诱变育种

诱变育种（Mutation Breeding）是指在人为的条件下，利用物理、化学等因素，诱发生物体产生突变，从中选择培育成动植物和微生物的新品种。

分子育种

分子育种（Molecular Breeding）是指把表现型和基因型选择结合起来的一种植物遗传改良理论和方法体系，可实现基因的直接选择和有效聚合，大幅度提高育种效率，缩短育种年限，在提高产量、改善品质、增强抗性等方面已显示出巨大潜力，成为现代作物育种主要方向。分子育种过程结合了植物育种技术、分子生物学和生物技术等手段，可加快育种进程，促进新品种的培育。分子育种主要包括分子标记辅助育种、基因工程育种和分子设计育种 3 种。

中药材产地生态适宜性分析地理信息系统

中药材产地生态适宜性分析地理信息系统（TCMGIS）是指将地理信息系统空间分析技术和地理信息学、气象学、土壤学、中药资源学、药材栽培学等多个学科的理论和分析方法进行有机结合，并用于分析出与药材道地产区生态环境最相近的地区，解决依靠传统经验和单个药材、单个气候因子、单个产地分析而导致的低效、准确性差等问题的计算机软件。

药用植物产地生态适宜性信息系统

"药用植物全球产地生态适宜性区划信息系统"（Global Geographic Information System for Medicinal Plant，GMPGIS）是 2016 年由中国中医科学院中药研究所自主研发的全球首个中药材产地生态适宜性分析系统。该系统环境因子数据来源于全球气候数据库 WorldClim、全球生物气候学建模数据库 CliMond、全球土壤数据库 HWSD 和中药材分布空间数据库等数据库。该系统以地理信息系统为开发平台，能够对中药材产地适宜性进行多生态因子、多统计方法的定量化与空间化分析，进而确定中药材产地生态适宜性区划。

活动积温

当日平均气温稳定上升到 10℃以上时，大多数农作物才能活跃生长。把 ≥ 10℃持续期内的日平均气温累加起来，得到的气温总和，叫做活动积温（Active Accumulated Temperature）。

生物合成途径

生物体内物质是在一系列相关的酶连续作用下逐步进行的，这种生物体内由一系列酶促反应组成的代谢通路，即为生物合成途径（Biosynthetic Pathway）。

糖基转移酶

糖基转移酶（Glycosyltransferase）是把生物体内活化的糖催化连接到不同的受体分子，如蛋白、核酸、寡糖、脂和小分子上的一类酶，糖基化的产物具有很多生物学功能。

地形

地形（Topography）指地表各种各样的形态，具体指地表分布的固定性物体共同呈现出的高低起伏的各种状态。人参适合生长的地形有山麓倾斜地、低丘陵地、河床平坦地和丘陵地等。

倾斜度

倾斜度（Tilt）是表示土壤倾斜程度的指标，土地倾斜程度可间接反映土壤中养分流失的程度，土地坡度过大，易发生干旱，灌水和田间作业不方便，易造成水土流失，也可影响机械作业操作的难易程度。

土壤质地

土壤质地（Soil Texture）是土壤物理性质之一，是指土壤中不同大小直径的矿物颗粒的组合状况。土壤质地与土壤通气、保肥、保水状况及耕作的难易程度有密切关系；土壤质地状况是土壤利用、管理和改良措施的重要依据。

有效土深

通常在选择农田栽参用地时，需要对适宜人参生长土壤厚度进行分析，一般对有效土深（Available Depth of Soil）分为 ≤ 20cm、20~50cm、50~100cm、≥ 100cm 4 个等级。

碎石比例

碎石是指粒径大于 4.75mm 的岩石颗粒，碎石多棱角，表面比较粗糙。碎石占单位体积土壤的百分比为碎石比例（Gravel Content）。参地表面有石头或碎石不利于机械化操作，如果其含量超过 35%，土壤保水、保肥能力则显著降低，严重影响人参的生长。

参床高度

参床高度（Bed Height）为人参做畦后以作业道为起点到畦面的高度，参床高低对参地土壤疏松程度、土壤含水量等因素影响很大。

板结层

板结层（Harden Layer）是指土壤表层因缺乏有机质，结构不良，在灌水或降雨等外界因素作用下形成的土壤变硬结块特征。土壤板结易导致土壤透气性及透水性差。

土壤孔隙度

土壤孔隙度（Soil Porosity）即土壤孔隙容积与土体容积的百分比。土壤中各种形状地粗细土粒集合和排列成固相骨架。骨架内部有宽狭和形状不同的孔隙，构成复杂的孔隙系统，全部孔隙容积与土体容积的百分率，称为土壤孔隙度。

盐基代换量

盐基代换量（Salt Substitution）是指在 pH=7 时测定的可替换的阳离子含量。盐基代换量与土壤供肥、保肥性能密切相关。

土壤中黏粒组阳离子交换能力

土壤中黏粒组阳离子交换能力（The Cationic Clay Soil Group Exchange Capacity）指带负电荷的土壤胶体，借静电引力而对溶液中的阳离子所吸附的数量。以每千克干土所含全部代换性阳离子厘摩尔（按一价离子计）数表示，单位为 cmol（＋）/kg。

绿肥改良

绿肥改良（Green Manure Improvement）是指施用用绿色植物体制成的肥料改善农田土壤质量。绿肥能为土壤提供丰富的养分，各种绿肥的幼嫩茎叶，含有丰富的养分，在土壤中腐解后，能大量地增加土壤中的有机质和氮、磷、钾、钙、镁和各种微量元素。

阳离子

阳离子（Cation）又称正离子，是指失去最外层电子以达到相对稳定结构的离子形式。土壤中阳离子较多，主要包括钾离子、钙离子和镁离子。

钾

钾（K）是一种银白色的软质金属，蜡状，可用小刀切割，熔沸点低，密度比水小，化学性质极度活泼。钾在植物体内具有生成淀粉、糖，增加水分，促进植物根部发育、开花、结果等作用。

钙

钙（Ca）是一种银白色稍软金属，有光泽，不溶于苯，微溶于醇，可以促进根部发育，强化生物体组织。

镁

镁（Mg）是一种银白色轻质碱土金属，能与酸反应生成氢气，具有一定延展性和热消散性，是自然界存在的一种常见元素，是形成叶绿素必备元素。

土壤容积密度

土壤在未破坏自然结构的情况下，单位容积中的重量称为土壤容积密度（Soil Volume Density），通常单位以 g/cm^3 表示。

土壤盐基饱和度

土壤盐基饱和度（Soil Base Saturation）为土壤胶体吸附的盐基离子占阳离子交换量

的百分数。

5 日生化需氧量

5 日生化需氧量（Five-Day Biochemical Oxygen Demand）（mg/L）是微生物在最适宜温度下（20℃、氧充和不搅动），5 日发生的氧化分解过程所释放的氧气量，以 BOD5 表示之。测定方法是将水样（或经稀释的水样）注入若干个有水封的具塞玻璃瓶中，先测出其中一瓶水样当天的溶解氧量，并将各瓶放在 20±1℃ 的培养箱内培养 5 日后再测其溶解氧量。培养前后溶解氧之差值即为此水样的 BOD5。

化学需氧量

化学需氧量（Chemical Oxygen Demand，COD）（mg/L）是以化学方法测量水样中需要被氧化的还原性物质的量。废水及受污染的水中，能被强氧化剂氧化的物质（一般为有机物）的氧当量，常以符号 COD 表示。

悬浮物

悬浮物（Suspended Matter）（mg/L）指悬浮在水中的固体物质，包括不溶于水的无机物、有机物及泥砂、黏土、微生物等。水体中的有机悬浮物沉积后易厌氧发酵，使水质恶化，是造成水浑浊的主要原因。

阴离子表面活性剂

阴离子表面活性剂（Anionic Surfactant）（mg/L）在水中解离后，生成亲水性阴离子，具有较好的去污、发泡、分散、乳化、润湿等特性。阴离子表面活性剂可分为羧酸盐、硫酸酯盐、磺酸盐和磷酸酯盐四大类。

氯化物

氯化物（Chloride）（mg/L）是指带负电的氯离子和其他元素带正电的阳离子结合而形成的盐类化合物。

硫化物

硫化物（Sulfide）（mg/L）指电正性较强的金属或非金属与硫形成的一类化合物。大多数金属硫化物都可看作氢硫酸的盐。由于氢硫酸是二元弱酸，因此硫化物可分为酸式盐（HS，氢硫化物）、正盐（S）和多硫化物（Sn）三类。

大肠埃希菌

大肠埃希菌（Escherichia Coli）（个/100 毫升）是一种周身具鞭毛，能运动，无芽孢，主要生活在大肠内的细菌。可分为非致病性大肠埃希菌和致病性大肠埃希菌两类。

蛔虫卵

蛔虫是线虫动物门，线虫纲，蛔目，蛔科的无脊椎动物，主要寄生在人体肠道内。蛔虫卵（Ova of Roundworm）（个/升）分受精卵和未受精卵。受精卵呈宽椭圆形，大小约为（45~75）μm×（35~50）μm。

氟化物

氟化物（Fluoride）（mg/L）指含负价氟的有机或无机化合物。氟可与除氦（He）、氖（Ne）和氩（Ar）外的所有元素形成二元化合物。

氰化物

氰化物（Cyanide）（mg/L）特指带有氰基（CN）的化合物，毒性较大，其中的碳原子和氮原子通过叁键相连接，使得氰基具有较高的稳定性，使之在通常的化学反应中都以一个整体存在。

石油类

石油类（Oil）物质（mg/L）是各种烃类的混合物，可以溶解态、乳化态和分散态存在于废水中。石油类物质进入水环境后，其含量超过 0.1~0.4mg/L，即可在水面形成油膜，影响水体的复氧过程，造成水体缺氧，危害水生物的生活和有机污染物的好氧降解。当含量超过 3mg/L 时，会严重抑制水体自净过程，具有明显生物毒性。我国规定农灌区水质中石油类物质不大于 5mg/L 和 10mg/L 两种标准。

挥发酚

挥发酚（Volatile Penol）（mg/L）为原生质毒，属高毒物质，人体摄入一定量会出现急性中毒症状；长期饮用被酚污染的水，可引起头痛、出疹、瘙痒、贫血及各种神经系统症状。含酚浓度高的废水不宜用于农田灌溉，否则会使农作物枯死或减产。

三氯乙醛

三氯乙醛（Trichloroacetaldehyde）（mg/L）为无色易挥发油状液体，有刺激性气味，易溶于水、乙醇、乙醚和氯仿，与水化合生成三氯乙醛水合物。三氯乙醛可用于制造滴滴涕、敌百虫、敌敌畏等杀虫剂、三氯乙醛脲除草剂等。

丙烯醛

丙烯醛（Acrolein）（mg/L）是最简单的不饱和醛，在通常情况下是无色透明有恶臭的液体，其蒸气有很强的刺激性和催泪性。是化工中很重要的合成中间体，广泛用于树脂生产和有机合成中，易造成水体污染。

有机质

土壤中来源于生命的物质，包括土壤微生物和土壤动物及其分泌物。主要有糖类化合物、纤维素、半纤维素、木质素、含氮化合物、脂肪、树脂、蜡质、单宁和灰分物质。土壤有机质（Organism）是植物生长的物质基础。

碱解氮

碱解氮（N）（Nitrogen Content）能反映土壤近期氮素供应情况，包括无机态氮（铵态氮、硝态氮）及易水解的有机态氮（氨基酸、酰胺和易水解蛋白质）。

速效磷

速效磷（P）（Available Phosphorus）也称为有效磷，是土壤中可被植物吸收的磷元素，包括全部水溶性磷、部分吸附态磷及有机态磷。

速效钾

土壤中各种形态速效钾总和。土壤速效钾（K）（Potassium Content）大多在 1~30g/kg 左右，平均为 10g/kg 左右。

重金属

重金属（Heavy Metal）是指密度大于 $4.5g/cm^3$ 的金属，包括金（Au）、银（Ag）、铜（Cu）、铁（Fe）、铅（Pb）、汞（Hg）、镉（Cd）、铬（Cr）等。

土壤酸碱度

土壤酸碱度（Soil pH）为土壤酸性程度和碱性程度的总称，也称土壤 pH 值。

石灰氮

石灰氮（Calcium Cyanamide）是由氰氨化钙、氧化钙和其他不溶性杂质构成的混合物，呈灰黑色，有特殊臭味。是一种碱性肥料，也是高效低毒多菌灵农药的主要原料之一，可用作除草剂、杀菌剂、杀虫剂等。

改良霍格兰液

霍格兰液（Hoagland's 液）是植物营养液中的一种常用配方，有利于植物繁殖和生长发育。改良霍格兰液配方由四水硝酸钙、硝酸钾、硝酸铵、磷酸二氢钾、硫酸镁、七水硫酸亚铁、乙二胺四乙酸二钠、碘化钾、硼酸、硫酸锰、硫酸锌、钼酸钠、硫酸铜、氯化钴等组成。

微生物菌肥

微生物菌肥（Microbial Fertilizer）是以微生物的生命活动导致作物得到特定肥料效应的一种制品，是农业生产中使用肥料的一种。自然界中有不少微生物（病毒、细菌、真菌等）具有杀虫、杀菌、除草及植物生物调节活性。这种微生物具有很高的专一性，其对靶标害物具有极高的选择性，而对其他生物却十分安全。

土壤宏基因组

壤宏基因组（Soil Metagenomics）即土壤环境中全部微小生物遗传物质的总和。它包含了可培养的和未可培养的微生物的基因，目前主要指环境样品中的细菌和真菌的基因组总和。土壤宏基因组是一种以土壤样品中的微生物群体基因组为研究对象，以功能基因筛选和（或）测序分析为研究手段，以微生物多样性、种群结构、进化关系、功能活性、相互协作关系及与环境之间的关系为研究目的的新的微生物研究方法。

香农指数

香农指数是香农多样性指数 SHDI（Shannon's Diversity Index）的简称。香农多样性指数是一种基于信息理论的测量指数，在生态学中应用很广泛，香农指数越大，表示生物多样性越高。

Chao 1 指数

Chao1 指数是用来反映物种丰富度的指标。计算公式是 $Chao1 = Sobs + \dfrac{F_1^2}{2F_1^2}$，Sobs 表示样本中观察到的物种数目。F1 和 F2 分别表示稀有物种（Singletons）数和被抽到两次（Doubletons）时的数目。

丰度指数

丰度指数（Abundance）是种群丰度的简称，指群落内物种数目的多少。

连作障碍

连作障碍（Succession Cropping Obstacle）是指连续在同一土壤上栽培同种作物或近缘作物引起的作物生长发育异常。症状一般为生长发育不良，产量、品质下降，极端情况下，局部死苗，不发苗或发苗不旺；多数受害植物根系发生褐变、分支减少，活力低下，分布范围狭小，导致吸收水分、养分的能力下降。障碍一般以生长初期明显，后期常可不同程度地恢复。

缓阳冻

缓阳冻是指在越冬期间，特别是在初冬及早春的土壤结冻与解冻季节。气候不稳定，温度的骤然交替变化，土壤出现一冻一化的过程。

桃花水

桃花水是指早春冰雪融化时汇流成的地表径流，如果因天气的变化出现一冻一化的过程，则容易造成人参冻伤。

红参

红参（Red Ginseng）是商品人参的一个重要品种，为新鲜园参加工后的产品。

无公害施肥

无公害施肥（Pollution-Free Fertilization）是以提高肥料有效利用率，减少环境污染为目的，根据植物营养生理特点、吸肥规律、土壤供肥性能及肥料效应，确定有机肥、氮、磷、钾及微量元素肥料的适宜用量和比例，选择合适的肥料类型的施肥技术。

生物有机肥

生物有机肥（Microbial Organic Fertilizers）指特定功能微生物与主要以动植物残体（如畜禽粪便、农作物秸秆等）为来源并经无害化处理、腐熟的有机物料复合而成的一类兼具微生物肥料和有机肥效应的肥料。

基肥

基肥（Base Fertilizer）是指在作物播种前或定植前结合土壤耕作施入田间的肥料。

其目的在于为作物生长发育创造良好的土壤条件，满足作物对营养的基本要求。

根际追肥

根际追肥（Rhizosphere Fertilizer）是指在植物生长期间为补充和调节植物营养而施用在根际土里的肥料。追肥主要目的是补充基肥的不足和满足植物中后期的营养需求。

叶面肥追肥

叶面肥追肥（Foliar Fertilization）是将水溶性肥料或生物性物质的低浓度溶液喷洒在生长中的作物叶片上的一种施肥方法。可溶性肥料通过叶片角质膜经外质连丝到达表皮细胞原生质膜而进入植物内，用以补充作物生育期中对某些营养元素的特殊需要或调节作物的生长发育。叶面肥供应养分快，但供应量不足，因此多适用于紧急缺素状况及需求量较少的微量元素的补充。

无公害病虫害防治

无公害病虫害防治（Pollution-Free Diseases and Pest Control）是指从生物与环境的整体观点出发，依据病虫害预测预报技术进行合理防治，同时因地制宜地运用农业、生物、物理及化学防治方法，改善药材生长环境，避免和减缓病虫害发生，把病虫危害控制在经济阈值以下过程。

侵染性病害

侵染性病害（Infectious Disease）是由微生物侵染引起的病害，故又名传染性病害。人参侵染性病害主要包括黑斑病、根腐病、锈腐病、立枯病、菌核病、疫病及灰霉病等。

非侵染性病害

非侵染性病害（Non-Infectious Disease）是由于植物自身生理缺陷或生长环境中有不适宜的物理、化学等因素直接或间接引起的一类病害，主要由非生物因素引起，故又名生理病害。人参非侵染性病害主要包括红皮病、冻害、烧须、日烧病、生理花叶病等。

抗病基因

抗病基因（Resistance Gene）是指植物免疫过程中参与识别病菌、抵抗侵染及扩散的基因，是植物抗病性的分子生物学基础和选育抗病品种的重要分子标记。

农药最大残留限量

农药最大残留限量（MRL）是指中药材或饮片中法定允许的农药最大浓度，以每千克中药材或饮片中农药残留的毫克数（mg/kg）表示。

附录八 无公害人参农田栽培研究纪实

1 无公害农田栽参育种中心

2 人工育种气候温室

3 优良人参种质保存区

4 优良种质人参出苗观察

5 优良种质人参红果

6 优良种质采集测定

7 无公害农田栽参试验田选址

8~9 试验田土壤翻耕

10~11 试验田土壤消毒

12~13 绿肥紫苏粉碎与回田

14 人参播种前压垄

15~16 机械化播种

17 试验田春季出苗

18 参苗田精细管理

19~20 防寒遮阳网与参膜覆盖

371

21 移栽参苗选取与分级

22 参苗机械移栽

23 人参生长情况记录

24 无公害农田栽参技术讲解

25 人参全株样品收集

26 试验田土壤研究采样

27 人参果期检查与采样

28~29 人参果实收集与处理

30~31 人参人工与机械采收

32 采收后参地土壤研究采样

33 无公害农田栽参研究实地汇报

34 人参新品种现场验收

373